CÁLCULO

das funções de múltiplas variáveis

gen
Grupo
Editorial
Nacional

CÁLCULO

das funções de múltiplas variáveis

Volume 3

7ª EDIÇÃO

Geraldo Ávila

Apesar dos melhores esforços do autor, do editor e dos revisores, é inevitável que surjam erros no texto. Assim, são bem-vindas as comunicações de usuários sobre correções ou sugestões referentes ao conteúdo ou ao nível pedagógico que auxiliem o aprimoramento de edições futuras. Os comentários dos leitores podem ser encaminhados à **LTC — Livros Técnicos e Científicos Editora** pelo e-mail ltc@grupogen.com.br

LTC — Livros Técnicos e Científicos Editora Ltda.
Uma editora integrante do GEN | Grupo Editorial Nacional

Travessa do Ouvidor, 11
Rio de Janeiro, RJ — CEP 20040-040
Tels.: 21-3543-0770 / 11-5080-0770
Fax: 21-3543-0896
ltc@grupogen.com.br
www.ltceditora.com.br

1.ª edição: 1979 — Reimpressão: 1979
2.ª edição: 1981
3.ª edição: 1982 — Reimpressão: 1983
4.ª edição: 1987 — Reimpressões: 1990 e 1994
5.ª edição: 1995 — Reimpressões: 1998, 2000 e 2002
7.ª edição: 2006 — Reimpressões: 2008, 2009, 2011, 2012, 2014 e 2015 (duas).

CIP-BRASIL. CATALOGAÇÃO-NA-FONTE
SINDICATO NACIONAL DOS EDITORES DE LIVROS, RJ.

A972c
7.ed.
v.3

Ávila, Geraldo, 1933-2010
Cálculo, v.3 : das funções de múltiplas variáveis / Geraldo Ávila. - 7.ed. - [Reimpr.]. - Rio de Janeiro : LTC, 2015.

Contém exercícios, respostas, sugestões e soluções
ISBN 978-85-216-1501-9

1. Cálculo. 2. Funções de múltiplas variáveis reais. I. Título.

06-1294. CDD: 515.84
CDU: 517.51

Para Neuza, minha mulher

Para os meus filhos
Pedro Paulo
Rita
André
Eliana e Geraldo

Para todos os meus netos
Pedro e Paulo
Gabriel e Guilherme
Felipe e Camila

Nota do Editor

O Prof. Geraldo Ávila, a quem a comunidade acadêmica muito deve, é um desses líderes eternos que, mesmo quando nos privam do seu convívio, permanecem conosco através de sua obra.

A ele nossa homenagem póstuma, e nosso reconhecimento pela contribuição de muitos anos na formação de uma geração de professores de Matemática.

Sumário

Prefácio

In scientific training the first thing to do with an idea is to prove it. (...) I mean — to prove its worth.
A. N. Whitehead, em *The Aims of Education*

O presente livro é a sétima edição do nosso antigo *Cálculo 3 — funções de várias variáveis*, publicado pela primeira vez em 1979. O texto foi totalmente revisto, corrigido e melhorado em várias de suas partes, e as figuras refeitas com a utilização dos mais recentes recursos computacionais.

O livro é uma continuação natural de nossa obra intitulada *Cálculo das funções de uma variável*, em dois volumes, 1 e 2, lançados em sétima edição em 2003 e 2004, respectivamente. Os tópicos aqui tratados são o conteúdo básico de uma primeira disciplina das funções de múltiplas variáveis, em seqüência às disciplinas que tratam do Cálculo das funções de uma variável.

Um primeiro estudo das funções de múltiplas variáveis, direcionado principalmente a alunos de Matemática, Física, Química e os vários ramos da Engenharia — e mesmo da Economia —, deve se concentrar logo na apresentação dos resultados básicos sobre derivadas parciais, diferenciabilidade, polinômios e séries de Taylor, funções implícitas e transformações, integrais múltiplas, integrais de linha e os teoremas clássicos de Green e Stokes, tão importantes nas aplicações. Seguimos aqui a mesma orientação dos dois volumes anteriores já referidos, baseando a apresentação sobretudo na intuição e na visualização geométrica, com ênfase nas aplicações, deixando de lado as preocupações com o rigor. Isso nos permitiu alcançar rapidamente o objetivo principal, que é o desenvolvimento das idéias e técnicas da disciplina.

Uma apresentação formal e rigorosa do Cálculo é muito mais delicada e trabalhosa em se tratando das funções de múltiplas variáveis do que no caso das funções de uma variável. Ela requer o uso de notação e linguagem especiais, cujo desenvolvimento exige tempo e só se justifica se o estudante já tiver adquirido domínio das idéias e técnicas cujo rigor lógico se pretenda desenvolver. É por isso que uma primeira disciplina sobre funções de múltiplas variáveis com ênfase no rigor freqüentemente resulta no sacrifício do objetivo principal, que é, no dizer de Whitehead, o de "provar o mérito das idéias". Uma tal disciplina só pode ser ministrada com sucesso a alunos que já concluíram seus estudos do Cálculo das funções de múltiplas variáveis nos moldes apresentados no presente texto.

Registramos aqui os nossos agradecimentos ao Professor Luis Cláudio Lopes de Araujo, que cuidou da elaboração de todas as figuras, e aos nossos Editores pelo continuado interesse em nosso trabalho.

Geraldo Ávila
Brasília, maio de 2006

CÁLCULO

das funções de múltiplas variáveis

Capítulo 1

Vetores, curvas e superfícies no espaço

1.1 Coordenadas cartesianas no espaço

Do mesmo modo que os pontos de um plano são caracterizados por pares ordenados de números reais (x, y), os pontos do espaço podem igualmente ser identificados com termos de números reais (x, y, z). Para isso tomamos três eixos de coordenadas passando pelo mesmo ponto O, que é a *origem* comum desses eixos, de forma que cada eixo seja perpendicular aos outros dois (Fig. 1.1). Sejam Ox, Oy e Oz esses eixos. Vamos imaginar que Oy e Oz estejam no plano do papel, o primeiro orientado da esquerda para a direita e o segundo de baixo para cima. Nessas condições, é costume dar a Ox orientação tal que seu sentido positivo aponte para fora do papel, na direção do leitor. Diz-se então que $Oxyz$ é um sistema de eixos com *orientação positiva*.

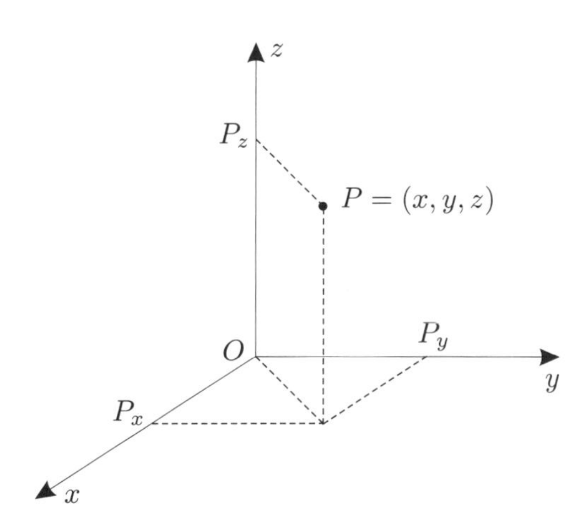

Figura 1.1

Vamos considerar, por um ponto P qualquer, os três planos perpendiculares aos eixos; eles determinam, nesses eixos, os pontos P_x, P_y e P_z, de coordenadas x, y e z, respectivamente (Fig. 1.1). Reciprocamente, um terno (x, y, z) determina P_x, P_y e P_z nos três eixos. Os planos por esses pontos, perpendiculares aos respectivos eixos, têm como interseção comum um único ponto P. Vemos assim que existe uma correspondência biunívoca entre ternos de números e pontos do espaço: a cada terno (x, y, z) corresponde um ponto P, e somente um; e a ternos distintos correspondem pontos distintos. Essa correspondência permite identificar cada ponto com seu terno, sendo freqüente referir-se ao "ponto (x, y, z)" em vez de dizer "o ponto P de coordenadas (x, y, z)". A primeira e a segunda coordenadas, como no caso do plano, são chamadas *abscissa* e *ordenada*, respectivamente, ao passo que a terceira coordenada é a *cota* do ponto P.

Como no caso do plano, o terno (x, y, z) é *ordenado*. Assim, os ternos $(2, -1, -3)$, $(2, -3, -1)$, $(-3, 2, -1)$, são dois a dois distintos. A Fig. 1.2 ilustra alguns pontos com suas coordenadas.

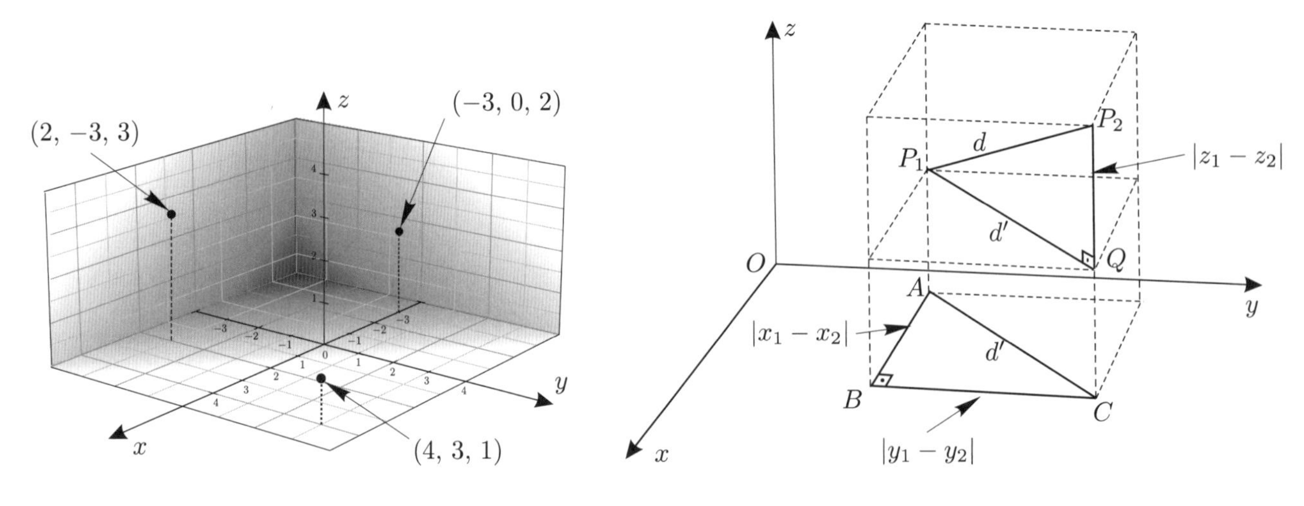

Figura 1.2 Figura 1.3

Distância de dois pontos. Superfície esférica

Vamos calcular a distância de dois pontos $P_1 = (x_1, y_1, z_1)$ e $P_2 = (x_2, y_2, z_2)$. Para fixar as idéias, vamos primeiro supor que

$$x_1 \neq x_2, \quad y_1 \neq y_2 \quad \text{e} \quad z_1 \neq z_2.$$

Então, os pontos P_1 e P_2 são vértices opostos de um paralelepípedo retângulo, como ilustra a Fig. 1.3. Como o triângulo P_1QP_2 é retângulo em Q, o teorema de Pitágoras nos permite escrever

$$d^2 = P_1Q^2 + QP_2^2 = d'^2 + (z_1 - z_2)^2.$$

O triângulo ABC, por sua vez, também é retângulo em B, donde segue-se que

$$d'^2 = AB^2 + BC^2 = (x_1 - x_2)^2 + (y_1 - y_2)^2.$$

Substituindo essa expressão na anterior, obtemos

$$d^2 = (x_1 - x_2)^2 + (y_1 - y_2)^2 + (z_1 - z_2)^2.$$

Em particular, a distância de um ponto $P = (x, y, z)$ à origem é dada por

$$d^2 = x^2 + y^2 + z^2.$$

Os casos excluídos, como $x_1 = x_2$, são mais simples ainda. Deixamo-los aos cuidados do leitor, notando apenas que a mesma fórmula da distância permanece válida.

Exemplo 1. A equação

$$x^2 + y^2 + z^2 = 25$$

representa o lugar dos pontos $P = (x, y, z)$ tais que $OP = 5$, isto é, trata-se da superfície esférica de centro na origem e raio $r = 5$.

Exemplo 2. A superfície da esfera de centro no ponto $C = (2, -1, 1)$ e raio $r = 3$ tem equação dada por

$$(x - 2)^2 + (y + 1)^2 + (z - 1)^2 = 9,$$

ou seja,

$$x^2 + y^2 + z^2 - 4x + 2y - 2z - 3 = 0.$$

Exemplo 3. Vamos mostrar que a equação

$$4(x^2 + y^2 + z^2 + x - 2 - 2y + 2z) - 7 = 0$$

representa a superfície de uma esfera. De fato, usando a técnica de completar quadrados, teremos

$$\begin{aligned} x^2 + x &= x + 2x\frac{1}{2} = \left(x + \frac{1}{2}\right)^2 - \frac{1}{4}; \\ y^2 - 2y &= (y-1)^2 - 1; \\ z^2 - 2x &= (z+1)^2 - 1. \end{aligned}$$

Portanto, a equação anterior pode ser escrita na forma

$$\left(x + \frac{1}{2}\right)^2 - \frac{1}{4} + (y-1)^2 - 1 + (z+1)^2 - 1 - \frac{7}{4} = 0,$$

ou ainda,

$$\left(x + \frac{1}{2}\right)^2 (y-1)^2 - 1 + (z+1)^2 = 4.$$

Está claro, agora, que esta é a equação da superfície da esfera de raio $r = 2$ e centro $C = (-1/2,\ 1,\ -1)$.

Exemplo 4. A equação

$$2y + 3z - 6 = 0$$

representa uma reta no plano Oyz. Como ela não impõe qualquer restrição à variável x, ela representa, no espaço, o plano que passa pela reta mencionada e é perpendicular ao plano Oyz (Fig. 1.4).

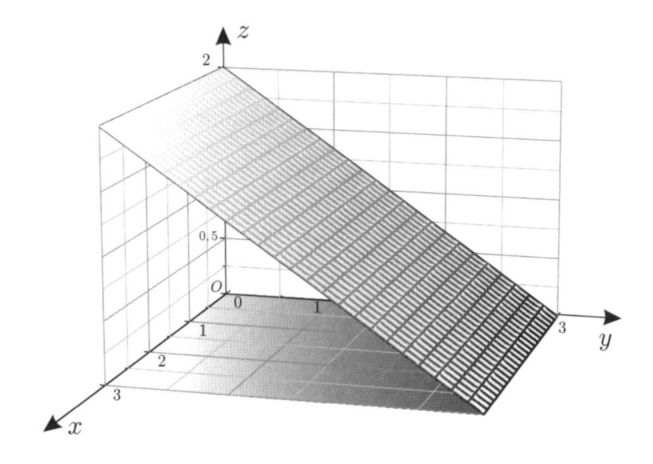

Figura 1.4

Exercícios

1. Marque, num sistema de coordenadas, os pontos

$$A = (2,\ 3,\ 4), \quad B = (3,\ 2,\ -4), \quad C = (-2,\ 1,\ 3), \quad D = (-3,\ 2,\ -1), \quad E = (-1,\ -2,\ 3), \quad F = (-2,\ -1,\ -3).$$

Nos Exercícios 2 a 5, os pontos dados são vértices opostos de um paralelepípedo retângulo de arestas paralelas aos eixos de coordenadas. Determine os outros seis vértices e faça gráficos em cada caso.

2. $A = (1,\ 1,\ 1)$ e $B = (3,\ 3,\ 3)$.

3. $A = (0,\ 1,\ 1)$ e $B = (1,\ 0,\ -3)$.

4. $A = (-2,\ 2,\ 3)$ e $B = (1,\ -2,\ -1)$.

5. $A = (1,\ 2,\ 1)$ e $B = (0,\ -3,\ -1)$.

Nos Exercícios 6 a 9, calcule a distância entre os dois pontos dados, em cada caso.

6. $A = (1,\ 0,\ -2)$ e $B = (-2,\ -3,\ -1)$.

7. $A = (1/2,\ -1,\ -1/3)$ e $B = (-1,\ 1/2,\ -3/2)$.

8. $A = (-1+\sqrt{2},\ 3,\ 0)$ e $B = (-1,\ -1,\ 1)$.

9. $A = (a,\ b,\ c\sqrt{2})$ e $B = (b,\ -a,\ 0)$.

10. Num levantamento topográfico, um observador num ponto A determina que um ponto B está 700 m mais ao leste, 500 m mais ao sul e 200 m acima de sua posição. Determine a distância entre A e B e faça um gráfico.

11. Demonstre que os pontos $A = (1,\ 0,\ 1), B = (0,\ 1,\ -1)$ e $C = (3,\ 4,\ 2)$ são vértices de um triângulo retângulo. Faça um gráfico.

12. Determine z de maneira que os pontos $A = (-1,\ 1,\ z), B = (-1,\ 1,\ -z)$ e a origem O sejam vértices de um triângulo retângulo em O. Faça um gráfico.

Nos Exercícios 13 a 22, faça gráficos ilustrando os planos de equações dadas.

13. $3x - 2y + 1 = 0$.

14. $y = 2z + 3$.

15. $\dfrac{x}{-1} + \dfrac{z}{2} = 1$.

16. $x = 2$.

17. $y = -3$.

18. $z = -2$.

19. $x + y = 2$.

20. $x - z = 1$.

21. $4z + 5y = 0$.

22. $5x = 4z$.

Nos Exercícios 23 a 27, determine a equação da esfera de centro e raio dados, em cada caso.

23. $C = (2,\ 1,\ 1),\ \ r = 2$.

24. $C = (0,\ -2,\ 1),\ \ r = 5$.

25. $C = (-1,\ 0,\ 4),\ \ r = 1$.

26. $C = (1/2,\ -1/3,\ 1),\ \ r = 1/2$.

27. $C = (0,\ -3,\ -2/3),\ \ r = 5$.

Nos Exercícios 28 a 31, determine o centro e o raio da esfera da equação dada, em cada caso.

28. $x^2 + y^2 + z^2 - 2y + 4x + 4 = 0$.

29. $4(x^2 + y^2 + z^2 - x + y) - 26 = 0$.

30. $9(x^2 + y^2 + z^2) - 12x + 24z - 205 = 0$.

31. $2(x^2 + y^2 + z^2) - 4x + 2y - 6z + 5 = 0$.

Respostas e sugestões

3. $(0,\ 0,\ 1),\ \ (1,\ 0,\ 1),\ \ (1,\ 1,\ 1),\ (0,\ 0,\ -3),\ \ (0,\ 1,\ -3)$ e $(1,\ 1,\ -3)$.

5. $(0,\ 2,\ 1),\ \ (1,\ 2,\ -1),\ \ (0,\ 2,\ -1),\ \ (0,\ -3,\ 1),\ \ (1,\ -3,\ 1)$ e $(1,\ -3,\ -1)$.

7. $\sqrt{211}/6$.

9. $\sqrt{2(a^2 + b^2 + c^2)}$.

10. $d = 100\sqrt{78}$.

11. Use o teorema de Pitágoras.

12. $z = \pm\sqrt{2}$.

23. $x^2 + y^2 + z^2 - 4x - 2y - 2z + 2 = 0$.

25. $x^2 + y^2 + z^2 + 2x - 8z + 16 = 0$.

27. $9x^2 + 9y^2 + 9z^2 + 54y + 12z - 140 = 0$.

29. $C = (1/2, -1/2, 0), r = \sqrt{7}$.

31. $C = (1,\ -1/2,\ 3/2),\ \ r = 1$.

1.2 Vetores e retas no espaço

Um vetor no espaço é simplesmente um terno ordenado de números reais $(x,\, y,\, z)$, o qual costuma ser indicado com uma letra em negrito ou encimada por uma flecha, assim:

$$\mathbf{v} = (x,\, y,\, z) \quad \text{ou} \quad \vec{v} = (x,\, y,\, z).$$

Os números x, y e z são as *componentes* do vetor v.

Como no caso de vetores no plano, um vetor no espaço $\mathbf{P} = (x,\, y,\, z)$ de certa forma é a mesma coisa que um ponto $P(x,\, y,\, z)$. O que nos leva a distinguir entre pontos e vetores é o fato de definirmos *adição* de vetores, *multiplicação por escalar, produto escalar* e *produto vetorial.* A seguir definimos as duas primeiras dessas operações, ficando as duas últimas para mais adiante.

Adição e multiplicação por escalar

Dados dois vetores quaisquer $(x,\, y,\, z)$ e $(x',\, y',\, z')$, e um número real r, definimos:

$$\begin{aligned}(x,\, y,\, z) + (x',\, y',\, z') &= (x + x',\, y + y',\, z + z'),\\ r(x,\, y,\, z) &= (rx,\, ry,\, rz).\end{aligned}$$

Dado o vetor $\mathbf{v} = (x,\, y,\, z)$, seu *oposto* é o vetor

$$\mathbf{v} = (-1)\mathbf{v} = (-x,\, -y,\, -z).$$

A *diferença* de dois vetores

$$\mathbf{v} = (x,\, y,\, z) \quad \text{e} \quad \mathbf{v}' = (x',\, y',\, z')$$

é definida como a soma de $\mathbf{v}$ com $-\mathbf{v}'$:

$$\mathbf{v} - \mathbf{v}' = \mathbf{v} + (-\mathbf{v}') = (x - x',\, y - y',\, z - z').$$

O vetor $\mathbf{0} = (0,\, 0,\, 0)$, também indicado com o símbolo 0, é chamado de *vetor nulo.*

Os vetores no espaço gozam de várias propriedades já conhecidas no caso de vetores no plano, isto é, quaisquer que sejam os vetores $\mathbf{u}$, $\mathbf{v}$ e $\mathbf{w}$,

$$\begin{aligned}\mathbf{u} + \mathbf{v} &= \mathbf{v} + \mathbf{u};\\ (\mathbf{u} + \mathbf{v}) + \mathbf{w} &= \mathbf{u} + (\mathbf{v} + \mathbf{w});\\ \mathbf{u} + \mathbf{0} = \mathbf{u} \quad &\text{e} \quad \mathbf{u} + (-\mathbf{u}) = \mathbf{0};\end{aligned} \tag{1.1}$$

quaisquer que sejam os vetores $\mathbf{u}$ e $\mathbf{v}$, e os escalares r e s,

$$\begin{aligned}(r + s)\mathbf{u} &= r\mathbf{u} + s\mathbf{u},\\ r(\mathbf{u} + \mathbf{v}) &= r\mathbf{u} + r\mathbf{v};\\ (rs)\mathbf{u} = r(s\mathbf{u}) \quad &\text{e} \quad 1 \cdot \mathbf{u} = \mathbf{u}.\end{aligned} \tag{1.2}$$

As demonstrações são as mesmas que se fazem no caso de vetores no plano e ficam como exercício.

Como já observamos, um terno de números $(x,\, y,\, z)$ tanto pode representar um ponto P como um vetor $\mathbf{P}$, a diferença entre um e outro conceito sendo marcada pelas operações que definimos para os vetores e não para os pontos. Por isso mesmo, muitas vezes escrevemos

$$P(x,\, y,\, z) \quad \text{e} \quad \mathbf{P}(x,\, y,\, z),$$

até na mesma equação, sendo a preferência por uma das notações ditada pelo aspecto que mais convier enfatizar, se de "ponto" ou de "vetor".

Como no caso do plano, os vetores no espaço são convenientemente representados por segmentos orientados. A regra do paralelogramo para a soma e a subtração de vetores permanece válida, como no caso do plano. O *módulo, norma* ou *comprimento* de um vetor $\mathbf{v} = (x, y, z)$ é definido como sendo

$$|\mathbf{v}| = \sqrt{x^2 + y^2 + z^2}.$$

Geometricamente, o módulo de um vetor

$$\mathbf{v} = \overrightarrow{OX} = \mathbf{B} - \mathbf{A}$$

é o comprimento dos segmentos OX ou AB que representam o vetor (Fig. 1.5).

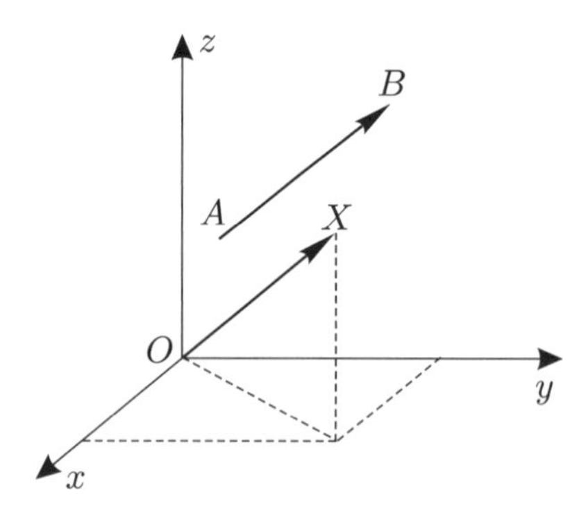

Figura 1.5

Se r é um número real e $\mathbf{v} = (x, y, z)$ é um vetor qualquer, então

$$|r\mathbf{v}| = |r||\mathbf{v}|.$$

Para verificar isso, notamos que

$$r\mathbf{v} = (rx, ry, rz);$$

portanto,

$$|r\mathbf{v}| = \sqrt{(rx)^2 + (ry)^2 + (rz)^2} = \sqrt{r^2(x^2 + y^2 + z^2)} = |r|\sqrt{x^2 + y^2 + z^2} = |r||\mathbf{v}|,$$

que é o resultado desejado.

Vetores colineares ou paralelos

Dois vetores $\mathbf{u}$ e $\mathbf{v}$ são *colineares* ou *paralelos* se existe um número r tal que $\mathbf{u} = r\mathbf{v}$. Isso permite escrever facilmente as *equações paramétricas* da reta que passa por um dado ponto $\mathbf{P}_0 = (x_0, y_0, z_0)$ e é paralela a um vetor $\mathbf{v} = (a, b, c) \neq 0$. Se $\mathbf{P} = (x, y, z)$ é o ponto genérico da reta, então (Fig. 1.6a)

$$\mathbf{P} - \mathbf{P}_0 = t(a, b, c),$$

onde t é o parâmetro. Essa *equação vetorial*, que também se escreve na forma

$$\mathbf{P} = \mathbf{P}_0 + t(a, b, c),$$

equivale às seguintes equações escalares, que são as *equações paramétricas da reta:*

$$x = x_0 + at, \quad y = y_0 + bt, \quad z = z_0 + ct.$$

À medida que t varia de $-\infty$ a $+\infty$, P percorre todos os pontos da reta. Em particular, quando $\mathbf{v} = (a, b, c)$ é o vetor $\overrightarrow{P_0P_1} = \mathbf{P}_1 - \mathbf{P}_0$, a reta por P_0 e P_1 (Fig. 1.6b) tem equação

$$\mathbf{P} - \mathbf{P}_0 = t(\mathbf{P}_1 - \mathbf{P}_0),$$

ou seja,

$$\mathbf{P} = (1 - t)\mathbf{P}_0 + t\mathbf{P}_1.$$

Note que o ponto P varia de P_0 a P_1 quando t varia de $t = 0$ a $t = 1$.

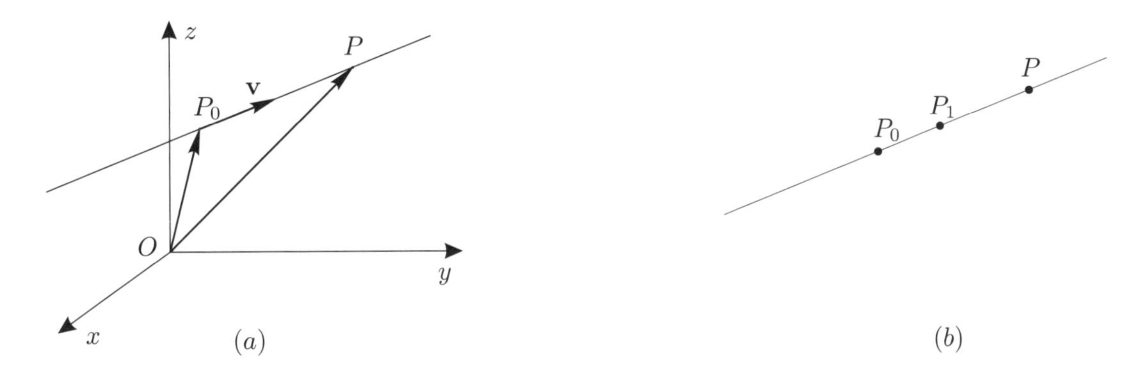

Figura 1.6

Exemplo 1. Vamos imaginar que um sistema de coordenadas $Oxyz$ seja transladado para uma nova posição $O'x'y'z'$ (Fig. 1.7), de forma que os eixos $O'x'$, $O'y'$ e $O'z'$ permaneçam com a mesma direção e sentido que os eixos Ox, Oy e Oz, respectivamente. Seja $O' = (a, b, c)$ a nova origem. Então,

$$\vec{P} = \overrightarrow{OO'} + \overrightarrow{O'P}.$$

onde P é um ponto qualquer. Sejam x, y, z as coordenadas de P no sistema antigo $Oxyz$ e x', y', z' as suas coordenadas no sistema novo $O'x'z'$. A equação anterior nos diz, precisamente, que

$$x = a + x', \quad y = b + y', \quad z = c + z'.$$

Essas são as fórmulas de transformação de um sistema no outro.

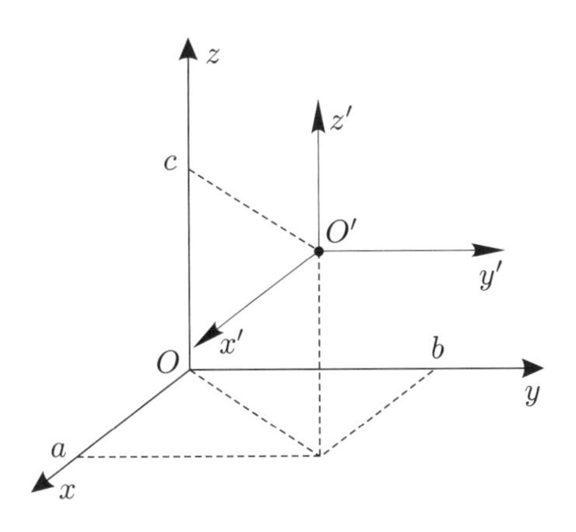

Figura 1.7

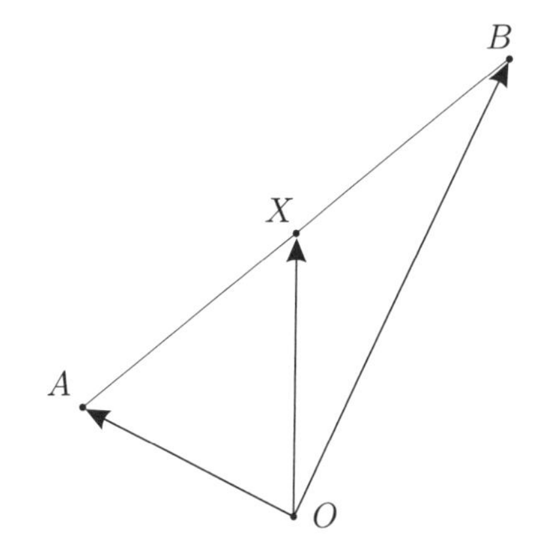

Figura 1.8

Exemplo 2. O *ponto médio* de um dado segmento AB é o ponto X tal que $\overrightarrow{AX} = \overrightarrow{XB}$ ou $\mathbf{X} - \mathbf{A} = \mathbf{B} - \mathbf{X}$. Daqui segue-se que

$$\mathbf{X} = \frac{\mathbf{A} + \mathbf{B}}{2}.$$

A Fig. 1.8 ilustra o significado geométrico dessa fórmula.

Exemplo 3. A reta pelo ponto $P_0 = (3,\ -2,\ 1)$, paralela ao vetor $\mathbf{v} = (-4,\ 2,\ 3)$, tem equação vetorial

$$\mathbf{P} = \mathbf{P}_0 + t\mathbf{v},$$

onde $P = (x,\ y,\ z)$ é o ponto geométrico da reta. Essa equação equivale às seguintes equações paramétricas:

$$x = 3 - 4t, \quad y = -2 + 2t, \quad z = 1 + 3t.$$

Exercícios

1. Demonstre as propriedades (1.1) e (1.2) do texto.

Nos Exercícios 2 a 7, determine as equações paramétricas da reta pelos pontos dados.

2. $A = (0,\ 1,\ 1)$ e $B = (-1,\ 2,\ -3)$. **3.** $A = (1,\ -2,\ -1)$ e $B = (4,\ -1,\ 5)$. **4.** $A = (6,\ -1,\ 0)$ e $B = (0,\ -2,\ -3)$.

5. $A = (-2,\ 3,\ 1)$ e $B = (-2,\ 0,\ 2)$. **6.** $A = (0,\ 1,\ 4)$ e $B = (5,\ -1,\ 4)$. **7.** $A = (1,\ 7,\ 3)$ e $B = (-1,\ 7,\ 5)$.

8. Determine o ponto P tal que $AP = 3AB$ onde $A = (10,\ 7,\ 3)$ e $B = (2,\ -1,\ 5)$.

9. Determine o ponto médio do segmento AB, onde $A = (1,\ -1,\ 2)$ e $B = (3,\ -5,\ -4)$.

10. Determine os pontos M e N que dividem o segmento AB em três partes iguais, sendo $A = (2,\ 0,\ -1)$ e $B = (4,\ 3,\ 4)$.

Respostas e sugestões

3. $x = 1 + 3t$, $y = -2 + t$, $z = -1 + 6t$.

5. $x = -2$, $y = 3 - 3t$, $z = 1 + t$.

7. $x = 1 - 2t$, $y = 7$, $z = 3 + 2t$.

8. $(-14,\ -17,\ 9)$.

9. $(2, -3, -1)$.

10. Observe que $AM = AB/3$ e $AN = 2AB/3$.

1.3 Produto escalar

Dados dois vetores

$$\mathbf{v}_1 = (x_1,\ y_1,\ z_1) \quad \text{e} \quad \mathbf{v}_2 = (x_2,\ y_2,\ z_2),$$

definimos seu *produto escalar*, ou *produto interno*, como no caso do plano:

$$\mathbf{v}_1 \cdot \mathbf{v}_2 = x_1x_2 + y_1y_2 + z_1z_2.$$

É fácil verificar as seguintes propriedades do produto escalar: quaisquer que sejam os vetores $\mathbf{v}$, $\mathbf{v}$, $\mathbf{w}$ e o escalar r,

$$\begin{gathered} \mathbf{u} \cdot \mathbf{u} = |\mathbf{u}|^2; \qquad \mathbf{u} \cdot \mathbf{v} = \mathbf{v} \cdot \mathbf{u}; \\ \mathbf{u} \cdot (\mathbf{v} + \mathbf{w}) = \mathbf{u} \cdot \mathbf{v} + \mathbf{u} \cdot \mathbf{w}; \\ (r\mathbf{u}) \cdot \mathbf{v} = r(\mathbf{u} \cdot \mathbf{v}) = \mathbf{u} \cdot (r\mathbf{v}). \end{gathered} \tag{1.3}$$

Em vista da primeira dessas propriedades, costuma-se escrever $\mathbf{u}^2$ para indicar $\mathbf{u} \cdot \mathbf{u}$ ou $|\mathbf{u}|^2$.

Perpendicularismo de vetores

De posse do produto escalar, a definição natural de vetores perpendiculares é simples: diz-se que dois vetores não-nulos são *perpendiculares* ou *ortogonais* se seu produto escalar for nulo, isto é, $\mathbf{u} \cdot \mathbf{v} = 0$.

Vamos mostrar que essa condição de ortogonalidade equivale a afirmar que $\mathbf{u} + \mathbf{v}$ e $\mathbf{u} - \mathbf{v}$ têm o mesmo comprimento (Fig. 1.9), isto é,

$$|\mathbf{u} + \mathbf{v}| = |\mathbf{u} - \mathbf{v}|.$$

Com efeito,

$$|\mathbf{u} + \mathbf{v}|^2 = |\mathbf{u} - \mathbf{v}|^2 \Leftrightarrow \mathbf{u}^2 + \mathbf{v}^2 + 2\mathbf{u} \cdot \mathbf{v} = \mathbf{u}^2 + \mathbf{v}^2 - 2\mathbf{u} \cdot \mathbf{v} \Leftrightarrow \mathbf{u} \cdot \mathbf{v} = 0,$$

conforme queríamos demonstrar.

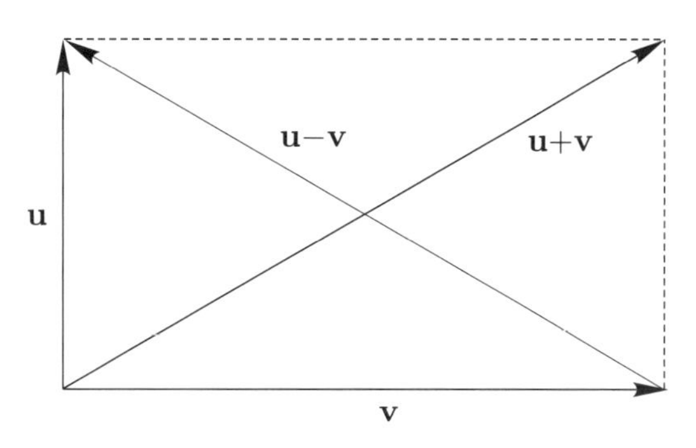

Figura 1.9

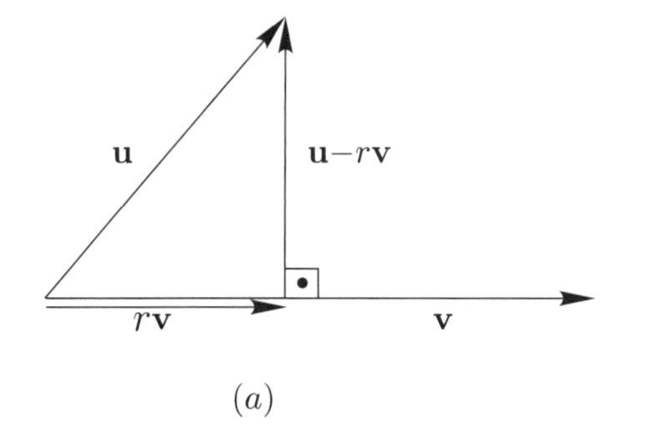

(*a*)

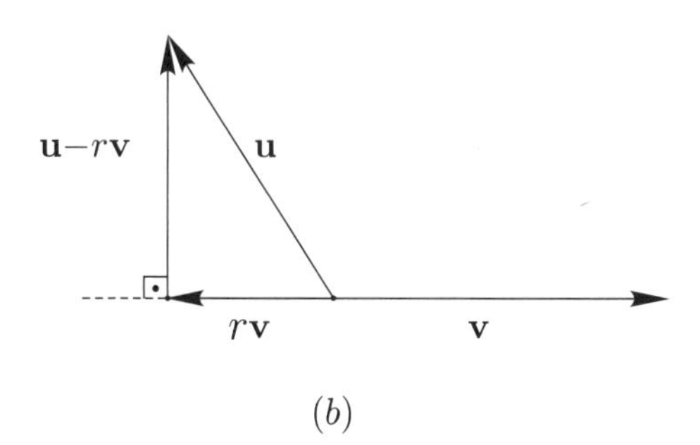

(*b*)

Figura 1.10

Projeção ortogonal

Vamos mostrar agora que *dados dois vetores* $\mathbf{u}$ *e* $\mathbf{v}$, *com* $\mathbf{v} \neq 0$, *existe um único número* r *tal que* $\mathbf{u} - r\mathbf{v}$ *é ortogonal a* $\mathbf{v}$. Essa propriedade está ilustrada nas Figs. 1.10a e 1.10b, nos dois possíveis, conforme o ângulo entre $\mathbf{u}$ e $\mathbf{v}$ esteja compreendido entre 0 e $\pi/2$ rd, ou entre $\pi/2$ e π rd, respectivamente.

Para demonstrar a propriedade enunciada, basta notar que

$$(\mathbf{u} - r\mathbf{v}) \cdot \mathbf{v} = \mathbf{u} \cdot \mathbf{v} - r\mathbf{v} \cdot \mathbf{v},$$

de forma que

$$(\mathbf{u} - r\mathbf{v}) \cdot \mathbf{v} = 0 \Leftrightarrow r = \frac{\mathbf{u} \cdot \mathbf{v}}{|\mathbf{v}|^2},$$

isto é,

$$\mathbf{u} - r\mathbf{v} \perp \mathbf{v} \Leftrightarrow r = \frac{\mathbf{u} \cdot \mathbf{v}}{|\mathbf{v}|^2},$$

que é o resultado desejado.

O vetor

$$r\mathbf{v} = \frac{\mathbf{u}\cdot\mathbf{v}}{|\mathbf{v}|^2}\mathbf{v} = \left(\mathbf{u}\cdot\frac{\mathbf{v}}{|\mathbf{v}|}\right)\frac{\mathbf{v}}{|\mathbf{v}|}$$

é chamado de *projeção ortogonal* de $\mathbf{u}$ sobre $\mathbf{v}$. Se esses vetores são ambos não-nulos e θ é o ângulo entre eles, então é claro que

$$\cos\theta = \frac{r|\mathbf{v}|}{|\mathbf{u}|} = \frac{|\mathbf{v}|}{|\mathbf{u}|}\cdot\frac{\mathbf{u}\cdot\mathbf{v}}{|\mathbf{v}|^2} = \frac{\mathbf{u}\cdot\mathbf{v}}{|\mathbf{u}||\mathbf{v}|},$$

donde segue-se que

$$\mathbf{u}\cdot\mathbf{v} = |\mathbf{u}||\mathbf{v}|\cos\theta. \tag{1.4}$$

É costume falar em "projeção" sem qualificativo, entendendo, tacitamente, tratar-se de "projeção ortogonal", por ser este o tipo de projeção mais usado.

A *direção* e o *sentido* de um vetor $\mathbf{v} = (x,\, y,\, z)$ são dados pelo *vetor unitário*

$$\mathbf{u} = \frac{\mathbf{v}}{|\mathbf{v}|} = \left(\frac{x}{|\mathbf{v}|},\, \frac{y}{|\mathbf{v}|},\, \frac{z}{|\mathbf{v}|}\right) = (a,\, b,\, c).$$

Em particular, os vetores unitários

$$\mathbf{i} = (1,\, 0,\, 0), \quad \mathbf{j} = (0,\, 1,\, 0) \quad \text{e} \quad \mathbf{k} = (0,\, 0,\, 1)$$

são dois a dois ortogonais e caracterizam os sentidos positivos dos eixos Ox, Oy e Oz, respectivamente (Fig. 1.11). Eles formam o chamado *triedro fundamental*. As componentes de um vetor unitário $\mathbf{u} = (a,\, b,\, c)$ são os co-senos dos ângulos α, β e γ, entre $\mathbf{u}$ e $\mathbf{i}$, $\mathbf{j}$ e $\mathbf{k}$, respectivamente. Para provar isso, calculemos $\mathbf{u}\cdot\mathbf{i}$ usando a fórmula (1.4) e a definição de produto escalar. Assim,

$$\mathbf{u}\cdot\mathbf{i} = |\mathbf{u}||\mathbf{i}|\cos\alpha = \cos\alpha \quad \text{e} \quad \mathbf{u}\cdot\mathbf{i} = (a,\, b,\, c)\cdot(1,\, 0,\, 0) = a,$$

portanto $a = \cos\alpha$. Do mesmo modo prova-se que $b = \cos\beta$ e $c = \cos\gamma$. Esses números são chamados de *co-senos diretores* da direção $\mathbf{u}$.

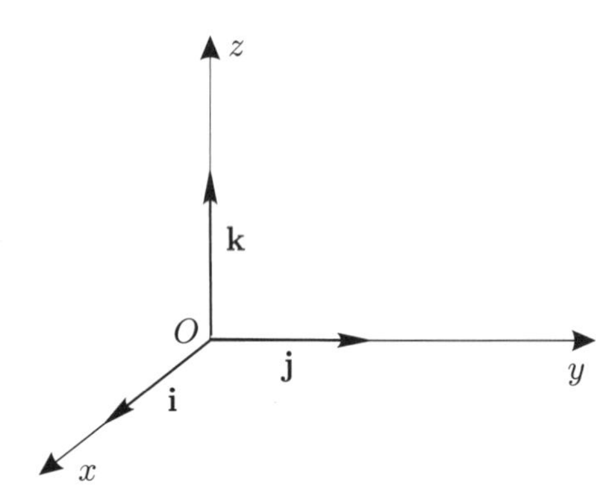

Figura 1.11

Desigualdade de Schwarz

A *desigualdade de Schwarz*,

$$|\mathbf{u}\cdot\mathbf{v}| \le |\mathbf{u}||\mathbf{v}|,$$

válida quaisquer que sejam os vetores $\mathbf{u}$ e $\mathbf{v}$, é conseqüência imediata da identidade (1.4). A *desigualdade do triângulo*,

$$|\mathbf{u}+\mathbf{v}| \le |\mathbf{u}| + |\mathbf{v}|,$$

válida quaisquer que sejam os vetores $\mathbf{u}$ e $\mathbf{v}$, também se demonstra como no caso de vetores no plano:

$$|\mathbf{u}+\mathbf{v}|^2 = (\mathbf{u}+\mathbf{v})\cdot(\mathbf{u}+\mathbf{v}) = |\mathbf{u}|^2 + |\mathbf{v}|^2 + 2\mathbf{u}\cdot\mathbf{v} \le |\mathbf{u}|^2 + |\mathbf{v}|^2 + 2|\mathbf{u}||\mathbf{v}| = (|\mathbf{u}| + |\mathbf{v}|)^2.$$

Daqui segue o resultado desejado por simples extração de raiz.

Exercícios

Nos Exercícios 1 a 6, determine o vetor unitário com a mesma direção e sentido do vetor dado.

1. $\mathbf{v} = (2,\ -1,\ 2)$. **2.** $\mathbf{v} = (-2,\ 1,\ 3)$. **3.** $\mathbf{v} = (0,\ -1,\ 2)$.

4. $\mathbf{v} = (4,\ 1/2,\quad 1/3)$. **5.** $\mathbf{v} = (2/3,\ -1/2,\ 0)$. **6.** $\mathbf{v} = (1,\ 6,\ -12)$.

7. Demonstre as propriedades (1.3) do produto escalar.

Nos Exercícios 8 a 11, determine o ângulo entre os vetores dados.

8. $\mathbf{u} = (1,\ 1,\ 0)$ e $\mathbf{v} = (0,\ 1,\ 1)$. **9.** $\mathbf{u} = (1,\ 1,\ 1/2)$ e $\mathbf{v} = (1,\ 1,\ 4)$.

10. $\mathbf{u} = (-1,\ 2,\ 3)$ e $\mathbf{v} = (2,\ -1,\ 0)$. **11.** $\mathbf{u} = (-2,\ 1,\ 0)$ e $\mathbf{v} = (0,\ -3,\ 2)$.

Nos Exercícios 12 a 14, determine o vetor projeção de $\mathbf{u}$ sobre $\mathbf{v}$.

12. $\mathbf{u} = (1,\ 1,\ 1)$ e $\mathbf{v} = (1,\ 1,\ 0)$. **13.** $\mathbf{u} = (2,\ 3,\ 4)$ e $\mathbf{v} = (1,\ -1,\ 0)$. **14.** $\mathbf{u} = (-3,\ 1,\ -1)$ e $\mathbf{v} = (3,\ -1,\ 2)$.

15. Demonstre as seguintes conseqüências da desigualdade do triângulo, as quais são válidas quaisquer que sejam os vetores $\mathbf{u}$ e $\mathbf{v}$:

$$|\mathbf{u} - \mathbf{v}| \leq |\mathbf{u}| + |\mathbf{v}|; \qquad |\mathbf{u}| - |\mathbf{v}| \leq |\mathbf{u} \pm \mathbf{v}|;$$

$$|\mathbf{v}| - |\mathbf{u}| \leq |\mathbf{u} \pm \mathbf{v}|; \qquad ||\mathbf{u}| - |\mathbf{v}|| \leq |\mathbf{u} \pm \mathbf{v}|.$$

16. Verifique as relações

$$\mathbf{u} \cdot \mathbf{v} = \frac{|\mathbf{u} + \mathbf{v}|^2 - |\mathbf{u}|^2 - |\mathbf{v}|^2}{2} \quad \text{e} \quad \mathbf{u} \cdot \mathbf{v} = \frac{|\mathbf{u} + \mathbf{v}|^2 - |\mathbf{u} - \mathbf{v}|^2}{4}$$

Respostas e sugestões

1. $(2/3, -1/3, 2/3)$. **3.** $(0, -1/\sqrt{5}, 2/\sqrt{5})$. **5.** $(4/5, -3/5, 0)$. **9.** $\theta = \arccos(4\sqrt{2}/9)$.

11. $\theta = \arccos(-3/\sqrt{65})$. **13.** $(-1/2, 1/2, 0)$.

15. Veja as desigualdades (3.10) na p. 62 do Volume 2 do *Cálculo das funções de uma variável.*

1.4 Retas e planos

Usando o produto escalar, é fácil obter a equação de um plano por um ponto $P_0 = (x_0,\ y_0,\ z_0)$, perpendicular a um vetor $\mathbf{v} = (a,\ b,\ c)$ (Fig. 1.12). Um ponto $P = (x,\ y,\ z)$ pertence ao referido plano se e somente se $\mathbf{P} - \mathbf{P}_0 \perp \mathbf{v}$, isto é,

$$\mathbf{v} \cdot (\mathbf{P} - \mathbf{P}_0) = 0. \tag{1.5}$$

Essa equação equivale a

$$a(x - x_0) + b(y - y_0) + c(z - z_0) = 0, \tag{1.6}$$

ou ainda,

$$ax + by + cz + d = 0, \tag{1.7}$$

onde $d = ax_0 - by_0 - cz_0$.

Reciprocamente, toda equação (1.7) com a, b, c e d constantes arbitrárias e $\mathbf{v} = (a,\ b,\ c) \neq 0$ representa um plano perpendicular a $\mathbf{v}$. De fato, seja $P_0 = (x_0,\ y_0,\ z_0)$ uma solução dessa equação, de sorte que

$$ax_0 + by_0 + cz_0 + d = 0.$$

Subtraindo essa equação de (1.7), obtemos a Eq. (1.6), equivalente a (1.5), onde $P = (x,\, y,\, z)$. Vemos assim que a solução geral de (1.7) é o ponto genérico do plano por P_0 perpendicular ao vetor $\mathbf{v}$.

Repare que a Eq. (1.5) é também equivalente a

$$\overrightarrow{OP} \cdot \mathbf{v} = \overrightarrow{OP_0} \cdot \mathbf{v} = -d, \quad \text{ou ainda,} \quad \overrightarrow{OP} \cdot \frac{\mathbf{v}}{|\mathbf{v}|} = -\frac{d}{|\mathbf{v}|} = \text{const.}$$

Isso significa que a projeção de $\overrightarrow{OP}$ sobre $\mathbf{v}$ é constante quando P varia no plano por P_0 perpendicular a $\mathbf{v}$.

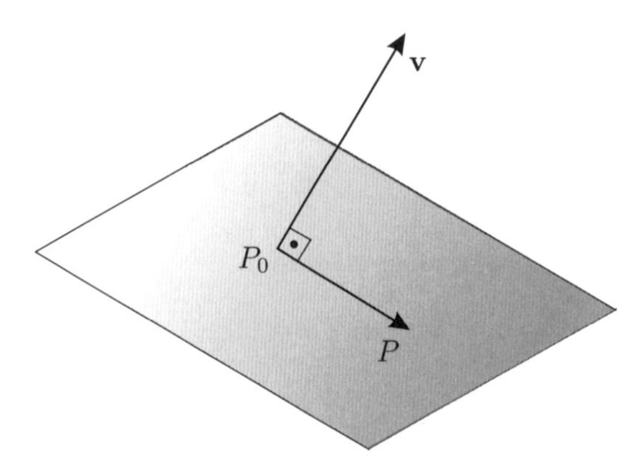

Figura 1.12

Para se ter uma idéia do gráfico de um plano dado por sua Eq. (1.7) é conveniente determinar os pontos onde ele corta os eixos de coordenadas. Assim, se $a \neq 0$, fazendo $y = z = 0$ em (1.7), encontramos $x = -d/a$; logo, $(-d/a,\, 0,\, 0)$ é o ponto de encontro do plano com eixo Ox (Fig. 1.13). Do mesmo modo, sendo $b \neq 0$ e $c \neq 0$, $(0,\, -d/b,\, 0)$ e $(0,\, 0,\, -d/c)$ são os pontos de encontro do plano com Oy e Oz, respectivamente.

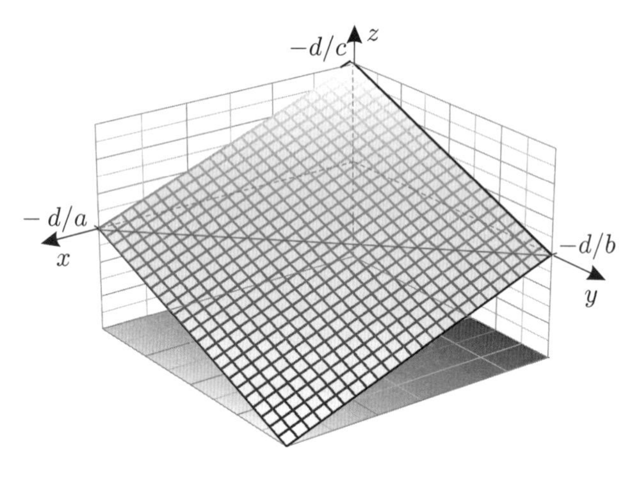

Figura 1.13

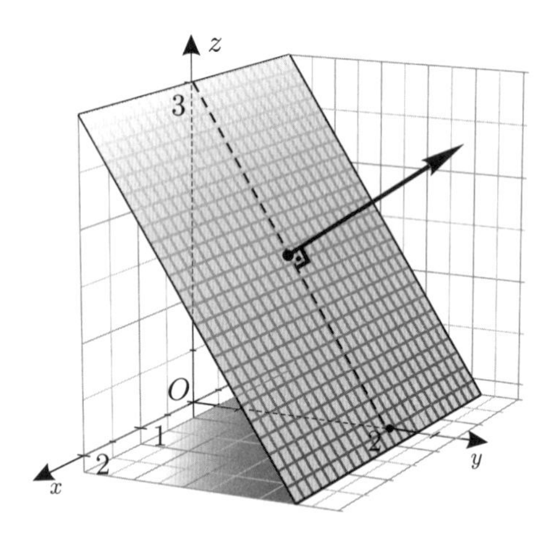

Figura 1.14

Se $a = 0$, a equação do plano se reduz a

$$by + cz + d = 0,$$

a qual representa um plano perpendicular ao vetor $(0,\, b,\, c)$; portanto, paralelo ao eixo Ox. Analogamente,

$$ax + cz + d = 0 \quad \text{e} \quad ax + by + d = 0$$

são equações de planos paralelos aos eixos Oy e Oz, respectivamente. Assim, $3y + 2z - 6 = 0$ representa um plano perpendicular ao vetor $(0,\, 3,\, 2)$; portanto, paralelo ao eixo Ox (Fig. 1.14). A equação $2x - y - 2 = 0$

representa um plano paralelo ao eixo Oz (Fig. 1.15). Já a equação $z - 4 = 0$ representa um plano paralelo aos eixos Ox e Oy; portanto, paralelo ao plano Oxy (Fig. 1.16).

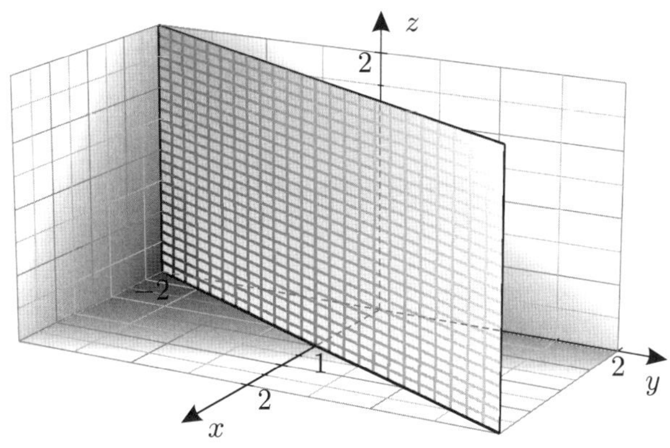
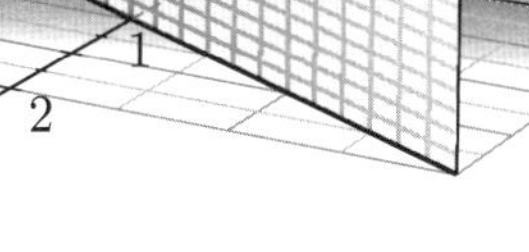

Figura 1.15

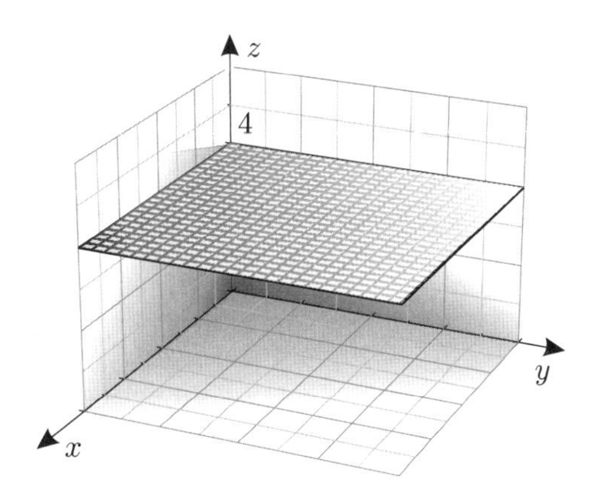

Figura 1.16

Vários exemplos

Exemplo 1. O plano de equação

$$x + 3y + 2z - 6 = 0$$

é perpendicular ao vetor $\mathbf{v} = (1,\ 3,\ 2)$ e passa pelos pontos

$$(6,\ 0,\ 0), \quad (0,\ 2,\ 0) \quad \text{e} \quad (0,\ 0,\ 3),$$

como ilustra a Fig. 1.17.

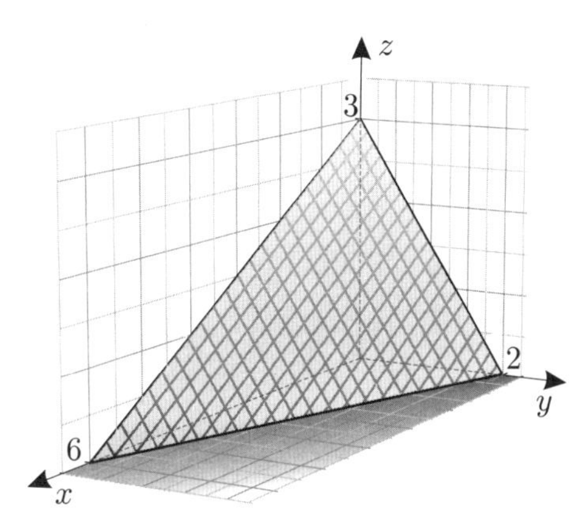

Figura 1.17

Exemplo 2. Os planos de equações

$$x + 2y - 3z - 10 = 0 \quad \text{e} \quad 2z + 3y - 4z + 7 = 0$$

são perpendiculares aos vetores $\mathbf{v}_1 = (1,\ 2,\ -3)$ e $\mathbf{v}_2 = (2,\ 3,\ -4)$, respectivamente. O ângulo entre os dois planos é o mesmo que o ângulo entre esses vetores (faça um gráfico); portanto, pode ser determinado pelo produto escalar do seguinte modo:

$$\cos\theta = \frac{\mathbf{v}_1 \cdot \mathbf{v}_2}{|\mathbf{v}_1||\mathbf{v}_2|} = \frac{1 \cdot 2 + 2 \cdot 3 + (-3)(-4)}{\sqrt{1^2 + 2^2 + (-3)^2}\,\sqrt{2^2 + 3^2 + (-4)^2}} = \frac{20}{\sqrt{406}}.$$

Então,

$$\theta = \arccos \frac{20}{\sqrt{406}}.$$

Exemplo 3. Vamos determinar a reta interseção dos planos de equações

$$x - 2y + z - 1 = 0 \quad \text{e} \quad 3x + y - 2z - 3 = 0.$$

Temos aqui duas equações em três incógnitas. Vamos resolvê-las em relação a duas dessas incógnitas. Por exemplo, resolvendo essas equações em relação a x e a y, obtemos

$$x = 1 + \frac{3}{7}z \quad \text{e} \quad y = \frac{5}{7}z.$$

Portanto, as equações paramétricas da reta interseção dos planos são

$$x = 1 + \frac{3}{7}t, \quad y = \frac{5}{7}t \quad \text{e} \quad z = t.$$

Trata-se da reta pelo ponto (1, 0, 0), na direção do vetor (3/7, 5/7, 1); ou, o que é equivalente, na direção do vetor (3, 5, 7). Faça um gráfico.

Planos paralelos

Dois planos são *paralelos* se os vetores a eles normais forem paralelos. Por exemplo, os planos de equações

$$x - 2y + 4z - 10 = 0 \quad \text{e} \quad x - 2y + 4z + 2 = 0$$

são paralelos. De um modo geral, os planos paralelos a um dado plano de equação

$$ax + by + cz + d = 0$$

tem equação genérica

$$ax + by + cz + k = 0,$$

onde $k \neq d$.

A situação encontrada no Exemplo 3 é geral: dois planos de equações

$$ax + by + cz + d = 0 \quad \text{e} \quad a'x + b'y + c'z + d' = 0$$

que não são paralelos sempre representam uma reta, que é sua interseção. Aliás, essas equações podem sempre ser resolvidas em relação a duas das coordenadas em termos da terceira, resultando nas equações paramétricas da reta interseção dos planos dados.

Exemplo 4. Dados os planos de equações

$$x + y + z - 3 = 0 \quad \text{e} \quad x + y - z + 1 = 0. \tag{1.8}$$

não podemos, evidentemente, resolver essas equações em relação a x e a y, como no exemplo anterior. Mas podemos resolvê-las em relação a x e a z ou a y e a z. Por eliminação de $x + y$, obtemos $z = 2$:

$$z - 3 = -z + 1, \quad \text{donde} \quad z = 2.$$

Substituindo esse valor em (1.8) encontramos

$$x + y - 1 = 0 \quad \text{e} \quad z = 2. \tag{1.9}$$

Vemos assim que a reta interseção dos planos dados é também a interseção dos planos $x+y-1=0$ e $z=2$. Resolvendo estas equações em relação a y e a z, estaremos adotando x como parâmetro, digamos, $x=t$:

$$x=t, \quad y=1-t, \quad z=2.$$

Trata-se das equações paramétricas da reta pelo ponto (0, 1, 2), na direção do vetor (1, −1, 0).

Por outro lado, resolvendo as Eqs. (1.9) em relação a x e a z, e adotando $y=t$ como parâmetro, obtemos as equações paramétricas

$$x=1-t, \quad y=t, \quad z=2.$$

que representam a mesma reta. Isso mostra, em particular, que uma reta pode ser representada por vários tipos de equações paramétricas.

Exercícios

1. Determine as equações paramétricas da reta pela origem que é perpendicular ao plano de equação

$$2x-y+3z-6-0$$

e faça um gráfico.

2. Determine as equações paramétricas da reta pelo ponto (2, −1, 3), perpendicular ao plano de equação $x-y+z+10=0$.

3. Determine a fórmula que exprime o co-seno do ângulo entre duas direções em termos dos co-senos diretores dessas direções.

4. Determine o vetor mais geral que é perpendicular aos vetores $\mathbf{u}=(1, -1, 2)$ e $\mathbf{v}=(2, 0, -1)$.

5. Determine o ponto de interseção do plano de equação $2x-y-3z-4=0$ com a reta pelo ponto (0, 1, −1), na direção do vetor (1, −2, 1).

6. Determine a equação do plano pelo ponto (1, −1, 2), paralelo ao plano de equação $2x-y+3z-11=0$.

7. Demonstre que a distância de um ponto $P_0=(x_0, y_0, z_0)$ a um plano de equação $ax+by+cz+d=0$ é dada por

$$d=\frac{|ax_0+by_0+cz_0+d|}{\sqrt{a^2+b^2+c^2}}.$$

8. Determine as equações dos dois planos que distam três unidades do plano de equação $3x-y-z+1=0$ e que são paralelos a este plano.

Nos Exercícios 9 a 19, determine equações paramétricas das retas interseções dos planos dados.

9. $2x-y-z-1=0$ e $x+y-2z+7=0$.

10. $3x-2y-7=0$ e $2y+3z+7=0$.

11. $x-2y+z+1=0$ e $2y-x+z-3=0$.

12. $3x-2y+z-2=0$ e $3x+4y+z+1=0$.

13. $2x-y+5z=0$ e $x+y-5z=10$.

14. $x+3y=5$ e $2x-z-1=0$.

15. $2x-y=3$ e $2y+z=0$.

16. $x=3$ e $z=2$.

17. $x=-4$ e $y=-5$.

18. $y=2$ e $z=-3$.

19. $x+y=0$ e $y+z=0$.

Respostas e sugestões

1. $x = 2t,\ y = -t,\ z = 3t$.

3. $\cos\alpha_1 \cos\beta_1 + \cos\alpha_2 \cos\beta_2 + \cos\alpha_3 \cos\beta_3$, onde $\cos\alpha_1$, $\cos\alpha_2$, $\cos\alpha_3$ são os co-senos diretores de uma direção e $\cos\beta_1$, $\cos\beta_2$, $\cos\beta_3$, os da outra.

5. $(2, -3, 1)$.

7. Escreva a equação da reta pelo ponto, perpendicular ao plano. Ache o ponto Q de interseção desta reta com o plano. Calcule a distância de P_0 a Q.

9. $x = t - 2,\ y = t - 5,\ z = t$.

11. $x = -2 + 2t,\ y = t,\ z = 1$.

13. $x = 10/3,\ y = 5t + 20/3,\ z = t$.

15. $x = 3/2 + t/4,\ y = -t/2,\ z = t$.

17. $x = -4,\ y = 5,\ z = t$.

19. $x = t,\ y = -t,\ z = t$.

1.5 Produto vetorial

Além do produto escalar, existe um outro tipo importante de produto de vetores, chamado de *produto vetorial*. O produto vetorial de dois vetores **u** e **v** deve ser definido de tal maneira que o resultado, indicado com o símbolo $\mathbf{u} \times \mathbf{v}$, seja um vetor **w** com as seguintes propriedades:

1. $|\mathbf{w}| = |\mathbf{u}||\mathbf{v}| \operatorname{sen}\theta$, onde θ $(0 \leq \theta \leq \pi)$ é o ângulo entre os vetores **u** e **v**, supostos não-nulos;

2. **w** é perpendicular a **u** e a **v**;

3. o sentido de **w** é tal que os três vetores $\mathbf{u}, \mathbf{v}, \mathbf{w}$, nesta ordem, formem um triedro com orientação positiva. Isso significa que esses vetores obedecem à chamada *regra da mão direita*, assim descrita: com a mão direita semi-aberta (Fig. 1.18), o dedo indicador representando o vetor **u** e o dedo médio representando o vetor **v**, o vetor **w** deve ser representado pelo dedo polegar, disposto perpendicularmente aos dois primeiros.

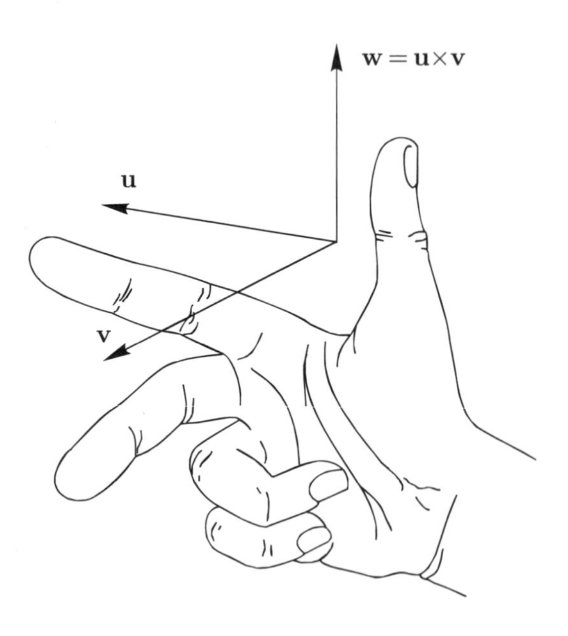

Figura 1.18

Essa maneira de introduzir o produto vetorial apresenta a vantagem de ser bastante sugestiva, mas não é a maneira adequada para provar as propriedades desse produto. Ela sugere que o produto vetorial deve ser definido de tal forma que, no caso dos vetores **i**, **j**, **k** do triedro fundamental, se tenham as seguintes propriedades:

$$\begin{aligned} \mathbf{i}\times\mathbf{j} = -\mathbf{j}\times\mathbf{i} = \mathbf{k}; \qquad & \mathbf{j}\times\mathbf{k} = -\mathbf{k}\times\mathbf{j} = \mathbf{i}; \\ \mathbf{k}\times\mathbf{i} = -\mathbf{i}\times\mathbf{k} = \mathbf{j}; \qquad & \mathbf{i}\times\mathbf{i} = \mathbf{j}\times\mathbf{j} = \mathbf{k}\times\mathbf{k} = 0. \end{aligned} \tag{1.10}$$

Além disso, ainda por razões de ordem prática, o produto vetorial deve possuir as seguintes propriedades: quaisquer que sejam os vetores **a**, **b**, **c** e o escalar r,

$$\mathbf{a}\times(\mathbf{b}+\mathbf{c}) = \mathbf{a}\times\mathbf{b}+\mathbf{a}\times\mathbf{c}; \quad (\mathbf{a}+\mathbf{b})\times\mathbf{c} = \mathbf{a}\times\mathbf{c}+\mathbf{b}\times\mathbf{c}; \quad (r\mathbf{a})\times\mathbf{b} = r(\mathbf{a}\times\mathbf{b}). \tag{1.11}$$

Portanto, no caso de dois vetores

$$\mathbf{v}_1 = (x_1,\, y_1,\, z_1) = x_1\mathbf{i}+y_1\mathbf{j}+z_1\mathbf{k} \quad \text{e} \quad \mathbf{v}_2 = (x_2,\, y_2,\, z_2) = x_2\mathbf{i}+y_2\mathbf{j}+z_2\mathbf{k}$$

devemos ter, em vista de (1.10) e (1.11),

$$\begin{aligned} \mathbf{v}_1\times\mathbf{v}_2 &= (x_1\mathbf{i}+y_1\mathbf{j}+z_1\mathbf{k})\times(x_2\mathbf{i}+y_2\mathbf{j}+z_2\mathbf{k}) \\ &= x_1x_2\mathbf{i}\times\mathbf{i}+x_1y_2\mathbf{i}\times\mathbf{j}+x_1z_2\mathbf{i}\times\mathbf{k}+y_1x_2\mathbf{j}\times\mathbf{i}+y_1y_2\mathbf{j}\times\mathbf{j}+y_1z_2\mathbf{j}\times\mathbf{k} \\ &= z_1x_2\mathbf{k}\times\mathbf{i}+z_1y_2\mathbf{k}\times\mathbf{j}+z_1z_2\mathbf{k}\times\mathbf{k} \\ &= x_1y_2\mathbf{k}-x_1z_2\mathbf{j}-y_1x_2\mathbf{k}+y_1z_2\mathbf{i}+z_1x_2\mathbf{j}-z_1y_2\mathbf{i}, \end{aligned}$$

isto é,

$$\begin{aligned} \mathbf{v}_1\times\mathbf{v}_2 &= (y_1z_2-z_1y_2)\mathbf{i}+(z_1x_2-x_1z_2)\mathbf{j}+(x_1y_2-y_1x_2)\mathbf{k} \\ &= (y_1z_2-z_1y_2,\; z_1x_2-x_1z_2,\; x_1y_2-y_1x_2). \end{aligned}$$

Todas as considerações feitas até agora devem ser encaradas como raciocínio heurístico, que serviu para descobrir a forma adequada do produto que se deseja introduzir. Daí a seguinte

Definição. *Dados dois vetores* $\mathbf{v}_1 = (x_1,\, y_1,\, z_1)$ *e* $\mathbf{v}_2 = (x_2,\, y_2,\, z_2)$, *define-se o produto vetorial* $\mathbf{v}_1\times\mathbf{v}_2$ *mediante a expressão*

$$\mathbf{v}_1\times\mathbf{v}_2 = (y_1z_2-z_1y_2,\; z_1x_2-x_1z_2,\; x_1y_2-y_1x_2). \tag{1.12}$$

O produto vetorial assim definido possui todas as propriedades anteriormente mencionadas e que motivaram essa definição, como veremos a seguir.

Existe uma regra muito conveniente para lembrar a definição (1.12), que está ligada à regra de desenvolvimento de um determinante. Lembramos que um determinante de segunda ordem é dado por

$$\begin{vmatrix} a & b \\ c & d \end{vmatrix} = ad - bc.$$

Portanto, a fórmula (1.12) pode ser escrita da seguinte maneira:

$$\mathbf{v}_1\times\mathbf{v}_2 = \begin{vmatrix} y_1 & z_1 \\ y_2 & z_2 \end{vmatrix}\mathbf{i} - \begin{vmatrix} x_1 & z_1 \\ x_2 & z_2 \end{vmatrix}\mathbf{j} + \begin{vmatrix} x_1 & y_1 \\ x_2 & y_2 \end{vmatrix}\mathbf{k}.$$

Por outro lado, um determinante de terceira ordem desenvolve-se em termos de determinantes de segunda ordem de acordo com a seguinte regra:

$$\begin{vmatrix} a & b & c \\ x_1 & y_1 & z_1 \\ x_2 & y_2 & z_2 \end{vmatrix} = \begin{vmatrix} y_1 & z_1 \\ y_2 & z_2 \end{vmatrix} a - \begin{vmatrix} x_1 & z_1 \\ x_2 & z_2 \end{vmatrix} b + \begin{vmatrix} x_1 & y_1 \\ x_2 & y_2 \end{vmatrix} c.$$

Comparando esta expressão com a anterior, vê-se que o produto vetorial pode ser escrito, simbolicamente, na forma seguinte:

$$\begin{vmatrix} \mathbf{i} & \mathbf{j} & \mathbf{k} \\ x_1 & y_1 & z_1 \\ x_2 & y_2 & z_2. \end{vmatrix}$$

Dizemos "simbolicamente" porque os elementos da primeira linha dessa matriz são vetores, de sorte que o que estamos escrevendo é apenas um símbolo conveniente que serve para lembrar a regra de formação do produto vetorial por analogia com a regra de desenvolvimento de um determinante.

Há uma regra simples e útil para obter as componentes do produto vetorial em (1.12) a partir de uma delas, bastando, para isso, fazer uma permutação circular das letras. Por exemplo, a segunda componente, $z_1x_2 - x_1z_2$, é obtida da primeira, $y_1z_2 - z_1y_2$, por permutações circulares das letras: y é trocado por z e z é trocado por x. Do mesmo modo, a terceira componente, $x_1y_2 - y_1x_2$, provém da segunda trocando z por x e x por y.

Exemplo 1. Vamos calcular o produto vetorial dos vetores $\mathbf{u} = (2, 4, 5)$ e $\mathbf{v} = (4, 3, 2)$:

$$\begin{aligned} \mathbf{u} \times \mathbf{v} = \begin{vmatrix} \mathbf{i} & \mathbf{j} & \mathbf{k} \\ 2 & 4 & 5 \\ 4 & 3 & 2 \end{vmatrix} &= \begin{vmatrix} 4 & 5 \\ 3 & 2 \end{vmatrix} \mathbf{i} - \begin{vmatrix} 2 & 5 \\ 4 & 2 \end{vmatrix} \mathbf{j} + \begin{vmatrix} 2 & 4 \\ 4 & 3 \end{vmatrix} \mathbf{k} \\ &= (8 - 15)\mathbf{i} - (4 - 20)\mathbf{j} + (6 - 16)\mathbf{k} = -7\mathbf{i} + 16\mathbf{j} - 10\mathbf{k}. \end{aligned}$$

Do mesmo modo, sendo $\mathbf{u} = (-2, 3, 2)$ e $\mathbf{v} = (3, -5, -4)$, seu produto vetorial é dado por

$$\begin{aligned} \mathbf{u} \times \mathbf{v} = \begin{vmatrix} \mathbf{i} & \mathbf{j} & \mathbf{k} \\ -2 & 3 & 2 \\ 3 & -5 & -4 \end{vmatrix} &= \begin{vmatrix} 3 & 2 \\ -5 & -4 \end{vmatrix} \mathbf{i} - \begin{vmatrix} -2 & 2 \\ 3 & -4 \end{vmatrix} \mathbf{j} + \begin{vmatrix} -2 & 3 \\ 3 & -5 \end{vmatrix} \mathbf{k} \\ &= (-12 + 10)\mathbf{i} - (8 - 6)\mathbf{j} + (10 - 9)\mathbf{k} = -2\mathbf{i} - 2\mathbf{j} + \mathbf{k}. \end{aligned}$$

Propriedades do produto vetorial

Uma vez definido o produto vetorial pela fórmula (1.12), provam-se facilmente as propriedades (1.10) e (1.11). A título de ilustração, vamos demonstrar a primeira das propriedades em (1.11). Para isso, sejam $\mathbf{a} = (a_1, a_2, a_3)$, $\mathbf{b} = (b_1, b_2, b_3)$ e $\mathbf{c} = (c_1, c_2, c_3)$ três vetores quaisquer. Teremos:

$$\begin{aligned} \mathbf{a} \times (\mathbf{b} + \mathbf{c}) &= \begin{vmatrix} \mathbf{i} & \mathbf{j} & \mathbf{k} \\ a_1 & a_2 & a_3 \\ b_1 + c_1 & b_2 + c_2 & b_3 + c_3 \end{vmatrix} \\ &= \begin{vmatrix} a_2 & a_3 \\ b_2 + c_2 & b_3 + c_3 \end{vmatrix} \mathbf{i} - \begin{vmatrix} a_1 & a_3 \\ b_1 + c_1 & b_3 + c_3 \end{vmatrix} \mathbf{j} + \begin{vmatrix} a_1 & a_2 \\ b_1 + c_1 & b_2 + c_2 \end{vmatrix} \mathbf{k}. \\ &= [a_2(b_3 + c_3) - a_3(b_2 + c_2)]\mathbf{i} + [a_1(b_3 + c_3) - a_3(b_1 + c_1)]\mathbf{j} + [a_1(b_2 + c_2) - a_2(b_1 + c_1)]\mathbf{k}. \end{aligned}$$

Agora é fácil ver que o agrupamento dos termos que envolvem fatores b nessa última expressão produzem o vetor $\mathbf{a} \times \mathbf{b}$; os demais termos, que envolvem os fatores c, produzem $\mathbf{a} \times \mathbf{c}$. Concluímos, pois, que

$$\mathbf{a} \times (\mathbf{b} + \mathbf{c}) = \mathbf{a} \times \mathbf{b} + \mathbf{a} \times \mathbf{c}.$$

De modo inteiramente análogo se demonstram as outras propriedades em (1.11). Aliás, a segunda pode ser obtida da *propriedade anticomutativa,*

$$\mathbf{a} \times \mathbf{b} = -\mathbf{b} \times \mathbf{a}, \tag{1.13}$$

e da propriedade anterior. Deixamos ao leitor a tarefa de provar todas essas propriedades.

Vamos demonstrar que se $\mathbf{a}$ e $\mathbf{b}$ são vetores não-nulos, então

$$|\mathbf{a} \times \mathbf{b}| = |\mathbf{a}|\,|\mathbf{b}| \operatorname{sen} \theta,$$

onde θ é o ângulo entre as direções desses vetores. Sejam $\mathbf{a} = (a_1, a_2, a_3)$ e $\mathbf{b} = (b_1, b_2, b_3)$; logo,

$$\begin{aligned} |\mathbf{a} \times \mathbf{b}|^2 &= (a_2b_3 - a_3b_2)^2 + (a_3b_1 - a_1b_3)^2 + (a_1b_2 - a_2b_1)^2 \\ &= a_2^2b_3^2 - 2a_2b_3a_3b_2 + a_3^2b_2^2 + a_3^2b_1^2 - 2a_3b_1a_1b_3 + a_1^2b_3^2 + a_1^2b_2^2 - 2a_1b_2a_2b_1 + a_2^2b_1^2. \end{aligned}$$

Por outro lado,

$$\begin{aligned} |\mathbf{a}|^2|\mathbf{b}|^2 \operatorname{sen}^2 \theta = |\mathbf{a}|^2|\mathbf{b}|^2(1 - \cos^2 \theta) &= |\mathbf{a}|^2|\mathbf{b}|^2 - |\mathbf{a} \cdot \mathbf{b}|^2 \\ &= (a_1^2 + a_2^2 + a_3^2)(b_1^2 + b_2^2 + b_3^2) - (a_1b_1 + a_2b_2 + a_3b_3)^2. \end{aligned}$$

Desenvolvendo essa expressão, é fácil ver que ela coincide com a expressão anterior de $|\mathbf{a} \times \mathbf{b}|^2$, donde segue o resultado desejado.

Geometricamente, a propriedade que acabamos de provar significa que $|\mathbf{a} \times \mathbf{b}|$ é a área do paralelogramo de lados $\mathbf{a}$ e $\mathbf{b}$ (Fig. 1.19), pois $|\mathbf{b}| \operatorname{sen} \theta = h$ é a altura desse paralelogramo relativa ao lado $\mathbf{a}$.

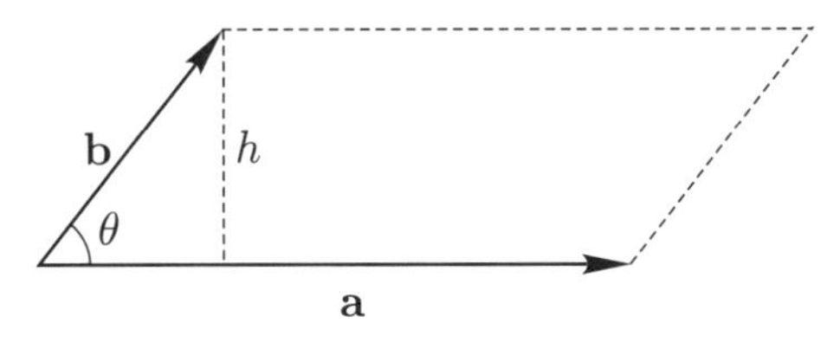

Figura 1.19

O produto vetorial $|\mathbf{a} \times \mathbf{b}|$ é perpendicular aos vetores $\mathbf{a}$ e $\mathbf{b}$, isto é,

$$(\mathbf{a} \times \mathbf{b}) \cdot \mathbf{a} = (\mathbf{a} \times \mathbf{b}) \cdot \mathbf{b} = 0, \tag{1.14}$$

propriedade essa cuja demonstração também fica a cargo do leitor.

Uma propriedade importante. *O produto vetorial de dois vetores não-nulos e não-colineares,* $\mathbf{w} = \mathbf{u} \times \mathbf{v}$, *é tal que o triedro dos vetores* $\mathbf{u}$, $\mathbf{v}$, $\mathbf{w}$, *nesta ordem, tem orientação positiva.*

Vamos verificar a veracidade dessa afirmação, primeiro no caso particular em que $\mathbf{u}$ tem a mesma direção e sentido que o vetor $\mathbf{i}$, e $\mathbf{v}$ jaz no plano de $\mathbf{i}$ e $\mathbf{j}$, isto é,

$$\mathbf{u} = a\mathbf{i}, \ a > 0 \quad \text{e} \quad \mathbf{v} = x\mathbf{i} + y\mathbf{j}.$$

Então

$$\mathbf{w} = \mathbf{u} \times \mathbf{v} = \begin{vmatrix} \mathbf{i} & \mathbf{j} & \mathbf{k} \\ a & 0 & 0 \\ x & y & 0 \end{vmatrix} = ay\mathbf{k}.$$

Há duas possibilidades a considerar, conforme seja $y > 0$ ou $y < 0$, as quais estão ilustradas nas Figs. 1.20a e 1.20b, respectivamente. No primeiro caso, $ay > 0$ e $\mathbf{w}$ tem o mesmo sentido de $\mathbf{k}$, enquanto, no segundo caso, $ay < 0$ e $\mathbf{w}$ tem sentido oposto ao de $\mathbf{k}$ (note que $y \neq 0$, senão $\mathbf{u}$ e $\mathbf{v}$ seriam colineares).

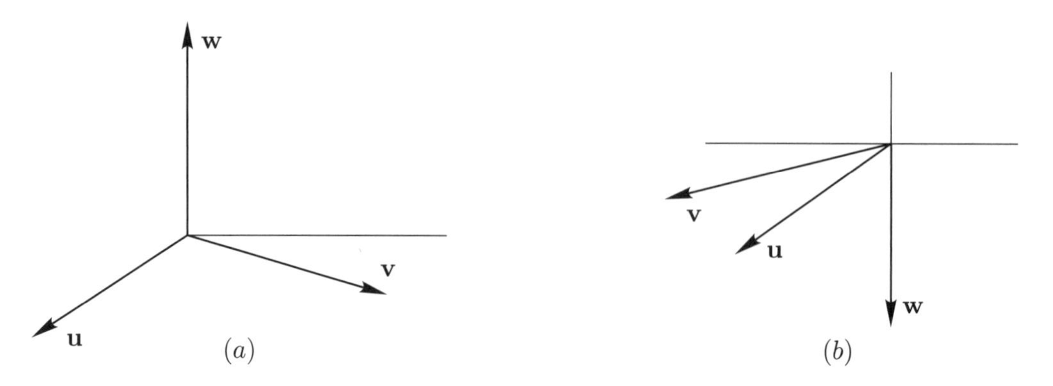

Figura 1.20

Quando $\mathbf{u}$ e $\mathbf{v}$ não estão necessariamente na situação considerada, podemos imaginar um movimento contínuo que os leva àquela situação, mantendo fixo o ângulo entre esses vetores e fixos os seus módulos. Então, $\mathbf{w} = \mathbf{u} \times \mathbf{v}$ também deve mover-se com continuidade. Como $\mathbf{w}$ é sempre perpendicular a $\mathbf{u}$ e a $\mathbf{v}$, e na posição final é tal que $\mathbf{u}, \mathbf{v}, \mathbf{w}$ formam um triedro com orientação positiva, concluímos que na posição inicial esse triedro também tinha orientação positiva.

Vamos terminar esta seção com dois exemplos de utilização do produto vetorial em Geometria Analítica.

Exemplo 2. Dados os planos de equações

$$2x - y - 3z - 3 = 0 \quad \text{e} \quad x - 3y + z + 1 = 0, \tag{1.15}$$

os vetores $\mathbf{a} = (2,\ -1,\ -3)$ e $\mathbf{b} = (1,\ -3,\ 1)$ são perpendiculares a esses dois planos, respectivamente. Então, seu produto vetorial,

$$\mathbf{c} = \mathbf{a} \times \mathbf{b} = \begin{vmatrix} \mathbf{i} & \mathbf{j} & \mathbf{k} \\ 2 & -1 & -3 \\ 1 & -3 & 1 \end{vmatrix} = (-10,\ -5,\ -5)$$

define a direção da reta interseção dos planos dados. Preferimos o vetor $\mathbf{v} = -\mathbf{c}/5 = (2,\ 1,\ 1)$, colinear a $\mathbf{c}$ (Fig. 1.21). Para escrever a equação da reta, precisamos determinar um de seus pontos, que é uma solução particular das Eqs. (1.15). Por exemplo, fazendo $z = 0$, obtemos

$$2x - y - 3 = 0 \quad \text{e} \quad x - 3y + 1 = 0,$$

cuja solução é $x = 2$ e $y = 1$. Portanto, $P_0 = (2,\ 1,\ 0)$ é um ponto da reta interseção dos planos, cuja equação vetorial paramétrica é, então, $\mathbf{P} = \mathbf{P}_0 + t\mathbf{v}$. Essa equação vetorial equivale às seguintes equações paramétricas: $x = 2 + 2t,\ y = 1 + t,\ z = t$.

Exemplo 3. Para determinar a equação do plano pelos pontos $A = (1,\ -2,\ -1)$, $B = (-1,\ -1,\ 2)$ e $C = (2,\ 3,\ 1)$, notamos que ele é perpendicular ao vetor.

$$\begin{aligned} \overrightarrow{AB} \times \overrightarrow{AC} &= (\mathbf{B} - \mathbf{A}) \times (\mathbf{C} - \mathbf{A}) = (-2,\ 1,\ 3) \times (1,\ 5,\ 2) \\ &= \begin{vmatrix} \mathbf{i} & \mathbf{j} & \mathbf{k} \\ -2 & 1 & 3 \\ 1 & 5 & 2 \end{vmatrix} = (-13,\ 7,\ -11). \end{aligned}$$

Então, sua equação tem a forma

$$-13x + 7y - 11z + d = 0.$$

Para determinar d, basta substituir, nesta equação, um dos pontos A, B ou C, donde se conclui que $d = 16$. Portanto, o plano considerado tem equação $13x - 7y + 11z - 16 = 0$.

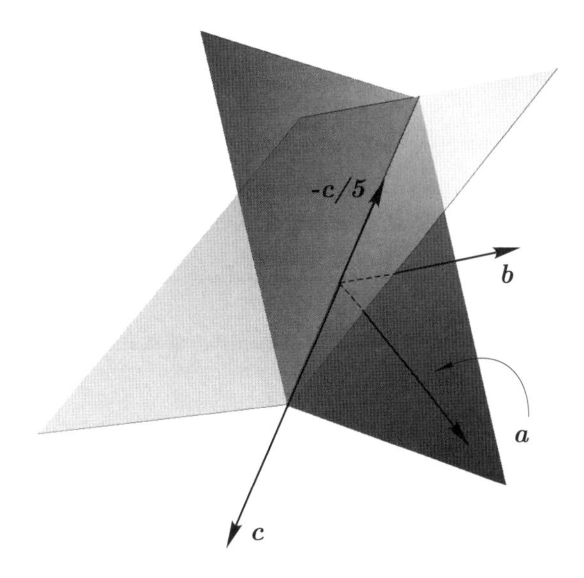

Figura 1.21

Exercícios

1. Demonstre todas as propriedades (1.10), (1.11), (1.13) e (1.14) do produto vetorial.

2. Determine a equação do plano pelos pontos $A = (2, 0, 1)$ e $B = (0, 2, 1)$, paralelo ao vetor $\mathbf{v} = (-1, -2, 3)$.

3. Determine a equação do plano pelo ponto $A = (-1, 2, -3)$, paralelo às direções $\mathbf{u} = (1, 0, 1)$ e $\mathbf{v} = (1, 1, 0)$.

4. Determine a equação do plano pela origem, perpendicular aos planos de equações

$$2x - y + z - 1 = 0 \quad \text{e} \quad x + y - 2z + 4 = 0.$$

5. Determine a equação do plano pelo ponto $A = (0, 1, 2)$, perpendicular aos planos de equações

$$x - y + z + 1 = 0 \quad \text{e} \quad 3x + y - 2z - 5 = 0.$$

6. Determine a equação do plano pelos pontos $A = (1, -1, 2)$, $B = (-1, 0, 1)$ e $C = (2, 1, 3)$.

7. Demonstre que $(\mathbf{a} + \mathbf{b}) \times (\mathbf{a} - \mathbf{b}) = 2\mathbf{b} \times \mathbf{a}$.

8. Demonstre que se $\mathbf{a} \times \mathbf{b} = 0$ e $\mathbf{a} \cdot \mathbf{b} = 0$, então $\mathbf{a} = 0$ ou $\mathbf{b} = 0$.

9. Use a regra de desenvolvimento de determinantes para mostrar que

$$\begin{vmatrix} a_1 & a_2 & a_3 \\ b_1 & b_2 & b_3 \\ c_1 & c_2 & c_3 \end{vmatrix} = a_1b_2c_3 + a_2b_3c_1 + a_3b_1c_2 - a_3b_2c_1 - a_2b_1c_3 - a_1b_3c_2.$$

Uma breve observação desse desenvolvimento permite formular a seguinte regra prática: *Os termos com sinal positivo no desenvolvimento de um determinante de terceira ordem são obtidos como produtos dos elementos ligados por setas na Fig. 1.22a. De modo análogo, os termos com sinal negativo provêm dos produtos dos elementos ligados por setas na Fig. 1.22b.*

Use o desenvolvimento anterior e o desenvolvimento $\begin{vmatrix} a & b \\ c & d \end{vmatrix} = ad - bc$ para estabelecer as propriedades dos determinantes de segunda e terceira ordens enunciadas nos Exercícios 10 a 14.

10. Um determinante não se altera quando trocamos suas linhas por suas colunas, isto é,

$$\begin{vmatrix} a_1 & a_2 & a_3 \\ b_1 & b_2 & b_3 \\ c_1 & c_2 & c_3 \end{vmatrix} = \begin{vmatrix} a_1 & b_1 & c_1 \\ a_2 & b_2 & c_2 \\ a_3 & b_3 & c_3 \end{vmatrix}.$$

11. Um determinante troca de sinal quando trocamos entre si duas de suas linhas (ou colunas).

12. Se todos os elementos de uma linha (ou coluna) são multiplicados por um mesmo número, o determinante fica multiplicado por esse número.

13. Um determinante é zero se todos os elementos de uma linha (ou coluna) são o produto, por um mesmo número, dos elementos correspondentes de outra linha (ou coluna).

14. Um determinante de terceira ordem permanece inalterado com uma permutação circular das linhas (ou colunas), isto é, no caso das linhas,

$$\begin{vmatrix} a_1 & a_2 & a_3 \\ b_1 & b_2 & b_3 \\ c_1 & c_2 & c_3 \end{vmatrix} = \begin{vmatrix} c_1 & c_2 & c_3 \\ a_1 & a_2 & a_3 \\ b_1 & b_2 & b_3 \end{vmatrix} = \begin{vmatrix} b_1 & b_2 & b_3 \\ c_1 & c_2 & c_3 \\ a_1 & a_2 & a_3 \end{vmatrix}.$$

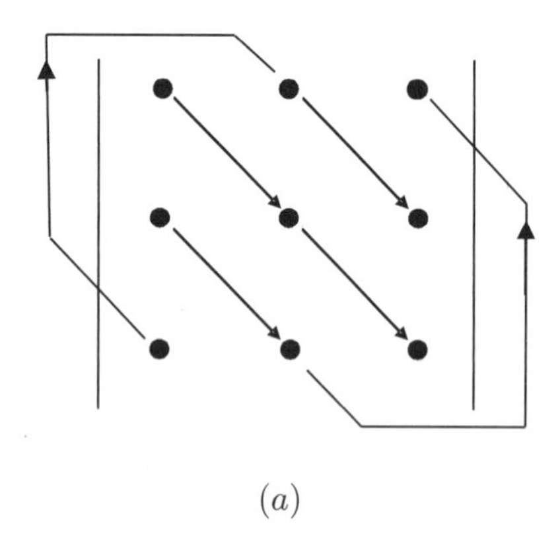

(a)

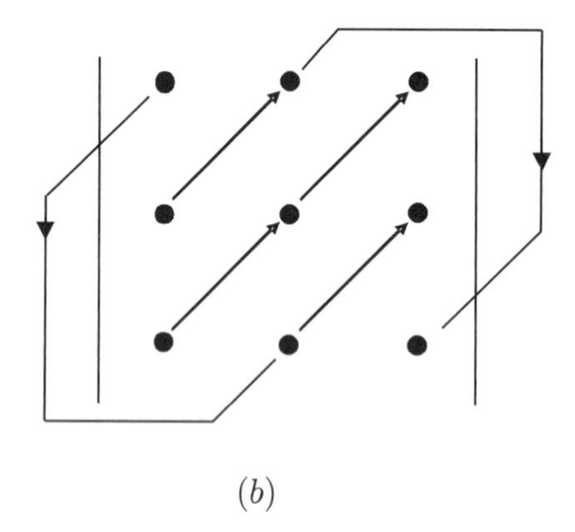

(b)

Figura 1.22

Respostas e sugestões

2. Observe que $\overrightarrow{AB} \times \mathbf{v}$ é perpendicular ao plano procurado.

3. $-x + y + z = 0$.

5. $x + 5y + 4z - 13 = 0$.

7. Use as propriedades (1.11) e (1.13).

8. Suponha $\mathbf{a} \neq 0$ e $\mathbf{b} \neq 0$, e use $|\mathbf{a} \times \mathbf{b}| = |\mathbf{a} \cdot \mathbf{b}| = 0$ para se chegar a um absurdo.

1.6 Produto misto e duplo produto vetorial

O *produto misto* dos vetores $\mathbf{a}, \mathbf{b}$ e $\mathbf{c}$, nesta ordem, é, por definição, o produto $\mathbf{a} \cdot (\mathbf{b} \times \mathbf{c})$. Note que podemos remover os parênteses e escrever, simplesmente, $\mathbf{a} \cdot \mathbf{b} \times \mathbf{c}$, já que $\mathbf{a} \cdot (\mathbf{b} \times \mathbf{c})$ é a única interpretação possível, pois $(\mathbf{a} \cdot \mathbf{b}) \times \mathbf{c}$ não faz sentido, seria o produto vetorial de um escalar por um vetor.

Sejam dados três vetores $\mathbf{a} = (a_1, a_2, a_3)$, $\mathbf{b} = (b_1, b_2, b_3)$ e $\mathbf{c} = (c_1, c_2, c_3)$. Então, como

$$\mathbf{b} \times \mathbf{c} = \begin{vmatrix} b_2 & b_3 \\ c_2 & c_3 \end{vmatrix} \mathbf{i} - \begin{vmatrix} b_1 & b_3 \\ c_1 & c_3 \end{vmatrix} \mathbf{j} + \begin{vmatrix} b_1 & b_2 \\ c_1 & c_2 \end{vmatrix} \mathbf{k},$$

obtemos

$$\mathbf{a} \cdot \mathbf{b} \times \mathbf{c} = \begin{vmatrix} b_2 & b_3 \\ c_2 & c_3 \end{vmatrix} a_1 - \begin{vmatrix} b_1 & b_3 \\ c_1 & c_3 \end{vmatrix} a_2 + \begin{vmatrix} b_1 & b_2 \\ c_1 & c_2 \end{vmatrix} a_3.$$

Mas este é precisamente o determinante de terceira ordem da matriz cujas primeira, segunda e terceira linhas são as componentes dos vetores $\mathbf{a}, \mathbf{b}$ e $\mathbf{c}$, respectivamente, isto é,

$$\mathbf{a} \cdot \mathbf{b} \times \mathbf{c} = \begin{vmatrix} a_1 & a_2 & a_3 \\ b_1 & b_2 & b_3 \\ c_1 & c_2 & c_3 \end{vmatrix}.$$

Dessa expressão e da propriedade de circularidade dos determinantes de terceira ordem (Exercício 14 atrás) segue-se que

$$\mathbf{a} \cdot \mathbf{b} \times \mathbf{c} = \mathbf{c} \cdot \mathbf{a} \times \mathbf{b} = \mathbf{b} \cdot \mathbf{c} \times \mathbf{a},$$

que, juntamente com a primeira das igualdades anteriores, nos dá

$$\mathbf{a} \cdot \mathbf{b} \times \mathbf{c} = \mathbf{a} \times \mathbf{b} \cdot \mathbf{c}.$$

Em vista dessa propriedade, costuma-se escrever o produto misto dos vetores $\mathbf{a}, \mathbf{b}$ e $\mathbf{c}$ na forma $\mathbf{abc}$.

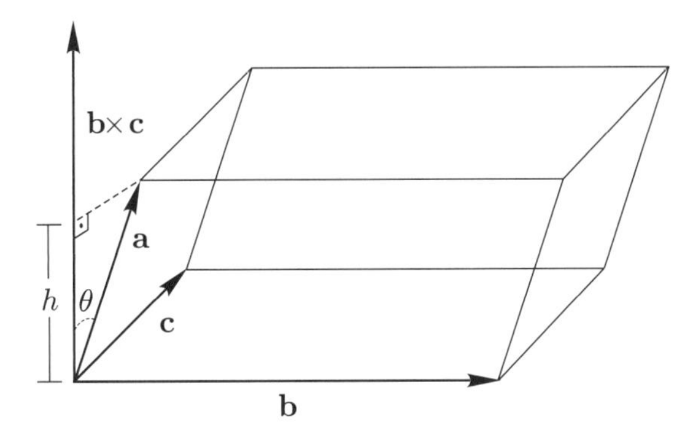

Figura 1.23

Interpretação geométrica

O produto misto tem uma interpretação geométrica bem interessante e simples. Já vimos que o produto $\mathbf{a} \times \mathbf{c}$ é ortogonal a $\mathbf{b}$ e a $\mathbf{c}$ e tem módulo igual à área do paralelogramo formado com esses dois vetores, como ilustra a Fig. 1.23. Por outro lado,

$$\mathbf{a} \cdot \mathbf{b} \times \mathbf{c} = |\mathbf{a}|\, |\mathbf{b} \times \mathbf{c}| \cos\theta,$$

onde θ é o ângulo entre $\mathbf{a}$ e $\mathbf{b} \times \mathbf{c}$. Mas $|\mathbf{a}| \cos\theta = h$ é a altura do paralelepípedo formado com os três vetores $\mathbf{a}, \mathbf{b}$ e $\mathbf{c}$ (Fig. 1.23), tomada com o sinal positivo ou negativo conforme θ seja menor ou maior que $\pi/2 (0 \leq \theta \leq \pi)$. Então,

$$\mathbf{a} \cdot \mathbf{b} \times \mathbf{c} = |\mathbf{b} \times \mathbf{c}|\, |\mathbf{a}| \cos\theta = |\mathbf{b} \times \mathbf{c}|\, h$$

é o volume do paralelepípedo formado com os vetores $\mathbf{a}$, $\mathbf{b}$ *e* $\mathbf{c}$, *tomado com o sinal positivo ou negativo, conforme o triedro* $\mathbf{a}, \mathbf{b}$ *e* $\mathbf{c}$ *tenha ou não orientação positiva, respectivamente.*

Duplo produto vetorial

Dados os vetores $\mathbf{a}, \mathbf{b}$ e $\mathbf{c}$, vamos considerar agora o chamado *duplo produto vetorial* $\mathbf{w} = \mathbf{a}\times(\mathbf{b}\times\mathbf{c})$. Trata-se de um vetor ortogonal ao vetor $\mathbf{b}\times\mathbf{c}$. Como $\mathbf{b}\times\mathbf{c}$ já é ortogonal a $\mathbf{b}$ e a $\mathbf{c}$, vemos que $\mathbf{w}$ é paralelo ao plano desses vetores $\mathbf{b}$ e $\mathbf{c}$; logo, é uma combinação linear de $\mathbf{b}$ e $\mathbf{c}$, isto é,

$$\mathbf{a}\times(\mathbf{b}\times\mathbf{c}) = r\mathbf{b} + s\mathbf{c}$$

onde r e s são números convenientes. Vamos mostrar que $\mathbf{r} = \mathbf{a}\cdot\mathbf{c}$ e $\mathbf{s} = -\mathbf{a}\cdot\mathbf{b}$, vale dizer,

$$\mathbf{a}\times(\mathbf{b}\times\mathbf{c}) = (\mathbf{a}\cdot\mathbf{c})\mathbf{b} - (\mathbf{a}\cdot\mathbf{b})\mathbf{c}. \tag{1.16}$$

Para provar isso, sejam $\mathbf{a} = (a_1, a_2, a_3)$, $\mathbf{b} = (b_1, b_2, b_3)$ e $\mathbf{c} = (c_1, c_2, c_3)$ três vetores quaisquer. Então,

$$\mathbf{a}\times(\mathbf{b}\times\mathbf{c}) = \begin{vmatrix} \mathbf{i} & \mathbf{j} & \mathbf{k} \\ a_1 & a_2 & a_3 \\ b_2c_3 - b_3c_2 & b_3c_1 - b_1c_3 & b_1c_2 - b_2c_1 \end{vmatrix}.$$

A primeira componente desse vetor é

$$\begin{aligned} a_2(b_1c_2 - b_2c_1) - a_3(b_3c_1 - b_1c_3) &= (a_2c_2 + a_3c_3)b_1 - (a_2b_2 + a_3b_3)c_1 \\ &= (a_1c_1 + a_2c_2 + a_3c_3)b_1 - (a_1b_1 + a_2b_2 + a_3b_3)c_1 \\ &= (\mathbf{a}\cdot\mathbf{c})b_1 - (\mathbf{a}\cdot\mathbf{b})c_1. \end{aligned}$$

De modo inteiramente análogo verifica-se que a segunda e a terceira componentes do duplo produto vetorial são dadas por

$$(\mathbf{a}\cdot\mathbf{c})b_2 - (\mathbf{a}\cdot\mathbf{b})c_2 \quad \text{e} \quad (\mathbf{a}\cdot\mathbf{c})b_3 - (\mathbf{a}\cdot\mathbf{b})c_3,$$

respectivamente. Isso completa a demonstração da fórmula (1.16).

Exemplo 4. Dado dois vetores não-colineares, $\mathbf{a} = (a_1, a_2, a_3)$ e $\mathbf{b} = (b_1, b_2, b_3)$, a condição para que um ponto $P = (x, y, z)$ esteja no plano desses vetores e passe por um dado ponto $P_0 = (x_0, y_0, z_0)$ é que $\mathbf{P} - \mathbf{P}_0$ seja ortogonal a $\mathbf{a}\times\mathbf{b}$. Isso significa que o produto misto de $\mathbf{P} - \mathbf{P}_0$, $\mathbf{a}$ e $\mathbf{b}$ é zero; logo, a equação do referido plano é

$$(\mathbf{P} - \mathbf{P}_0)\cdot\mathbf{a}\times\mathbf{b} = \begin{vmatrix} x - x_0 & y - y_0 & z - z_0 \\ a_1 & a_2 & a_3 \\ b_1 & b_2 & b_3 \end{vmatrix} = 0.$$

Para considerar uma situação concreta, sejam $\mathbf{a} = (2, -3, 1)$, $\mathbf{b} = (2, 1, 2)$ e $P_0 = (3, 5, 2)$. Portanto, a equação anterior fica sendo

$$\begin{vmatrix} x - 3 & y - 5 & z - 2 \\ 2 & -3 & 1 \\ 2 & 1 & 2 \end{vmatrix} = -7(x-3) - 2(y-5) + 8(z-2) = 0,$$

ou seja,

$$7x + 2y - 8z - 15 = 0.$$

Exercícios

1. Demonstre que $(\mathbf{a}\times\mathbf{b})\times\mathbf{c} = (\mathbf{a}\cdot\mathbf{c})\mathbf{b} - (\mathbf{b}\cdot\mathbf{c})\mathbf{a}$.

2. Demonstre que $\mathbf{a}\times(\mathbf{b}\times\mathbf{c}) + \mathbf{b}\times(\mathbf{c}\times\mathbf{a}) + \mathbf{c}\times(\mathbf{a}\times\mathbf{b}) = 0$.

3. Demonstre que $(\mathbf{a}\times\mathbf{b})\cdot(\mathbf{c}\times\mathbf{d}) = (\mathbf{a}\cdot\mathbf{c})(\mathbf{b}\cdot\mathbf{d}) - (\mathbf{a}\cdot\mathbf{d})(\mathbf{b}\cdot\mathbf{c})$.

4. Determine x de forma que os vetores

$$\mathbf{a} = \mathbf{i} - \mathbf{j} + 2\mathbf{k}, \quad \mathbf{b} = -\mathbf{i} + 2\mathbf{j} + \mathbf{k} \quad \text{e} \quad \mathbf{c} = x\mathbf{i} + 3\mathbf{j} + 2\mathbf{k}$$

sejam coplanares.

5. Determine a equação do plano pelos pontos $A = (0, 1, 1)$ e $B = (2, 0, -1)$, paralelo ao vetor $\mathbf{v} = \mathbf{i} - 2\mathbf{j} + 3\mathbf{k}$.

6. Demonstre que $(\mathbf{b} \times \mathbf{c}) \times (\mathbf{c} \times \mathbf{a}) = (\mathbf{abc})\mathbf{c}$.

7. Demonstre que $(\mathbf{a} \times \mathbf{b}) \cdot (\mathbf{b} \times \mathbf{c}) \times (\mathbf{c} \times \mathbf{a}) = (\mathbf{abc})^2$.

8. Demonstre que os vetores $\mathbf{b} - \mathbf{a}$, $\mathbf{c} - \mathbf{b}$ e $\mathbf{a} - \mathbf{c}$ são coplanares.

9. Demonstre que $\mathbf{a} \times \mathbf{b} + \mathbf{b} \times \mathbf{c} + \mathbf{c} \times \mathbf{a}$ é perpendicular ao plano dos vetores $\mathbf{b} - \mathbf{a}$ e $\mathbf{b} - \mathbf{c}$.

10. Seja $\mathbf{a}$ o vetor unitário na direção de um raio de luz que incide num ponto P de um plano que separa dois meios homogêneos. Sejam $\mathbf{b}$ e $\mathbf{c}$ os vetores unitários nas direções dos raios refletido e refratado, respectivamente, e $\mathbf{n}$ o vetor normal ao plano, em P, dirigido do primeiro para o segundo meio. Mostre que a lei da reflexão da luz é equivalente a $(\mathbf{a} + \mathbf{b}) \cdot \mathbf{n} = \mathbf{a} \times \mathbf{b} \cdot \mathbf{n} = 0$ e que a lei da refração equivale a $n_1\mathbf{a} \times \mathbf{n} = n_2\mathbf{c} \times \mathbf{n}$ e $\mathbf{a} \times \mathbf{c} \cdot \mathbf{n} = 0$, onde n_1 e n_2 são os índices absolutos de refração dos meios 1 e 2, respectivamente.

Respostas e sugestões

1. Use a fórmula (1.16).

3. Use $(\mathbf{a} \times \mathbf{b}) \cdot \mathbf{e} = \mathbf{a} \cdot (\mathbf{b} \times \mathbf{e})$ e aplique o Exercício 1.

4. $x = -7/5$.

5. Se P é um ponto qualquer do plano, os vetores $\mathbf{P} - \mathbf{A}$, $\mathbf{B} - \mathbf{A}$ e $\mathbf{v}$ são coplanares. Resp.: $7x + 8y + 3z - 11 = 0$.

7. Use o Exercício 6.

8. Mostre que $(\mathbf{a} - \mathbf{b}) \cdot [(\mathbf{b} - \mathbf{c}) \times (\mathbf{a} - \mathbf{c})] = 0$.

9. Mostre que $(\mathbf{a} \times \mathbf{b} + \mathbf{b} \times \mathbf{c} + \mathbf{c} \times \mathbf{a}) \cdot (\mathbf{b} - \mathbf{a}) = 0$ e $(\mathbf{a} \times \mathbf{b} + \mathbf{b} \times \mathbf{c} + \mathbf{c} \times \mathbf{a}) \cdot (\mathbf{b} - \mathbf{c}) = 0$.

1.7 Curvas espaciais. Função vetorial

Vimos, na Seção 9.4 do Volume 2 do *Cálculo das funções de uma variável*, que as curvas no plano podem ser dadas por equações paramétricas. A situação no espaço não é diferente; em geral, uma curva é descrita dando-se as coordenadas de seu ponto genérico P como funções de uma variável independente t:

$$x = x(t), \quad y = y(t), \quad z = z(t).$$

Estas são chamadas as *equações paramétricas* da curva, e t é o *parâmetro*. Repare que essas *equações escalares* equivalem à única *equação vetorial*,

$$\mathbf{P} = \mathbf{P}(t) = (x(t),\, y(t),\, z(t)).$$

Este é o *vetor-posição*, já que, em se tratando do movimento de uma partícula, ele caracteriza a posição de P a cada instante de tempo t.

As noções de limite, continuidade e derivabilidade de uma função vetorial $P(t)$ são introduzidas em termos de suas componentes, como no caso do plano. Diz-se que $\mathbf{P}(t)$ tem *limite* $\mathbf{P}_0 = (x_0, y_0, z_0)$ quando $x(t) \to x_0$, $y(t) \to y_0$ e $z(t) \to z_0$ com $t \to t_0$. $\mathbf{P}(t)$ é *função contínua* em $t = t_0$ se

$$\lim_{t \to t_0} \mathbf{P}(t) = \mathbf{P}(t_0).$$

Isso significa que são contínuas, simultaneamente, as três componentes de $\mathbf{P}(t)$ em t_0. $\mathbf{P}(t)$ é *derivável* em $t = t_0$ se suas componentes forem deriváveis nesse ponto. Nesse caso, a derivada de $\mathbf{P}(t)$ é definida por

$$\mathbf{P}'(t) = \frac{d\mathbf{P}}{dt} = \left(\frac{dx}{dt}, \frac{dy}{dt}, \frac{dz}{dt}\right).$$

Isso equivale a definir derivada em termos da *razão incremental*,

$$\frac{\mathbf{P}(t+\Delta t) - \mathbf{P}(t)}{\Delta t} = \frac{\Delta \mathbf{P}}{\Delta t} = \left(\frac{\Delta x}{\Delta t}, \frac{\Delta y}{\Delta t}, \frac{\Delta z}{\Delta t}\right).$$

Quando $\Delta t \to 0$, obtemos exatamente a expressão anterior da derivada.

Geometricamente, $\mathbf{P}(t)$ descreve uma curva no espaço e $\mathbf{P}(t + \Delta t)$ é um ponto dessa curva que torna-se tão mais próximo de $\mathbf{P}(t)$ quanto menor for Δt (Fig. 1.24). Portanto, é natural considerar a derivada

$$\frac{d\mathbf{P}}{dt} = \lim_{\Delta t \to 0} \frac{\mathbf{P}(t+\Delta t) - \mathbf{P}(t)}{\Delta t}$$

como definindo a *direção tangente* à curva do ponto $\mathbf{P}(t)$, desde que essa derivada não seja zero. Quando $\mathbf{P}(t)$ é o vetor-posição de uma partícula em movimento, então a derivada $\mathbf{P}'(t)$ é sua *velocidade vetorial* e a derivada segunda $P''(t)$ é a aceleração.

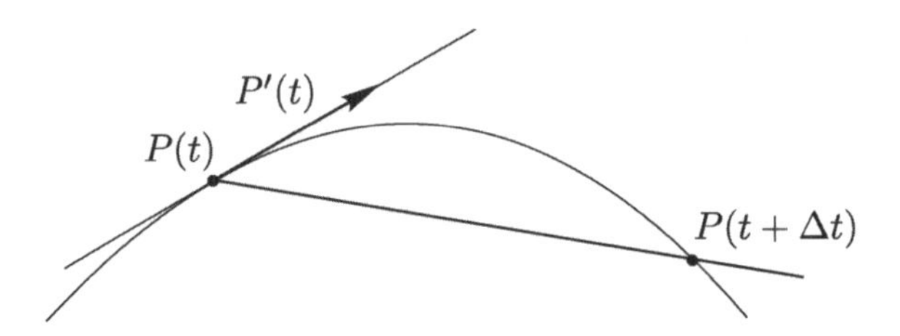

Figura 1.24

As regras usuais de derivação, já consideradas na Seção 6.6 do Volume 2 do *Cálculo das funções de uma variável*, permanecem todas válidas: sendo $f(t)$ e $s(t)$ funções escalares, $\mathbf{u}(t)$ e $\mathbf{v}(t)$ funções vetoriais, todas deriváveis, então valem as seguintes propriedades:

$$\begin{aligned}
\frac{d}{dt}[\mathbf{u}(t) + \mathbf{v}(t)] &= \frac{d\mathbf{u}(t)}{dt} + \frac{d\mathbf{v}(t)}{dt}; \\
\frac{d}{dt}[f(t)\mathbf{u}(t)] &= f'(t)\mathbf{u}(t) + f(t)\mathbf{u}'(t); \\
\frac{d}{dt}[\mathbf{u}(t) \cdot \mathbf{v}(t)] &= \mathbf{u}(t) \cdot \mathbf{v}(t) + \mathbf{u}(t) \cdot \mathbf{v}'(t); \\
\frac{d}{dt}[\mathbf{u}(t) \times \mathbf{v}(t)] &= \mathbf{u}(t) \times \mathbf{v}(t) + \mathbf{u}(t) \times \mathbf{v}'(t); \\
\frac{d}{dt}\mathbf{u}(s(t)) &= \frac{d\mathbf{u}(s)}{ds} \cdot \frac{ds(t)}{dt}.
\end{aligned} \tag{1.17}$$

As demonstrações de todas essas propriedades são feitas por simples exame das componentes dos vetores envolvidos, o que reduz as referidas propriedades à propriedade de derivação de funções escalares.

A última das propriedades em (1.17) é a *regra da cadeia*. Ela supõe, evidentemente, que $\mathbf{u}(s)$ seja derivável em relação a s, e $s = s(t)$ derivável em relação a t. Ao escrever $(d\mathbf{u}/ds)(ds/dt)$ estamos indicando a multiplicação de um vetor por um escalar, cujo significado é o mesmo que o produto de um escalar por um vetor, isto é, $\mathbf{u}r$ significa o mesmo que $r\mathbf{u}$.

Comprimento de arco

Ainda por analogia com o caso de vetores no plano, o *comprimento de arco* de uma curva no espaço,

$$\mathbf{P} = \mathbf{P}(t) = (x(t),\, y(t),\, z(t)),\ a \le t \le b,$$

é dado pela fórmula

$$s = \int_a^b \sqrt{x'(t^2) + y'(t)^2 + z'(t)^2}\, dt.$$

Evidentemente, temos de supor que $\mathbf{P}(t)$ seja derivável. A dedução dessa fórmula, todavia, é mais delicada que a de fórmula análoga no caso de curva plana, e não será feita aqui.

A expressão anterior pode ser posta em forma diferencial, escrevendo-a primeiro como função de t.

$$s = \int_a^t \sqrt{x'(\tau^2) + y'(\tau)^2 + z'(\tau)^2}\, d\tau,\quad a \le t \le b.$$

Daqui e do Teorema Fundamental do Cálculo, segue-se que

$$\frac{ds}{dt} = \sqrt{x'(t^2) + y'(t)^2 + z'(t)^2} = \left|\frac{d\mathbf{P}}{dt}\right|;$$

ou ainda,

$$ds^2 = d\mathbf{P}^2 = dx^2 + dy^2 + dz^2.$$

Observe que $d\mathbf{P} = \mathbf{P}'(t)dt$ é tangente à curva no ponto $\mathbf{P}(t)$.

A fórmula do comprimento de arco permite mostrar que se considerarmos um ponto $P = P(t)$ da curva e um ponto vizinho $Q = P(t + \nabla t)$, então a *razão do arco* $\overset{\frown}{PQ}$ *para a corda* PQ *tende a 1 à medida que* Q *se aproxima de* P. De fato (Fig. 1.25),

$$\frac{\overset{\frown}{PQ}}{PQ} = \frac{|\Delta s|}{\sqrt{\Delta x^2 + \Delta y^2 + \Delta z^2}} = \frac{|\Delta s/\Delta t|}{\sqrt{\left(\frac{\Delta x}{\Delta t}\right)^2 + \left(\frac{\Delta y}{\Delta t}\right)^2 + \left(\frac{\Delta z}{\Delta t}\right)^2}};$$

logo,

$$\lim_{\Delta t \to 0} \frac{\overset{\frown}{PQ}}{PQ} = \frac{|s'(t)|}{\sqrt{x'(t^2) + y'(t)^2 + z'(t)^2}} = 1.$$

Curvatura

Vamos imaginar uma curva parametrizada pelo comprimento de arco. Então, o vetor tangente, $\mathbf{T} = d\mathbf{P}/ds$, é unitário em vista do resultado anterior. Em conseqüência, $\mathbf{T}^2 = 1$, donde segue-se, por derivação,

$$2\mathbf{T} \cdot \frac{d\mathbf{T}}{ds} = 0.$$

Isso mostra que $d\mathbf{T}/ds$, chamado *vetor curvatura*, quando diferente de zero, tem direção e sentido dados por um vetor unitário $\mathbf{N}$, normal ao vetor tangente $\mathbf{T}$ (Fig. 1.26). O módulo do vetor $d\mathbf{T}/ds$ é a curvatura κ, de sorte que

$$\frac{d\mathbf{T}}{ds} = \kappa\mathbf{N}.$$

Como no caso de curvas planas, $R = \kappa^{-1}$ é o *raio de curvatura* da curva no ponto $P(s)$. Repare que o vetor curvatura está dirigido para o lado côncavo da curva. Observe também que se $d\mathbf{T}/ds = 0$, como ocorre no caso da reta, a curvatura é zero.

Quando lidamos com uma curva plana, ela está sempre contida no plano por $P(t)$, paralelo aos vetores **T** e **N** nesse ponto. No caso de uma curva no espaço, esse plano, em geral, não é fixo, mas varia de ponto para ponto, ao longo da curva. Ele é chamado de *plano osculador* à curva no ponto $P(t)$ considerado. Isso porque, como se demonstra, de todos os planos por $P(t)$ ele é o que tem o maior "grau de contato" com a curva.

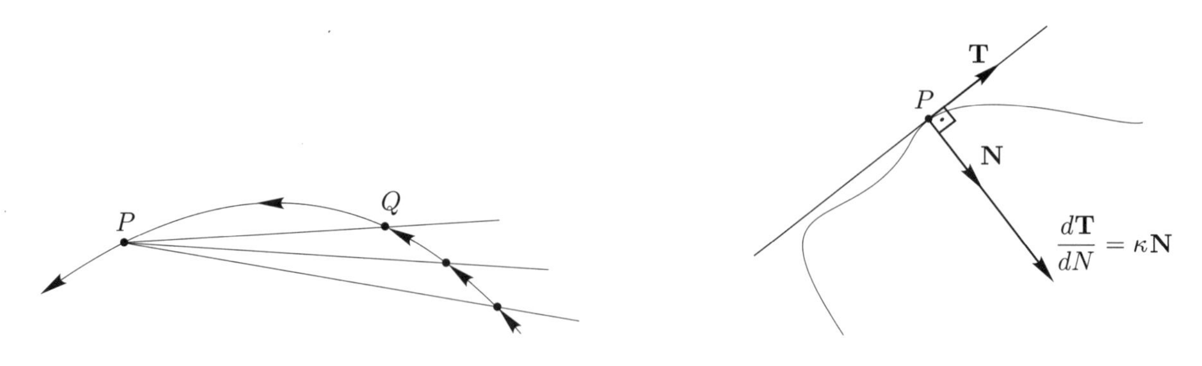

Figura 1.25

Figura 1.26

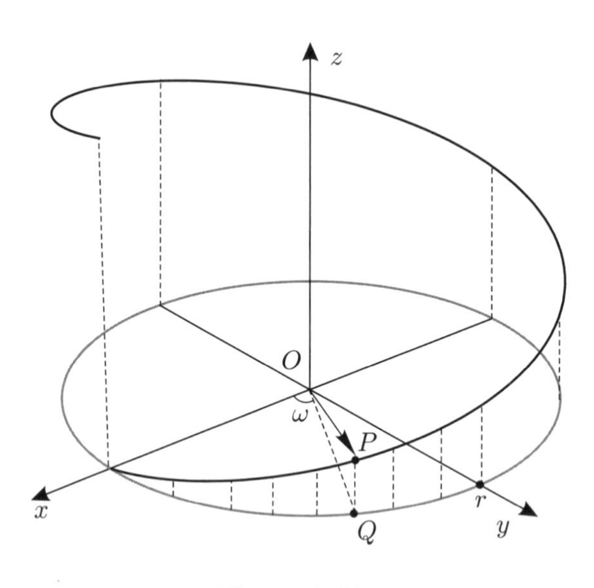

Figura 1.27

Exemplo 1: Hélice cilíndrica circular. A curva dada por

$$P(t) = (r\cos\omega t,\ r\,\text{sen}\,\omega t,\ vt)$$

é chamada de *hélice cilíndrica circular.* Interpretando o parâmetro t como tempo, vemos que a projeção de $P(t)$ sobre o plano Oxy é o ponto

$$Q(t) = r(\cos\omega t,\ \text{sen}\,\omega t),$$

que descreve a circunferência de centro na origem e raio r, com velocidade angular ω (Fig. 1.27). Ao mesmo tempo, a projeção de $P(t)$ sobre o eixo Oz desloca-se, sobre esse eixo, com velocidade v. A velocidade e a aceleração desse movimento são dadas por

$$\dot{\mathbf{P}} = (-r\omega\,\text{sen}\,\omega t,\ r\omega\cos\omega t,\ v) \quad \text{e} \quad \ddot{\mathbf{P}} = (-r\omega^2\cos\omega t,\ -r\omega^2\,\text{sen}\,\omega t,\ 0),$$

respectivamente. O comprimento de arco s é obtido da fórmula

$$\frac{ds}{dt} = \sqrt{\dot{\mathbf{P}}^2} = \sqrt{r^2\omega^2(\text{sen}^2\,\omega t + \cos^2\omega t) + v^2} = \sqrt{r^2\omega^2 + v^2}.$$

Portanto, contando o comprimento de arco a partir de $t = 0$, obtemos

$$s = \sqrt{r^2\omega^2 + v^2}\, t.$$

Essa expressão pode ser usada para exprimir P em termos de s:

$$P = \left(r \cos \frac{\omega s}{K},\ r \operatorname{sen} \frac{\omega s}{K},\ \frac{vs}{K}\right),$$

onde $K = \sqrt{r^2\omega^2 + v^2}$. O vetor unitário tangente $\mathbf{T} = d\mathbf{P}/ds$ é dado por

$$\mathbf{T} = \left(\frac{r\omega}{K} \operatorname{sen} \frac{\omega s}{K},\ \frac{r\omega}{K} \cos \frac{\omega s}{K},\ \frac{v}{K}\right).$$

O vetor curvatura, por sua vez, tem por expressão

$$\frac{d\mathbf{T}}{dt} = \frac{r\omega^2}{K^2}\left(\cos \frac{\omega s}{K},\ \operatorname{sen} \frac{\omega s}{K},\ 0\right),$$

donde segue-se que

$$\mathbf{N} = -\left(\cos \frac{\omega s}{K},\ \operatorname{sen} \frac{\omega s}{K},\ 0\right)$$

é o vetor normal unitário, e

$$\kappa = \frac{r\omega^2}{K^2} = \frac{r\omega^2}{r^2\omega^2 + v^2}$$

é a curvatura da hélice. Trata-se de um valor constante, como constante é o raio de curvatura

$$R = \frac{1}{\kappa} = r + \frac{v^2}{r\omega^2}.$$

Repare que esse raio reduz-se a r quando $v = 0$.

Das expressões de $\mathbf{P}$ e de $\mathbf{N}$, vemos que a aceleração do movimento é estritamente normal: $\mathbf{P} = \omega^2 r\mathbf{N}$. Isto é coerente com o fato de serem uniformes o movimento circular de $Q(t)$ e o movimento da projeção de $P(t)$ sobre o eixo Oz.

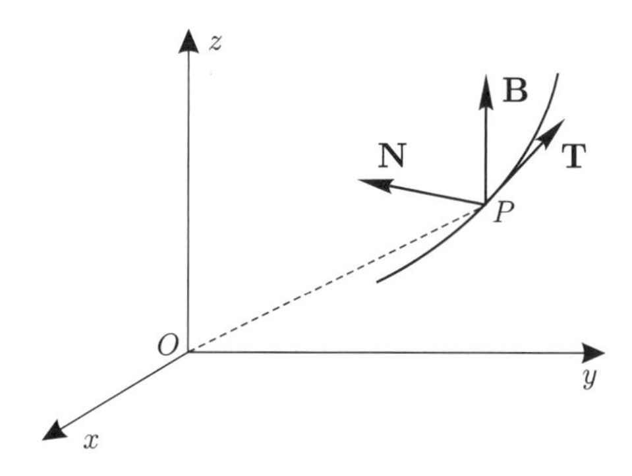

Figura 1.28

Fórmulas de Frenet-Serret

Dada uma curva no espaço, vamos introduzir, em cada um de seus pontos $P(s)$, além dos vetores $\mathbf{T}$ e $\mathbf{N}$, o chamado *vetor binormal* $\mathbf{B} = \mathbf{T} \times \mathbf{N}$. $\mathbf{B}$ é também um vetor unitário, que forma, juntamente com $\mathbf{T}$ e $\mathbf{N}$, um triedro de vetores, dois a dois ortogonais, chamado *triedro de Frenet-Serret* (Fig. 1.28). $\mathbf{T}$, $\mathbf{N}$ e $\mathbf{B}$, nesta ordem, formam um triedro positivamente orientado.

Já observamos que o plano da curva num de seus pontos $P(s)$, o chamado plano osculador, é paralelo ao plano $\mathbf{T}$ e $\mathbf{N}$. Se a curva for plana, esse plano permanecerá constante, o mesmo acontecendo com o vetor $\mathbf{B}$. Caso contrário, o vetor $\mathbf{B}$ varia ao variar s; e sua taxa de variação $d\mathbf{B}/ds$ mede, por assim dizer, o grau de "torção" da curva. Como $\mathbf{B} = \mathbf{T} \times \mathbf{N}$, temos

$$\frac{d\mathbf{B}}{ds} = \frac{d\mathbf{T}}{ds} \times \mathbf{N} + \mathbf{T} \times \frac{d\mathbf{N}}{ds} = \mathbf{T} \times \frac{d\mathbf{N}}{ds}.$$

Isso mostra que $d\mathbf{B}/ds$ é perpendicular a $\mathbf{T}$. Como ele é também perpendicular a $\mathbf{B}$ (pois $\mathbf{B} \cdot \mathbf{B} = 1$ implica $\mathbf{B} \cdot d\mathbf{B}/ds = 0$), concluímos que existe um escalar τ, chamado de *torção* da curva no ponto $P(s)$, tal que

$$\frac{d\mathbf{B}}{ds} = \tau\mathbf{N}.$$

Além do plano osculador pelo ponto $P(s)$, que é o plano de $\mathbf{T}$ e $\mathbf{N}$, destacam-se dois outros planos por $P(s)$: o plano de $\mathbf{N}$ e $\mathbf{B}$, chamado *plano normal*; e o plano de $\mathbf{B}$ e $\mathbf{T}$, chamado *plano retificante.*

Vamos calcular $d\mathbf{N}/ds$. Como $\mathbf{N} = \mathbf{B} \times \mathbf{T}$,

$$\frac{d\mathbf{N}}{ds} = \frac{d\mathbf{B}}{ds} \times \mathbf{T} + \mathbf{B} \times \frac{d\mathbf{T}}{ds} = \tau\mathbf{N} \times \mathbf{T} + \mathbf{B} \times \kappa\mathbf{N},$$

isto é,

$$\frac{d\mathbf{N}}{ds} = -\kappa\mathbf{T} - \tau\mathbf{B}. \tag{1.18}$$

Essa fórmula, juntamente com

$$\frac{d\mathbf{T}}{ds} = \kappa\mathbf{N} \quad \text{e} \quad \frac{d\mathbf{B}}{ds} = \tau\mathbf{N},$$

constitui as fórmulas chamadas de *Frenet-Serret.* Elas medem a variação $\mathbf{T}$, $\mathbf{N}$ e $\mathbf{B}$ ao longo da curva, de maneira *intrínseca*, isto é, sem depender do sistema particular de coordenadas $Oxyz$ que se considere. Daí a importância das fórmulas de Frenet-Serret: elas nos levam a pensar que a curvatura κ e a torção τ caracterizam completamente a curva. Isso é verdade, como se demonstra nos cursos de Geometria Diferencial.

Expressões da curvatura e da torção

Já sabemos que

$$\kappa = |\mathbf{T}'| = |\mathbf{P}''|, \quad \text{onde} \quad ' = \frac{d}{ds}.$$

Vamos obter uma expressão análoga para a torção τ. De $\mathbf{T}' = \kappa\mathbf{N}$ e (1.18) obtemos

$$\mathbf{T}'' = \kappa'\mathbf{N} + \kappa\mathbf{N}' = \kappa'\mathbf{N} + \kappa(-\kappa\mathbf{T} - \tau\mathbf{B});$$

portanto,

$$\mathbf{T}' \times \mathbf{T}'' = \kappa\mathbf{N} \times (\kappa'\mathbf{N} - \kappa^2\mathbf{T} - \kappa\tau\mathbf{B}) = -\kappa^3\mathbf{N} \times \mathbf{T} - \kappa^2\tau\mathbf{N} \times \mathbf{B}.$$

Daqui segue-se que

$$\mathbf{T} \cdot \mathbf{T}' \times \mathbf{T}'' = -\kappa^2\tau\mathbf{T} \cdot \mathbf{N} \times \mathbf{B} = -\kappa^2\tau,$$

já que $\mathbf{N} \times \mathbf{B} = \mathbf{T}$ e $\mathbf{T} \cdot \mathbf{T} = 1$. Então

$$\tau = \frac{\mathbf{T} \cdot \mathbf{T}' \times \mathbf{T}''}{\kappa^2} = \frac{\mathbf{T} \cdot \mathbf{T}' \times \mathbf{T}''}{\mathbf{P}'' \cdot \mathbf{P}''}.$$

Sendo $\mathbf{P}(s) = x(x)\mathbf{i} + y(s)\mathbf{j} + z(s)\mathbf{k}$, obtemos

$$\kappa^2 = \mathbf{P}''^2 = x''^2 + y''^2 + z''^2$$

e

$$\tau = \frac{-1}{\kappa^2}\begin{vmatrix} x' & y' & z' \\ x'' & y'' & z'' \\ x''' & y''' & z''' \end{vmatrix}.$$

Exemplo 2. Vamos retomar a hélice considerada no Exemplo 1. Vimos que

$$P(s) = \left(\cos\frac{\omega s}{K},\ r\,\text{sen}\,\frac{\omega s}{K},\ \frac{vs}{K}\right),$$

onde $K^2 = r^2\omega^2 + v^2$. Então, $\kappa = r\omega^2/K^2$ e

$$\tau = \frac{-K^2}{r\omega^2}\cdot\frac{\omega r}{K}\begin{vmatrix} -\text{sen}\left(\frac{\omega s}{K}\right) & \cos\left(\frac{\omega s}{K}\right) & \frac{v}{\omega r} \\ -\frac{\omega}{K}\cos\left(\frac{\omega s}{K}\right) & -\frac{\omega}{K}\,\text{sen}\left(\frac{\omega s}{K}\right) & 0 \\ \left(\frac{\omega}{K}\right)^2\text{sen}\left(\frac{\omega s}{K}\right) & -\left(\frac{\omega}{K}\right)^2\cos\left(\frac{\omega s}{K}\right) & 0 \end{vmatrix}.$$

Fazendo os cálculos e notando que $K^2 = r^2\omega^2 + v^2$, obtemos

$$\tau = \frac{-\omega v}{r(r^2\omega^2 + v^2)}.$$

Observe que a torção é negativa, significando que o vetor **B** da binormal "pende sempre para fora" à medida que se avança sobre a curva (Fig. 1.29). É fácil entender a necessidade dessa torção quando subimos uma escada, uma trilha num morro ou uma estrada helicoidal; à medida que subimos vamos sofrendo uma torção "para fora da curva". Um fio comum, uma corda ou mangueira de jardim assumem a forma helicoidal quando sob efeito de torção.

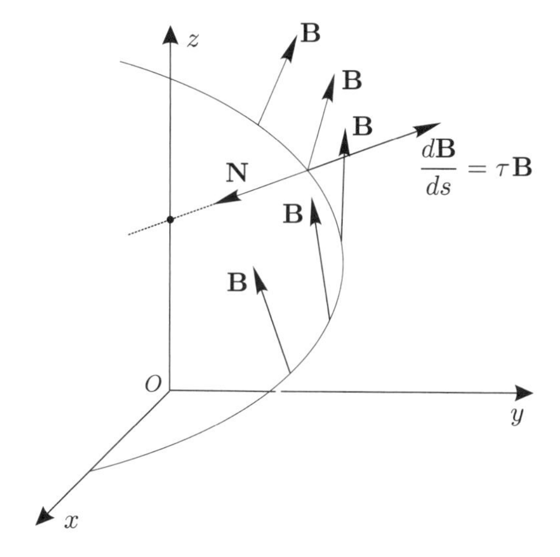

Figura 1.29

Exercícios

1. Dada a curva $\mathbf{P}(t) = (t^2+1)\mathbf{i} + 8tj + (t^2-3)\mathbf{k}$, ache o vetor unitário tangente em $t = 1$. Escreva a equação do plano normal à curva no ponto $P(1)$. Calcule o comprimento da curva no trecho compreendido entre $t = 0$ e $t = 1$. Interpretando $P(t)$ como descrevendo o movimento de uma partícula, encontre a velocidade e a aceleração do movimento no instante t.

2. Demonstre as propriedades (1.17) do texto.

3. Seja $P(t)$ o vetor posição de uma partícula que se desloca sobre a esfera de centro na origem e raio r. Demonstre que o vetor velocidade é perpendicular a $\mathbf{P}(t)$ a cada instante.

4. Dada uma curva $P = P(t)$ e um ponto fixo Q, demonstre que se a distância $|\mathbf{P}(t) - \mathbf{Q}|$ atinge um mínimo para $t = t_0$, então $\mathbf{P}(t_0) - \mathbf{Q}$ é normal a $\mathbf{P}'(t_0)$.

5. Demonstre que a tangente a uma hélice faz um ângulo constante com o eixo Oz e a normal é sempre perpendicular a esse eixo.

6. Mostre que os vetores velocidade e aceleração do movimento helicoidal $P(t) = (r\cos\omega t,\ r\,\text{sen}\,\omega t,\ \nu t)$ têm comprimentos constantes.

7. Determine os pontos em que a curva $P(t) = (t^3 - 1,\ t^2 + 1,\ 3t)$ corta o plano $3x - 2y - z + 7 = 0$.

8. Demonstre que a aceleração de um movimento qualquer $P(t)$ se decompõe numa componente tangencial $\mathbf{a_T} = \dfrac{dv}{dt}\mathbf{T}$ e numa componente normal $\mathbf{a_N} = \kappa v^2\mathbf{N}$, onde v é a velocidade escalar.

9. Dado um movimento qualquer $P = P(t)$, verifique que a aceleração $\ddot{\mathbf{P}}(t)$ é sempre paralela ao plano osculador.

10. Determine os vetores $\mathbf{T}$, $\mathbf{N}$ e $\mathbf{B}$ associados à curva $P(t) = (t,\ t^2,\ t^3)$. Ache as equações dos planos osculador, normal e retificante em $t = 1$.

11. Mostre que uma curva $\mathbf{P} = \mathbf{P}(t)$, com $\ddot{\mathbf{P}}(t) \equiv 0$, é uma reta.

12. Ache a equação do plano osculador à curva $P(t) = (e^t + 1,\ e^{-t} - 1,\ t)$ em $t = 0$.

13. Ache expressões da curvatura e da torção em um ponto genérico da hélice $P(t) = (2\cos\omega t,\ 2\,\text{sen}\,\omega t,\ 5t)$.

Respostas e sugestões

1. $(1/3\sqrt{2},\ 4/3\sqrt{2},\ 1/3\sqrt{2})$; $x + 4y + z - 32 = 0$; $3\sqrt{2} + 8\sqrt{2}\ln 2/\sqrt{2}$; $(2t,\ 8,\ 2t)$; $(2,\ 0,\ 2)$.

3. Derive $P(t)^2 = r^2$.

4. $[\mathbf{P}(t) - \mathbf{Q}]^2$ atinge um mínimo em $t = t_0$.

5. Use a parametrização do Exemplo 1 e a relação $\cos\theta = \mathbf{A}\cdot\mathbf{B}/|\mathbf{A}||\mathbf{B}|$, onde θ é o ângulo entre $\mathbf{A}$ e $\mathbf{B}$.

7. $(3,\ 5,\ 6)$ e $(0,\ 2,\ 3)$.

8. Veja a Seção 9.8 do Volume 2 do *Cálculo das funções de uma variável.*

10. O plano osculador é o plano de $\dot{\mathbf{P}}$ e $\ddot{\mathbf{P}}$; o plano normal é perpendicular a $\mathbf{P}$; e o plano retificante é perpendicular aos dois anteriores.

13. $\kappa = 18/61$ e $\tau = -15/122$.

1.8 Superfícies quádricas

Na Seção 8.5 do Volume 2 do *Cálculo das funções de uma variável* definimos uma curva quádrica como sendo o conjunto das soluções de uma equação do segundo grau em x e y. No caso de três variáveis x, y, z, o conjunto das soluções de uma equação do segundo grau,

$$Ax^2 + By^2 + Cz^2 + Dxy + Exz + Fyz + Gx + Hy + Iz + J = 0,$$

é uma *superfície quádrica.* Vamos examinar vários casos particulares da equação acima que são representativos da situação geral.

Elipsóides

Consideremos uma elipse no plano Oyz, de equação

$$\frac{y^2}{b^2} + \frac{z^2}{c^2} = 1,$$

onde supomos $b > c > 0$ (Fig. 1.30). Quando giramos essa elipse em torno de seu eixo Oz, obtemos a superfície ilustrada na Fig. 1.31, chamada *elipsóide de revolução do tipo achatado, oblato* ou *oblongo.* Para obtermos a equação dessa superfície, notamos primeiro que se uma curva no plano Oyz tem equação $z = f(y^2)$, então $z = f(x^2 + y^2)$ é a equação da superfície gerada por rotação dessa curva em torno do eixo Oz. De fato, essa é a condição de que z se mantenha constante quando o ponto (x, y) descreve uma circunferência de raio $r = \sqrt{x^2 + y^2}$ (Fig. 1.32). Portanto, a equação do elipsóide que acabamos de descrever é

$$\frac{x^2}{b^2} + \frac{y^2}{b^2} + \frac{z^2}{c^2} = 1. \tag{1.19}$$

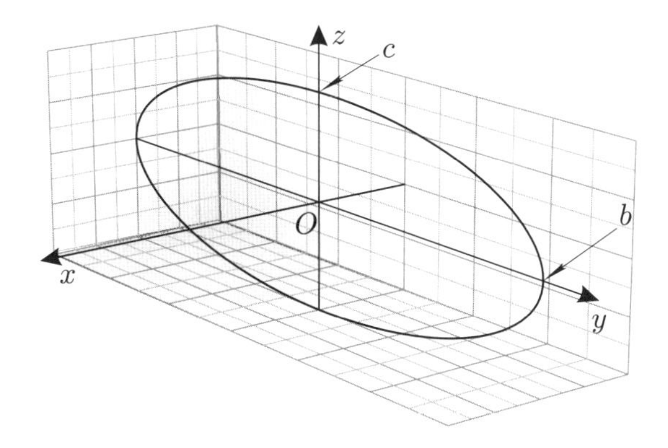

Figura 1.30

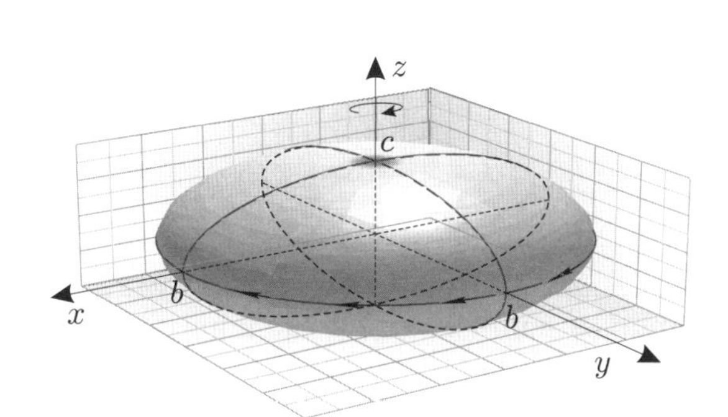

Figura 1.31

De maneira inteiramente análoga se obtém o elipsóide de revolução em torno do eixo Oy, chamado de *elipsóide alongado* ou *prolato* (Fig. 1.33). Sua equação é obtida da equação da elipse, substituindo z^2 por $x^2 + z^2$:

$$\frac{x^2}{c^2} + \frac{y^2}{b^2} + \frac{z^2}{c^2} = 1. \tag{1.20}$$

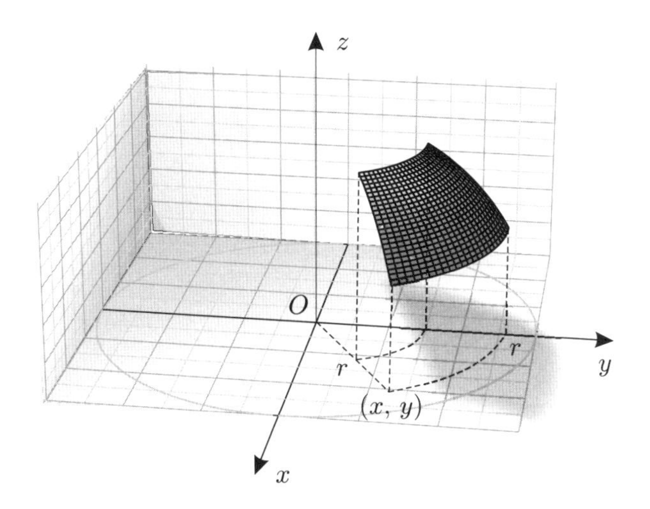

Figura 1.32

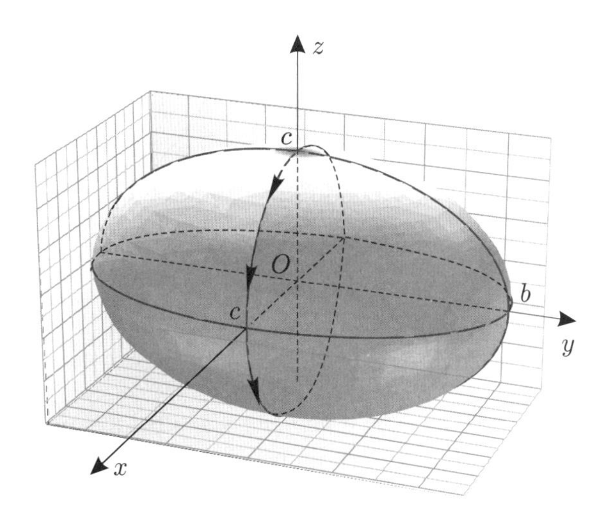

Figura 1.33

Vamos considerar a equação

$$\frac{x^2}{a^2} + \frac{y^2}{b^2} + \frac{z^2}{c^2} = 1, \tag{1.21}$$

da qual as Eqs. (1.19) e (1.20) são casos particulares com $a = b$ e $a = c$, respectivamente. Ela representa uma superfície, que é o tipo mais geral de *elipsóide* (Fig. 1.34). Repare que os pontos $A_\pm = (\pm a,\, 0,\, 0)$, $B_\pm = (0,\, \pm b,\, 0)$ e $C_\pm = (0,\, 0,\, \pm c)$ são soluções da Eq. (1.21), razão por que os parâmetros a, b e c são chamados os *semi-eixos* do elipsóide. Observe também que as interseções do elipsóide com os planos $x =$ const., $y =$ const. ou $z =$ const. resultam numa elipse, um ponto ou o conjunto vazio.

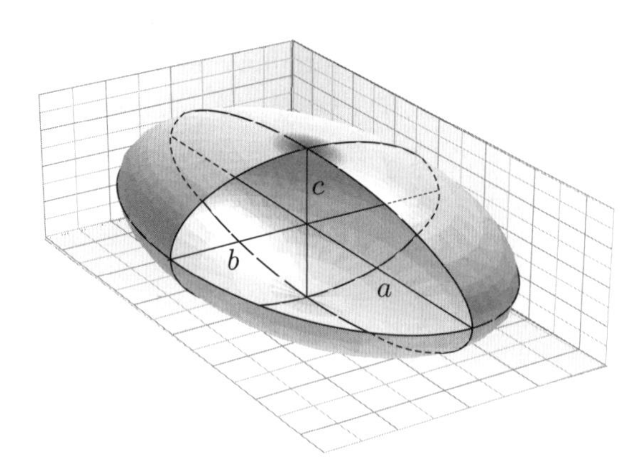

Figura 1.34

Quando os semi-eixos a e b são iguais, obtemos o elipsóide de revolução em torno do eixo Oz, de equação (1.19): ele será achatado se $a = b > c$ e alongado (ao longo do eixo Oz) se $a = b < c$. Analogamente, os casos $a = c$ e $b = c$ resultam em elipsóides de revolução em torno dos eixos Oy e Ox, respectivamente. Cabe notar ainda que o elipsóide geral (1.21) pode ser interpretado como obtido do elipsóide de revolução (1.20) por dilatação ou contração ao longo do eixo Ox, isto é, por uma transformação do tipo $x \to kx$.

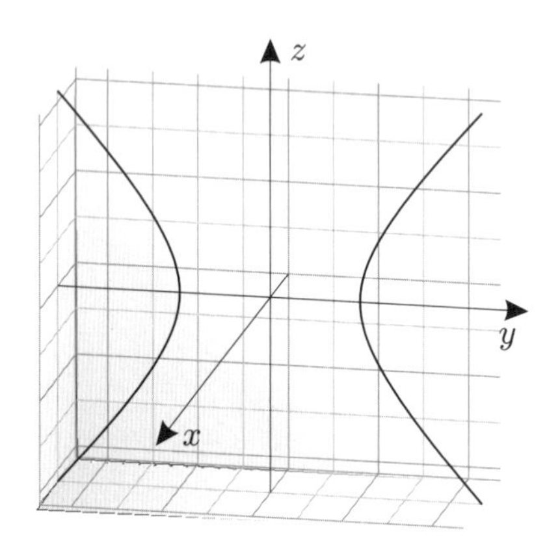

Figura 1.35

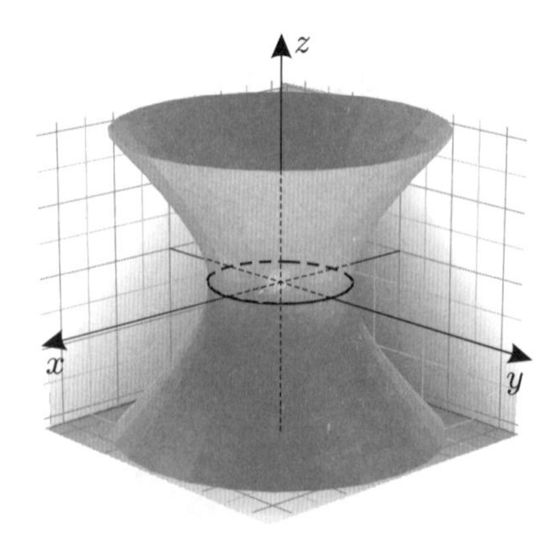

Figura 1.36

Hiperbolóides

Os *hiperbolóides de revolução* são obtidos por rotação de uma hipérbole em redor de um de seus eixos. Consideremos a hipérbole no plano Oyz, como ilustra a Fig. 1.35. Seja

$$\frac{y^2}{b^2} - \frac{z^2}{c^2} = 1$$

sua equação. A rotação dessa hipérbole em volta do eixo Oz resulta na superfície chamada *hiperbolóide de uma folha* (Fig. 1.36). Sua equação é obtida da equação da hipérbole, com a substituição de y^2 por $x^2 + y^2$:

$$\frac{x^2}{b^2} + \frac{y^2}{b^2} - \frac{z^2}{c^2} = 1. \tag{1.22}$$

Ao contrário, se efetuarmos a rotação da hipérbole em volta do eixo Oy, obtemos o chamado *hiperbolóide de duas folhas* (Fig. 1.37), de equação

$$-\frac{x^2}{c^2} + \frac{y^2}{b^2} - \frac{z^2}{c^2} = 1. \tag{1.23}$$

Hiperbolóides mais gerais são obtidos dos hiperbolóides acima por contração ou dilatação ao longo do eixo Ox (Figs. 1.38 e 1.39). Isso significa que as Eqs. (1.22) e (1.23) dão lugar às equações mais gerais,

$$\frac{x^2}{a^2} + \frac{y^2}{b^2} - \frac{z^2}{c^2} = 1 \quad \text{e} \quad -\frac{x^2}{a^2} + \frac{y^2}{b^2} - \frac{z^2}{c^2} = 1,$$

respectivamente. Essas equações mostram que as interseções desses hiperbolóides com planos $x =$ const., $y =$ const. ou $z =$ const. são hipérboles (que podem se reduzir a duas retas) ou elipses (que podem se degenerar num único ponto ou no conjunto vazio).

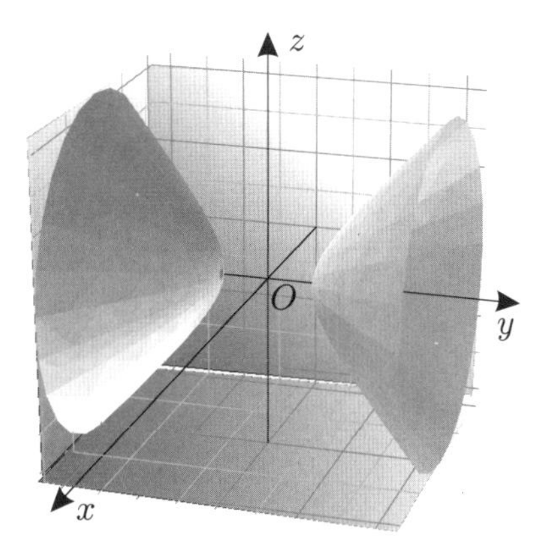

Figura 1.37

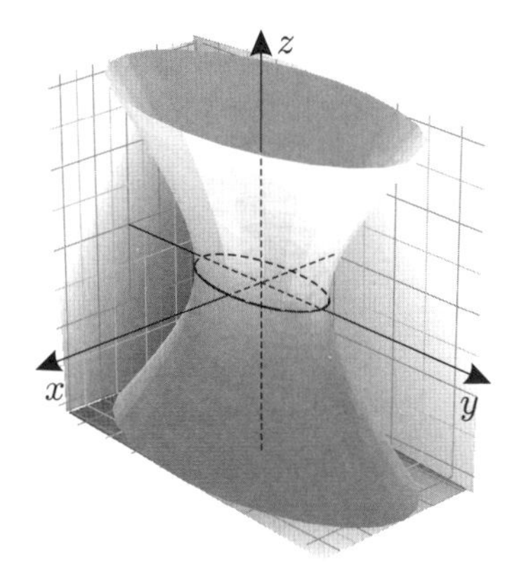

Figura 1.38

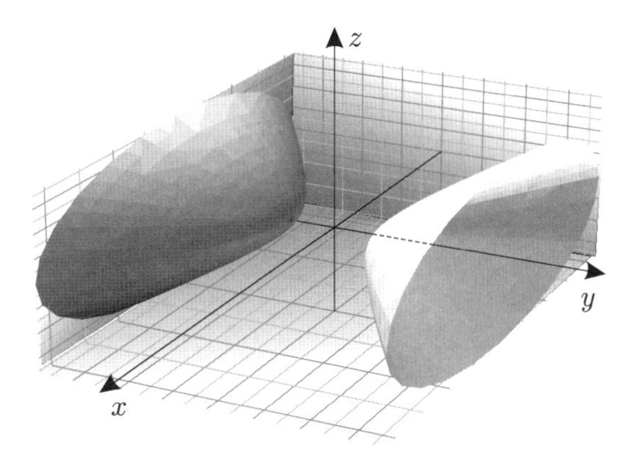

Figura 1.39

Parabolóides

Consideremos, no plano Oyz, a parábola de equação $z = y^2/b^2$ (Fig. 1.40). Quando girada em volta do eixo Oz ela dá origem à superfície chamada *parabolóide de revolução* (Fig. 1.41). Obtemos sua equação substituindo y^2 por $x^2 + y^2$ na equação anterior:

$$z = \frac{x^2}{b^2} + \frac{y^2}{b^2}.$$

Um parabolóide mais geral, chamado *parabolóide elíptico*, é obtido do precedente por contração ou dilatação ao longo do eixo Ox (Fig. 1.42). Sua equação é

$$z = \frac{x^2}{a^2} + \frac{y^2}{b^2}.$$

Se cortarmos essa superfície por planos $z =$ const. > 0 obtemos elipses, ao passo que suas interseções com planos $x =$ const. ou $y =$ const. são parábolas.

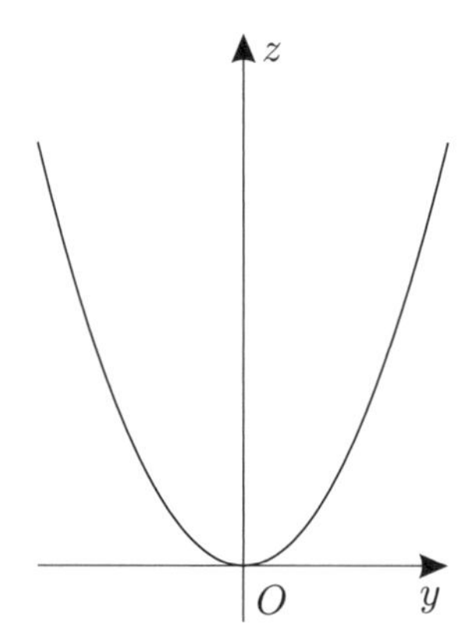

Figura 1.40

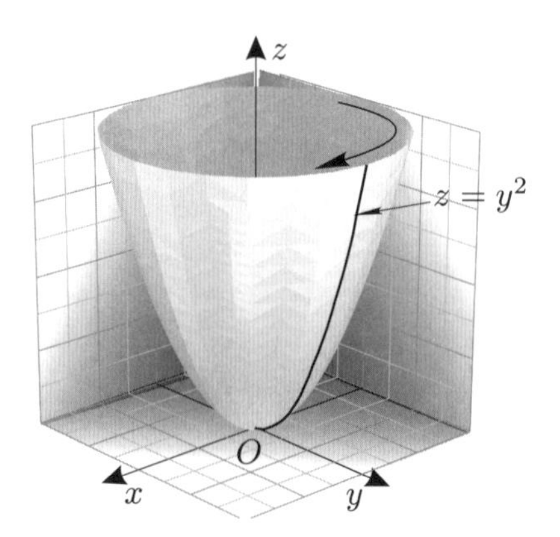

Figura 1.41

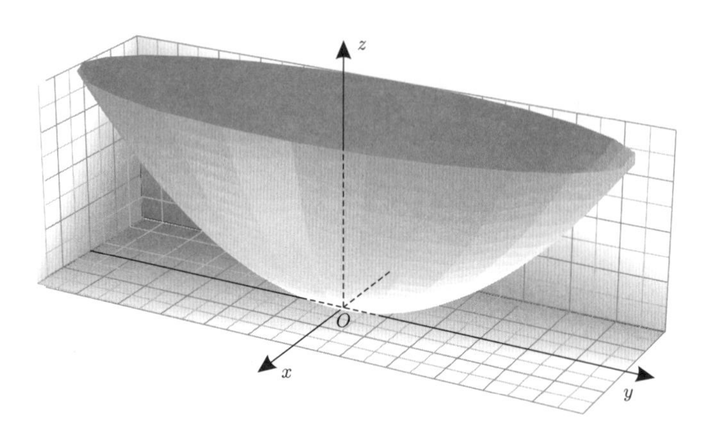

Figura 1.42

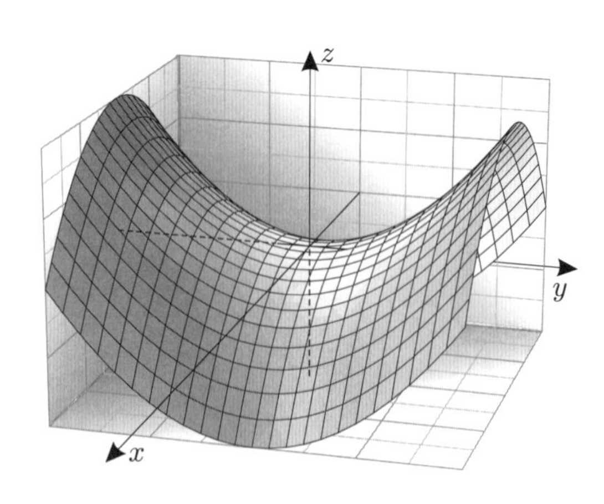

Figura 1.43

A superfície dada por uma equação do tipo

$$z = \frac{y^2}{b^2} - \frac{x^2}{a^2}$$

é chamada de *parabolóide hiperbólico* (Fig. 1.43), já que suas interseções com planos $x =$ const. ou $y =$ const. são parábolas, ao passo que as interseções com $z =$ const. são hipérboles (que se degeneram em duas retas quando $z = 0$).

Cones

Consideremos uma reta pela origem, no plano Oyz, de equação $z = my$. A superfície que obtemos ao girar essa reta em volta do eixo Oz é um *cone circular*, como ilustra a Fig. 1.44. Para obter sua equação notamos que as retas $z - \pm my$ estão ambas contidas na equação $z^2 = m^2y^2$. Daqui segue-se que a equação do cone é obtida substituindo-se y^2 por $x^2 + y^2$:

$$z^2 = m^2(x^2 + y^2) \quad \text{ou} \quad z^2 = \frac{x^2}{a^2} + \frac{y^2}{a^2}.$$

Com uma dilatação ou contração ao longo do eixo Oy, o cone circular transforma-se num *cone elíptico*, de equação

$$z^2 = \frac{x^2}{a^2} + \frac{y^2}{b^2}.$$

Observe que suas interseções com planos $z =$ const. > 0 são elipses: as interseções com planos $x =$ const. ou $y =$ const. são hipérboles (Fig. 1.45).

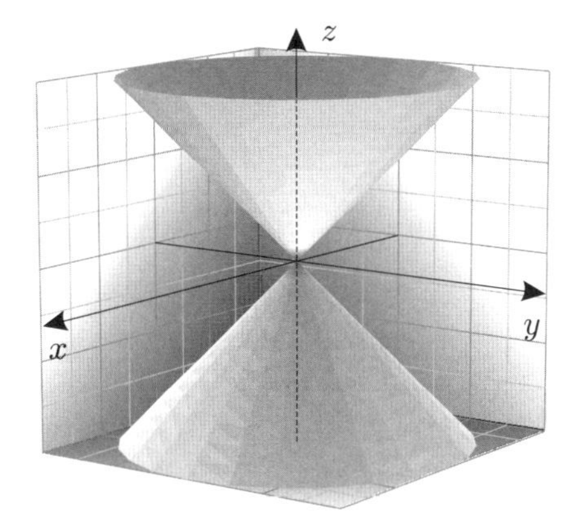

Figura 1.44

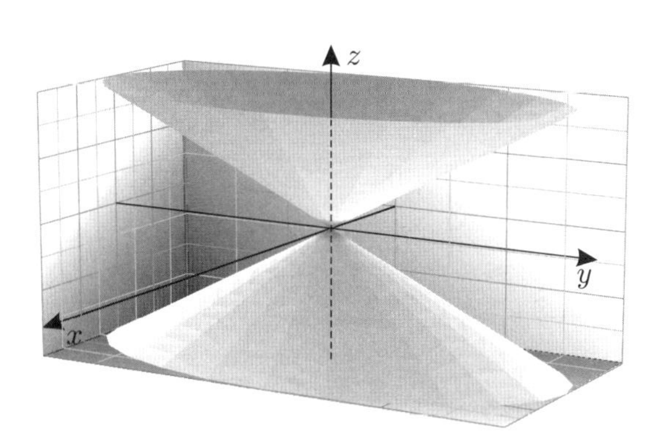

Figura 1.45

Cilindros e casos degenerados

Se a equação geral do segundo grau,

$$Ax^2 + By^2 + Cz^2 + Dxy + Exz + Fyz + Gx + Hy + Iz + J = 0, \tag{1.24}$$

não contém, digamos, os termos em z, então ela representa um cilindro de geratrizes paralelas ao eixo Oz. De fato, basta notar que se um ponto $P_0 = (x_0, y_0, z_0)$ é solução da equação, então todos os pontos (x_0, y_0, z) com z qualquer, também são soluções. Em outras palavras, a superfície contém, juntamente com o ponto P_0, a reta por P_0, paralela ao eixo Oz. Analogamente, a mesma Eq. (1.24) representará cilindros se não contiver termos em x ou termos em y.

Finalmente, devemos notar que a Eq. (1.24) pode-se degenerar em dois planos que se cortam (por exemplo, $xy = 0 \Leftrightarrow x = 0$ e $y = 0$), dois planos paralelos ($x^2 = 9 \Leftrightarrow x = 3$ e $x = -3$), um plano ($x^2 = 0 \Leftrightarrow x = 0$), uma reta ($3x^2 + 5y^2 = 0 \Leftrightarrow x = 0$ e $y = 0$), um único ponto ($7x^2 + 5y^2 + 3z^2 = 0 \Leftrightarrow x = y = z = 0$) ou o conjunto vazio ($x^2 + 3y^2 + 4z^2 + 7 = 0$).

Os diferentes casos que vimos examinando esgotam todas as possibilidades contidas na Eq. (1.24). Para demonstrar esse fato é necessário efetuar certas rotações e translações de eixos, análogas às transformações efetuadas na Seção 8.5 do Volume 2 do *Cálculo das funções de uma variável*, quando lidamos com as cônicas do plano. Entretanto, não vamos fazer essa demonstração aqui.

Exemplo. Vamos identificar a quádrica de equação

$$6x^2 + 3y^2 + 2z^2 - 12x + 12y - 12z + 30 = 0.$$

Para isso usamos a técnica de completar quadrados (explicada na Seção 2.4 do Volume 1 do *Cálculo das funções de uma variável*), obtendo

$$6(x-1)^2 + 3(y+2)^2 + 2(z-3)^2 = 6.$$

Efetuando a translação

$$X = x - 1, \quad Y = y + 2, \quad Z = z - 3,$$

a equação anterior se reduz à forma canônica

$$\frac{X^2}{1} + \frac{Y^2}{2} + \frac{Z^2}{3}.$$

Vemos assim que a equação original representa um elipsóide centrado no ponto $(1,\ -2,\ 3)$, com semi-eixos $1, \sqrt{2}$ e $\sqrt{3}$.

Exercícios

Identifique e descreva as superfícies de equações dadas nos Exercícios 1 a 24.

1. $x^2 + y^2 + z^2 - 2x + 4y + 4 = 0.$

2. $4x^2 + 4y^2 - 9z^2 - 8y - 32 = 0.$

3. $x^2 + y^2 - 2y - z + 1 = 0.$

4. $3x^2 + y^2 + 3z^2 - 4y - 6z + 4 = 0.$

5. $x^2 + 2y^2 + 2z^2 + 4z + 1 = 0.$

6. $2(x^2 + z^2) - 3y^2 + 8x - 4z + 4 = 0.$

7. $9x^2 - 4y^2 - 8y - 36z - 4 = 0.$

8. $x^2 + y^2 - 4x - 6y - z + 12 = 0.$

9. $z^2 - x^2 - 3y^2 = 0.$

10. $x^2 + 2y^2 - 4x + 2 = 0.$

11. $3x^2 + z^2 + 2z - 1 = 0.$

12. $x^2 + y^2 + 2z^2 + 4x - 2y - 12z + 22 = 0.$

13. $x^2 + 3y^2 + 2x - 12y - 3z + 16 = 0.$

14. $4x^2 - y^2 - 8x + 2y - 4z + 3 = 0.$

15. $2x^2 + 3y^2 - z^2 - 12x + 12y + 2z + 29 = 0.$

16. $15x^2 + 10y^2 + 6z^2 + 30x - 15 = 0.$

17. $6x^2 + 3y^2 + 2z^2 + 24x - 18y - 4z + 47 = 0.$

18. $4x^2 + 9y^2 - 16x + 18y - 36z + 25 = 0.$

19. $y^2 + z^2 - 5x^2 + 10x + 6z - 1 = 0.$

20. $z^2 - y^2 - 2z - x + 1 = 0.$

21. $x^2 - 2y^2 - z^2 + 4y - 2 = 0.$

22. $5x^2 + 2y^2 - 10x + 8y - 10z - 17 = 0.$

23. $9x^2 - 4z^2 - 18x - 36y + 8z + 5 = 0.$

24. $x^2 - y^2 - 2z^2 + 8x + 4z + 14 = 0.$

Respostas

1. Esfera de centro $(1,\ -2,\ 0)$ e raio 1.

3. Parabolóide de revolução.

5. Elipsóide centrado em $(0,\ 0,\ 1)$ e semi-eixos $1,\ 1/\sqrt{2}$ e $1/\sqrt{2}$.

7. Parabolóide hiperbólico.

9. Cone elíptico.

11. Superfície cilíndrica de seção elíptica $3x^2 + (z-1)^2 = 2$ e geratriz paralela ao eixo Oy.

13. Parabolóide elíptico.

15. Cone elíptico.

17. Elipsóide com centro em $(-2,\ 3,\ 1)$ e semi-eixos $1,\ \sqrt{2}$ e $\sqrt{3}$.

19. Cone elíptico.

21. Cone elíptico.

23. Parabolóide hiperbólico.

1.9 Espaço euclidiano de n dimensões

Até agora só consideramos pontos e vetores no plano e no espaço. Embora esses entes tenham sido introduzidos por motivações geométricas, eles foram identificados com pares e ternos de números reais; e todas as operações com vetores — soma, multiplicação por escalar e produto escalar — foram definidas para esses pares e ternos de números. Essencialmente, as mesmas definições podem ser dadas para quádruplas, quíntuplas e, em geral, para *ênuplas* de números reais, $(x_1, x_2, \ldots, x_n)$. Elas independem de qualquer visualização geométrica de pontos e segmentos. Assim, sendo

$$\mathbf{x} = (x_1, x_2, \ldots, x_n) \qquad \text{e} \qquad \mathbf{y} = (y_1, y_2, \ldots, y_n)$$

ênuplas quaisquer, definimos sua *soma* como sendo

$$\mathbf{x} + \mathbf{y} = (x_1 + y_1, x_2 + y_2, \ldots, x_n + y_n);$$

o *produto da ênupla* $\mathbf{x}$ *por qualquer escalar* r é a ênupla

$$r\mathbf{x} = (rx_1, rx_2, \ldots, rx_n);$$

e o *produto escalar* de x e y é assim definido:

$$\mathbf{x} \cdot \mathbf{y} = x_1 y_1 + x_2 y_2 + \cdots + x_n y_n.$$

Nessas definições, n é um inteiro positivo qualquer. Quando $n = 2$, obtemos os *pares ordenados* ou *vetores do plano*, (x_1, x_2). Quando $n = 3$, estamos lidando com os *ternos ordenados* (x_1, x_2, x_3), ou *vetores do espaço*. Mas n pode também ser 1 ou 4, 5, 6, etc. O conjunto de todas as ênuplas de números reais, com n fixo, onde adotamos as três operações definidas acima — soma, multiplicação por escalar e produto escalar — é o que chamamos de espaço *euclidiano* de *n dimensões* e que indicamos com o símbolo $\mathbb{R}^n$. As ênuplas são também chamadas de *vetores* ou *pontos* desse espaço. Assim, $\mathbb{R}^2$ é o conjunto dos vetores do plano e $\mathbb{R}^3$ é o conjunto dos vetores do espaço ordinário ou *espaço tridimensional*. Os vetores ou pontos de $\mathbb{R}^1$ são representados ao longo de um eixo. É claro que não contamos com a mesma facilidade de representação geométrica em $\mathbb{R}^n$ quando $n \geq 4$. Não obstante, freqüentemente procuramos "visualizar" em $\mathbb{R}^n$ (com $n \geq 4$),vetores, pontos, retas, planos, etc., através de gráficos que jazem em $\mathbb{R}^2$ ou $\mathbb{R}^3$!

As propriedades (1.1) e (1.2) do início do capítulo permanecem válidas em $\mathbb{R}^n$. Basta notar que $\mathbf{0}$ é o vetor $(0, 0, \ldots, 0)$ e $-\mathbf{x} = (-x_1, -x_2, \ldots, -x_n)$, onde $\mathbf{x} = (x_1, x_2, \ldots, x_n)$. As demonstrações são essencialmente as mesmas e ficam a cargo do leitor.

O *comprimento, norma* ou *módulo* de um vetor $\mathbf{x} = (x_1, x_2, \ldots, x_n)$ é definido em termos do produto escalar:

$$|\mathbf{x}| = \sqrt{\mathbf{x} \cdot \mathbf{x}} = \sqrt{x_1^2 + x_2^2 + \ldots + x_n^2}.$$

Em termos desse conceito, introduzimos também a noção de *distância* de dois pontos $\mathbf{x}$ e $\mathbf{y}$, que indicamos por $d(\mathbf{x}, \mathbf{y})$:

$$d(\mathbf{x}, \mathbf{y}) = |\mathbf{x} - \mathbf{y}| = \sqrt{(x_1 - y_1)^2 + (x_2 - y_2)^2 + \ldots + (x_n - y_n)^2}.$$

Trata-se, como se vê, da distância já introduzida na reta, no plano e no espaço ordinário, quando $n = 1, n = 2$ e $n = 3$, respectivamente, e que é a noção de distância usada em Geometria desde os tempos de Euclides, por isso mesmo chamada *distância euclidiana*. Quando $n \geq 4$, a fórmula acima nada mais é que uma extensão da distância euclidiana. Daí o nome de "espaço euclidiano" usado para designar $\mathbb{R}^n$.

No espaço $\mathbb{R}^n$ podemos introduzir as noções de ortogonalidade de vetores, curvas paramétricas, comprimento de arco, etc., tudo por analogia com $\mathbb{R}^3$. Uma *reta* em $\mathbb{R}^n$, por exemplo, é o conjunto dos pontos $\mathbf{x} = (x_1, x_2, \ldots, x_n)$ dados por uma *equação vetorial paramétrica*

$$\mathbf{x} = \mathbf{a} + t\mathbf{b},$$

onde $\mathbf{a} = (a_1, a_2, \ldots, a_n)$ e $\mathbf{b} = (b_1, b_2, \ldots, b_n)$ são vetores quaisquer, porém fixados, e t varia no conjunto dos números reais. É claro que essa equação equivale às seguintes *equações paramétricas escalares*:

$$x_i = a_i + tb_i, \quad i = 1, 2, \ldots, n.$$

Um *plano* no espaço $\mathbb{R}^n$, também chamado de *hiperplano*, é o conjunto dos pontos $\mathbf{x} = (x_1, x_2, \ldots, x_n)$ que satisfazem uma equação do tipo

$$a_1x_1 + a_2x_2 + \ldots + a_nx_n + d = 0.$$

Evidentemente, supomos que $\mathbf{a} = (a_1, a_2, \ldots, a_n) \neq 0$. Esse é o plano perpendicular ao vetor $\mathbf{a}$, já que, se $\mathbf{x}$ e $\mathbf{y}$ estão no plano, então

$$\mathbf{a} \cdot (\mathbf{x} - \mathbf{y}) = 0.$$

Não vamos prosseguir com um estudo mais detalhado do espaço $\mathbb{R}^n$, porque as noções já introduzidas são suficientes para o que necessitamos em nosso curso.

Capítulo 2

Funções de múltiplas variáveis

2.1 Funções e gráficos

O conceito de função de múltiplas variáveis é análogo ao de função de uma variável. Por exemplo, as equações

$$z = x^2 - y^2 \quad \text{e} \quad z = \sqrt{1 - x^2 - y^2}$$

exprimem z como função de x e y. Em ambos os casos, z é a variável dependente e x e y são as variáveis independentes. No primeiro exemplo, x e y podem assumir todos os valores reais, ao passo que, no segundo exemplo devemos impor a restrição $x^2 + y^2 \leq 1$. Em outras palavras, podemos tomar como domínio da função do primeiro exemplo o conjunto de todos os pontos (x, y) do plano, ao passo que, no segundo exemplo, o domínio máximo da função é o círculo

$$\{(x, y) \colon x^2 + y^2 \leq 1\}.$$

Em geral, z *é função de* x *e* y *se existe uma correspondência* f *que a cada ponto* $P = (x, y)$ *de um certo conjunto* D *do plano associe um valor* z. D *é o domínio da função* f; x *e* y *são as variáveis independentes, e* z *é a variável dependente.* Escreve-se $z = f(x, y)$ ou $z = f(P)$.

É claro que, dada uma função com certo domínio D, podemos sempre restringir esse domínio. Mas, como no caso de funções de uma variável, sempre que consideramos uma função dada por uma fórmula e não especificamos seu domínio entendemos tratar-se do maior conjunto para o qual a fórmula faz sentido.

As funções de três ou mais variáveis são introduzidas do mesmo modo que as funções de duas variáveis. Assim, dizemos que z é função de $x_1, x_2, \ldots, x_n$ se a cada ponto $P = (x_1, x_2, \ldots, x_n)$ de um domínio D do espaço $\mathbb{R}^n$ corresponde, segundo uma lei determinada f, um valor z. Escreve-se

$$z = f(x_1, x_2, \ldots, x_n).$$

Por exemplo, o volume V de um paralelepípedo retângulo de arestas x, y, z é dado por

$$V = xyz.$$

Trata-se, evidentemente, de uma função de três variáveis independentes.

Em geral, os resultados que se estabelecem para as funções de duas variáveis se estendem para as funções de mais variáveis independentes, com o mesmo tipo de raciocínio. Por isso mesmo é conveniente fixar a atenção nas funções de duas variáveis e só considerar funções de três ou mais variáveis quando houver necessidade de focalizar alguma propriedade ou resultados particularmente pertinentes a essas funções. A principal vantagem disso reside na facilidade de visualização geométrica, já que podemos representar os pontos

$$(x, y, z) = (x, y, f(x, y))$$

no espaço $\mathbb{R}^3$, obtendo, assim, o *gráfico* da função $z = f(x, y)$.

Do mesmo modo que os gráficos das funções de uma variável com que lidamos são, em geral, curvas no plano, os gráficos das funções de duas variáveis que nos interessam considerar são, em geral, superfícies no espaço.

Exemplo 1. As funções mais simples são as funções lineares, ou seja, funções do tipo

$$z = ax + by + c,$$

onde a, b e c são constantes. Essa equação, que é equivalente a

$$ax + by - z = -c,$$

representa, como sabemos, um plano perpendicular à direção $v = (a, b, -1)$ e que passa pelo ponto

$$P_0 = \frac{-c}{a^2 + b^2 + 1}(a, b, -1).$$

Esse plano, ilustrado na Fig. 2.1, é o gráfico da função dada.

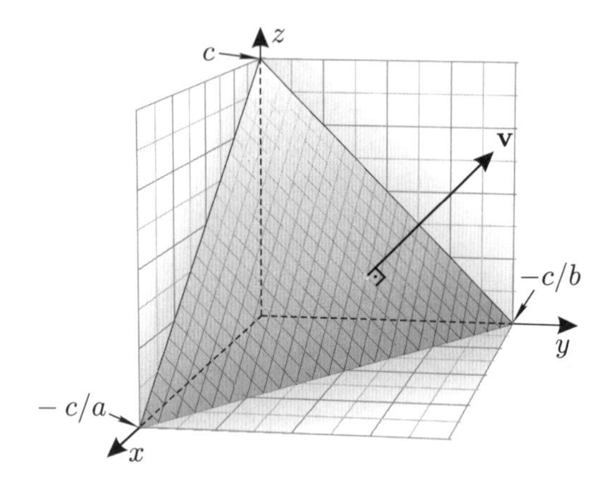

Figura 2.1

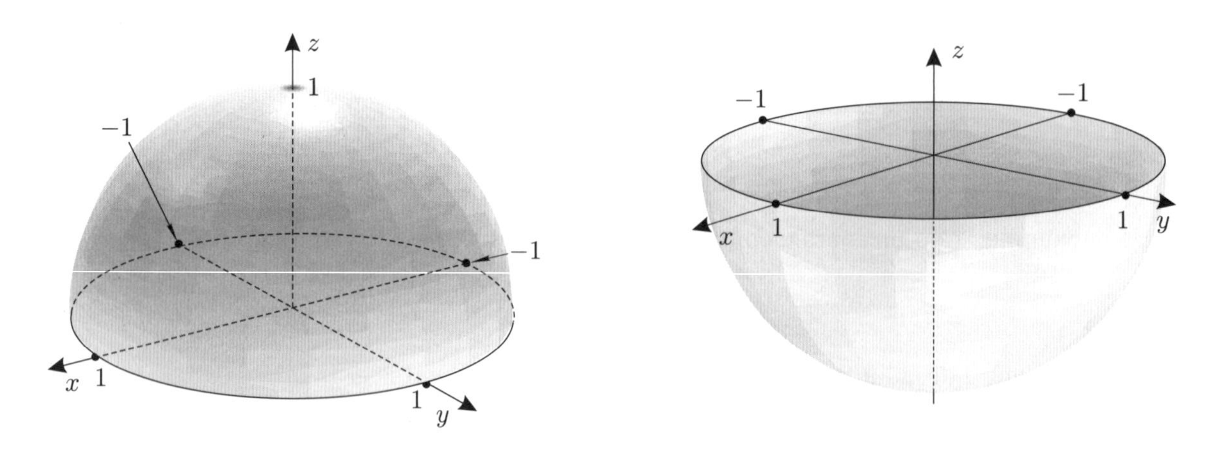

Figura 2.2

Exemplo 2. A equação $x^2 + y^2 + z^2 = 1$, quando resolvida em relação a z, permite definir duas funções,

$$z = \sqrt{1 - x^2 - y^2} \quad \text{e} \quad z = -\sqrt{1 - x^2 - y^2}.$$

Ambas têm por domínio o círculo de centro na origem e raio $x^2 + y^2 \leq 1$. Seus gráficos são os hemisférios superior e inferior da esfera $x^2 + y^2 + z^2 = 1$, representados na Fig. 2.2.

De maneira análoga, as funções

$$z = \sqrt{1 - x_1^2 - \ldots - x_{n-1}^2} \quad \text{e} \quad z = -\sqrt{1 - x_1^2 - \ldots - x_{n-1}^2}$$

têm por gráficos os hemisférios superior e inferior da esfera $x_1^2 + \ldots + x_{n-1}^2 + z^2 = 1$, respectivamente, mas agora no espaço $\mathbb{R}^n$.

Exemplo 3. A função $z = x^2 + y^2$, definida em todo o plano, tem por gráfico um parabolóide de revolução em torno do eixo Oz (Fig. 2.3). De fato, esse gráfico é obtido por rotação, em torno do eixo Oz, da parábola $z = y^2$ que jaz no plano Oyz.

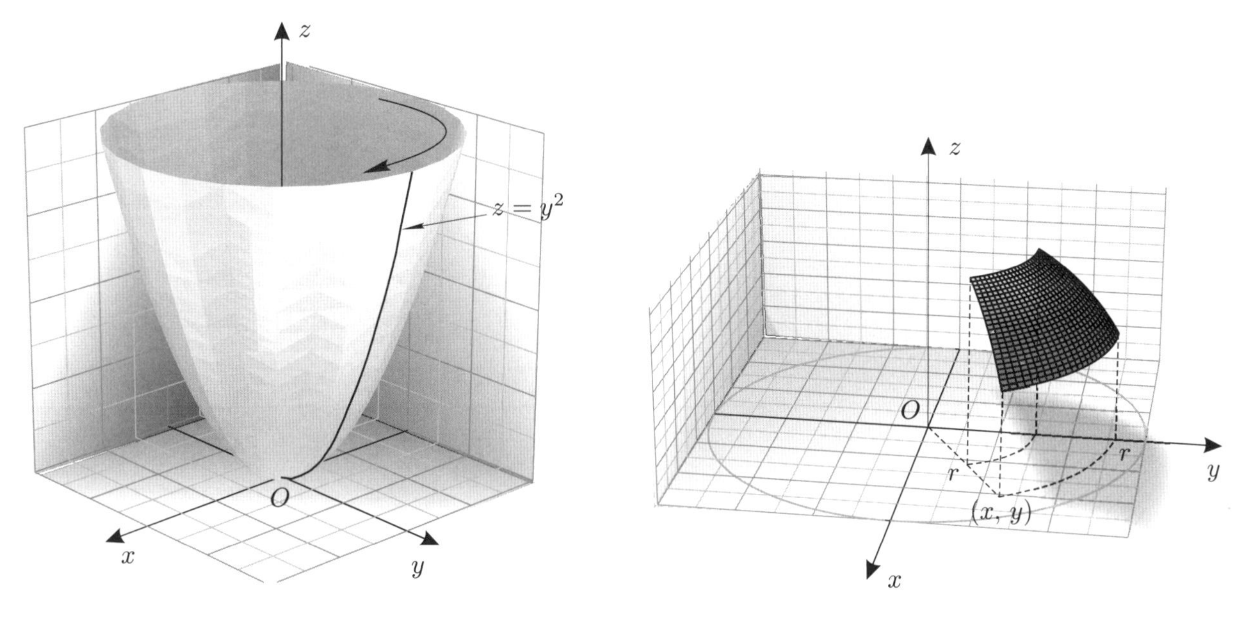

Figura 2.3 Figura 2.4

Em geral, toda função do tipo $z = f(x^2 + y^2)$ tem por gráfico uma superfície de revolução em torno do eixo Oz. Isso porque essa é a condição para que z permaneça constante enquanto (x, y) permanece sobre uma circunferência $x^2 + y^2 = r^2$, como ilustra a Fig. 2.4. Assim, os gráficos das funções

$$z = \ln(1 - \sqrt{x^2 + y^2}), \quad z = \frac{2 + \sqrt{x^2 + y^2}}{1 - x^2 - y^2}, \quad z = \operatorname{tg}(x^2 + y^2)^{3/2}, \quad z = e^{x^2+y^2}\sqrt{x^2 + y^2 + 1},$$

são todos superfícies de revolução em torno do eixo Oz.

Curvas de nível

Outro modo muito conveniente de visualizar geometricamente uma função de duas variáveis, $z = f(x, y)$, consiste em representar no plano Oxy as chamadas *curvas de nível* dessa função. Quando atribuímos a z um valor constante k, os pontos (x, y) que satisfazem a equação $f(x, y) = k$ formam, em geral, uma curva C_k, que é chamada *curva de nível da função f correspondente ao valor $z = k$.*

Quando consideramos várias curvas de nível de uma dada função f, podemos formar uma idéia da superfície que é o gráfico dessa função. Por exemplo, se as curvas de nível têm o aspecto indicado na Fig. 2.5a, pode-se perceber que o gráfico da superfície correspondente tem o aspecto ilustrado na Fig. 2.5b. Veremos mais adiante, na Seção 2.5, ao tratarmos da derivada direcional e do gradiente, que uma curva que corta cada curva de nível em ângulo reto representa um *caminho de maior declive* para quem empreende a "descida da montanha" (ou de "maior aclive" para quem sobe). Esse declive (ou aclive) é mais pronunciado naqueles lugares onde as curvas de nível são mais próximas umas das outras, o que pode ser observado nas duas partes da Fig. 2.5.

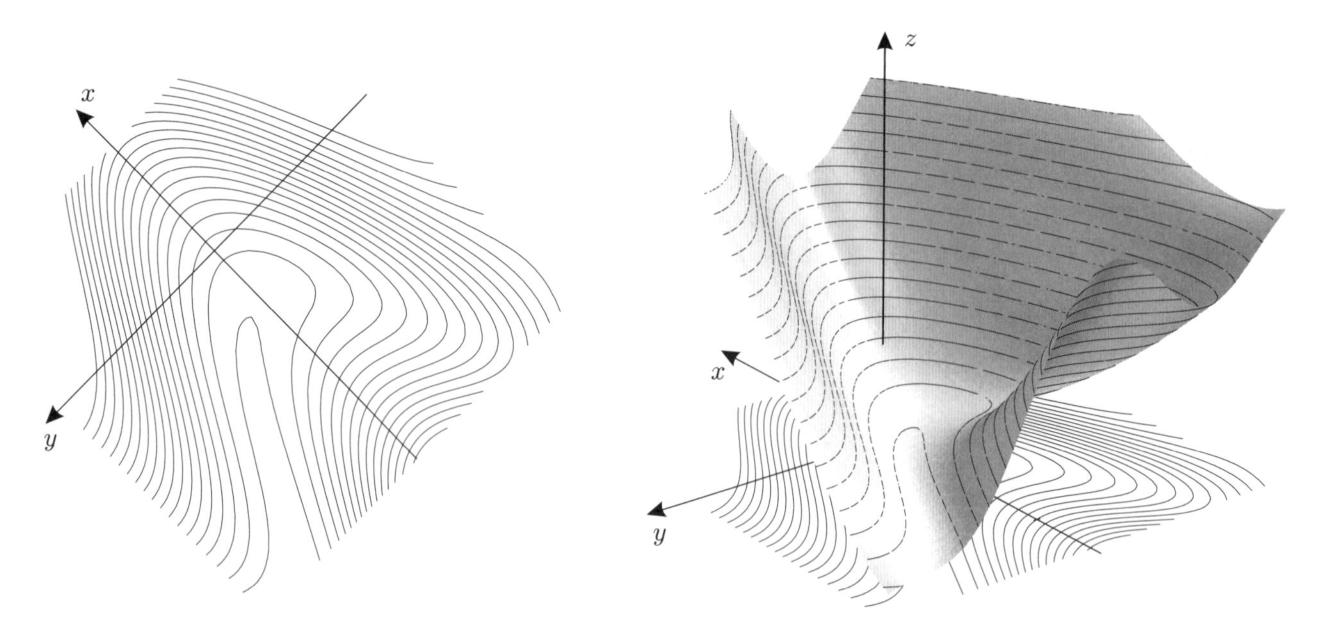

Figura 2.5

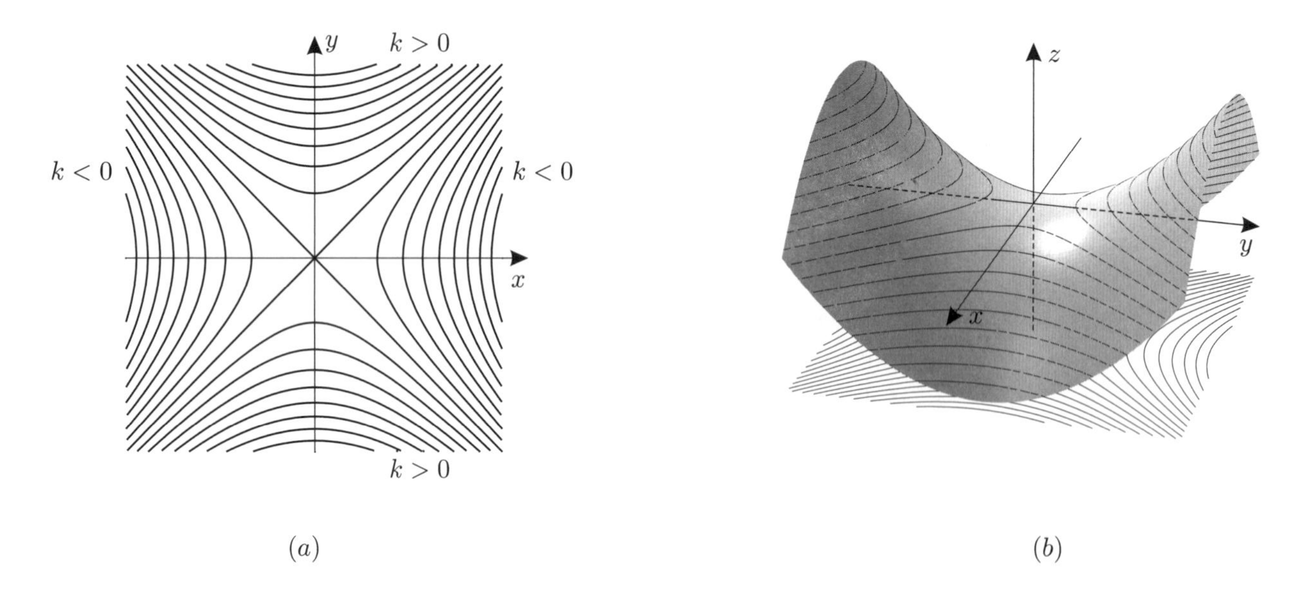

Figura 2.6

Exemplo 4. A função $z = x^2 - y^2$ tem por curvas de nível as hipérboles $x^2 - y^2 = k$. Fazendo k assumir os valores $k = 0, \pm 1, \pm 2, \pm 3$, etc., obtemos as hipérboles ilustradas na Fig. 2.6a. A Fig. 2.6b ilustra a superfície $z = x^2 - y^2$, que é um parabolóide hiperbólico. Repare que essa superfície apresenta aclives a partir da origem, ao longo de sua interseção com o plano Oxz, e declives ao longo de sua interseção com o plano Oyz. Por essa razão, a origem é chamada *ponto-sela* do hiperbolóide em questão.

Do mesmo modo que, em geral, uma curva no plano é representada por uma equação $f(x, y) = k =$ const., uma superfície no espaço, em geral, é representada por uma equação $f(x, y, z) = k =$ const. Por exemplo, a equação

$$x^2 + y^2 + z^2 = 16$$

representa a superfície da esfera de centro na origem e raio 4; a equação

$$x^2 - y^2 - z = 0$$

representa o parabolóide hiperbólico da Fig. 2.6b.

Exercícios

Determine os domínios máximos de definição de cada uma das funções dadas nos Exercícios 1 a 17 e represente-os graficamente.

1. $z = \sqrt{4 - x^2 - y^2}$. **2.** $z = \ln(x^2 - y^2)$. **3.** $z = \sqrt{y - x^2}$. **4.** $z = \operatorname{arc\,tg} \dfrac{x+y}{x-y}$.

5. $z = \dfrac{\cos x\,(y^2 - 1)}{x^2 - y^2}$. **6.** $z = \sqrt{x^2 + y^2 - 9}$. **7.** $z = \ln(36 - 4x^2 - 9y^2)$. **8.** $z = \dfrac{\ln(x - 2y)}{\sqrt{y - 2x}}$.

9. $z = \ln(x^2 - y^2 - 1)$. **10.** $z = \sqrt{1 + x^2 - y^2}$. **11.** $z = \sqrt{1 - 2x^2 + 3y^2}$. **12.** $z = \sqrt{x^2 - y^2}$.

13. $z = \operatorname{arc\,sen} \dfrac{x}{x+y}$. **14.** $z = \arccos \dfrac{y}{x-y}$. **15.** $z = \ln(xy - x^3 - y^3 + x^2y^2)$.

16. $z = \sqrt{1 - x_1^2 - x_2^2 - x_3^2}$. **17.** $z = \sqrt{x_1^2 + x_2^2 + x_3^2 - 4}$.

Para cada uma das funções dadas nos Exercícios 18 a 22, esboce as curvas de nível correspondentes.

18. $z = xy$. **19.** $z = y/x^2$. **20.** $z = x^2 + y^2 - 1$. **21.** $z = x^2 - y^2$.

22. $z = x^2$.

Esboce os gráficos das funções dadas nos Exercícios 23 a 30.

23. $z = x^2$. **24.** $z = y^2$. **25.** $z = x + y$. **26.** $z = x - y$.

27. $z = 1 + 2x + 3y$. **28.** $z = \cos(x + y)$. **29.** $z = \operatorname{sen}(x - y)$.

30. $z = x^2 + y^2 - \sqrt{x^2 + y^2}$.

Respostas e sugestões

1. $\{(x, y) \colon x^2 + y^2 \le 4\}$. **3.** $\{(x, y) \colon y \ge x^2\}$. **5.** $\{(x, y) \colon x \ne y \text{ e } x \ne -y\}$.

7. $\left\{(x, y) \colon \dfrac{x^2}{9} + \dfrac{y^2}{4} < 1\right\}$. **9.** $\{(x, y) \colon x^2 - y^2 > 1\}$. **11.** $\{(x, y) \colon 2x^2 - 3y^2 \le 1\}$.

13. $y \ge 0$, $y \ne -x$ e $y \ge -2x$.

15. Fatore $xy - x^3 - y^3 + x^2y^2 > 0$: $x(y - x^2) + y^2(x^2 - y) > 0$, ou ainda, $(y - x^2)(x - y^2) > 0$. Daqui decorrem dois conjuntos-solução: $y > x^2$ e $x > y^2$; e também $y < x^2$ e $x < y^2$.

17. $x_1^2 + x_2^2 + x_3^2 \ge 4$. **19.** As curvas de nível são as parábolas $y = kx^2$.

21. As curvas de nível são as hipérboles $x^2 - y^2 = k$, cujas assíntotas são as retas $y = x$ e $y = -x$.

2.2 Limite e continuidade

Quando consideramos funções de duas variáveis, seus domínios são conjuntos de pontos (x, y) do plano, que podem ser o plano todo ou conjuntos mais restritos, como retângulos, círculos, elipses, semiplanos, quadrantes, etc. Quando lidamos com esses domínios mais restritos, às vezes é necessário distinguir entre pontos internos e pontos da fronteira do conjunto, por isso mesmo convém estabelecer esses e outros conceitos correlatos que surgirão no correr do nosso curso.

Noções topológicas

Dado um ponto $P_0 = (x_0, y_0)$ e um número $\delta > 0$, chama-se *vizinhança* δ de P_0 (que se indica com o símbolo $V_\delta(P_0)$), ao conjunto dos pontos $P = (x, y)$ cuja distância a P_0 é menor que δ:

$$\begin{aligned} V_\delta(P_0) &= \{P\colon\ |P - P_0| < \delta\} \\ &= \{(x, y)\colon\ \sqrt{(x - x_0)^2 + (y - y_0)^2} < \delta\}. \end{aligned}$$

No caso do espaço $\mathbb{R}^3$, a vizinhança $V_\delta(P_0)$ é definida pela condição

$$|P - P_0| = \sqrt{(x - x_0)^2 + (y - y_0)^2 + (z - z_0)^2} < \delta,$$

e por uma desigualdade análoga no caso do espaço $\mathbb{R}^3$.

Diz-se que um ponto P é *ponto interior* de um conjunto C se existe uma vizinhança de P toda contida em C. Diz se que um ponto Q é *ponto de fronteira* de C se qualquer vizinhança de Q contém pontos de C e pontos fora de C (Fig. 2.7). A *fronteira* de C é o conjunto de todos os seus pontos de fronteira. Dessa definição segue-se que a *fronteira de um conjunto C é também a fronteira do conjunto complementar.* Lembramos que o *conjunto complementar* de um conjunto C é o conjunto C' dos pontos que não estão em C. É claro, então, que o complementar de C' é o próprio C: $C'' = C$ (Fig. 2.8).

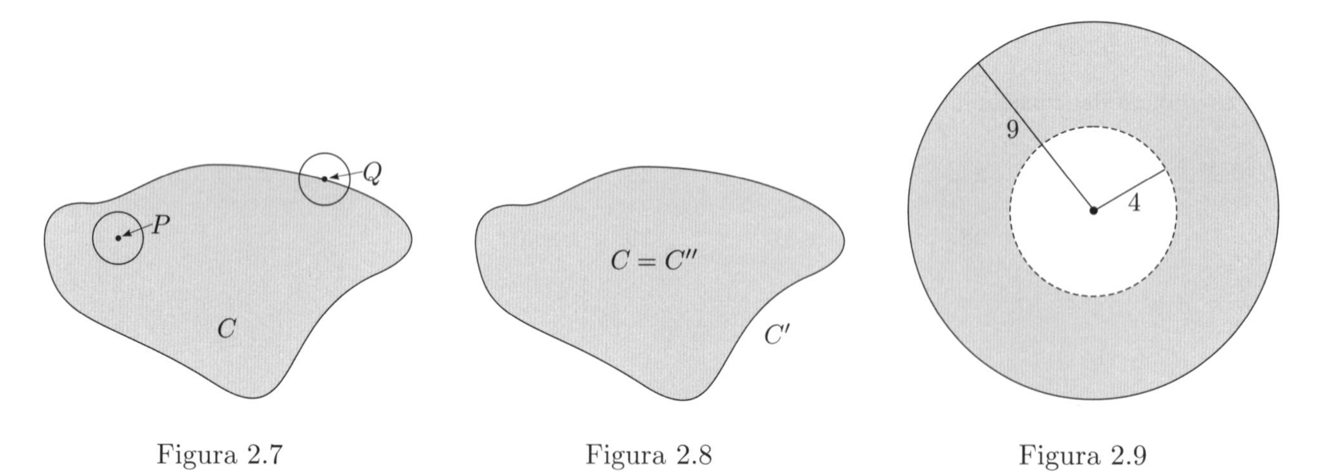

Figura 2.7 Figura 2.8 Figura 2.9

Observe que um conjunto pode não conter sua própria fronteira ou pode conter alguns pontos da fronteira, mas não todos. Por exemplo, o círculo (x, y): $x^2 + y^2 < 1$ não contém sua fronteira, que é a circunferência $x^2 + y^2 = 1$. A região anular

$$\{(x, y):\ 4 < x^2 + y^2 \leq 9\}$$

contém parte da fronteira — a circunferência $x^2 + y^2 = 9$ — mas não a outra parte, que é a circunferência $x^2 + y^2 = 4$ (Fig. 2.9).

Diz-se que um conjunto C é *aberto* se não contém qualquer ponto de sua fronteira. Isso equivale a dizer que o conjunto é constituído somente de pontos interiores. *Conjunto fechado* é aquele que contém toda a sua fronteira. Repare que um dado conjunto pode não ser aberto nem fechado; é esse o caso da região anular $4 < x^2 + y^2 \leq 9$. Quando um conjunto C é aberto, seu complementar C' é fechado, e vice-versa.

Limite e continuidade

Os conceitos de limite e continuidade de uma função de duas ou mais variáveis são introduzidos de maneira análoga ao caso de uma variável independente (Seção 7.3 do Volume 2 do *Cálculo das funções de uma variável*). Assim, diz-se que *uma função $f(P)$ tem limite L com $P = (x, y)$ tendendo a $P_0 = (x_0, y_0)$ se, dado qualquer $\varepsilon > 0$, existe $\delta > 0$ tal que*

$$0 < |P - P_0| < \delta \Rightarrow |f(P) - L| < \varepsilon.$$

Usando a notação $f(x, y)$ ao invés de $f(P)$, essa condição fica sendo

$$0 < \sqrt{(x - x_0)^2 + (y - y_0)^2} < \delta \Rightarrow |f(x, y) - L| < \varepsilon.$$

Podemos também dizer que $f(P)$ tem limite L quando P tende a P_0 se, dado qualquer $\varepsilon > 0$, existe $\delta > 0$ tal que $|f(P) - L| < \varepsilon$ para todo $P \neq P_0$ na vizinhança $V_\delta(P_0)$. Costuma-se escrever

$$\lim_{P \to P_0} = L \quad \text{ou} \quad \lim_{\substack{x \to x_0 \\ y \to y_0}} f(x, y) = L.$$

Diz-se que *a função $f(P)$ é contínua no ponto P_0 se ela tem limite com $P \to P_0$ e esse limite é $f(P_0)$*:

$$\lim_{P \to P_0} = f(P_0) \quad \text{ou} \quad \lim_{\substack{x \to x_0 \\ y \to y_0}} f(x, y) = f(x_0, y_0), \quad \text{ou ainda,} \quad \lim_{(x, y) \to (x_0, y_0)} f(x, y) = f(x_0, y_0).$$

As definições de limite de uma função $f(P)$, quando $P \to \infty$ ou quando o limite é infinito, ou em ambos os casos, são introduzidas de maneira análoga ao que vimos no Capítulo 7 do Volume 2 do Cálculo das funções de uma variável. O leitor não deverá ter dificuldade em formular essas definições. A título de ilustração, seja D o domínio da função f. Então,

$$\lim_{P \to \infty} f(P) = L,$$

onde L é um número, significa: dado $\varepsilon > 0$, existe um número $K > 0$ tal que

$$P \in D, \ |P| > K \Rightarrow |f(P) - L| < \varepsilon.$$

Observações e exemplos

Essas mesmas definições se estendem ao caso de três ou mais variáveis independentes, de maneira óbvia. Observe também que não estamos fazendo qualquer restrição sobre a maneira como P tende a P_0. Admitimos que a função $f(P)$ esteja definida em toda uma vizinhança $V_\delta(P_0)$, excluindo, eventualmente, o ponto P_0.

Mas, para considerar o limite de uma função $f(P)$, com $P \to P_0$, não é necessário que f esteja definida em todos os pontos de uma certa vizinhança de P_0. O essencial é que P_0 seja *ponto de acumulação* do domínio D de f, vale dizer: *dado qualquer $\delta > 0$, existem pontos $P \neq P_0$ tais que $|P - P_0| < \delta$ e $P \in D$.* Então, a definição de limite dada acima teria que ser substituída pela seguinte: *diz-se que essa função f, com domínio D, tem limite L com P tendendo a P_0 se, dado $\varepsilon > 0$, existe $\delta > 0$ tal que*

$$0 < |P - P_0| < \delta \quad \text{e} \quad P \in D \Rightarrow |f(P) - L| < \varepsilon,$$

ou seja,

$$P \in [V_\delta(P_0) - \{P_0\}] \cap D \Rightarrow |f(P) - L| < \varepsilon.$$

Essa maneira mais restrita de considerar limites ocorre quando restringimos o domínio de f a uma reta ou curva qualquer por P_0, ou a qualquer subconjunto do domínio de f que tenha P_0 como ponto de acumulação.

Exemplo. A função

$$f(x, y) = \frac{xy}{x^2 + y^2}, \quad (x, y) \neq (0, 0),$$

não tem limite com $P = (x, y) \to 0 = (0, 0)$ no sentido ordinário. De fato, imaginemos primeiro que P tenda a zero ao longo de uma semi-reta R_α, que faz um ângulo α com eixo Ox (Fig. 2.10a), dada pelas equações paramétricas

$$x = (\cos \alpha)t, \quad y = (\operatorname{sen} \alpha)t.$$

Ao longo dessa semi-reta,

$$f(x, y) = \frac{\cos \alpha \operatorname{sen} \alpha}{\cos^2 \alpha + \operatorname{sen}^2 \alpha} = \frac{\operatorname{sen} 2\alpha}{2}.$$

Ora, esse valor é também o limite de $f(P)$ com $P \to 0$ ao longo da referida semi-reta ou ao longo de qualquer curva C_α que tenha R_α como tangente na origem (Fig. 2.10b). Como esse limite varia com o ângulo α, vemos que $f(P)$ não tem limite com $P \to (0, 0)$ no sentido ordinário, isto é, sem qualquer restrição no domínio de f. Portanto, qualquer que seja o valor que se atribua a $f(0, 0)$, a função f será descontínua na origem.

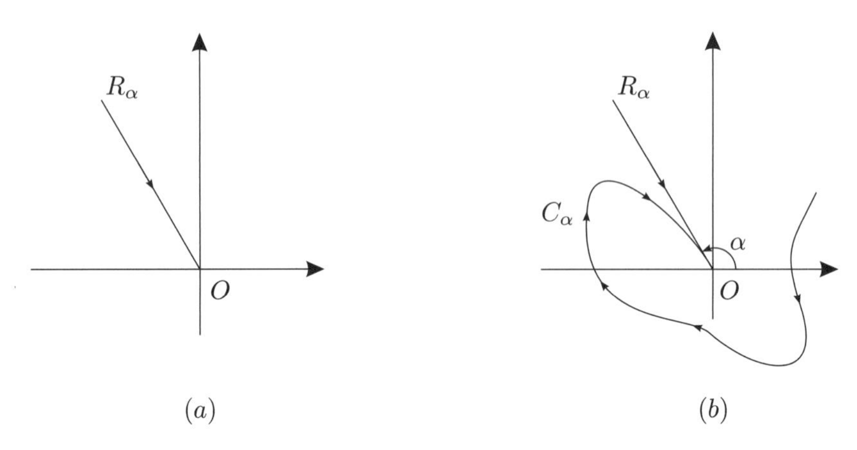

Figura 2.10

Entretanto, repare que a função dada é certamente contínua como função de x, considerando-se y fixo; e contínua como função de y, considerando-se x fixo. Como $f(x, 0) = 0$ para $x \neq 0$ e $f(0, y) = 0$ para $y \neq 0$, se pusermos $f(0, 0) = 0$, a função resultante será contínua, separadamente, em x e em y, mesmo no ponto $(0, 0)$. Mas nesse ponto — voltamos a insistir — ela é descontínua quando considerada como função das duas variáveis x e y.

Esse exemplo mostra que *uma função pode ser contínua em cada variável, separadamente, sem ser contínua em* (x, y). A recíproca dessa proposição é sempre verdadeira, isto é, *se uma função* $f(x, y)$ *for contínua em um ponto* (x_0, y_0) *ela será certamente contínua nesse ponto, separadamente, em* x *e em* y, ou seja,

$$\lim_{x \to x_0} = f(x, y_0) = f(x_0, y_0) = \lim_{y \to y_0} f(x_0, y).$$

Em geral, as funções com que lidamos são dadas por expressões analíticas, sendo definidas e contínuas em domínios abertos. Freqüentemente, uma dada expressão analítica faz sentido mesmo nos pontos do contorno de um domínio, e a função que ela define é contínua no domínio fechado resultante. É esse o caso da função

$$z = \sqrt{1 - x^2 - y^2},$$

definida e contínua em todo o círculo fechado $x^2 + y^2 \leq 1$, inclusive em sua fronteira. Em outros casos a expressão analítica que define a função não faz sentido nos pontos da fronteira de seu domínio, como ocorre com a função

$$z = \ln(1 - x^2 - y^2).$$

Aqui, o domínio máximo da função é o círculo aberto $x^2+y^2<1$; a função tende $a-\infty$ com $(x,\, y)$ tendendo a qualquer ponto da fronteira $x^2+y^2=1$, não sendo possível estendê-la a esses pontos de maneira a se obter uma função contínua em todo o círculo fechado.

Às vezes, embora a expressão analítica que define a função não faça sentido em pontos da fronteira, é possível atribuir valores convenientes à função nesses pontos de forma que ela resulte contínua. Por exemplo, seja $z=f(P)=e^{x/y}$, onde nos restringimos ao domínio constituído dos pontos $P=(x,\, y)$ do semiplano superior $y>0$. Evidentemente, não podemos definir a função nos pontos da fronteira, que é o eixo $y=0$, usando a expressão $z=e^{x/y}$. Entretanto, observe que (Fig. 2.11a)

$$\lim_{P\to P_0} f(P)=0,$$

onde $P_0=(x,\, 0)$ é qualquer ponto do semi-eixo negativo das abscissas, portanto, com $x_0<0$. Em conseqüência, é natural definir $f(P_0)=0$ nesses pontos P_0. A função resultante é agora contínua em seu domínio original, acrescido dos pontos P_0 de parte da fronteira.

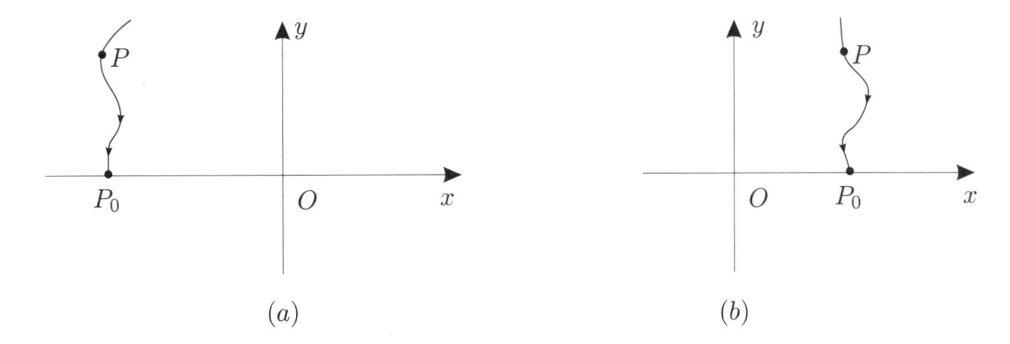

Figura 2.11

Observe, entretanto, que é impossível estender a função de maneira contínua aos demais pontos $P_0=(x_0,\, 0)$ da fronteira, com $x_0\geq 0$. De fato, nesses pontos P_0 com $x_0>0$ (Fig. 2.11b)

$$\lim_{\substack{x\to x_0\\ r\to 0^+}} e^{x/y}=+\infty.$$

Na origem $(0,\, 0)$, o limite simplesmente não existe. Para vermos isso, basta notar que ele tem um valor diferente ao longo de cada reta $y=kx$.

$$\lim_{x\to 0} f(x,\, kx)=e^{x/kx}=e^{1/k}.$$

Permanência do sinal

Vamos terminar esta seção com um resultado importante sobre *permanência do sinal* de uma função que tem limite $L\neq 0$ num ponto P_0. Mais precisamente, *se $f(P)\to L\neq 0$ com $P\to P_0$, então existe uma vizinhança de P_0 onde $f(P)$ tem o mesmo sinal de L.* Para demonstrar esse teorema notamos que dado qualquer $\varepsilon>0$, existe $\delta>0$ tal que

$$0<|P-P_0|<\delta\Rightarrow L-\varepsilon<f(P)<L+\varepsilon.$$

Como ε é dado arbitrariamente, vamos tomar $\varepsilon=|L|/2$. Então $L-\varepsilon$ e $L+\varepsilon$ terão sempre o sinal de L, como é fácil ver raciocinando separadamente com as duas possibilidades: $L>0$ e $L<0$. Se $L>0$, é claro que $L+\varepsilon>0$ e

$$L-\varepsilon=L-\frac{L}{2}=\frac{L}{2}$$

também é positivo; se $L < 0$, é claro que $L - \varepsilon < 0$ e

$$L + \varepsilon = L + \frac{|L|}{2} = L - \frac{L}{2} = \frac{L}{2}$$

também é negativo. Assim, com $\varepsilon = |L|/2$, ambos $L - \varepsilon$ e $L + \varepsilon$ têm o mesmo sinal de L, portanto o mesmo acontece com $f(P)$ na vizinhança $|P - P_0| < \delta$, excluindo, se necessário, $P = P_0$.

Em particular, se f for contínua em P_0, com $f(P_0) \neq 0$, existe uma vizinhança $|P - P_0| < \delta$ onde $f(P)$ tem o mesmo sinal de $f(P_0)$, não sendo agora necessário excluir o ponto P_0.

Observamos, por fim, que esses resultados são verdadeiros quer f seja função de uma, duas ou de um número qualquer de variáveis independentes.

Exercícios

1. Estude as curvas de nível da função $z = (x + y)/(x - y)$. Estude os limites dessa função quando $P = (x, y) \to (x, x) \neq 0$, de um lado e do outro da reta $y = x$. Calcule o limite da função com $P \to (0, 0)$ ao longo de uma reta $y/x = m$, $m \neq 1$, e verifique que esse limite pode ser qualquer número L dado, $L \neq -1$, bastando fixar m adequadamente. Ao longo de que reta pela origem o limite é -1?

2. Mostre que $\lim\limits_{\substack{x \to 0 \\ y \to 0}} \dfrac{\operatorname{sen} xy}{\sqrt{x^2 + y^2}} = 0$.

3. Mostre que a função $z = \dfrac{\operatorname{sen} xy}{x^2 + y^2} = 0$ não tem limite com $(x, y) \to (0, 0)$. Mais precisamente, o limite existe ao longo de cada reta $y = kx$. Calcule o seu valor para cada k.

4. Mostre que $\lim\limits_{\substack{x \to 0 \\ y \to 0}} \dfrac{x^3 - 2y^3}{2x^2 + 3y^2} = 0$.

5. Mostre que $\lim\limits_{\substack{x \to 0 \\ y \to 0}} \dfrac{|x| + |y|}{x^2 + 5y^2} = \infty$.

6. Mostre que $\lim\limits_{\substack{x \to 0 \\ y \to 0}} \dfrac{\operatorname{sen} xy}{\operatorname{sen} x \operatorname{sen} y} = 1$. Repare que a função só é definida para $x \neq 0$ e $y \neq 0$.

7. Mostre que a função

$$f(x, y) = \frac{\operatorname{sen}(x^2 + y^2)}{1 - \cos\sqrt{x^2 + y^2}},$$

se $(x, y) \neq (0, 0)$ e $f(0, 0) = 2$ é contínua na origem.

Mostre que as funções dadas nos Exercícios 8 e 9 não têm limites com $(x, y) \to (0, 0)$.

8. $z = \dfrac{x^6}{(x^3 + y^2)^2}$

9. $\dfrac{x^2y^2}{x^2y^2 + (x - y)^2}$

10. Mostre que $\lim\limits_{\substack{x \to 0 \\ y \to 0}} \dfrac{1 - \cos\sqrt{xy}}{x} = 0$.

11. Enuncie as definições de limite nos seguintes casos:

$$\lim_{P \to P_0} f(P) = +\infty, \quad \lim_{P \to P_0} f(P) = -\infty, \quad \lim_{P \to \infty} f(P) = +\infty, \quad \lim_{P \to \infty} f(P) = -\infty.$$

Respostas e sugestões

1. As curvas de nível são retas, passando pela origem, com inclinação $m = \dfrac{\alpha - 1}{\alpha + 1}$, $\alpha \neq 1$.

$$\lim z = -\infty \;\text{ com }\; (x, y) \to (x, x) \;\text{ e }\; y > x; \qquad \lim z = +\infty \;\text{ com }\; (x, y) \to (x, x) \;\text{ e }\; y < x;$$

$$\lim z = \frac{m + 1}{m - 1} \;\text{ com }\; (x, y) \to (0, 0) \;\text{ e }\; y = mx.$$

Este último limite pode ser qualquer número dado α, bastando tomar $m = \dfrac{\alpha + 1}{\alpha - 1}$.

2. Observe que $\dfrac{\operatorname{sen} xy}{\sqrt{x^2+y^2}} = \dfrac{\operatorname{sen} xy}{xy} \cdot \dfrac{xy}{\sqrt{x^2+y^2}}$ e use coordenadas polares.

4. Use coordenadas polares.

6. A função é dada pela expressão $\dfrac{\operatorname{sen} xy}{xy} \cdot \dfrac{x}{\operatorname{sen} x} \cdot \dfrac{y}{\operatorname{sen} y}$

7. $\sqrt{x^2+y^2} = t \to 0$.

8. Calcule os limites da função com $(x, y) \to (0, 0)$ ao longo das retas $x = 0$ e $y = 0$ separadamente.

10. Observe que $\cos t = 1 - t^2/2 + 0(t^4)$.

2.3 Derivadas parciais

Seja f uma função de duas variáveis, definida numa vizinhança de um ponto (x_0, y_0). Como já notamos, o gráfico de f é, em geral, uma superfície no espaço. Se fixarmos uma das variáveis, digamos, $y = y_0$, obtemos uma função $z = f(x, y_0)$ da única variável x. Repare que o gráfico dessa função é a curva C_{y_0}, interseção do gráfico de f (que é uma superfície) com o plano $y = y_0$ (Fig. 2.12a). Sua derivada, que é o limite da razão incremental

$$\frac{f(x_0 + h, y_0) - f(x_0, y_0)}{h}$$

com $h \to 0$, quando existe, é chamada de *derivada parcial* de f em relação a x no ponto (x_0, y_0). Ela costuma ser indicada com os símbolos

$$\frac{\partial f}{\partial x}(x_0, y_0), \quad f_x(x_0, y_0), \quad \frac{\partial z}{\partial x}, \quad D_x f, \quad f_1(x_0, y_0).$$

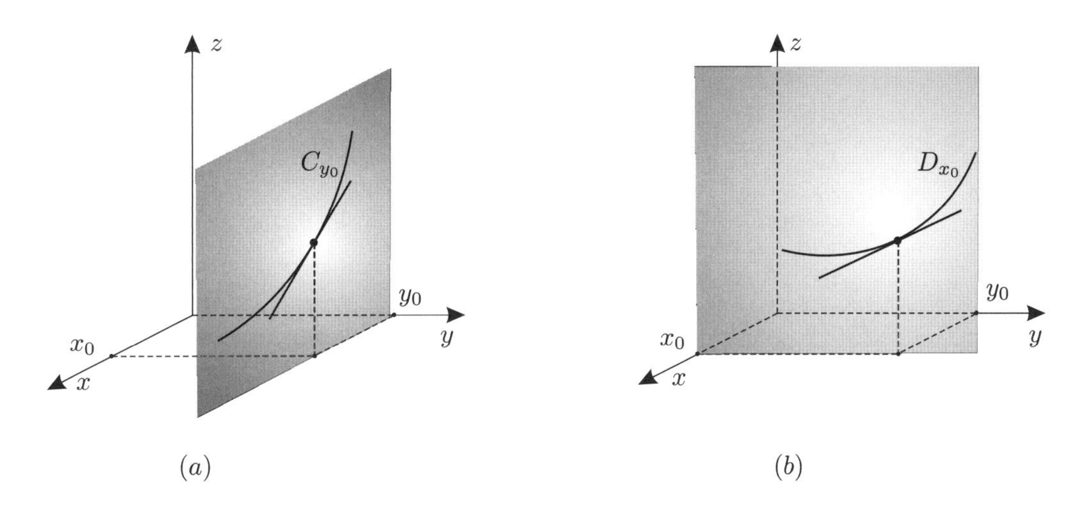

Figura 2.12

É importante observar que f_x, $\partial f/\partial x$, etc., significam a derivada de f em relação à primeira variável. Assim, quando escrevemos

$$\frac{\partial f}{\partial x}(x^2 + y^2, y),$$

isso significa que devemos primeiro derivar $f(x, y)$ em relação a x para depois substituir x por $x^2 + y^2$. Por outro lado, $f(x^2 + y^2, y)$ é outra função $g(x, y)$, de sorte que

$$\frac{\partial f(x^2 + y^2, y)}{\partial x} \quad \text{significa} \quad \frac{\partial}{\partial x}[f(x^2 + y^2, y)] = \frac{\partial g}{\partial x}(x, y).$$

Exemplo 1. Seja $f(x, y) = x^2 + y^3$. Então,

$$\frac{\partial f}{\partial x} = 2x \quad \text{e} \quad \frac{\partial f}{\partial x}(x^2 + y^2, y) = 2(x^2 + y^2).$$

Por outro lado,

$$f(x^2 + y^2, y) = (x^2 + y^2)^2 + y^3 = g(x, y);$$

logo,

$$\frac{\partial}{\partial x} f(x^2 + y^2, y) = \frac{\partial g}{\partial x}(x, y) = 2(x^2 + y^2)2x = 4x(x^2 + y^2).$$

Portanto,

$$\frac{\partial f}{\partial x}(x^2 + y^2, y) \neq \frac{\partial}{\partial x} f(x^2 + y^2, y).$$

Como a derivada é o declive do gráfico no caso de funções de uma variável, a derivada parcial $f_x(x_0, y_0)$ é o declive, no ponto (x_0, y_0), da curva C_{y_0}, descrita anteriormente (Fig. 2.12a).

De maneira inteiramente análoga define-se a derivada parcial $f_y(x_0, y_0)$, que é o declive da curva D_{x_0}, interseção do gráfico de f com o plano $x = x_0$ (Fig. 2.12b).

É claro que as derivadas parciais são funções do ponto (x_0, y_0) onde são consideradas. Mas nada há de especial nesse símbolo, que pode muito bem ser substituído por qualquer outro, em particular pelo próprio símbolo (x, y). Portanto, as derivadas parciais,

$$f_x(x, y) = \frac{\partial f(x, y)}{\partial x} \quad \text{e} \quad f_y(x, y) = \frac{\partial f(x, y)}{\partial y},$$

são, em geral, funções de x e y, como a função original f.

Derivadas segundas, terceiras, etc., são definidas de maneira óbvia. Eis alguns exemplos das notações usadas:

$$\frac{\partial^2 f}{\partial x^2} = \frac{\partial}{\partial x}\left(\frac{\partial f}{\partial x}\right) = f_{xx} = D_{xx} f = \frac{\partial^2 z}{\partial x^2} = f_{11}(x, y);$$

$$\frac{\partial^2 f}{\partial x \partial y} = \frac{\partial}{\partial x}\left(\frac{\partial f}{\partial y}\right) = f_{yx} = D_{yx} f = \frac{\partial^2 z}{\partial x \partial y} = f_{21}(x, y);$$

$$\frac{\partial^2 f}{\partial y \partial x} = \frac{\partial}{\partial y}\left(\frac{\partial f}{\partial x}\right) = f_{xy} = D_{xy} f = \frac{\partial^2 z}{\partial y \partial x} = f_{12}(x, y);$$

$$\frac{\partial^3 f}{\partial x \partial y^2} = \frac{\partial}{\partial x}\left(\frac{\partial^2 f}{\partial y^2}\right) = f_{yyx} = D_{yyx} f = \frac{\partial^3 z}{\partial x \partial y^2} = f_{221}(x, y);$$

$$\frac{\partial^3 f}{\partial y \partial x^2} = \frac{\partial}{\partial y}\left(\frac{\partial^2 f}{\partial x^2}\right) = f_{xxy} = D_{xxy} f = \frac{\partial^2 z}{\partial y \partial x^2} = f_{112}(x, y).$$

Exemplo 2. Dada a função

$$f(x, y) = \cos xy + x^3 y^3,$$

temos:

$$\frac{\partial f}{\partial x} = -y \operatorname{sen} xy + 3x^2 y^3; \qquad \frac{\partial f}{\partial y} = -x \operatorname{sen} xy + 3x^3 y^2;$$

$$\frac{\partial^2 f}{\partial x^2} = -y^2 \cos xy + 6xy^3; \qquad \frac{\partial^2 f}{\partial y^2} = -x^2 \cos xy + 6x^3 y;$$

$$\frac{\partial^2 f}{\partial x \partial y} = -\operatorname{sen} xy - xy \cos xy + 9x^2 y^2; \qquad \frac{\partial^2 f}{\partial y \partial x} = -\operatorname{sen} xy - xy \cos xy + 9x^2 y^2.$$

Observe, nesse caso, que as derivadas f_{xy} e f_{yx} são iguais. Isso ocorre na quase totalidade das funções com que lidamos na prática, mas não é uma propriedade evidente, em geral, como ilustra o exemplo seguinte.

Exemplo 3. Vamos mostrar que a propriedade anterior não se verifica no caso da função

$$f(x,\, y) = \frac{xy(x^2 - y^2)}{x^2 + y^2} \quad \text{se} \quad (x,\, y) \neq (0,\, 0)$$

e $f(0,\, 0) = 0$; isto é, mostraremos que $f_{xy}(0,\, 0) \neq f_{yx}(0,\, 0)$.

Começamos observando que

$$f_{xy}(0,\, 0) = \lim_{y \to 0} \frac{f_x(0,\, y) - f_x(0,\, 0)}{y} \tag{2.1}$$

e

$$f_{yx}(0,\, 0) = \lim_{x \to 0} \frac{f_y(x,\, 0) - f_y(0,\, 0)}{x}. \tag{2.2}$$

Para simplificar os cálculos, usaremos a notação $r^2 = x^2 + y^2$. Então, pela regra de derivação de um quociente,

$$\begin{aligned} f_x(x,\, y) &= \frac{r^2(3x^2y - y^3) - xy(x^2 - y^2)(2x)}{r^4} = \frac{r^2(3x^2y - y^3) - 2x^2y(r^2 - 2y^2)}{r^4} \\ &= \frac{r^2y(x^2 - y^2) + 4x^2y^3}{r^4} = y\left[\frac{x^2 - y^2}{x^2 + y^2} + \frac{4x^2y^2}{(x^2 + y^2)^2}\right]. \end{aligned} \tag{2.3}$$

Para obtermos f_y não é necessário fazer mais cálculos; basta notar que $f(x,\, y) = -f(y,\, x)$, donde

$$\frac{\partial f}{\partial y}(x,\, y) = -\frac{\partial f}{\partial x}(y,\, x),$$

isto é,

$$f_y(x,\, y) = -x\left[\frac{y^2 - x^2}{x^2 + y^2} + \frac{4x^2y^2}{(x^2 + y^2)^2}\right]. \tag{2.4}$$

Observe que as fórmulas (2.3) e (2.4) só são válidas para $(x,\, y) \neq (0,\, 0)$. Elas nos dão, em particular,

$$f_x(0,\, y) = -y \quad \text{e} \quad f_y(x,\, 0) = x. \tag{2.5}$$

Por outro lado, como $f(x,\, 0) = f(0,\, y) = f(0,\, 0) = 0$, temos

$$f_x(0,\, 0) = \lim_{x \to 0} \frac{f(x,\, 0) - f(0,\, 0)}{x} = 0$$

e

$$f_y(0,\, 0) = \lim_{y \to 0} \frac{f(0,\, y) - f(0,\, 0)}{y} = 0.$$

Daqui, de (2.1), (2.2) e (2.5) segue-se que

$$f_{xy}(0, 0) = \lim_{y \to 0} \frac{f_x(0,\, y) - f_x(0,\, 0)}{y} = \lim_{y \to 0} \frac{-y}{y} = -1$$

e

$$f_{yx}(0,\, 0) = \lim_{x \to 0} \frac{f_y(x,\, 0) - f_y(0,\, 0)}{x} = \lim_{y \to 0} \frac{x}{x} = 1.$$

Em conseqüência, $f_{xy}(0, 0) \neq f_{yx}(0, 0)$, como queríamos provar.

Não obstante o exemplo que acabamos de considerar, em geral $f_{xy} = f_{yx}$, como já mencionamos. Isso se verifica sempre que a função e suas derivadas parciais f_x, f_y e f_{xy} forem contínuas numa vizinhança do ponto $(x,\, y)$ considerado. É o que provaremos a seguir.

Teorema. *Suponhamos que uma função f seja definida, contínua e tenha derivadas contínuas, f_x, f_y e f_{xy}, numa vizinhança V_δ de um ponto $P_0 = (x_0,\, y_0)$. Então, $f_{xy}(x_0,\, y_0) = f_{yx}(x_0,\, y_0)$.*

Demonstração. Como $f(x,\, y)$ está definida na vizinhança

$$V_\delta = \{(x,\, y)\colon \sqrt{(x-x_0)^2 + (y-y_0)^2} < \delta\},$$

a função

$$g(x) = f(x,\, y_0 + k) - f(x,\, y_0), \tag{2.6}$$

onde $|k| < \delta$, está definida para $|x - x_0|$ suficientemente pequeno (Fig. 2.13). Vamos aplicar a essa função $g(x)$ o Teorema do Valor Médio para funções de uma variável: deve existir um número c, entre x_0 e $x_0 + h$ (h suficientemente pequeno para que o ponto $(x_0 + h,\, y_0 + k)$ ainda caia na vizinhança V_δ) tal que

$$g(x_0 + h) - g(x_0) = hg'(c),$$

isto é,

$$g(x_0 + h) - g(x_0) = h[f_x(c,\, y_0 + k) - f_x(c,\, y_0)].$$

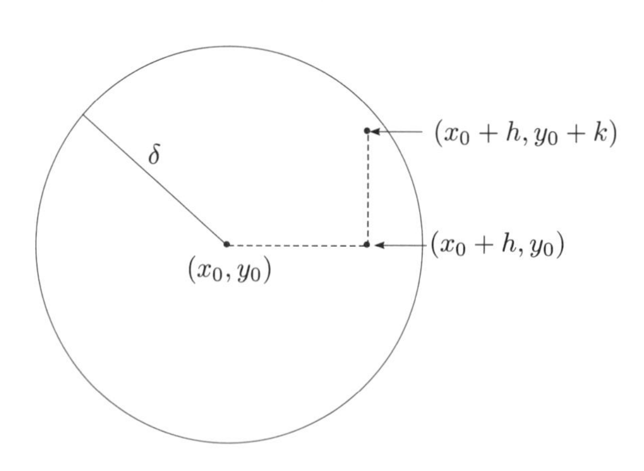

Figura 2.13

Vamos agora aplicar o Teorema do Valor Médio à expressão entre colchetes, considerada como função da segunda variável. Em conseqüência, deve existir um número d, entre y_0 e $y_0 + k$, tal que

$$f_x(c,\, y_0 + k) - f_x(c,\, y_0) = kf_{xy}(c,\, d).$$

Daqui e da igualdade anterior obtemos

$$g(x_0 + h) - g(x_0) = hkf_{xy}(c,\, d).$$

Como c está compreendido entre x_0 e $x_0 + h$, existe um número θ_1, entre 0 e 1, tal que $c = x_0 + \theta_1 h$. Analogamente, $d = y_0 + \theta_2 k$, com $0 < \theta_2 < 1$; logo,

$$g(x_0 + h) - g(x_0) = hkf_{xy}(x_0 + \theta_1 h,\, y_0 + \theta_2 k).$$

Daqui e de (2.6) segue-se que

$$[f(x_0 + h,\, y_0 + k) - f(x_0 + h,\, y_0)] - [f(x_0,\, y_0 + k) - f(x_0,\, y_0)] = hkf_{xy}(x_0 + \theta_1 h,\, y_0 + \theta_2 k).$$

Dividindo por k e fazendo $k \to 0$, obtemos

$$f_y(x_0 + h,\, y_0) - f_y(x_0,\, y_0) = h f_{xy}(x_0 + \theta_1 h,\, y_0).$$

Finalmente, dividindo por h e fazendo $h \to 0$, encontramos o resultado desejado:

$$f_{yx}(x_0,\, y_0) = f_{xy}(x_0,\, y_0).$$

O teorema que acabamos de demonstrar se estende a um número qualquer de derivações, de maneira óbvia. Assim, se a função f for contínua, juntamente com suas derivadas parciais até a terceira ordem, numa vizinhança de um ponto (x, y), então cada uma dessas derivadas independe da ordem das derivações, isto é,

$$f_{xxy} = f_{xyx}, \quad f_{yxy} = f_{yyx}, \ldots$$

Antes de finalizar esta seção, é oportuno observar também que, embora estejamos focalizando nossa atenção em funções de duas variáveis, todas as idéias que vimos desenvolvendo se estendem, de maneira óbvia, ao caso de três ou mais variáveis independentes. Por exemplo, se

$$f(x,\, y,\, z,\, w) = x^3 y \sqrt{1 + z^2 + w^2},$$

então

$$\frac{\partial f}{\partial x} = 3x^2 y \sqrt{1 + z^2 + w^2}, \quad \frac{\partial f}{\partial w} = \frac{x^3 y w}{\sqrt{1 + z^2 + w^2}}, \quad \frac{\partial^2 f}{\partial x \partial z} = \frac{3x^2 y z}{\sqrt{1 + z^2 + w^2}}, \quad \text{etc.}$$

As derivadas de uma ordem qualquer também independem da ordem das derivadas, desde que estejam verificadas as condições de continuidade da função e das derivadas:

$$f_{xyw} = f_{xwy} = f_{wxy} = \ldots$$

Exercícios

Calcule as derivadas parciais $\partial z/\partial x$ e $\partial z/\partial y$ das funções dadas nos Exercícios 1 a 15.

1. $z = 3x^2y^3 - 5x^3y^2$.

2. $z = \dfrac{x^2 - y^2}{1 + x^2 + y^2}$.

3. $z = e^{x/y}$.

4. $z = e^{\operatorname{sen}(x\sqrt{y})}$.

5. $z = x^3 e^{y^2}$.

6. $z = y^x$.

7. $z = \cos\sqrt{1 + x^2y^4}$.

8. $z = \ln(y^2\sqrt{x^3})$.

9. $z = \dfrac{\operatorname{sen}(x^2\sqrt{y})}{\cos(y^2\sqrt{x})}$.

10. $z = x^2\sqrt{x^2 + y^2}$.

11. $z = \operatorname{arc\,sen}\sqrt{x^2 + y^4}$.

12. $z = \operatorname{arc\,tan} x^2y^3$.

13. $z = x^3 \cos xy^2$.

14. $z = \operatorname{sen}(xy)\ln(x^2 - y^2)$.

15. $z = x^{2/3} \operatorname{tg} \dfrac{xy}{1 + x^2y^4}$.

Calcule todas as derivadas parciais $\partial/\partial x$, $\partial/\partial y$, $\partial/\partial z$ e $\partial/\partial w$ das funções dadas nos Exercícios 16 a 19.

16. $z = \operatorname{sen}\sqrt{1 + x^2y + xz^2 - yw^2}$.

17. $z = \dfrac{xy^2z^3w}{1 + x^2 + y^4 + z^6 + w^8}$.

18. $z = \sqrt{1 - x^2 - y^2 - z^2 - w^2}$.

19. $z = \dfrac{x^2w^2}{\sqrt{y^2 + z^2}}$.

Calcule a derivada $\partial f/\partial x$ das funções dadas nos Exercícios 20 a 28. Calcule $\partial f/\partial y$ utilizando $\partial f/\partial x$ e a propriedade de simetria $f(x, y) = f(y, x)$ ou anti-simetria $f(x, y) = -f(y, x)$.

20. $f(x, y) = e^{x+y}$. **21.** $f(x, y) = \dfrac{x}{y} + \dfrac{y}{x}$. **22.** $f(x, y) = \operatorname{sen}\sqrt{1 + x^2 + y^2}$.

23. $f(x, y) = xe^y + ye^x$. **24.** $f(x, y) = \cos(x^3 - y^3)$. **25.** $f(x, y) = \operatorname{sen}(x^3 - y^3)$.

26. $f(x, y) = \ln(x^2y^2\sqrt{1 + x^2 + y^2})$. **27.** $f(x, y) = x^y + y^x$. **28.** $f(x, y) = \operatorname{tg}\left(\dfrac{x}{y} - \dfrac{y}{x}\right)$.

Calcule todas as derivadas segundas das funções dadas nos Exercícios 29 a 33.

29. $z = \ln xy$. **30.** $z = \ln x^2y^2$. **31.** $z = \sqrt{1 - x^2 - y^2}$. **32.** $z = \operatorname{sen}(x^2 - y^2)$.

33. $z = x^y$.

Mostre que as funções dos Exercícios 34 a 40 satisfazem a equação diferencial parcial $z_{xx} + z_{yy} = 0$, chamada *equação de Laplace*.

34. $z = \ln\sqrt{x^2 + y^2}$. **35.** $z = \arctan = \dfrac{y}{x}$. **36.** $z = x^3 - 3xy^2$. **37.** $z = e^x \cos y$.

38. $z = e^x \operatorname{sen} y$. **39.** $z = \dfrac{y}{x^2 + y^2}$. **40.** $z = \dfrac{x}{x^2 + y^2}$.

41. Seja f uma função de uma variável, derivável até a segunda ordem. Mostre que $z = f(x - ct)$ satisfaz a chamada *equação das ondas*, $z_{xx} - \dfrac{1}{c^2}z_{tt} = 0$, onde c é uma constante.

42. Mostre que a função $z = e^{-x^2/4kt}/\sqrt{t}$ satisfaz a chamada *equação de difusão* ou *equação do calor*, $z_t = kz_{xx}$, onde k é uma constante.

Respostas e sugestões

1. $z_x = 6xy^3 - 15x^2y^2, \quad z_y = 9x^2y^2 - 10x^3y$. **3.** $z_x = \dfrac{1}{y}e^{x/y}, \quad z_y = -\dfrac{x}{y^2}e^{x/y}$.

5. $z_x = 3x^2e^{y^2}, \quad z_y = 2x^3ye^{y^2}$. **6.** Repare que $z = y^x = e^{x \ln y}$.

7. $$z = \frac{-xy^4}{\sqrt{1 + x^2y^4}} \operatorname{sen}\sqrt{1 + x^2y^4}, \quad z_y = \frac{-2x^2y^3}{\sqrt{1 + x^2y^4}} \operatorname{sen}\sqrt{1 + x^2y^4}.$$

9. $$z_x = \frac{4x\sqrt{xy}\cos(x^2\sqrt{y})\cos(y^2\sqrt{x}) + y^2\operatorname{sen}(x^2\sqrt{y})\operatorname{sen}(y^2\sqrt{x})}{2\sqrt{x}\cos^2(y^2\sqrt{x})},$$

$$z_y = \frac{x^2\cos(x^2\sqrt{y})\cos(y^2\sqrt{x}) + 4y\sqrt{xy}\operatorname{sen}(x^2\sqrt{y})\operatorname{sen}(y^2\sqrt{x})}{2\sqrt{y}\cos^2(y^2\sqrt{x})}.$$

11. $$z_x = \frac{x}{\sqrt{1 - x^2 - y^4}\sqrt{x^2 + y^4}}, \quad z_y = \frac{2y^3}{\sqrt{1 - x^2 - y^4}\sqrt{x^2 + y^4}}.$$

13. $z_x = 3x^2\cos xy^2 - x^3y^2\operatorname{sen} xy^2, \quad z_y = -2x^3y\operatorname{sen} xy^2$.

15. $$z_x = \frac{2}{3}x^{-1/3}\operatorname{tg}\left(\frac{xy}{1 + x^2y^4}\right) + \frac{x^{2/3}(y - x^2y^5)}{(1 + x^2y^4)^2}\sec^2\left(\frac{xy}{1 + x^2y^4}\right),$$

$$z_y = \frac{x^{5/3} - 3x^{11/3}y^4}{(1 + x^2y^4)^2}\sec^2\left(\frac{xy}{1 + x^2y^4}\right).$$

21. $f(x, y) = f(y, x)$; portanto, $f_y(x, y) = f_x(y, x)$. **23.** Como no Exercício 21.

25. $f(y, x) = -f(x, y)$; portanto, $f_y(x, y) = -f_x(y, x)$. **27.** Como no Exercício 21.

29. $z_{xx} = -1/x^2, \quad z_{yy} = -1/y^2, \quad z_{xy} = z_{yx} = 0$.

31. $z_{xx} = \dfrac{1-y^2}{(1-x^2-y^2)^{3/2}}, \quad z_{yy} = \dfrac{1-x^2}{(1-x^2-y^2)^{3/2}}, \quad z_{xy} = \dfrac{-xy}{(1-x^2-y^2)^{3/2}}.$

33. $z_{xx} = x^{y-2}y(y-1), \quad z_{yy} = (\ln x)^2 x^y, \quad z_{xy} = x^{y-1}(1 + y\ln x).$

41. Faça $u = x - ct$ e observe que $z_x = u_x f_x$ e $z_t = u_t f_u$.

2.4 Diferenciabilidade

Sabemos que quando uma função de uma variável é derivável, ela é também contínua (p. 77 do Volume 1 do Cálculo das funções de uma variável). Isso não é mais verdade em se tratando de funções de mais de uma variável, como veremos no exemplo seguinte.

Exemplo 1. Seja f a função dada por $f(0, 0) = 0$ e

$$f(x, y) = \frac{xy}{x^2 + y^2} \quad \text{se} \quad (x, y) \neq (0, 0).$$

Vimos, no Exemplo da Seção 2.2, que essa função é descontínua na origem. Não obstante isso, ela é derivável em relação a x e a y nesse mesmo ponto. De fato,

$$f_x(0, 0) = \lim_{x\to 0} \frac{f(x, 0) - f(0, 0)}{x} = \lim_{x\to 0} \frac{0-0}{x} = 0;$$

$$f_y(0, 0) = \lim_{y\to 0} \frac{f(0, y) - f(0, 0)}{y} = \lim_{y\to 0} \frac{0-0}{y} = 0.$$

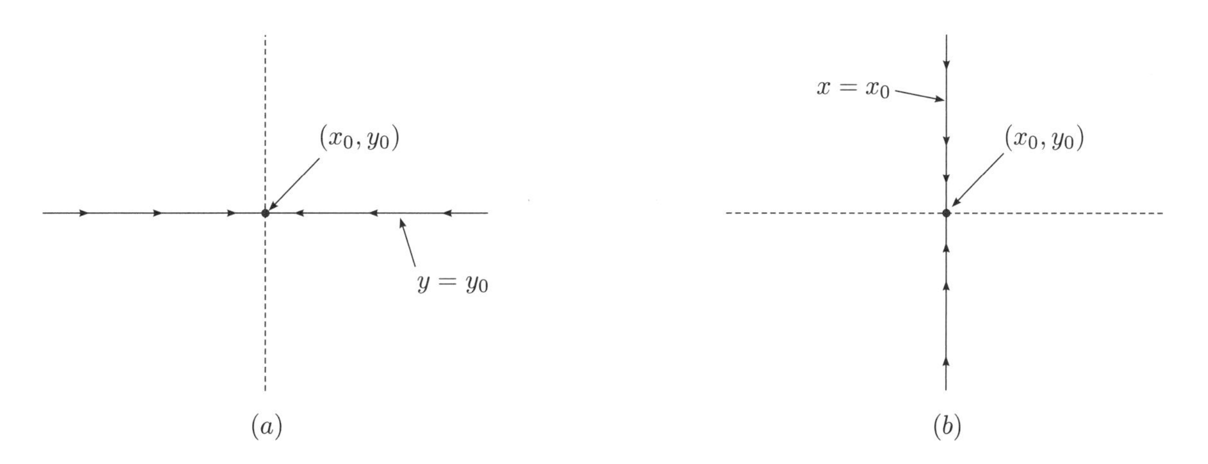

Figura 2.14

O mesmo fenômeno ilustrado neste exemplo pode ocorrer com uma função de três ou mais variáveis: a função pode ter todas as derivadas parciais de primeira ordem num certo ponto sem ser contínua nesse ponto. Isso pode parecer paradoxal quando comparado com o que ocorre com as funções de uma variável, que, sendo deriváveis, são também contínuas. No entanto, o paradoxo é apenas aparente, pois a existência da derivada $f_x(x_0, y_0)$ só implica continuidade da função $f(x, y_0)$, da única variável x, em $x = x_0$, isto é, a continuidade de $f(x, y)$ no ponto $P_0 = (x_0, y_0)$, ao longo da reta $y = y_0$ (Fig. 2.14a). Do mesmo modo, a existência da derivada $f_y(x_0, y_0)$ só garante a continuidade da função $f(x, y)$ no ponto P_0, ao longo da reta $x = x_0$ (Fig. 2.14b). Ao longo de qualquer outra reta ou curva pelo ponto P_0, o comportamento da função pode ser bastante variado, como vimos no Exemplo da Seção 2.2.

Funções diferenciáveis

O conceito de diferenciabilidade, que vamos introduzir agora, assegura a continuidade da função, no sentido ordinário, como veremos adiante. Esse conceito é introduzido por analogia com o conceito de diferenciabilidade de funções de uma variável, estudado nas pp. 25–27 do Volume 2 do Cálculo das funções de uma variável, e que o leitor deve rever agora. Vimos, então, que uma função $y = f(x)$ é *diferenciável* em $x = x_0$ se existe uma reta pelo ponto $(x_0,\, f(x_0))$, de equação

$$Y = f(x_0) + m(x - x_0),$$

tal que a diferença $f(x) - Y$ seja um infinitésimo de ordem superior em comparação com $x - x_0$ quando $x \to x_0$, isto é,

$$\lim_{x \to x_0} \frac{f(x) - Y}{x - x_0} = 0.$$

No caso de uma função de duas ou mais variáveis, a definição é análoga.

Definição. *Diz-se que uma função $z = f(x,\, y)$ é diferenciável num ponto $(x_0,\, y_0)$ se existe um plano pelo ponto $((x_0,\, y_0),\, f(x_0,\, y_0))$, de equação*

$$Z = f(x_0,\, y_0) + A(x - x_0) + B(y - y_0), \tag{2.7}$$

tal que a diferença $f(x,\, y) - Z$ seja um infinitésimo de ordem superior em comparação com

$$r = \sqrt{(x - x_0)^2 + (y - y_0)^2}$$

quando $r \to 0$. Pondo $h = x - x_0$ e $k = y - y_0$, isso significa que

$$\eta = \frac{f(x_0 + h,\, y_0 + k) - f(x_0,\, y_0) - Ah - Bk}{r} \tag{2.8}$$

tende a zero com $r \to 0$. É claro, então, que

$$f(x_0 + h,\, y_0 + k) = f(x_0,\, y_0) + Ah + Bk + \eta r$$

tende a $f(x_0,\, y_0)$ com $r \to 0$, ou, o que é equivalente,

$$\lim_{\substack{x \to x_0 \\ y \to y_0}} f(x,\, y) = f(x_0,\, y_0),$$

isto é, *uma função f, que é diferenciável num ponto $(x_0,\, y_0)$, é contínua nesse ponto.*

Fazendo $k = 0$ em (2.8), obtemos

$$\lim_{h \to 0} \frac{f(x_0 + h,\, y_0) - f(x_0,\, y_0) - Ah}{|h|} = 0.$$

Mas isso equivale a

$$\lim_{h \to 0} \frac{f(x_0 + h,\, y_0) - f(x_0;\, y_0) - Ah}{h} = 0, \quad \text{ou seja,} \quad \lim_{h \to 0} \left[\frac{f(x_0 + h,\, y_0) - f(x_0,\, y_0)}{h} - A \right] = 0,$$

que é o mesmo que

$$\lim_{h \to 0} \frac{f(x_0 + h,\, y_0) - f(x_0,\, y_0)}{h} = A.$$

Isso significa que $f_x(x_0,\, y_0) = A$. De modo análogo se demonstra que $f_y(x_0,\, y_0) = B$. Portanto, *se uma função f for diferenciável num ponto $(x_0,\, y_0)$, ela terá derivadas parciais de primeira ordem nesse ponto.*

Plano tangente

O plano de equação (2.7) é chamado de *plano tangente* à superfície $z = f(x, y)$ no ponto (x_0, y_0). Com $A = \partial f/\partial x$ e $B = \partial f/\partial y$, (2.7) assume a forma

$$Z = f(x_0, y_0) + f_x(x_0, y_0)(x - x_0) + f_y(x_0, y_0)(y - y_0) \tag{2.9}$$

Esse plano aproxima o gráfico de $z = f(x, y)$ no seguinte sentido: a diferença $f(x, y) - Z$ é um infinitésimo de ordem superior em relação a r, com $r \to 0$, vale dizer,

$$f(x, y) - Z = o(r), \quad \text{ou seja,} \quad \eta = \frac{f(x, y) - Z}{r} \to 0 \quad \text{com} \quad r \to 0.$$

Geometricamente, exprimimos esse fato dizendo que o plano de Eq. (2.9) e a superfície $z = f(x, y)$ têm, no ponto (x_0, y_0), *contato de ordem* ≥ 1. Em linguagem sugestiva, podemos dizer que a distância $f(x, y) - Z$, entre a superfície e o plano, ao longo das perpendiculares ao plano $0xy$, tende a zero mais depressa que r (Fig. 2.15). Este é um modo de exprimir o fato de que o plano é tangente à superfície no ponto

$$P_0 = ((x_0, y_0), f(x_0, y_0)).$$

Portanto, o gráfico de uma função $f(x, y)$, diferenciável em $x = x_0$ e $y = y_0$, tem plano tangente no ponto $\mathbf{P}_0$. Mais adiante, na Seção 2.6 (p. 70), daremos outra caracterização do plano tangente. É fácil visualizar superfícies que não têm plano tangente em um ou mais de seus pontos, e o Exemplo 2 adiante exibe uma situação dessas.

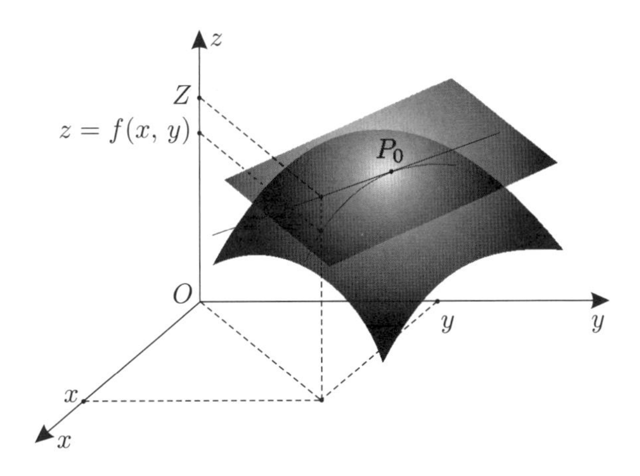

Figura 2.15

A diferencial

Quando a função $z = f(x, y)$ é diferenciável num ponto (x_0, y_0), a expressão

$$dz = df = f_x(x_0, y_0)(x - x_0) + f_y(x_0, y_0)(y - y_0)$$

é chamada a diferenciável de f em (x_0, y_0). Nessa expressão, os acréscimos $\Delta x = x - x_0$ e $\Delta y = y - y_0$ são variáveis independentes, que podem assumir valores reais quaisquer. No caso em que f é a função $f(x, y) = x$, obtemos $f_x = 1$ e $f_x = 0$; portanto, $df = \Delta x$ ou $dx = \Delta x$. Igualmente $dy = \Delta y$; logo, a expressão da diferencial de uma função f qualquer pode-se escrever na forma

$$df = f_x(x_0, y_0)dx + f_y(x_0, y_0)dy. \tag{2.10}$$

É costume escrever, abreviadamente,

$$df = f_x dx + f_r dy = \frac{\partial f}{\partial x}dx + \frac{\partial f}{\partial y}dy,$$

entendendo-se que as derivadas parciais são calculadas num dado ponto (x_0, y_0). As diferenciais dx e dy são agora as variáveis independentes, que podem assumir valores reais quaisquer.

A condição de diferenciabilidade de uma função pode ser formulada em termos da diferencial df e do incremento

$$\Delta f = f(x, y) - f(x_0, y_0) = f(x_0 + h, y_0 + k) - f(x_0, y_0).$$

De fato, basta notar que a expressão (2.8) também se escreve na forma

$$\eta = \frac{\Delta f - df}{r}.$$

Então f é diferenciável em (x_0, y_0) se

$$\Delta f = df + r\eta, \quad \text{onde} \quad \eta \to 0 \quad \text{com} \quad r \to 0.$$

Novamente temos aqui a condição de que a distância $f(x, y) - Z = \Delta f - df$ entre a superfície e o plano de Eq. (2.9), medida ao longo de perpendiculares ao plano Oxy, tende a zero mais depressa do que r.

É importante notar que a expressão (2.10) só merece o nome de "diferencial" quando a função f for realmente diferenciável. Não basta que f tenha derivadas parciais. Como já vimos no Exemplo 1, isso pode acontecer sem que a função seja contínua, ao passo que toda função diferenciável é contínua. O leitor poderia perguntar: e se, além de possuir derivadas parciais, a função for contínua no ponto, ela será diferenciável? A resposta é ainda negativa, como nos mostra o exemplo seguinte.

Exemplo 2. A função $f(x, y) = \sqrt{|xy|}$ é, evidentemente, contínua em todos os pontos do plano, inclusive na origem; e também possui derivadas parciais $f_x(0, 0) = f_y(0, 0) = 0$, como é fácil verificar. No entanto, ela não é diferenciável nesse ponto, pois

$$\eta = \frac{\Delta f - f_x(0, 0)dx - f_y(0, 0)dy}{r} = \frac{f(x, y)}{\sqrt{x^2 + y^2}} = \sqrt{\frac{|xy|}{x^2 + y^2}}$$

não tende a zero com $(x, y) \to (0, 0)$. De fato, pondo $x = r\cos\theta$ e $y = r\operatorname{sen}\theta$, obtemos

$$\eta = \sqrt{|\cos\theta \operatorname{sen}\theta|} = \sqrt{\frac{|\operatorname{sen} 2\theta|}{2}},$$

que não tem limite com $r \to 0$. Em conseqüência, a função dada não é diferenciável na origem, e a expressão

$$f_x(0, 0)dx + f_y(0, 0)dy = 0$$

aqui considerada não merece o nome de diferencial. Geometricamente, o gráfico da função dada, $z = \sqrt{|xy|}$, não tem plano tangente na origem, como ilustra a Fig. 2.16.

Embora repetitivos, julgamos conveniente insistir: uma função de múltiplas variáveis, que é diferenciável, é certamente contínua e possui derivadas parciais, ao passo que uma função que tenha derivadas parciais pode não ser contínua; e mesmo que seja, pode não ser diferenciável. Essa situação é bem o oposto do que ocorre com funções de uma variável, onde derivabilidade e diferenciabilidade são conceitos equivalentes. É por isso que no estudo do Cálculo das funções de uma variável o conceito de diferenciabilidade é totalmente dispensável, bastando o de derivabilidade. Agora que estamos tratando de funções de duas ou mais variáveis, o conceito de diferenciabilidade será decisivo na obtenção de vários resultados fundamentais, não bastando supor que as funções dadas tenham derivadas parciais.

Veremos a seguir que uma condição suficiente para a diferenciabilidade de uma função num ponto é que ela tenha derivadas parciais de primeira ordem contínuas em toda uma vizinhança do ponto. Repare que essa condição, que é um critério de grande utilidade prática, impõe muito mais restrições à função do que a simples hipótese de que suas derivadas primeiras existam no ponto.

Teorema. *Seja f uma função com derivadas parciais de primeira ordem contínuas num domínio aberto D. Então f é diferenciável em todo ponto de D.*

Demonstração. Sejam (x_0, y_0) um ponto de D e V_δ uma vizinhança desse ponto, toda contida em D (Fig. 2.17). Sejam h e k tais que $h^2 + k^2 < \delta^2$; assim os pontos $(x_0 + h, y_0)$ e $(x_0 + h, y_0 + k)$ também estão em V_δ. Notando que

$$\Delta f = f(x_0 + h, y_0 + k) - f(x_0, y_0) = [f(x_0 + h, y_0 + k) - f(x_0 + h, y_0)] + [f(x_0 + h, y_0) - f(x_0, y_0)],$$

e aplicando o Teorema do Valor Médio a cada um desses colchetes, obtemos

$$\Delta f = kf_y(x_0 + h, y_0 + \theta_2 k) + hf_x(x_0 + \theta_1 h, y_0),$$

onde θ_1 e θ_2 são números convenientes, entre 0 e 1. Como as derivadas são funções contínuas em D, podemos escrever

$$f_x(x_0 + \theta_1 h, y_0) = f_x(x_0, y_0) + \eta_1$$

e

$$f_y(x_0 + h, y_0 + \theta_2 k) = f_y(x_0, y_0) + \eta_2,$$

onde η_1 e η_2 tendem a zero com $r = \sqrt{h^2 + k^2}$. Portanto,

$$\Delta f = f_x(x_0, y_0)h + f_y(x_0, y_0)k + \eta_1 h + \eta_2 k.$$

Como

$$\left|\frac{\eta_1 h + \eta_2 k}{r}\right| \leq |\eta_1|\frac{|h|}{r} + |\eta_2|\frac{|k|}{r} \leq |\eta_1| + |\eta_2| \to 0$$

com $r \to 0$, concluímos que f é diferenciável em (x_0, y_0). Isso demonstra o teorema, pois (x_0, y_0) é um ponto arbitrário do domínio D.

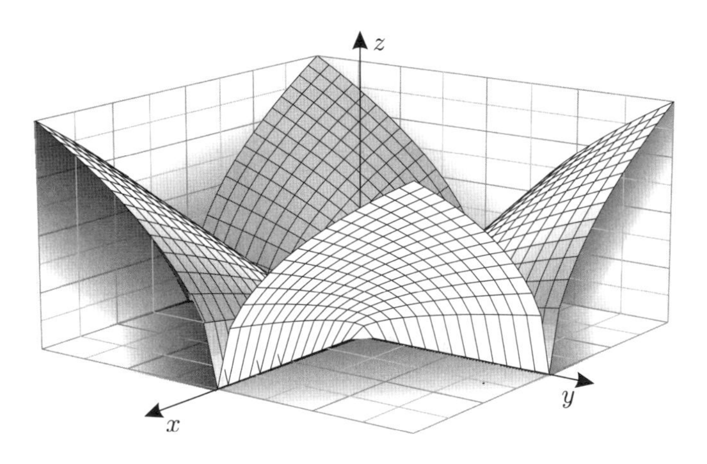

Figura 2.16

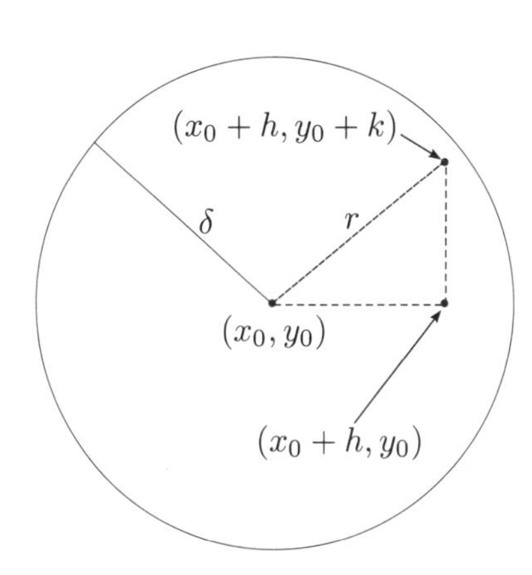

Figura 2.17

É oportuno observar que todas as idéias desta seção se estendem a funções de três ou mais variáveis $z = f(x_1, \ldots, x_n), n \geq 3$. Sejam $P_0 = (a_1, \ldots, a_n)$ um ponto fixo e $P = (x_1, \ldots, x_n)$ um ponto variável. Diz-se que f é diferenciável em P_0 se existe uma vizinhança V_δ de P_0,

$$V_\delta = \{P\colon |P - P_0| = \sqrt{(x_1 - a_1)^2 + \ldots + (x_n - a_n)^2} < \delta\},$$

tal que, para P nessa vizinhança,

$$f(P) = f(P_0) + A_1 h_1 + \ldots + A_n h_n + \eta |P - P_0|, \tag{2.11}$$

onde $A, \ldots, A_n$ são coeficientes que só dependem de P_0, $(h_1, \ldots, h_n) = P - P_0$ e $\eta \to 0$ com $P \to P_0$. Demonstra-se como no caso de duas variáveis independentes, que

$$A_1 = \frac{\partial f}{\partial x_1}(P_0), \; \ldots, \quad A_n = \frac{\partial f}{\partial x_n}(P_0).$$

A *diferencial* de f no ponto P_0 é a expressão

$$df = f_{x_1}(P_0)dx_1 + \ldots + f_{x_n}(P_0)dx_n,$$

onde $dx_1 = h_1, \ldots, dx_n = h_n$. Pondo $\Delta f = f(P_0)$ e

$$Z = f(P_0) + A_1(x_1 - a_1) + \ldots + A_n(x_n - a_n), \tag{2.12}$$

é fácil ver que a condição de diferenciabilidade (2.11) equivale à condição

$$\eta = \frac{f(P) - Z}{|P - P_0|} = \frac{\Delta f - df}{|P - P_0|} \to 0, \tag{2.13}$$

isto é, a distância entre a hipersuperfície $z = f(P)$ e o hiperplano de equação (2.12), ao longo de paralelas ao eixo Ox_n, tende a zero, com $P \to P_0$, mais rapidamente que $|P - P_0|$. Demonstra-se também que *se as derivadas parciais de primeira ordem da função f existem e são contínuas numa vizinhança de P_0, então f é diferenciável em P_0.*

A condição de diferenciabilidade (2.13) significa que df é uma aproximação de Δf, tanto melhor quanto menor for a distância $|P - P_0|$. Vamos ilustrar esse fato no exemplo seguinte.

Exemplo 3. Uma caixa em forma de um paralelepípedo retângulo sem tampa tem comprimento $x = 110$ cm, largura $y = 90$ cm e altura $z = 70$ cm. Tendo as paredes da caixa a espessura de 1 cm, o volume do material usado em sua construção será

$$\Delta V = 112 \cdot 92 \cdot 71 - 110 \cdot 90 \cdot 70 = 731584 - 693000 = 38\,584 \text{ cm}^3.$$

Por outro lado, como $V = xyz$, pondo $dx = dy = 2$ cm e $dz = 1$ cm, obtemos

$$dV = yzdx + xzdy + xydz = (6300 + 7700)2 + 9900 \cdot 1 = 37\,900 \text{ cm}^3,$$

um valor bastante próximo a $\Delta V = 38\,583$ cm^3, com erro relativo inferior a 2%.

Exercícios

Calcule as diferenciais de cada uma das funções dadas nos Exercícios 1 a 10.

1. $z = e^x y^2$.
2. $z = x^2\sqrt{1 + xy^2}$.
3. $z = \ln\sqrt{x^2 + y^2}$.
4. $v = x^2 y^3 z^4$.
5. $w = e^{x^2} y^2 z^3$.
6. $z = \dfrac{x^2}{y}$.
7. $z = x^2 \operatorname{sen} \dfrac{y}{x^2 + 1}$.
8. $z = \operatorname{arc\,tg}\sqrt{1 + x^2 y^2}$.
9. $z = \dfrac{x}{y} + \dfrac{y}{x}$.
10. $z = \dfrac{x - y}{x + y}$.

Mostre que as funções dadas nos Exercícios 11 e 12 não são diferenciáveis na origem porque alguma de suas derivadas parciais deixa de existir.

11. $z = \sqrt{|x|(1+y^2)}$. **12.** $z = \sqrt{|y|}\cos x$.

13. Mostre que a função $f(x) = \sqrt{|x|}\,\mathrm{sen}\, y$ é diferenciável na origem, mas sua derivada parcial $\partial f/\partial x$ é descontínua nesse ponto. Observe que isto não contradiz o teorema da p. 61.

14. Mostre que as derivadas parciais da função $z = \sqrt{|xy|}$, embora existam em todo ponto $(x,\, y)$ com $x \neq 0$ e $y \neq 0$, bem como na origem, não têm limites com $(x,\, y) \to (0,\, 0)$. Observe que a função não é diferenciável na origem.

15. Seja f a função definida por $(0,\, 0) = 0$ e $f(x,\, y) = x^2y^2(x^2+y^2)^{-1}$ se $(x,\, y) \neq (0,\, 0)$. Verifique que essa função é diferenciável na origem e calcule sua diferencial nesse ponto.

16. Um tanque cilíndrico metálico tem altura de 1,2 m e raio de 80 cm. Se a espessura das paredes é de 5 mm, calcule a quantidade aproximada de metal usada na construção do tanque.

17. Dois lados de uma área triangular medem $x = 200$ m e $y = 220$ m, com possíveis erros de 10 cm. O ângulo α por eles formado é de 60°, com possível erro de 1°. Calcule o erro aproximado da área triangular.

18. Um observador vê o topo de uma torre sob um ângulo de elevação de 30°, com um possível erro de 10′. Sua distância da torre é de 300 m, com possível erro de 10 cm. Qual a altura aproximada da torre e seu possível erro?

Demonstre as propriedades da diferencial relacionadas nos Exercícios 19 a 23.

19. $d(f+g) = df + dg$. **20.** $d(\alpha f) = \alpha df$, α constante.

21. $d(fg) = (df)g + f(dg)$. **22.** $d\left(\dfrac{f}{g}\right) = \dfrac{gdf - fdg}{g^2}$. **23.** $df^n = nf^{n-1}df$.

Respostas, sugestões e soluções

1. $dz = ye^x(ydx + 2dy)$. **3.** $dz = \dfrac{xdx + ydy}{x^2+y^2}$.

5. $dw = yz^2e^{x^2}(2xyzdx + 2zdy + 3ydz)$.

7. $dz = \left[2x\,\mathrm{sen}\left(\dfrac{y}{x^2+1}\right) - \dfrac{2yx^3}{(x^2+1)^2}\cos\left(\dfrac{y}{x^2+1}\right)\right]dx + \dfrac{x^2}{x^2+1}\cos\left(\dfrac{y}{x^2+1}\right)dy$.

9. $dz = \dfrac{x^2-y^2}{x^2y^2}(ydx - xdy)$. **11.** $z_x(0,0)$ não existe. **12.** $z_y(0,0)$ não existe.

14. $z_x(0,\, 0) = 0$ e $z_x(x,\, y) = y/2\sqrt{xy}$ para $x > 0$ e $y > 0$. Daqui segue-se que $z_x(x,\, y)$ não tem limite com $(x,\, y) \to (0,\, 0)$.

16. $V = \pi r^2 h$, $dV = 2\pi rhdr + \pi r^2 dh$. Como $r = 80$ cm, $h = 120$ cm, $dr = 0,5$ cm e $dh = 2 \cdot 0,5 = 1$ cm, teremos

$$dV = 30159,36 + 20106,24 = 50265,6 \text{ cm}^3.$$

Por outro lado,

$$\Delta V = \pi(r+dr)^2 dh + \pi[(r+dr)^2 - r^2]h = 20358,353 + 30253,608 = 50611,961 \text{ cm}^3.$$

Daqui se vê que o erro relativo que se comete ao tomar dV por ΔV é

$$\frac{\Delta V - dV}{V} = \frac{50611,961 - 50265,6}{15159782} \approx 0,0000228 < 23 \cdot 10^{-6}.$$

17. Escreva a fórmula da área A como função de x, y e α.

18. Utilize $h = x\,\mathrm{tg}\,\theta$ para calcular a altura, onde $x = 300$ m e $\theta = \pi/6$ rd. O erro aproximado é dado pela diferencial

$$dh = (\mathrm{tg}\,\theta)dx + \frac{xd\theta}{\cos^2\theta},$$

onde $dx = 10$ cm e $d\theta = 10' \approx 0{,}003$ rd.

2.5 Derivada direcional e gradiente

Vimos, na seção anterior, que se uma função f é diferenciável num ponto (x, y), então f, além de ser contínua, possui derivadas parciais de primeira ordem nesse ponto. Veremos agora que, mais do que isso, uma função diferenciável possui derivadas em todas as direções e não apenas nas direções $\mathbf{i} = (1, 0)$ e $\mathbf{j} = (0, 1)$, que são as derivadas f_x e f_r, respectivamente.

Seja f uma função de duas variáveis e

$$\mathbf{u} = (\cos\theta, \operatorname{sen}\theta) = \cos\theta\mathbf{i} + \operatorname{sen}\theta\mathbf{j}$$

uma direção qualquer no plano Oxy. Chama-se *derivada de f na direção* $\mathbf{u}$, no ponto $P = (x, y)$, ao seguinte limite, quando existe, indicado pelos símbolos $\partial f/\partial\mathbf{u}$, $\nabla_{\mathbf{u}}f$ ou $D_{\mathbf{u}}f$:

$$\frac{\partial f}{\partial\mathbf{u}}(P) = (\nabla_{\mathbf{u}}f)(P) = (D_{\mathbf{u}}(P) = \lim_{t\to 0}\frac{f(P + t\mathbf{u}) - f(P)}{t}.$$

É claro que isso é o mesmo que a derivada de

$$f(P + t\mathbf{u}) = f(x + t\cos\theta,\, y + t\operatorname{sen}\theta)$$

em relação a t, para $t = 0$, isto é,

$$\frac{\partial f}{\partial\mathbf{u}}(x, y) = \lim_{t\to 0}\frac{f(x + t\cos\theta,\, y + t\operatorname{sen}\theta) - f(x, y)}{t}.$$

Esse limite é calculado no sentido usual, com valores positivos e negativos de t.

Vamos mostrar que se a função f é diferenciável no ponto P, ela possui derivada direcional em qualquer direção $\mathbf{u} = (\cos\theta, \operatorname{sen}\theta)$. De fato, nessa hipótese,

$$\Delta f = f(x + h,\, y + k) - f(x, y) = f_x(x, y)h + f_y(x, y)k + \eta r,$$

onde $\eta \to 0$ com $r = \sqrt{h^2 + k^2} \to 0$. Então, pondo $h = t\cos\theta$ e $k = t\operatorname{sen}\theta$, teremos

$$\frac{\Delta f}{t} = f_x(x, y)\cos\theta + f_y(x, y)\operatorname{sen}\theta \pm \eta,$$

conforme $t > 0$ ou $t < 0$, pois $r = |t| = \pm t$. Fazendo $t \to 0$, obtemos

$$D_{\mathbf{u}}(x, y) = f_x(x, y)\cos\theta + f_y(x, y)\operatorname{sen}\theta. \tag{2.14}$$

Exemplo 1. Vamos calcular a derivada da função $f(x, y) = x^2y$ na direção do vetor $(2, 1)$ no ponto $(1, -2)$. Como $(2, 1)$ não é unitário, devemos primeiro normalizá-lo para encontrar o vetor unitário $\mathbf{u}$ com a mesma direção e sentido desse vetor:

$$\mathbf{u} = \frac{(2, 1)}{\sqrt{2^2 + 1^2}} = \frac{(2, 1)}{\sqrt{5}}.$$

Por outro lado, $f_x = 2xy$ e $f_y = x^2$, de sorte que

$$f_x(1, -2) = -4 \quad \text{e} \quad f_y(1, -2) = 1.$$

Então,

$$(D_{\mathbf{u}}f)(1, -2) = (-4)\frac{2}{\sqrt{5}} + (1)\frac{1}{\sqrt{5}}.$$

Exemplo 2. Vamos calcular a derivada de $f(x, y) = xy(x+y)$ na direção do vetor $(2, -3)$. Novamente esse vetor não é unitário, de forma que devemos primeiro normalizá-lo para encontrar o vetor unitário $\mathbf{u}$:

$$\mathbf{u} = \frac{(2, -3)}{\sqrt{2^2 + (-3)^2}} = \frac{(2, -3)}{\sqrt{13}}.$$

Por outro lado, $f_x = y(2x + y)$ e $f_y = x(x + 2y)$; logo,

$$\frac{\partial f}{\partial \mathbf{u}} = \frac{2y(2x + y) - 3x(x + 2y)}{\sqrt{13}} = \frac{2y(y - x) - 3x^2}{\sqrt{13}}.$$

Repare que a derivada direcional de uma função $f(x, y)$ numa direção $\mathbf{u} = (\cos\theta, \operatorname{sen}\theta)$, num ponto $P_0 = (x_0, y_0)$, é o declive da curva interseção da superfície $z = f(x, y)$ com o plano por P_0, paralelo ao eixo Oz e à direção $\mathbf{u}$ (Fig. 2.18), cuja equação é

$$(x - x_0) \operatorname{sen}\theta - (y - y_0) \cos\ \theta = 0.$$

Sendo ψ o ângulo dessa interseção com o plano horizontal Oxy, isso significa que

$$D_{\mathbf{u}}(P_0) = \operatorname{tg}\psi.$$

Essa derivada é positiva se $f(P)$ cresce à medida que $P = (x, y)$ se desloca, a partir de P_0, na direção $\mathbf{u}$, e negativa se $f(P)$ decresce; ou ainda, se o ângulo ψ, que está compreendido entre $-\pi/2$ e $\pi/2$, for positivo ou negativo, respectivamente. Observe, também, da expressão (2.14), que as derivadas nas direções $\mathbf{u}$ e $-\mathbf{u}$ são iguais em valor absoluto, porém de sinais contrários:

$$(D_{-\mathbf{u}f}(P) = -(D_{\mathbf{u}}f(P).$$

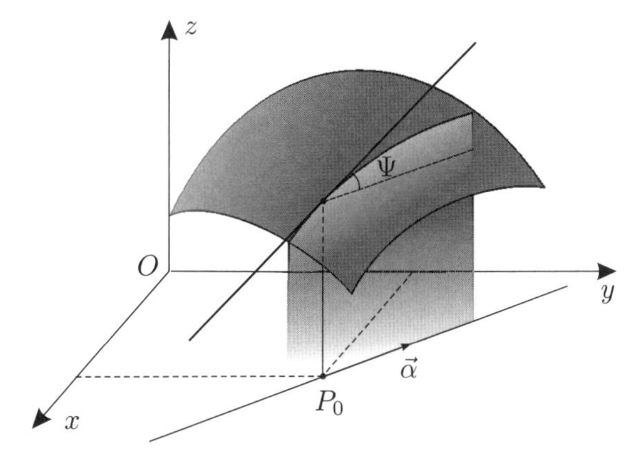

Figura 2.18

Vetor gradiente

O vetor gradiente de f, que vamos introduzir agora, é sugerido naturalmente pela expressão (2.14), que pode ser escrita na forma

$$D_{\mathbf{u}}f = \left(\frac{\partial f}{\partial x}\mathbf{i} + \frac{\partial f}{\partial y}\mathbf{j}\right) \cdot \mathbf{u}. \tag{2.15}$$

O *gradiente de* f, indicado por ∇f ou grad f, é o vetor

$$\nabla f = \text{ grad } f = \frac{\partial f}{\partial x}\mathbf{i} + \frac{\partial f}{\partial y}\mathbf{j}.$$

Como $\mathbf{u}$ é um vetor unitário, a expressão (2.15) se escreve ainda na forma

$$D_{\mathbf{u}}f = (\nabla f) \cdot \mathbf{u} = |\nabla f| \cos \phi, \tag{2.16}$$

onde ϕ é o ângulo entre os vetores ∇f e $\mathbf{u}$ (Fig. 2.19). Supondo $\nabla f \neq 0$, vemos que esta última expressão atinge seu valor máximo quando $\phi = 0$, isto é, quando $\mathbf{u}$ aponta na mesma direção que o gradiente de f. Em outras palavras, *a derivada direcional de f num ponto P atinge o seu maior valor na direção do gradiente de f e esse gradiente aponta na direção em que f cresce mais rapidamente.* Sendo $\mathbf{u}_0$ essa direção, podemos escrever

$$\nabla f = (D_{\mathbf{u}}f)\mathbf{u}_0.$$

Por outro lado, a expressão (2.16) mostra ainda que *a derivada direcional é zero quando a direção $\mathbf{u}$ é perpendicular à direção do gradiente.*

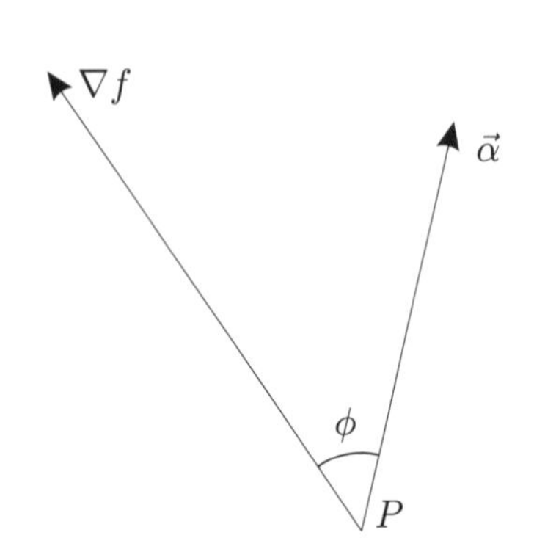

Figura 2.19

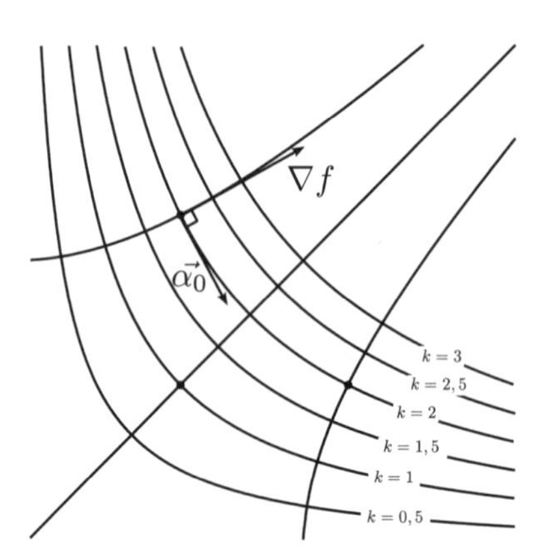

Figura 2.20

Esses fatos estão ilustrados na Fig. 2.20, onde marcamos as curvas de nível C_k da função $f(x, y) = k$. Na verdade, a figura ilustra o caso concreto de $xy = k$. O gradiente de f está sempre dirigido tangencialmente às curvas de maior declive da função, apontando no sentido em que f cresce mais rapidamente. Veremos, na seção seguinte, que essas curvas são ortogonais às curvas de nível, ao longo das quais a função f, sendo constante, tem derivada zero.

Essas mesmas idéias se aplicam no caso de funções de três ou mais variáveis independentes. Por exemplo, sendo $\mathbf{u} = (u_1,\, u_2,\, u_3)$ um vetor unitário em $\mathbb{R}^3$, a derivada de uma função diferenciável $w = f(x,\, y,\, z)$ na direção $\mathbf{u}$ é dada por

$$\nabla_{\mathbf{u}}f = \frac{\partial f}{\partial \mathbf{u}} = \frac{\partial f}{\partial x}u_1 + \frac{\partial f}{\partial y}u_2 + \frac{\partial f}{\partial z}u_3 = \nabla f \cdot \mathbf{u},$$

onde

$$\nabla f = \frac{\partial f}{\partial x}\mathbf{i} + \frac{\partial f}{\partial y}\mathbf{j} + \frac{\partial f}{\partial z}\mathbf{k}$$

é o *gradiente* de f. A fórmula (2.16) permanece válida nesse caso, com o mesmo significado do ângulo ϕ e com as mesmas conseqüências enfatizadas no caso de duas variáveis independentes.

Exercícios

Nos Exercícios 1 a 8, encontre as derivadas das funções dadas, nos pontos dados e nas direções indicadas.

1. $z = x^2 - 3y$ em $P = (0,\, 0)$, na direção do vetor $8 = (1,\, 2)$.

2. $z = \operatorname{sen} x^2y + \cos xy^2$ em $P = (x,\, y)$, na direção $(1,\, \sqrt{3})$.

3. $z = \cos xy$ em $P = (x, y)$, na direção do vetor unitário $\mathbf{u} = u_1\mathbf{i} + u_2\mathbf{j}$.

4. $z = \operatorname{sen} \sqrt{x^2 + y^2}$ em $P = (3, 4)$, na direção do vetor $(-1, 1)$.

5. $z = e^{x^2 - \cos y}$ em $P = (x, y)$ na direção do vetor $(2, 3)$.

6. $w = x^2 + 2xy + z^2$ em $P = (1, 0, -1)$, na direção $(1, -1, 1)$.

7. $w = xy^2z^3$ em $P = (x, y, z)$ na direção do vetor $(1, -2, 1)$.

8. $z = 2x^2y^3 - 3x^3y^2$ em $P = (1, 2)$ na direção da tangente à curva $y = x^3 + 1$.

9. Seja $0 < s < 1/2$ e $f(x, y) = |xy|^s$. Mostre que $f_x = f_y = 0$ na origem e que, no entanto, f não tem derivada em qualquer outra direção nesse ponto.

10. Seja $\mathbf{r} = x\mathbf{i} + y\mathbf{j}$ e $r = |\mathbf{r}|$. Mostre que

$$\frac{\partial r}{\partial x} = \frac{x}{r} \quad \text{e} \quad \frac{\partial r}{\partial y} = \frac{y}{r}; \quad \text{logo,} \quad \nabla r = \frac{\mathbf{r}}{r}.$$

11. Com a mesma notação anterior, mostre que $\nabla \ln r = \mathbf{r}/r^2$.

12. Com a mesma notação anterior, mostre que $\nabla f(r) = f'(r)\mathbf{r}/r$, onde f é uma função derivável arbitrária.

13. Seja $\mathbf{r} = x\mathbf{i} + y\mathbf{j} + z\mathbf{k}$ e $r = |\mathbf{r}|$. Calcule $\nabla r, \nabla(1/r)$ e $\nabla f(r)$, onde f é uma função derivável arbitrária.

14. Dada a função $f(x, y) = xy(3x^2 - 5y^2)$, calcule ∇f no ponto $(1, 1)$ e duas direções ao longo das quais a derivada direcional de f seja zero.

Nos Exercícios 15 a 24, determine, para a função f dada, as curvas ao longo das quais a direção de ∇f permanece constante. Faça um gráfico com várias curvas $f(x, y) =$ const., mostrando também as curvas a determinar.

15. $f(x, y) = 2y^2 + 3y^2$.
16. $f(x, y) = 4x^2 + y^2$.
17. $f(x, y) = y - x^2$.
18. $f(x, y) = y + x^2$.

19. $f(x, y) = x - y^2$.
20. $f(x, y) = x + y^2$.
21. $f(x, y) = xy$.
22. $f(x, y) = x^2 - y^2$.

23. $f(x, y) = x^2 - y^2$.
24. $f(x, y) = x^2 + y^2$.

Nos Exercícios 25 a 27, determine as direções em que $f(x, y)$ cresce e decresce mais rapidamente no ponto dado, bem como as correspondentes derivadas direcionais máxima e mínima, respectivamente.

25. $f(x, y) = x^3 - y^2$, $P = (1, 1)$.
26. $f(x, y) = x^2 + 2y^2$, $P = (1, -1)$.

27. $f(x, y, z) = x^2 + 3y^2 + 4z^2$, $P = (1, -1, 1)$.

28. Prove as seguintes regras formais do cálculo com gradientes:

$$\nabla(f + g) = \nabla f + \nabla g; \nabla(\alpha f) = \alpha(\nabla f), \quad \alpha \text{ constante;}$$

$$\nabla(fg) = f\nabla g + g\,\nabla f; \quad \nabla\left(\frac{f}{g}\right) = \frac{g\nabla f - f\nabla g}{g^2}.$$

Evidentemente, é necessário supor que f e g tenham derivadas parciais de primeira ordem. Para o gradiente do quociente f/g, supomos também que $g \neq 0$ no ponto considerado.

Respostas e sugestões

1. $\dfrac{\partial f}{\partial \mathbf{u}}(0,\,0) = -6/\sqrt{5}$.

3. $\dfrac{\partial f}{\partial \mathbf{u}}(x,\,y) = -(\operatorname{sen} xy)(yu_1 + xu_2)$.

5. $\dfrac{\partial f}{\partial \mathbf{u}}(x, y) = \dfrac{e^{x^2 - \cos y}}{\sqrt{13}}(4x + 3\operatorname{sen} y)$.

7. $\dfrac{\partial f}{\partial \mathbf{u}}(x, y, z) = \dfrac{yz}{\sqrt{6}}(yz^2 - 4xz^2 + 3xyz)$.

8. Existem dois vetores unitários $\mathbf{u}$, tangentes à curva no ponto $(1,\,2)$; portanto, duas derivadas direcionais a considerar.

9. Observe que $\dfrac{f(r\cos\theta,\, r\operatorname{sen}\theta) - f(0,\,0)}{r} = \dfrac{(\cos\theta\operatorname{sen}\theta)^s}{r^{1-2s}}$ e $1 - 2s > 0$.

13. $\nabla r = \dfrac{\mathbf{r}}{r}$, $\nabla\left(\dfrac{1}{r^3}\right) = -\dfrac{\mathbf{r}}{r^3}$ e $\nabla f(r) = \dfrac{f'(r)\mathbf{r}}{r}$.

14. $\nabla f(1,\,1) = 4\mathbf{i} - 12\mathbf{j}$, $\mathbf{u} = \pm(3\mathbf{i} + \mathbf{j})/\sqrt{10}$.

15. Raios pela origem.

17. Retas verticais.

19. Retas horizontais.

21. Raios pela origem.

23. Parábolas $y = kx$.

25. $\mathbf{u} = \dfrac{3\mathbf{i} - 2\mathbf{j}}{\sqrt{13}}$ e $\mathbf{v} = -\mathbf{u}$, $D_{\mathbf{u}}f = -D_{\mathbf{v}}f = \sqrt{13}$.

27. $\vec{\alpha} = \dfrac{\mathbf{i} - 3\mathbf{j} + 4\mathbf{k}}{\sqrt{26}}$ e $\mathbf{v} = -\mathbf{u}$, $D_{\mathbf{u}}f = -D_{\mathbf{v}}f = 2\sqrt{26}$.

2.6 Regra da cadeia e plano tangente

Vamos considerar uma função f, diferenciável num ponto $P = (x,\,y)$. Vamos supor que esse ponto seja função de um parâmetro t, de forma que podemos escrever

$$P = P(t) = (x(t),\,y(t)).$$

Então f será uma função de t através de x e y, isto é,

$$F(t) = f(x(t),\,y(t)).$$

Supondo que $x(t)$ e $y(t)$ sejam funções deriváveis, um incremento Δt em t produzirá incrementos Δx, Δy e Δf em $x(t)$, $y(t)$ e $f(x,\,y)$, respectivamente:

$$\Delta f = f(x + \Delta x,\, y + \Delta y) - f(x,\,y) = \frac{\partial f}{\partial x}\Delta x + \frac{\partial f}{\partial y}\Delta y + \eta r,$$

onde $\eta \to 0$ com $r = \sqrt{\Delta x^2 + \Delta y^2} \to 0$, pois f é diferenciável. Em conseqüência,

$$\frac{\Delta f}{\Delta t} = \frac{\partial f}{\Delta x}\cdot\frac{\Delta x}{\Delta t} + \frac{\Delta f}{\Delta y}\cdot\frac{\Delta y}{\Delta t} \pm \eta\sqrt{\left(\frac{\Delta x}{\Delta t}\right)^2 + \left(\frac{\Delta y}{\Delta t}\right)^2},$$

onde o sinal desse último termo é positivo se $\Delta t > 0$ e negativo se $\Delta t < 0$. Quando passamos ao limite, com $\Delta t \to 0$, $\eta \to 0$ e o último termo desaparece. O resultado é a expressão

$$\boxed{\frac{dF(t)}{dt} = \frac{d}{dt}f(x(t),\,y(t)) = \frac{\partial f}{\partial x}\frac{dx}{dt} + \frac{\partial f}{\partial y}\frac{dy}{dt},}$$

que é a *regra da cadeia*. Repare que essa derivada é o produto escalar do gradiente de f com o vetor $\mathbf{P}'(t)$:

$$\frac{d}{dt}f(x(t)),\,y(t)) = \nabla f\cdot(x'(t),\,y'(t))$$

ou ainda,

$$\frac{d}{dt}f(P(t)) = \nabla f \cdot \mathbf{P}'(t).$$

Como aplicação da regra da cadeia, vamos considerar uma curva de nível C_k da função f:

$$C_k = \{(x,\, y)\colon\ f(x,\, y) = k\}.$$

Imaginemos essa curva dada parametricamente por funções deriváveis $x = x(t)$ e $y = y(t)$. Então o ponto $P(t) = (x(t),\, y(t))$ estará sempre sobre C_k, de sorte que $F(t) = f(x(t),\, y(t))$ será constantemente igual a k para todo t, isto é,

$$F(t) = f(x(t),\, y(t)) = k \quad \text{para todo} \quad t.$$

Em conseqüência, a derivada de $F(t)$ se anula:

$$F(t) = f_x x'(t) + f_y y'(t) = \nabla f \cdot \mathbf{P}'(t) = 0. \tag{2.17}$$

Supondo $\mathbf{P}'(t) \neq 0$, isso mostra que a derivada direcional de f na direção $\mathbf{u} = \mathbf{P}'(t)/|\mathbf{P}'(t)|$, tangente à curva C_k, é zero:

$$D_{\mathbf{u}} f = \nabla f \cdot \mathbf{u} = 0.$$

Esse resultado era de se esperar, pois $f(P)$ permanece constante quando $\mathbf{P}$ varia sobre C_k.

Observe também que a expressão (2.17) mostra que o *gradiente de f, quando diferente de zero, num certo ponto $\mathbf{P}$, é sempre perpendicular à direção tangente à curva de nível que passa por* $\mathbf{P}$. Em outras palavras, o *gradiente é sempre perpendicular às curvas de nível.* Como o gradiente tangencia as curvas de maior declive da superfície $z = f(x, y)$, vemos que essas duas famílias de curvas são ortogonais, isto é, *qualquer curva de nível é ortogonal, em cada um de seus pontos, à curva de maior declive que passa por esse ponto* (Fig. 2.20). Por outro lado, os vetores $\nabla f = (f_x,\, f_y)$ e $(f_y,\, -f_x)$ são ortogonais, já que seu produto escalar é zero:

$$(f_x,\, f_y) \cdot (f_y,\, -f_x) = f_x f_y - f_y f_x = 0.$$

Então, como ∇f é perpendicular à curva de nível no ponto considerado, o vetor $(f_y,\, -f_x)$ é tangente a essa curva, e isso está ilustrado na Fig. 2.20.

Como vimos observando sempre, as mesmas idéias se aplicam no caso de funções de três ou mais variáveis independentes. Por exemplo, em se tratando de uma função de três variáveis, $f(x,\, y,\, z)$, temos

$$\frac{d}{dt}f(x(t),\, y(t),\, z(t)) = \frac{\partial f}{\partial x} \cdot \frac{dx}{dt} + \frac{\partial f}{\partial y} \cdot \frac{dy}{dt} + \frac{\partial f}{\partial z} \cdot \frac{dz}{dt} = (\nabla f) \cdot \mathbf{P}'(t),$$

onde $\mathbf{P}(t) = x(t)\mathbf{i} + y(t)\mathbf{j} + z(t)\mathbf{k}$.

Plano tangente

Na p. 59 dissemos que a Eq. (2.7) representava o plano tangente à superfície $z = f(x,\, y)$ no ponto $(x_0,\, y_0)$. Veremos agora como definir o plano tangente no caso de uma superfície S, dada na forma mais geral $f(x,\, y,\, z) = k$, onde k é uma constante. Em notação de conjunto,

$$S = \{(x,\, y,\, z)\colon\ f(x,\, y,\, z) = k\}.$$

Seja C uma curva qualquer sobre a superfície S, representada por uma função $P = P(t)$. Então, $F(t) = f(P(t))$ permanece constante em t, e sua derivada é zero. Como o vetor $P'(t)$ é tangente a C, isso significa que o *gradiente de f no ponto P, quando diferente de zero, é perpendicular a toda curva C sobre a superfície,* passando por P (Fig. 2.21). Em vista disso, é natural definir *plano tangente à superfície S no ponto P_0* ao plano que passa por esse ponto e que é perpendicular ao vetor $(\nabla f)\ (P_0)$. Sendo $P = (x,\, y,\, Z)$ um ponto genérico desse plano, sua equação é dada por

$$(P - P_0) \cdot \nabla f(P_0) = 0,$$

ou seja,

$$(x - x_0)f_x + (y - y_0)f_y + (Z - z_0)f_x = 0,$$

onde as derivadas f_x, f_y e f_x são calculadas no ponto $P_0 = (x_0,\, y_0,\, z_0)$.

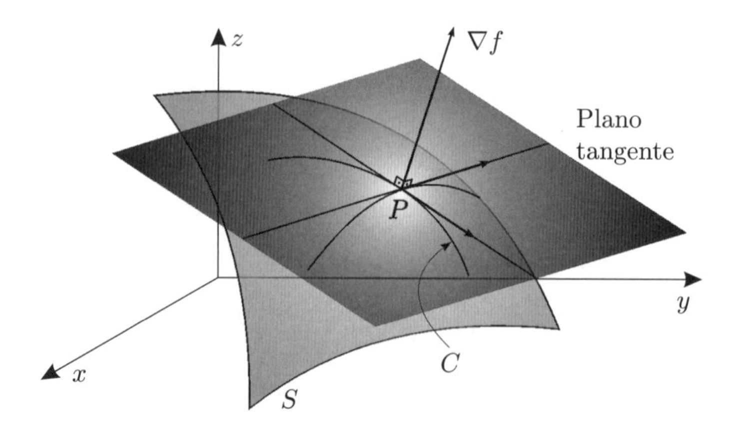

Figura 2.21

Como aplicação, consideremos uma superfície S dada na forma $z = f(x,\, y)$, onde f é diferenciável num ponto $Q_0 = (x_0,\, y_0)$ e $z_0 = f(x_0,\, y_0)$. Essa superfície pode ser expressa na forma $g(x,\, y,\, z) = 0$, onde

$$g(x,\, y,\, z) = f(x,\, y) - z.$$

Como

$$\nabla g = \left(\frac{\partial g}{\partial x},\, \frac{\partial g}{\partial y},\, \frac{\partial g}{\partial z}\right) = \left(\frac{\partial f}{\partial x},\, \frac{\partial f}{\partial y},\, -1\right),$$

o plano tangente a S no ponto

$$P_0 = (x_0,\, y_0,\, z_0) = (x_0,\, y_0,\, f(x_0,\, y_0))$$

terá equação

$$f_x(x - x_0) + f_y(y - y_0) - (Z - z_0) = 0,$$

onde $P = (x,\, y,\, Z)$ é um ponto genérico desse plano e as derivadas f_x e f_y são calculadas no ponto $Q_0 = (x_0,\, y_0)$. Essa equação,

$$Z = f(x_0,\, y_0) + f_x(x_0,\, y_0)(x - x_0) + f_y(x_0,\, y_0)(y - y_0),$$

é exatamente a Eq. (2.9) da p. 59.

Em se tratando de um ponto genérico $(x,\, y,\, f(x,\, y))$ da superfície, o plano tangente tem equação

$$Z = f(x,\, y) + f_x(x,\, y)(X - x) + f_y(x,\, y)(Y - y),$$

onde $(X,\, Y,\, Z)$ é o ponto genérico do plano.

Exemplo. Vamos considerar a superfície de equação

$$f(x,\, y,\, z) = 3x^2 + y^2 - 7z = 0,$$

que passa pelo ponto $P_0 = (1,\, -2,\, 1)$. Seu gradiente,

$$\nabla f = 6x\mathbf{i} + 2y\mathbf{j} - 7\mathbf{k},$$

calculado no ponto P_0, resulta no vetor normal à superfície nesse ponto: $\mathbf{N} = (6,\, -4,\, -7)$. Se $P = (x,\, y,\, z)$ denota o ponto genérico do plano tangente por P_0, devemos ter $(P - P_0) \cdot \mathbf{N} = 0$, ou seja,

$$6x - 4y - 7z - 7 = 0.$$

A reta normal, com ponto genérico $Q = (x,\, y,\, z)$, tem equação $Q - P_0 = t\mathbf{N}$, onde t é o parâmetro. Essa equação equivale a

$$(x - 1,\, y + 2,\, z - 1) = t(6,\, -4,\, -7),$$

que é o mesmo que as três equações paramétricas seguintes:

$$x = 1 + 6t, \quad y = -2 - 4t, \quad z = 1 - 7t.$$

Exercícios

Em cada um dos Exercícios 1 a 7, determine as direções tangente e normal à curva de nível da função f no ponto P_0. Escreva as equações das retas tangente e normal à curva nesse ponto.

1. $f(x,\, y) = x^2 - y^2, \quad P_0 = (1,\, 1)$.

2. $f(x,\, y) = 2x^2 + 3y^2, \quad P_0 = (-1,\, 2)$.

3. $f(x,\, y) = 3xy^3 + x^3, \quad P_0 = (2,\, 1)$.

4. $f(x,\, y) = x\sqrt{x^2 + y^2}, \quad P_0 = (3,\, -4)$.

5. $f(x,\, y) = x \operatorname{sen} y, \quad P_0 = (\pi,\, -\pi)$.

6. $f(x,\, y) = xe^{xy}, \quad P_0 = (2,\, 0)$.

7. $f(x,\, y) = \dfrac{ye^x}{x}, \quad P_0 = (1,\, 1)$.

Nos Exercícios 8 a 13, determine a equação do plano tangente e as equações da reta normal à superfície de equação dada no ponto dado.

8. $z = x^2 + 2y^2, \quad P = (1,\, 1)$.

9. $z = \sqrt{x^2 + y^2}, \quad P = (-3,\, 2)$.

10. $z = x \cos y, \quad P = (1,\, \pi/2)$.

11. $z = e^{-x^2 - y^2}, \quad P = (1, -2)$.

12. $z = \operatorname{senh}(x^2 + y^2), \quad P = (1,\, -1)$.

13. $z = e^{x \cos y}, \quad P = (-1,\, \pi/2)$.

14. Seja f uma função diferenciável de uma variável. Demonstre que os planos tangentes à superfície $z = yf(x/y)$ passam todos pela origem.

15. Ache a equação do plano tangente à superfície $z = 2x^2 - 3xy + y^2$ que seja paralelo ao plano $10x - 7y - 2z + 5 = 0$.

16. Demonstre que o plano tangente à esfera $x^2 + y^2 + z^2 = r^2$ num de seus pontos $(x,\, y,\, z)$ tem equação $Xx + Yy + Zz = r^2$, onde $(X,\, Y,\, Z)$ é o ponto genérico do plano.

17. Determine a equação do plano tangente e as equações da reta normal à superfície $ax^2 + by^2 + cz^2 = 1$ num de seus pontos $P_0 = (x_0,\, y_0,\, z_0)$.

Respostas e sugestões

1. Reta normal: $x + y = 2$; reta tangente: $x = y$.

3. Reta normal: $6x - 5y - 7 = 0$; reta tangente: $5x + 6y + 4 = 0$.

5. Reta normal: $x = \pi$; reta tangente: $y = -\pi$.

7. Reta normal: $x = 1$; reta tangente: $y = 1$.

9. Plano tangente: $3x - 2y + \sqrt{13}\,z = 0$; reta normal:

$$x = -3(1 + t/\sqrt{13}), \quad y = 2(1 + t/\sqrt{13}), \quad z = \sqrt{13} - t.$$

11. Plano tangente: $2x - 4y + e^5 z - 11 = 0$; reta normal: $x = 1 - 2e^{-5}t, \quad y = -2 + 4e^{-5}t, \quad z = e^{-5} - t$.

13. Plano tangente: $y + z = 1 + \pi/2$; reta normal: $x = -1, \quad y = \pi/2 - t, \quad z = 1 - t$.

14. Repare que $(x, y, z) \cdot \nabla g = 0$, onde $g(x, y, z) = yf(x/y) - z$ e $z = yf(x/y)$.

15. Os vetores $\nabla(2x^2 - 3xy + y^2 - z)$ e $(10, -7, -2)$ devem ser paralelos. Resp.: $10x - 7y - 2z - 6 = 0$.

17. Plano tangente: $(ax_0)x + (by_0)y + (cz_0)z = 1$; reta normal: $x = x_0 + 2ax_0t, \quad y = y_0 + 2by_0t, \quad z = z_0 + 2cz_0t$.

2.7 Ainda a regra da cadeia

A regra da cadeia estende-se ao caso em que consideramos uma função de múltiplas variáveis, quando estas, por sua vez, são funções de outras variáveis. Por exemplo, se $u = f(x, y)$ é uma função com domínio D e se

$$x = x(t, s) \quad \text{e} \quad y = y(t, s)$$

são funções com domínio R, então a variável u pode ser considerada função de t e s através de x e y:

$$u = f(x(t, s), y(t, s)) = F(t, s).$$

Para isso é necessário supor que, à medida que o ponto (t, s) varia em R, o ponto (x, y) correspondente esteja sempre em D. Além disso, se os domínios D e R são conjuntos abertos e se as funções $f(x, y)$, $x(t, s)$ e $y(t, s)$ são funções diferenciáveis, então pode-se provar que $F(t, s)$ também é diferenciável, de sorte que existem as derivadas $\partial F/\partial t$ e $\partial F/\partial s$. Não vamos demonstrar esse resultado, mas apenas indicar como essas derivadas podem ser calculadas.

Para calcular, digamos, $\partial F/\partial t$, imaginamos fixada a variável s, de forma que x e y passam a ser funções da única variável t. Isso nos permite aplicar a regra da cadeia, com a qual obtemos

$$\frac{\partial F}{\partial t} = \frac{\partial f}{\partial x}\frac{\partial x}{\partial t} + \frac{\partial f}{\partial y}\frac{\partial y}{\partial t}.$$

Do mesmo modo se obtém a derivada $\partial F/\partial s$:

$$\frac{\partial F}{\partial s} = \frac{\partial f}{\partial x}\frac{\partial x}{\partial s} + \frac{\partial f}{\partial y}\frac{\partial y}{\partial s}.$$

Essas fórmulas se estendem, de maneira óbvia, a um número qualquer de variáveis $x, y, \ldots$ e $t, s, \ldots$

Exemplo 1. Seja a função $z = 3x^2 - 5y^2$. Se tivermos também $x = st$ e $y = s^2 + t^2$, então z será função de s e t através de x e y. Para calcular, digamos, $\partial z/\partial t$, usando a regra da cadeia, notamos que

$$\begin{aligned}\frac{\partial z}{\partial t} &= \frac{\partial z}{\partial x}\frac{\partial x}{\partial t} + \frac{\partial z}{\partial y}\frac{\partial y}{\partial t} = 6x\frac{\partial x}{\partial t} - 10y\frac{\partial y}{\partial t} \\ &= 6xs - 20yt = 6ts^2 - 20(t^2 + s^2)t = -14ts^2 - 20t^3 = -2t(7s^2 + 10t^2).\end{aligned}$$

É claro que obtemos o mesmo resultado se primeiro substituímos x e y em z, como funções de s e t, para depois derivar:

$$z = 3s^2t^2 - 5(s^2 + t^2)^2;$$

$$\frac{\partial z}{\partial t} = 6s^2t - 10(s^2 + t^2)2t = -14s^2t - 20t^3 = -2t(7s^2 + 10t^2).$$

Em vista do que acabamos de ver nesse exemplo, o leitor pode talvez pensar que a regra da cadeia seja dispensável, já que podemos primeiro substituir as funções $x(s, t)$ e $y(s, t)$ em $z(x, y)$ para depois derivar. Na verdade, mesmo fazendo essas substituições nem sempre prescindimos da regra da cadeia. Por exemplo, ao derivar $5(s^2 + t^2)^2$ acima, em relação a t, primeiro derivamos em relação a $s^2 + t^2$, que é a variável intermediária y, para depois derivar esta em relação a t. É claro, pois, que estamos usando a regra da cadeia.

Exemplo 2. Ao lidar com derivadas parciais e diferentes variáveis independentes, é preciso cuidado especial para evitar confusão e não incorrer em erro. Por exemplo, se $z = f(x, y)$ é função de duas variáveis independentes x e y, e se considerarmos y como função de x, $y = g(x)$, então é claro que z passa a ser função da única variável independente x:

$$z = f(x, y) = f(x, g(x)) = F(x).$$

Pela regra da cadeia,

$$\frac{df}{dx} = F'(x) = \frac{\partial f}{\partial x} + \frac{\partial f}{\partial y}g'(x).$$

Mas, cuidado, não se pode confundir df/dx com $\partial f/\partial x$. Talvez fique mais claro se escrevermos

$$x = t \text{ e } y = f(t),$$

de forma que x e y são agora funções de t. Pela regra da cadeia,

$$\frac{df}{dt} = \frac{\partial f}{\partial x}\frac{dx}{dt} + \frac{\partial f}{\partial y}g'(t),$$

por onde se vê, claramente, que df/dt com $t = x$ é a derivada df/dx anterior.

Exemplo 3. Uma situação parecida com a do exemplo anterior ocorre em Dinâmica dos Fluidos, quando estudamos a variação de certas grandezas com o tempo. Por exemplo, seja ρ a densidade de massa do fluido num ponto $P = (x, y, z)$. Além de depender de x, y, z, em geral ρ é também função do tempo, de sorte que

$$\rho = \rho(t, x, y, z).$$

A derivada $\partial\rho/\partial t$ é a taxa de variação da densidade no ponto P fixado. No entanto, podemos imaginar P como função do tempo, representando a posição de uma partícula do fluido que se desloca com o passar do tempo. Então,

$$\rho = \rho(t, x(t), y(t), z(t))$$

representa agora a densidade de massa associada a essa partícula móvel e não a um ponto P fixo. Então

$$\frac{d\rho}{dt} = \frac{\partial\rho}{\partial t} + \frac{\partial\rho}{\partial x}\frac{dx}{dt} + \frac{\partial\rho}{\partial y}\frac{dy}{dt} + \frac{\partial\rho}{\partial z}\frac{dz}{dt}$$

é a taxa de variação da densidade da partícula móvel, que não pode ser confundida com $\partial\rho/\partial t$.

A derivada $d\rho/dt$ é chamada de *derivada total, derivada material* ou *derivada substantiva*, por significar a taxa de variação da densidade de uma partícula material. Note-se que ela pode ser escrita na forma

$$\frac{d\rho}{dt} = \frac{\partial\rho}{\partial t} + \mathbf{v}\cdot\nabla\rho = \left(\frac{\partial}{\partial t} + \mathbf{v}\cdot\nabla\right)\rho,$$

onde $\mathbf{v} = \dot{P}(t) = (\dot{x}, \dot{y}, \dot{z})$ é a velocidade da partícula.

Exercícios

Usando a regra da cadeia, calcule as derivadas $\partial z/\partial u$ e $\partial z/dv$ nos Exercícios 1 a 6.

1. $z = x^2 - 5xy + y^2$, $x = u + v$, $y = u - v$.

2. $z = e^{xy}$, $x = u(u+v)$, $y = v(u+v)$.

3. $z = x \ln y$, $x = \operatorname{sen} u + \cos v$, $y = \operatorname{sen} u - \cos v$.

4. $z = \operatorname{tg}(x^2 - 3y^2)$, $x = u\cos v$, $y = u \operatorname{sen} v$.

5. $z = x \operatorname{tg} y$, $x = u^2$, $y = \dfrac{1}{1+v}$.

6. $z = x \operatorname{arc tg} y$, $x = \dfrac{uv}{u-v}$, $y = u^2 v$.

Respostas

1. $\dfrac{\partial z}{\partial u} = -6u$, $\dfrac{\partial z}{\partial v} = -14v$.

3. $\dfrac{\partial z}{\partial u} = (\cos u)\left(\ln(\operatorname{sen} u - \cos v) + \dfrac{\operatorname{sen} u + \cos v}{\operatorname{sen} u - \cos v}\right)$, $\dfrac{\partial z}{\partial v} = (\operatorname{sen} v)\left(-\ln(\operatorname{sen} u - \cos v) + \dfrac{\operatorname{sen} u + \cos v}{\operatorname{sen} u - \cos v}\right)$.

5. $\dfrac{\partial z}{\partial u} = 2u \operatorname{tg}\left(\dfrac{1}{1+v}\right)$, $\dfrac{\partial z}{\partial v} = \dfrac{-u^2}{(1+v)^2} \cdot \sec^2\left(\dfrac{1}{1+v}\right)$.

2.8 Funções homogêneas

Diz-se que uma função de várias variáveis $f(x_1, x_2, \ldots, x_n)$ é *homogênea de grau r* se

$$f(tx_1, tx_2, \ldots, tx_n) = t^r f(x_1, x_2, \ldots, x_n), \tag{2.18}$$

para todo ponto $P = (x_1, x_2, \ldots, x_n)$ no domínio de f e t num intervalo $|t-1| \leq \delta$. É claro que $tP = (tx_1, tx_2, \ldots, tx_n)$ deve pertencer ao domínio de f, sendo, pois, concebível que δ tenha de se ajustar ao ponto P considerado.

As funções homogêneas mais simples são os polinômios homogêneos, como

$$z = x^3 - 10x^2y + xy^2 - 7y^3,$$

que é uma função homogênea de grau 3. As funções

$$u = \frac{x^2 - 3xy + yz}{z^5 - 4xy^3z}, \quad z = x\cos\frac{y}{x} \quad \text{e} \quad z = \operatorname{tg}\frac{x}{x+y}$$

são homogêneas de graus -3, 1 e 0, respectivamente.

Em geral, a condição de homogeneidade (2.18) vale para todo P no domínio de f e todo número real t, como nos exemplos anteriores. Freqüentemente, essa condição só é válida para P no domínio de f e todo número $t > 0$ ou $t \geq 0$, quando então dizemos que f é *homogênea positiva*. É esse o caso da função

$$f(x, y) = \sqrt{x^2 + y^2},$$

que satisfaz $f(tx, ty) = tf(x, y)$ para $t \geq 0$, mas não para $t < 0$. Observe, nesses casos, que o domínio de definição da função contém, juntamente com um de seus pontos $P = (x_1, x_2, \ldots, x_n)$, todos os pontos $tP = (tx_1, tx_2, \ldots, tx_n)$. Eles formam uma reta pela origem se t for arbitrário: ou uma semi-reta se $t > 0$ ou $t \geq 0$. Mas é claro que podemos também considerar funções homogêneas com domínios mais restritos. Por exemplo, a função

$$f(x, y) = \sqrt{y^2 - x^2}$$

tem por domínio D um dos lados da hipérbole $x^2 - y^2 = 1$, precisamente aquele caracterizado pela desigualdade $x^2 - y^2 < 0$. Nesse domínio fica satisfeita a condição (2.18), onde cada ponto $P = (x, y)$ admite um δ

particular que delimita t de modo que o ponto tP continue em D.

As funções homogêneas se caracterizam por satisfazerem a *equação diferencial parcial*

$$x_1 f_{x_1} + x_2 f_{x_2} + \ldots + x_n f_{x_n} = rf, \tag{2.19}$$

conhecida como *relação de Euler*. É o que provaremos a seguir.

Teorema. *A condição necessária e suficiente para que uma função $f(x_1, x_2, \ldots, x_n)$, definida e diferenciável num domínio aberto D, seja homogênea de grau r é que ela satisfaça a relação de Euler (2.19).*

Demonstração. Supondo f homogênea, a condição (2.18) estará satisfeita. Vamos derivá-la em relação a t. No primeiro membro, ao aplicarmos a regra da cadeia, temos de derivar $f(tx_1, tx_2, \ldots, tx_n)$ em relação às variáveis $tx_1, tx_2, \ldots, tx_n$ e estas em relação a t. Escrevemos f_{x_1} para denotar a derivada em relação à primeira variável, isto é, primeiro calculamos

$$\frac{\partial f(\xi_1, \xi_2, \ldots, \xi_n)}{\partial \xi_1}$$

para depois substituir $\xi_1 = tx_1$, $\xi_2 = tx_2, \ldots, \xi_n = tx_n$. É esse o significado de $f_{x_1}(tx_1, tx_2, \ldots, tx_n)$, que não se deve confundir com a derivada

$$\frac{\partial}{\partial x_1}[f(tx_1, tx_2, \ldots, tx_n)].$$

Pela regra da cadeia, esta é igual a $tf_{x_1}(tx_1, tx_2, \ldots, tx_n)$. Observações análogas se aplicam às derivadas $f_{x_2}, \ldots, f_{x_n}$. Derivando, então, (2.18) em relação a t, obtemos

$$x_1 f_{x_1} + x_2 f_{x_2} + \cdots + x_n f_{x_n} = rt^{r-1} f,$$

que é precisamente (2.19) quando fazemos $t = 1$. Isso mostra que a relação de Euler é condição necessária para a homogeneidade de f.

Para demonstrar que a condição é suficiente, devemos supor válida a relação (2.19) e provar que f é homogênea de grau r. Substituindo $(x_1, \ldots, x_n)$ por $(tx_1, \ldots, tx_n)$ em (2.19) resulta

$$tx_1 f_{x_1}(tx_1, \ldots, tx_n) + \ldots + tx_n f_{x_n}(tx_1, \ldots, tx_n) = rf(tx_1, \ldots, tx_n).$$

Multiplicando essa equação por t^{r-1}, obtemos

$$t^r(x_1 f_{x_1} + \ldots + x_n f_{x_n}) - rt^{r-1} f = 0.$$

Mas o primeiro membro que aí aparece é precisamente

$$t^{2r} \frac{d}{dt} \frac{f(tx_1, \ldots, tx_n)}{t^r}.$$

Portanto, $f(tx_1, \ldots, tx_n)/t^r$ é constante em t. Quando $t = 1$, isso se reduz a $f(x_1, \ldots, x_n)$; logo,

$$\frac{f(tx_1, \ldots, tx_n)}{t^r} = f(x_1, \ldots, x_n),$$

ou seja,

$$f(tx_1, \ldots, tx_n) = t^r f(x_n, \ldots, x_n),$$

que é o resultado desejado.

Exercícios

Verifique, entre as funções dadas nos Exercícios 1 a 5, quais são homogêneas, homogêneas positivas e seus graus de homogeneidade.

1. $z = \dfrac{1}{x^2 + y^2} \operatorname{arc\,sen} \dfrac{y}{x + y}$.

2. $z = \dfrac{x^2 - 3xy + y^2}{\sqrt{2x^2 + 3y^2}}$.

3. $u = (x + y + z)^{1/3}$.

4. $u = (x^2 + 2y^2 + 3z^2)^{1/3}$.

5. $z = x\sqrt{x^2 + y^2} \ln \dfrac{x}{x + y}$.

6. Mostre que se $f(x_1, \ldots, x_n)$ é função homogênea de grau r, então qualquer derivada parcial f_{x_i} é homogênea de grau $r - 1$. Observe que é necessário supor que tal derivada seja diferenciável.

7. Se f é uma função diferenciável de uma variável, mostre que $f(x/y)$ é uma função homogênea de grau zero.

8. Seja $z = f(x, y)$ uma função homogênea de grau r, e sejam

$$x = g(u, v) \quad \text{e} \quad y = h(u, v)$$

funções homogêneas de grau s. Mostre que

$$F(u,\, v) = f(g(u,\, v),\, h(u,\, v))$$

é função homogênea de grau rs.

Respostas

1. Homogênea de grau $r = -2$.

3. Homogênea de grau $r = 1/3$.

5. Homogênea positiva de grau $r = 2$.

Capítulo 3

Fórmula de Taylor. Máximos e mínimos

3.1 Fórmula de Taylor

Seja $f(x, y)$ uma função definida num domínio aberto D com derivadas parciais contínuas até a ordem $n+1$. Vamos mostrar, nesse caso, que a função f pode ser aproximada, numa vizinhança de qualquer ponto $P_0 = (x_0, y_0)$ de D, por um polinômio de grau n nas variáveis $x - x_0$ e $y - y_0$. Esse resultado é uma generalização da fórmula de Taylor para funções de uma variável, obtida na Seção 2.3 do Volume 2 do *Cálculo das funções de uma variável*.

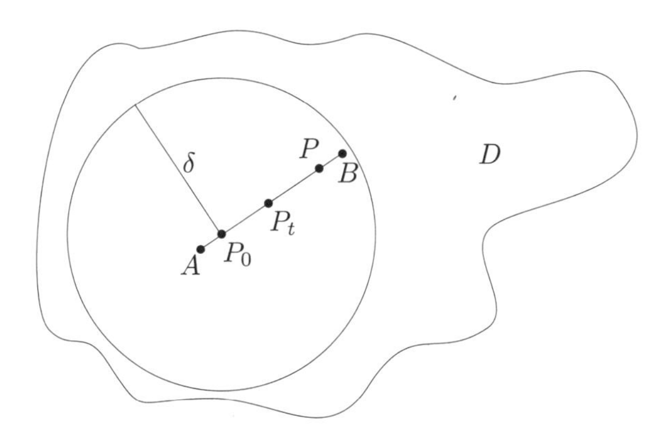

Figura 3.1

Seja P um ponto de uma vizinhança $V_\delta(P_0)$ de P_0, toda contida em D, isto é,

$$P = (x, y) = (x_0 + h, y_0 + k),$$

com $h^2 + k^2 < \delta^2$ (Fig. 3.1). Repare que o ponto $P_t = P_0 + t(P - P_0)$ percorre o segmento P_0P quando t percorre o intervalo $[0, 1]$. Então, escolhendo $\varepsilon > 0$ bem pequeno, o intervalo $I_\varepsilon = \{t\colon\ -\varepsilon < t < 1 + \varepsilon\}$ conterá o intervalo $[0, 1]$; e, mais ainda, quando t percorrer esse intervalo $[0, 1]$, o ponto P_t percorrerá um intervalo AB contendo $[P_0P]$, com A e B ainda contidos na vizinhança $V_\delta(P_0)$, como ilustra a Fig. 3.1. Nessas condições, a função $F(t) = f(x_0 + ht, y_0 + kt)$ será contínua, juntamente com suas derivadas até a ordem $n+1$, para $t \in I_t$. Portanto, vale a fórmula de Taylor de ordem n para a função $F(t)$, t variando em $t \in I_t$, isto é,

$$F(t) = F(0) + \frac{F'(0)}{1!}t + \frac{F''(0)}{2!}t^2 + \ldots + \frac{F^{(n)}(0)}{n!}t^n + R_n(t), \tag{3.1}$$

onde

$$R_n(t) = \frac{F^{(n+1)}(c)t^{n+1}}{(n+1)!} \tag{3.2}$$

e c é um número compreendido entre 0 e t.

Em seguida, vamos calcular as derivadas F', F'', etc. Como

$$F(t) = f(x_0 + ht,\, y_0 + kt),$$

temos

$$F'(t) = hf_x + kf_y,$$

onde f_x e f_y são calculadas no ponto $P_t = (x_0 + ht,\, y_0 + kt)$. Uma nova derivação nos dá

$$F''(t) = h(hf_{xx} + kf_{xy}) + k(hf_{yx} + kf_{yy}) = h^2 f_{xx} + 2hkf_{xy} + k^2 f_{yy},$$

as derivadas f_{xx}, f_{xy} e f_{yy} sendo calculadas no mesmo ponto P_t. Prosseguindo, obtemos

$$F'''(t) = h^3 f_{xxx} + 3h^2 k f_{xxy} + 3hk^2_{xyy} + k^2 f_{yyy},$$

e assim por diante.

Para bem entender a expressão geral de $F^{(n)}(t)$, repare que $F'(t)$ é o resultado de se aplicar a $F(t)$ o *operador diferencial*

$$\frac{d}{dt} = hD_x + kD_y,$$

onde $D_x = \partial/\partial x$ e $D_y = \partial/\partial y$; $F''(t)$ é o resultado de se aplicar a $F(t)$ o operador

$$\frac{d^2}{dt^2} = \left(\frac{d}{dt}\right)^2 = (hD_x + kD_y)(hD_x + kD_y) = h^2 D_x^2 + 2hkD_x D_y + k^2 D_y^2 = (hD_x + kD_y)^2,$$

sendo $D_x^2 = \partial^2/\partial x^2$, $D_x D_y = \partial^2/\partial x \partial y$ e $D_y^2 = \partial^2/\partial y^2$. Isso nos leva, naturalmente, a definir, por recorrência, o operador

$$\frac{d^n}{dt^n} = \left(\frac{d}{dt}\right)^n = (hD_x + kD_y)^n = (hD_x + kD_y)(hD_x + kD_y)^{n-1}.$$

Essa última expressão nos mostra que, conhecido o operador para o expoente $n-1$, podemos defini-lo para o expoente n. Partimos, pois, do expoente 1 e obtemos $(d/dt)^2$; deste obtemos $(d/dt)^3$, etc. Vê-se então que $(d/dt)^n$ será dado pela fórmula do binômio de Newton:

$$\begin{aligned}\left(\frac{d}{dt}\right)^n = \frac{d^n}{dt^n} &= (hD_x + kD_y)^n = \sum_{r=0}^{n} \binom{n}{r} (hD_x)^{n-r}(kD_y)^r \\ &= h^n D_x^n + nh^{n-1} k D_x^{n-1} D_y + \frac{n(n-1)}{2} h^{n-2} k^2 D_x^{n-2} D_y^2 + \ldots + k^n D_y^n.\end{aligned}$$

Essa fórmula pode ser considerada mesmo quando $n = 0$, entendendo-se, nesse caso, que $(d/dt)^0$ é o *operador identidade*: ele deixa inalterada a função F, isto é,

$$F^{(0)}(t) = \left(\frac{d}{dt}\right)^0 F(t) = F(t).$$

Substituindo os valores de $F(0)$, $F'(0)$, $\ldots$, $F^{(n)}(0)$ em (3.1), obtemos a chamada *fórmula de Taylor* ou *desenvolvimento de Taylor*:

$$\begin{aligned}f(x,\, y) = f(x_0,\, y_0) &+ hf_x + kf_y + \frac{1}{2!}(h^2 f_{xx} + 2hkf_{xy} + k^2 f_{yy}) \\ &+ \ldots + \frac{1}{n!}(h^n D_x^n f + nh^{n-1} D_y f + \ldots + k^n D_y^n f) + R_n, \qquad (3.3)\end{aligned}$$

onde todas as derivadas de f que aí aparecem são calculadas no ponto $P_0 = (x_0, y_0)$; o resto R_n, por sua vez, de acordo com a Eq. (3.2), é dado por

$$R_n = \frac{1}{(n+1)!}(hD_x + kD_y)^{n+1} f,$$

as derivadas sendo agora calculadas num ponto $P_c = (x_0 + ch, y_0 + ck)$, onde c é um número compreendido entre 0 e 1.

Observe que esse resto é uma soma de termos da forma

$$C_{n,r} h^{n+1-r} k^r D_x^{n+1-r} D_y^r f,$$

os coeficientes $C_{n,r}$ só dependendo de n e de r. Como

$$h = |P - P_0| \cos\alpha \quad \text{e} \quad k = |P - P_0| \operatorname{sen}\alpha,$$

onde α é o ângulo de $\overrightarrow{P_0P}$ com o eixo Ox (Fig. 3.1); e como as derivadas de f são funções contínuas, podemos escrever o resto R_n na forma

$$R_n = g_n(P, \theta)|P - P_0|^{n+1},$$

onde $g_n(P, \theta)$ é uma função limitada em $|P - P_0| \leq \delta/2$. Isso mostra que o resto tende a zero com $P \to P_0$, pelo menos tão rapidamente como $|P - P_0|^{n+1}$, isto é

$$R_n = O(|P - P_0|^{n+1}) \quad \text{com} \quad P \to P_0.$$

Polinômio de Taylor

A fórmula em (3.3), sem o termo R_n, chama-se *polinômio de Taylor* de grau n. Denotando-o com $p_n(x, y)$, teremos

$$\begin{aligned} p_n(x, y) &= f(x_0, y_0) + hf_x + kf_y + \frac{1}{2!}(h^2 f_{xx} + 2hkf_{xy} + k^2 f_{yy}) \\ &+ \ldots + \frac{1}{n!}(h^n D_x^n f + nh^{n-1} D_y f + \ldots + k^n D_y^n f). \end{aligned}$$

Trata-se de um polinômio de grau n em h e k, desde que as derivadas n-ésimas de f não sejam todas nulas no ponto P_0; caso contrário, o grau do referido polinômio será inferior a n. Como $h = x - x_0$ e $k = y - y_0$, esse polinômio é também um polinômio de mesmo grau nas variáveis x e y.

Observação. O polinômio e a fórmula de Taylor se estendem, de maneira óbvia, ao caso de uma função com um número arbitrário de variáveis independentes.

Exemplo 1. Vamos obter a fórmula de Taylor da função $f(x, y) = \operatorname{arcsen}(x/y)$ até os termos de segunda ordem no ponto $P_0 = (0, 1)$. Essa função está definida no conjunto D dos pontos $P = (x, y)$ tais que $|x/y| \leq 1$ ou $|x| \leq |y|$. Em particular, f é contínua e derivável nos pontos P da vizinhança $|P - P_0| < \sqrt{2}/2$ (Fig. 3.2).

Vamos calcular as derivadas parciais de f até segunda ordem:

$$f_x = \frac{1/y}{\sqrt{1 - x^2/y^2}} = \frac{1}{\sqrt{y^2 - x^2}}, \qquad f_y = \frac{-x/y^2}{\sqrt{1 - x^2/y^2}} = \frac{-x}{\sqrt{y^4 - x^2y^2}},$$

$$f_{xx} = \frac{x}{(y^2 - x^2)^{3/2}}, \qquad f_{xy} = \frac{-y}{(y^2 - x^2)^{3/2}}, \qquad f_{yy} = \frac{2xy^3 - x^3y}{(y^4 - x^2y^2)^{3/2}}.$$

Portanto,

$$f(0,\,1) = f_y(0,\,1) = f_{xx}(0,\,1) = f_{yy}(0,\,1) = 0 \quad \text{e} \quad f_x(0,\,1) = -f_{xy}(0,\,1) = 1.$$

Então,

$$\operatorname{arc\,sen} \frac{x}{y} = x - x(y-1) + R_2,$$

onde $R_2 = O[(x^2 + (y-1)^2)^{3/2}]$ com $(x,\, y) \to (0,\, 0)$.

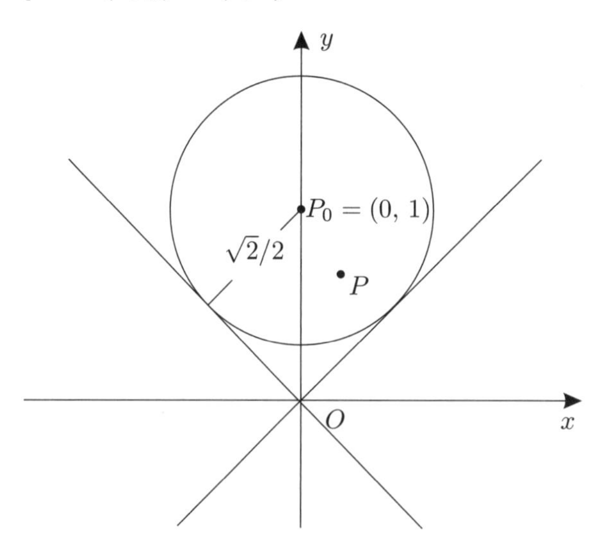

Figura 3.2

Exemplo 2. Vamos obter a fórmula de Taylor da função $f(x,\, y) = \ln(1 + x + y)$ até os termos de terceira ordem. Nesse caso podemos usar o desenvolvimento do logaritmo como função de uma variável:

$$\begin{aligned}\ln(1 + x + y) &= x + y - \frac{(x+y)^2}{2} + \frac{(x+y)^2}{3} - \ldots \\ &= x + y - \frac{x^2}{2} - xy - \frac{y^2}{2} + \frac{x^3}{3} + x^2y + xy^2 + \frac{y^3}{3} + R_3,\end{aligned}$$

onde $R_3 = O[(x^2 + y^2)^2]$ com $(x,\, y) \to (0,\, 0)$.

Exercícios

Nos Exercícios 1 a 7, encontre a fórmula de Taylor de cada função, no ponto P_0 indicado, até os termos de terceira ordem.

1. $f(x,\, y) = e^{xy}$, $P_0 = (1,\, -1)$.

2. $f(x,\, y) = \arctan x/y$, $P_0 = (1,\, 1)$.

3. $f(x,\, y) = x^2y - \cos xy$, $P_0 = (1,\, \pi/2)$.

4. $f(x,\, y) = x - 3x^2y + 2y^2$, $P_0 = (1,\, -1)$.

5. $f(x,\, y) = e^y \cos x$, $P_0 = (\pi,\, 0)_y$

6. $f(x,\, y) = \ln(1 + xy)$, $P_0 = (1, 2)$.

7. $f(x,\, y) = x^y = e^{y \ln x}$, $P_0 = (1,\, 0)$.

Nos Exercícios 8 a 14, ache a fórmula de Taylor referente à origem de cada função até os termos de segunda ordem.

8. $f(x,\, y) = \dfrac{\cos x}{\cos y}$.

9. $f(x,\, y) = \sqrt{1 - x^2 - y^2}$.

10. $f(x,\, y) = \dfrac{\ln(1 + x + y)}{1 - x - y}$.

11. $f(x,\, y) = \arctan \dfrac{1+x}{1-y}$.

12. $f(x,\, y) = (x+1)^y$

13. $f(x,\, y) = e^x \operatorname{sen} y$.

14. $f(x, y) = e^x \ln(1 - y)$.

15. Demonstre que um polinômio de grau n coincide com o seu polinômio de Taylor de ordem n (isto é, $R_n \equiv 0$).

Respostas

1. O resultado procurado é

$$e^{xy} = \frac{1}{e}\Big(1 - (x-1) + (y+1) + \frac{(x-1)^2}{2} + \frac{(y+1)^2}{2} - \frac{(x-1)^3}{6}$$
$$- \frac{(x-1)^2(y+1)}{2} + \frac{(x-1)(y+1)^2}{2} + \frac{(y+1)^3}{6}\Big) + R_3,$$

onde $R_3 = O\{[(x-1)^2 + (y+1)^2]^2\}$ com $(x, y) \to (1, -1)$.

3. O resultado procurado é

$$x^2y - \cos xy = \frac{\pi}{2} + \frac{3\pi}{2}(x-1)^2 + 2\Big(y - \frac{\pi}{2}\Big) + \frac{\pi}{2}(x-1)^2$$
$$+ 1(1+\pi)(x-1)\Big(y - \frac{\pi}{2}\Big) - \frac{\pi^3}{48}(x-1)^3 + \frac{8-\pi^2}{8}(x-1)^2\Big(y - \frac{\pi}{2}\Big)$$
$$+ \frac{1}{2}(x-1)\Big(y - \frac{\pi}{2}\Big)^2 - \frac{1}{6}\Big(y - \frac{\pi}{2}\Big)^3 + R_3,$$

onde $R_3 = O\{[(x-1)^2 + (y-\pi/2)^2]^2\}$ com $(x, y) \to (1, \pi/2)$.

5. O resultado procurado é

$$e^y \cos x = -1 - y + \frac{1}{2}(x-\pi)^2 - \frac{1}{2}y^2 + \frac{1}{2}(x-\pi)^2 y - \frac{1}{6}y^3 + R_3,$$

onde $R_3 = O\{[(x-\pi)^2 + y^2]^2\}$ com $(x, y) \to (\pi, 0)$.

7. $x^y = e^{y \ln x} = 1 + (x-1)y - \frac{1}{2}(x-1)^2 y + R_3$, onde $R_3 = O\{[(x-1)^2 + y^2]^2\}$ com $(x, y) \to (1, 0)$.

9. $\sqrt{1 - x^2 - y^2} = 1 - \frac{x^2}{2} - \frac{y^2}{2} + R_2$, onde $R_2 = O[(x^2+y^2)^{3/2}]$ com $(x, y) \to (0, 0)$.

11. $\operatorname{arc\,tg} \frac{1+x}{1-y} = \frac{\pi}{4} + \frac{1}{2}(x+y) - \frac{1}{4}(x^2 - y^2) + R_2$, onde $R_2 = O[(x^2+y^2)^{3/2}]$ com $(x, y) \to (0, 0)$.

13. $e^x \operatorname{sen} y = y + xy + R_2$, onde $R_2 = O[(x^2+y^2)^{3/2}]$ com $(x, y) \to (0, 0)$.

3.2 Máximos e mínimos

As definições de máximo e mínimo para funções de múltiplas variáveis são as mesmas que no caso de funções de uma variável. Seja f uma função de múltiplas variáveis, definida num domínio D. *Diz-se que um ponto $P_0 \in D$ é ponto de máximo da função f se $f(P) \le f(P_0)$ para todo $P \in D$; e P_0 é ponto de mínimo se $f(P) \ge f(P_0)$ para todo $P \in D$.*

Quando $f(P) \le f(P_0)$ para todo P de uma vizinhança $V_\delta(P_0)$, dizemos que P_0 é um ponto de *máximo local* ou *relativo*. De maneira análoga, define-se *mínimo local* ou *relativo*. Para evitar possíveis ambigüidades, freqüentemente o máximo e o mínimo de uma função em todo o seu domínio são qualificados de absolutos: *máximo absoluto* e *mínimo absoluto*, também chamados *valores extremos* da função.

Como no caso de funções de uma variável, nem toda função tem máximo ou mínimo, mesmo que ela seja contínua e que seu domínio seja limitado.

Exemplo 1. A função

$$z = \frac{\sqrt{1 - x^2 - y^2}}{x^2 + y^2},$$

definida no conjunto limitado

$$D = \{(x, y): x^2 + y^2 \leq 1, (x, y) \neq (0, 0)\},$$

não tem máximo, pois quando (x, y) se aproxima da origem, z tende a ∞. O mínimo dessa função é zero, e ocorre em todos os pontos da circunferência $x^2 + y^2 = 1$.

Exemplo 2. A função $f(x, y) = x\sqrt{1 - x^2 - y^2}/y$, com domínio

$$D = \{(x, y): x^2 + y^2 \leq 1, y > 0\},$$

não tem máximo nem mínimo. De fato, basta notar que, fixado $x \neq 0$,

$$\lim_{y \to 0} f(x, y) = \pm\infty,$$

conforme seja $x > 0$ ou $x < 0$, respectivamente.

Um teorema importante

Na Seção 8.1 do Volume do *Cálculo das funções de uma variável* mencionamos, como teorema, que toda função contínua num intervalo fechado possui ao menos um ponto de máximo e um ponto de mínimo. Para funções de múltiplas variáveis esse resultado continua verdadeiro, desde que o domínio D da função seja fechado e limitado. No caso de estarmos lidando com funções de duas variáveis, o conjunto D ser *limitado* significa que D está todo contido num círculo, o qual podemos supor que tenha centro na origem, pois se D estiver contido num outro círculo este certamente estará contido num círculo centrado na origem, isto é, existe um número positivo K tal que $OP < K$ para todo P em D. Um conjunto fechado e limitado chama-se *conjunto compacto*. Feitas essas observações, podemos enunciar o seguinte

Teorema. *Seja f uma função contínua com domínio compacto. Então f possui ao menos um ponto de máximo e ao menos um ponto de mínimo.*

A demonstração desse teorema pertence mais propriamente a um curso de Análise, e não será feita aqui.

O teorema anterior é válido não apenas para funções de duas variáveis, mas também para funções de três ou mais variáveis. Nesses casos o enunciado é o mesmo, bastando notar que um conjunto D de $\mathbb{R}^3$ diz-se limitado se está todo contido numa esfera centrada na origem; e se for em $\mathbb{R}^n$, deverá estar todo contido numa hiperesfera desse espaço.

Repare que o teorema anterior garante apenas a existência de pontos de máximo e mínimo, nada esclarecendo sobre como encontrá-los. Vamos agora cuidar dessa questão.

Pontos críticos e extremos

Se a função f assume um máximo local num ponto $P_0 = (x_0, y_0)$, interno ao seu domínio, então é claro que esse ponto continua sendo ponto de máximo mesmo quando fixamos $y = y_0$ e consideramos $f(x, y_0)$ como função somente da variável x. Se, além disso, f for diferenciável em P_0, podemos aplicar um resultado discutido no Volume 1 , segundo o qual a derivada da função se anula em $x = x_0$, isto é, $\partial f/\partial x = 0$ em P_0. Um raciocínio análogo mostra que $\partial f/\partial y$ também se anula nesse ponto. O resultado seria o mesmo se P_0 fosse ponto de mínimo local, de forma que podemos enunciar o seguinte

Teorema. *Seja f uma função com domínio D, possuindo máximo ou mínimo local num ponto P_0 interior a D. Se f for diferenciável nesse ponto, então suas derivadas parciais de primeira ordem se anulam em P_0.*

Um ponto P_0 onde as derivadas de f se anulam é chamado de *ponto crítico* ou *ponto estacionário* da função. Esta última nomenclatura se justifica tendo em conta que os valores $f(P)$ da função de fato tornam-se estacionários quando P passa por P_0, ao longo de qualquer curva por esse ponto. Em outras palavras, quando P passa por P_0, a função $f(P)$ torna-se, por assim dizer, "momentaneamente constante".

Na próxima seção daremos um critério para identificar, entre os pontos críticos, os que são de máximo ou de mínimo. Muitas vezes isso pode ser feito por inspeção direta.

Exemplo 3. Vamos considerar a função $f(x, y) = xy(3 - x - y)$, definida no domínio $D : x \geq 0$, $y \geq 0$, $x + y \leq 3$ (Fig. 3.3). Para encontrar seus pontos críticos temos de resolver as equações

$$f_x = 3y - 2xy - y^2 = 0 \quad \text{e} \quad f_y = 3x - 2xy - x^2 = 0.$$

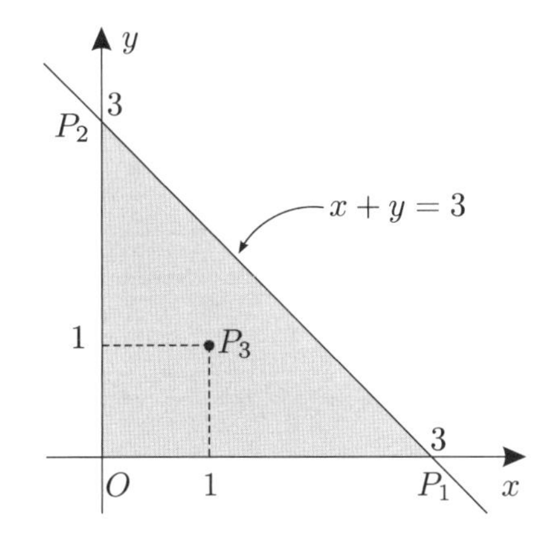

Figura 3.3

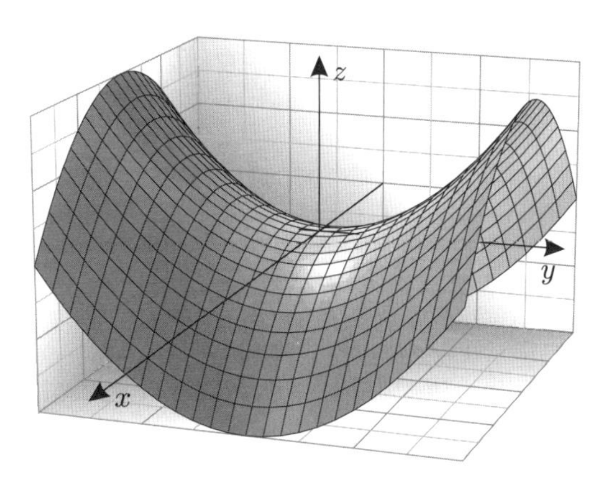

Figura 3.4

Uma solução bem visível é a origem $O = (0, 0)$. Não é difícil ver também que $x \neq 0$ e $y = 0$ fornece a solução $P_1 = (3, 0)$, enquanto $x = 0$ e $y \neq 0$ fornece $P_2 = (0, 3)$. Finalmente, x e y ambos não-nulos nos levam às equações $3 - 2x - y = 0$ e $3 - 2y - x = 0$, cuja solução é $P_3 = (1, 1)$. De todos esses pontos, somente P_3 é interno ao domínio D. A função se anula nos pontos da fronteira de seu domínio, isto é, em $x = 0$, em $y = 0$ e em $x + y = 3$, ao passo que $f(P_3) = 1$. É claro, então, que este é o valor máximo da função, já que o ponto de máximo é interno a D; logo, tem de ser ponto crítico. Não havendo outro ponto crítico, a função só pode assumir seu mínimo na fronteira, donde concluímos que esse mínimo é zero.

Se considerássemos a função f em todo o plano, seus pontos críticos seriam os quatro pontos anteriores, e agora não saberíamos como identificar, entre eles, os de máximo e os de mínimo. Voltaremos a esse problema na próxima seção.

Um ponto crítico que não é de máximo ou de mínimo é chamado de *ponto-sela*. Por exemplo, no caso do parabolóide hiperbólico $z = f(x, y) = y^2 - x^2$, a origem é um ponto crítico do tipo sela (Fig. 3.4), pois trata-se de um máximo quando restringimos a função ao plano $y = 0$ e de um mínimo quando fazemos $x = 0$.

O Princípio de Fermat

O Princípio de Fermat, da Ótica Geométrica, foi tratado no Exemplo 5 da Seção 8.3 do Volume 1 do *Cálculo das funções de uma variável*, onde ele foi utilizado para deduzir a lei da refração da luz. Dissemos, ao final daquele exemplo, que a análise apresentada estava incompleta. De fato, demonstramos apenas a lei que relaciona os ângulos de incidência e refração, pressupondo que o raio refratado estivesse no plano de incidência, determinado pelo raio incidente e a reta normal. Vamos demonstrar agora a lei da refração da luz, inclusive essa segunda parte que acabamos de enunciar. Trataremos o caso geral de dois meios separados por uma superfície qualquer S, não necessariamente plana (Fig. 3.5). Lembramos o enunciado daquele princípio, que diz: *o caminho seguido pela luz para ir de um ponto A a um ponto B é aquele que torna mínimo o tempo de percurso.*

Sejam $A = (a, b, c)$ e $A' = (a', b', c')$ dois pontos situados nos meios (1) e (2), respectivamente, onde a luz se propaga com velocidades v_1 e v_2, indo de A até A', intersectando a superfície S de separação dos meios no ponto P. Sejam

$$r = AP = \sqrt{(x-a)^2 + (y-b)^2 + (z-c)^2} \quad \text{e} \quad r' = A'P = \sqrt{(x-a')^2 + (y-b')^2 + (z-c')^2},$$

onde $z = f(x, y)$. O tempo gasto pela luz para ir de A até A' é dado por

$$t = \frac{r}{v_1} + \frac{r'}{v_2} = t(x, y, z) = t(x, y, f(x, y))$$

e a condição de que esse tempo seja mínimo será satisfeita pelo anulamento das derivadas parciais de t em relação a x e a y, isto é, $\partial t/\partial x = \partial t/\partial y = 0$. Mas

$$\frac{\partial t}{\partial x} = \frac{1}{v_1}\frac{\partial r}{\partial x} + \frac{1}{v_2}\frac{\partial r'}{\partial x},$$

de sorte que devemos ter

$$\frac{1}{v_1}\left(\frac{x-a}{r} + \frac{z-c}{r}f_x\right) + \frac{1}{v_2}\left(\frac{x-a'}{r'} + \frac{z-c'}{r'}f_x\right) = 0. \tag{3.4}$$

Analogamente, $\partial t/\partial y = 0$ nos dá

$$\frac{1}{v_1}\left(\frac{y-b}{r} + \frac{z-c}{r}f_y\right) + \frac{1}{v_2}\left(\frac{y-b'}{r'} + \frac{z-c'}{r'}f_y\right) = 0. \tag{3.5}$$

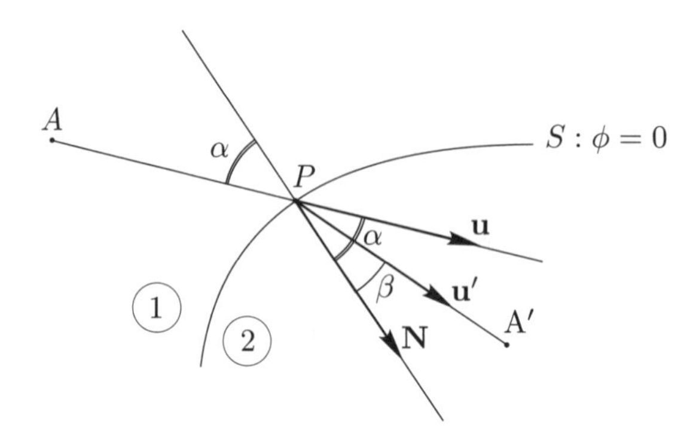

Figura 3.5

É claro que a essas equações podemos acrescentar a seguinte, que é uma simples identidade:

$$\frac{1}{v_1}\left(\frac{z-c}{r} - \frac{z-c}{r}\right) + \frac{1}{v_2}\left(\frac{z-c'}{r'} - \frac{z-c'}{r'}\right) = 0. \tag{3.6}$$

Fazemos isso com objetivo de identificar as Eqs. (3.4) a (3.6) a uma equação vetorial. Para tanto introduzimos os vetores unitários $\mathbf{u}$ e $\mathbf{u}'$, das direções $\overrightarrow{AP}$ e $\overrightarrow{PA'}$, respectivamente:

$$\mathbf{u} = \frac{\overrightarrow{AP}}{r} = \frac{x-a}{r}\mathbf{i} + \frac{y-b}{r}\mathbf{j} + \frac{z-c}{r}\mathbf{k} \quad \text{e} \quad \mathbf{u}' = \frac{\overrightarrow{PA'}}{r'} = -\frac{x-a'}{r'}\mathbf{i} - \frac{y-b'}{r'}\mathbf{j} - \frac{z-c'}{r'}\mathbf{k}.$$

Seja também $\mathbf{N}$ o vetor unitário normal a S no ponto P, isto é,

$$\mathbf{N} = \frac{(f_x, f_y, -1)}{\sqrt{f_x^2 + f_y^2 + 1}} = \frac{\nabla\phi}{|\nabla\phi|},$$

onde $\phi(x, y, z) = f(x, y) - z = 0$ é a equação da superfície S. Então as Eqs. (3.4) a (3.6) podem ser escritas na forma compacta

$$\frac{\mathbf{u}}{v_1} - \frac{\mathbf{u}'}{v_2} = \alpha \mathbf{N}, \tag{3.7}$$

onde

$$\alpha = \left(\frac{c - z}{r v_1} + \frac{c' - z}{r' v_2} \right) |\nabla \phi|.$$

A Eq. (3.7) exprime o fato de que *os raios incidente e refratado e a normal à superfície no ponto P estão no mesmo plano;* esta é a primeira parte da lei da refração. Além disso, multiplicando (3.7) vetorialmente por $\mathbf{N}$, obtemos

$$\frac{\mathbf{u} \times \mathbf{N}}{v_1} - \frac{\mathbf{u}' \times \mathbf{N}}{v_2} = 0. \tag{3.8}$$

Mas $\mathbf{u} \times \mathbf{N}$ e $\mathbf{u}' \times \mathbf{N}$ são vetores de módulos iguais a $\operatorname{sen} \alpha$ e $\operatorname{sen} \beta$, respectivamente, onde α é o ângulo de incidência e β o de refração (Fig. 3.5). Então, da Eq. (3.8) segue-se que

$$\frac{\operatorname{sen} \alpha}{\operatorname{sen} \beta} = \frac{v_1}{v_2},$$

que é a segunda parte da lei da refração.

Observação. Notamos que para deduzir a lei da refração da luz contida na Eq. (3.7) foi suficiente impor a condição de que o ponto P sobre a superfície S fosse um ponto estacionário da função $t = t(P)$, sem a preocupação de demonstrar que esse valor fosse de máximo ou de mínimo. Isso é importante porque na maioria das aplicações é difícil, ou mesmo impossível, verificar se um ponto estacionário é de máximo ou de mínimo. O próprio fenômeno de propagação da luz exibe situações em que a solução procurada ora fornece um mínimo, ora um máximo. A título de ilustração, vamos considerar um raio de luz que vai de um ponto A a um ponto B, refletindo num espelho côncavo. Supomos que A e B estejam alinhados com o centro do espelho e situados externamente ao centro, como ilustra a Fig. (3.6).

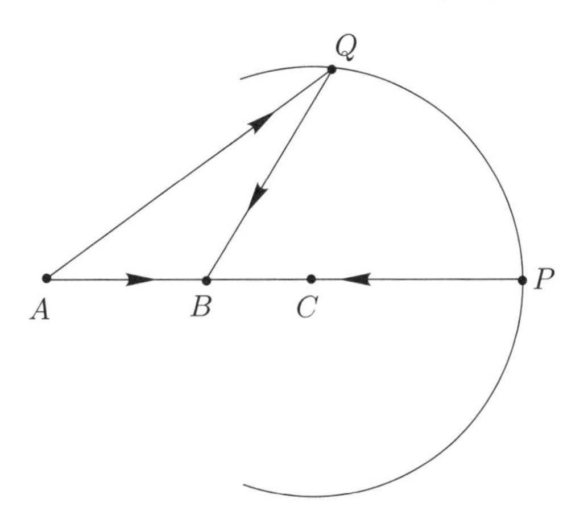

Figura 3.6

Como sabemos, de todos os possíveis caminhos AQB, o que a luz efetivamente segue é o caminho APB, que corresponde a um tempo máximo de percurso. Esse exemplo serve para mostrar que a formulação correta do princípio de Fermat consiste em exigir que o tempo de percurso de um raio de luz seja estacionário, não necessariamente mínimo ou máximo.

Exercícios

Nos Exercícios 1 a 6, determine os pontos estacionários das funções dadas e verifique quais são de máximo e quais são de mínimo.

1. $z = 5 - 2x^2 - 3y^2$.

2. $z = e^{x^2+3y^2}$.

3. $z = x^2 + 5y^2 + 7$.

4. $z = e^{1-3x^2-5y^2}$

5. $z = \sqrt{3 - 2x^2 - 5y^2}$.

6. $z = x^2y^2$.

7. Determine a distância mínima da origem ao plano $2x - 3y - z + 2 = 0$.

8. Demonstre, em geral, que a distância da origem a um plano qualquer $ax + by + cz + d = 0$ é dada por $|d|(a^2 + b^2 + c^2)^{-1/2}$.

9. Ache a menor distância da origem à superfície $z = xy + 2$.

10. Um paralelepípedo retângulo possui três de suas faces nos planos $x = 0, y = 0$ e $z = 0$, respectivamente. Seu vértice oposto à origem jaz sobre o plano $4x + 3y + z = 36$ e no primeiro octante. Determine esse vértice de forma que o paralelepípedo tenha volume máximo e calcule esse volume.

11. Calcule a menor distância entre a parábola $y = x^2 + 1$ e a reta $y = x - 2$.

12. Demonstre que o triângulo cujo produto dos senos dos ângulos é o maior possível é equilátero.

13. Dado um triângulo acutângulo ABC, demonstre que o ponto P cuja soma das distâncias aos vértices é mínima é tal que as semi-retas PA, PB e PC formam entre si um ângulo de $120°$.

Respostas, sugestões e soluções

1. $P_0 = (0, 0)$; ponto de máximo.

3. $P_0 = (0, 0)$; ponto de mínimo.

4. $P_0 = (0, 0)$; ponto de máximo.

5. $P_0 = (0, 0)$; ponto de máximo.

7. $\sqrt{13}/7$.

9. O quadrado da distância da origem a um ponto qualquer da superfície é dado por

$$f(x, y) = x^2 + y^2 + z^2 = x^2 + y^2 + (xy + 2)^2 = x^2 + y^2 + x^2y^2 + 4xy + 4.$$

Os pontos críticos são as soluções de

$$f_x = 2x + 2xy^2 + 4y = 0 \quad \text{e} \quad f_y = 2y + 2x^2y + 4x = 0.$$

Uma dessas soluções é o ponto crítico $(0, 0)$. Multiplicando a primeira dessas equações por x, a segunda por y, e subtraindo uma da outra, obtemos $(x - y)(x + y) = 0$; $x = y$ não produz solução real, ao passo que quando levamos $x = -y$ em qualquer das duas equações anteriores, obtemos os pontos críticos $(1, -1)$ e $(-1, 1)$. Como f assume valor mínimo, é fácil ver que $f(1, -1) = f(-1, 1) = 3$ é esse valor. Portanto, a distância procurada é $\sqrt{f(x, y)} = \sqrt{3}$.

11. Seja $f(x, y)$ o quadrado da distância entre um ponto $(x, x^2 + 1)$ da parábola e um ponto $(y, y - 2)$ da reta:

$$f(x, y) = (x - y)^2 + (x^2 + 1 - y + 2)^2 = (x - y)^2 + (x^2 - y + 3)^2.$$

Para que essa função atinja um valor mínimo é necessário que $f_x = f_y = 0$, isto é,

$$x - y + 2x(x^2 - y + 3) = 0 \quad \text{e} \quad -(x - y) - (x^2 - y + 3) = 0.$$

Subtraindo, membro a membro, uma equação da outra, obtemos $(2x - 1)(x^2 - y + 3) = 0$. A solução $x = 1/2$, levada em qualquer das duas equações anteriores, nos dá $y = 15/8$. A outra possibilidade, $x^2 - y + 3 = 0$, exigiria $x = y$, donde $x^2 - x + 3 = 0$, que não tem solução real. Assim, a distância mínima procurada é a distância entre os pontos $(1/2, 5/4)$ e $(15/8, -1/8)$, isto é, $\sqrt{f(1/2, 1/8)} = \sqrt{2}/8$. O leitor deve fazer um gráfico ilustrativo da parábola, da reta e desses pontos para bem compreender o resultado obtido.

13. Se $\vec{u}$, $\vec{v}$ e $\vec{w}$ são os vetores unitários nas direções $\overrightarrow{AP}$, $\overrightarrow{BP}$ e $\overrightarrow{CP}$, respectivamente, use o fato de ser P ponto estacionário da função $z = AP + BP + CP$ para verificar que $\vec{u} + \vec{v} + \vec{w} = 0$.

3.3 Caracterização de máximos e mínimos locais

Vimos, na seção anterior, que o anulamento das derivadas primeiras de uma função $f(x, y)$ num ponto $P_0 = (x_0, y_0)$ é *condição necessária* para que f assuma um valor máximo ou mínimo em P_0. Em muitos problemas concretos uma inspeção direta permite verificar se o ponto crítico que está sendo considerado é de máximo ou de mínimo. Foi o que fizemos nos exemplos examinados há pouco. No entanto, é possível enunciar condições suficientes para que um ponto estacionário seja de máximo ou de mínimo. Aliás, tais condições são o análogo ao teste da derivada segunda para funções de uma variável.

Teorema. *Seja $z = f(x, y)$ uma função contínua, com derivadas contínuas até a terceira ordem, numa vizinhança $V_r(P_0)$, onde $P_0 = (x_0, y_0)$. Suponhamos que P_0 seja um ponto crítico, isto é, $f_x = f_y = 0$ nesse ponto. Então, se o discriminante $D = f_{xy}^2 - f_{xx}f_{yy}$ for negativo e $f_{xx} < 0$ no ponto P_0 (quando teremos também $f_{yy} < 0$), P_0 será ponto de máximo da função f; se $D < 0$ e $f_{xx} > 0$ em P_0 (quando teremos também $f_{yy} > 0$), então P_0 será ponto de mínimo. Ao contrário, se $D > 0$ em P_0, este será um ponto-sela da função f.*

Demonstração. A Fórmula de Taylor (3.3) (p. 78), escrita para $n = 2$, é válida em toda a vizinhança $V_r(P_0)$; ela se escreve na forma

$$\Delta f = f(x, y) - f(x_0, y_0) = \frac{1}{2}(h^2 f_{xx} + 2hk f_{xy} + k^2 f_{yy}) + R_2,$$

onde as derivadas f_{xx}, f_{xy} e f_{yy} são calculadas em P_0, e

$$x = x_0 + h, \quad y = y_0 + k, \quad \text{com} \quad h^2 + k^2 < r^2.$$

Introduzindo coordenadas polares ρ e θ, teremos

$$h = \rho\cos\theta, \quad k = \rho\,\text{sen}\,\theta, \quad 0 \le \rho < r, \quad 0 \le \theta \le 2\pi$$

e

$$\frac{2\Delta f}{\rho^2} = F(\theta) + \frac{2R_2}{\rho^2}, \tag{3.9}$$

onde

$$F(\theta) = f_{xx}\cos^2\theta + 2f_{xy}\cos\theta\,\text{sen}\,\theta + f_{yy}\,\text{sen}^2\theta$$

é uma função contínua de θ no intervalo $(0, 2\pi)$, sendo $F(0) = F(2\pi)$.

Como $R_2 = O(\rho^3)$, o último termo em (3.9) tende a zero com $\rho \to 0$. Por outro lado, como $F(\theta)$ é função contínua num intervalo fechado, ela assume valores máximo M e mínimo m. Quando esses valores são do mesmo sinal (como nos dois primeiros casos considerados a seguir), esse sinal prevalece no segundo membro de (3.9) para valores pequenos de ρ, e isso nos permite chegar ao resultado desejado. Começamos observando que podemos escrever $F(\theta)$ na forma

$$F(\theta) = \cos^2\theta(f_{yy}\,\text{tg}^2\,\theta + 2f_{xy}\,\text{tg}\,\theta + f_{xx}) \quad \text{se} \quad \theta \ne \pi/2,\ 3\pi/2;$$

e na forma

$$F(\theta) = \text{sen}^2\,\theta(f_{xx}\,\text{cotg}^2\,\theta + 2f_{xy}\,\text{cotg}\,\theta + f_{yy}) \quad \text{se} \quad \theta \ne 0,\ \pi,\ 2\pi.$$

Isso mostra que $F(\theta)$ é sempre diferente de zero se $D < 0$. Mais ainda, sendo $D < 0$, $F(\theta)$ tem sempre o sinal de f_{xx} e f_{yy}. Daí os três casos seguintes:

1º caso: $D = f_{xy}^2 - f_{xx}f_{yy} < 0$, $f_{xx} < 0$. Então $F(\theta)$ é sempre negativa e seu máximo M também será negativo. Daqui e de (3.9) segue-se que

$$\frac{2\Delta f}{\rho^2} \le M + \frac{2R_2}{\rho^2}.$$

Basta agora restringir ρ a um intervalo conveniente, $0 < \rho < r_1$, com $r_1 \leq r$, para que $2R_2/\rho^2$ seja menor que o número positivo $-M/2$. Então, para todo θ teremos

$$\frac{2\Delta f}{\rho^2} < M - \frac{M}{2} = \frac{M}{2} < 0,$$

isto é, $\Delta f < 0$ para $0 < \rho \leq r_1$ e $0 \leq \theta \leq 2\pi$. Concluímos, pois, que P_0 é um ponto de máximo.

2º caso: $D = f_{xy}^2 - f_{xx}f_{yy} < 0$, $f_{yy} > 0$. Dessa vez $F(\theta)$ é sempre positiva e seu mínimo m também será positivo; logo,

$$\frac{2\Delta f}{\rho^2} \geq m + \frac{2R_2}{\rho^2}.$$

Agora restringimos ρ a um intervalo $0 < \rho < r_2$, com $r_2 \leq r$ e tal que $2|R_2|/\rho^2$ seja menor que $m/2$. Então, para todo θ,

$$\frac{2\Delta f}{\rho^2} \geq m - \frac{2|R_2|}{\rho^2} > m - \frac{m}{2} = \frac{m}{2} > 0,$$

isto é, $\Delta f > 0$ para $0 < \rho \leq r_2$ e $0 \leq \theta \leq 2\pi$, donde concluímos que P_0 é ponto de mínimo.

3º caso: $D = f_{xy}^2 - f_{xx}f_{yy} > 0$. Neste caso a função $F(\theta)$ assume valores positivos e negativos no intervalo $0 \leq \theta \leq 2\pi$. Seja $\theta = \alpha$ tal que $F(\alpha) < 0$. Raciocinando como no 1º caso, verificamos que $\Delta f < 0$ para $\theta = \alpha$ e ρ num intervalo $0 < \rho \leq r_3$. Igualmente, sendo β um valor de θ tal que $F(\beta) > 0$, raciocinamos como no 2º caso e verificamos que $\Delta f > 0$ para $\theta = \beta$ e ρ num intervalo $0 < \rho < r_4$. Vemos assim que $F(\theta)$ muda de sinal com a variação de θ, donde P_0 será *ponto-sela* da função f. Isso completa a demonstração do teorema.

O teorema é omisso no caso em que o discriminante D se anula. Quando isso acontece, do ponto de vista puramente teórico é necessário fazer uma discussão mais longa, envolvendo derivadas terceiras da função f, para descobrir a natureza do ponto estacionário P_0. Na prática, muitas vezes já sabemos se o ponto vai ser de máximo ou de mínimo pela própria natureza do problema. Foi o que vimos no caso do Princípio de Fermat.

Exemplo 1. Podemos agora voltar a estudar a função $f(x, y) = xy(3 - x - y)$, já considerada no Exemplo 3 da seção anterior (p. 83) num domínio restrito. Vimos que, considerada em todo o plano, ela tem pontos críticos em $O = (0, 0)$, $P_1 = (3, 0)$, $P_2 = (0, 3)$ e $P_3 = (1, 1)$ (Fig. 3.3). Como

$$f_{xx} = -2y, \quad f_{xy} = 3 - 2x - 2y, \quad \text{e} \quad f_{yy} = -2x,$$

temos também

$$D = (3 - 2x - 2y)^2 - 4xy = 9 + 4(x^2 + y^2 + xy - 3x - 3y).$$

Nos pontos O, P_1 e P_2, $D > 0$; então, esses são pontos-sela da função. Em P_3, $D < 0$ e $f_{xx} < 0$; logo, P_3 é ponto de máximo, como já tínhamos visto antes.

A Fig. 3.7a ilustra o gráfico da superfície no domínio restrito $-1 \leq x \leq 4$, $-1 \leq y \leq 4$. Repare que o programa usou uma unidade bem menor na escala do eixo Oz para evitar que a superfície ocupasse muito espaço vertical. Isso sacrificou sobremaneira a aparência real da superfície, tornando impossível identificar os pontos críticos, muito menos distinguir quais os pontos-sela e qual o ponto de máximo. Mas não é o que acontece no gráfico da Fig. 3.7b; aqui utilizamos a mesma escala nos três eixos e cortamos a parte da superfície acima e abaixo de uma certa cota. Agora os três pontos-sela aparecem com toda clareza, o mesmo acontecendo com o ponto de máximo.

Observação. O exemplo anterior ilustra um ponto importante: os recursos gráficos via informática nem sempre são suficientes para se obter as informações desejadas. Como vimos, jamais descobriríamos os pontos críticos a partir do gráfico da Fig. 3.7a. E foi nosso conhecimento prévio da localização desses pontos que nos levou a construir a Fig. 3.7b. Os recursos matemáticos são essenciais e indispensáveis, até mesmo porque é com eles que se constroem os programas tão úteis na obtenção dos gráficos.

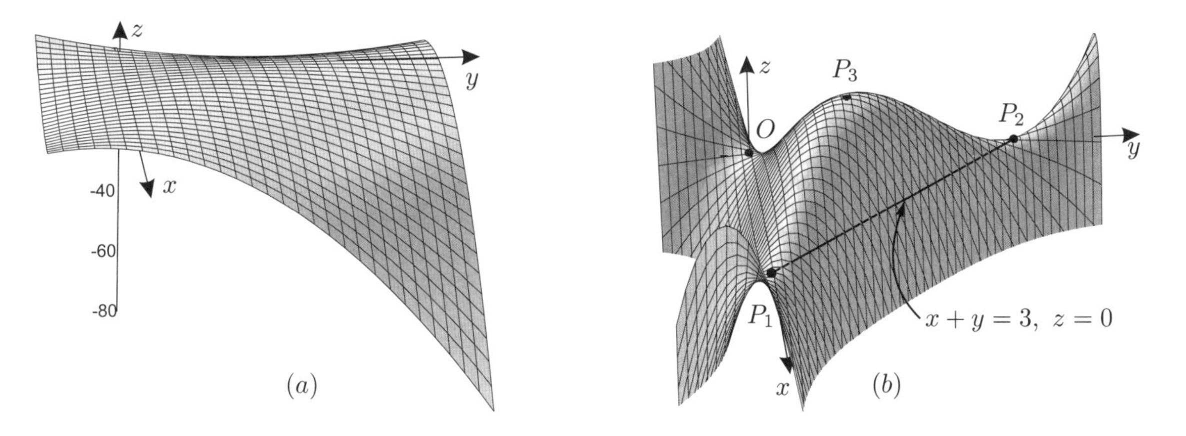

Figura 3.7

Exemplo 2. Vamos considerar a função

$$f(x,\, y) = (x-2)^2 y + y^2 - y$$

no domínio $D\colon x \geq 0,\ y \geq 0,\ x + y \leq 4$ (Fig. 3.8) para ilustrar uma sistemática geral na determinação de máximos e mínimos. Primeiro procuramos localizar os pontos críticos da função, resolvendo o sistema

$$\frac{\partial f}{\partial x} = 2y(x-2) = 0 \quad \text{e} \quad \frac{\partial f}{\partial y} = (x-2)^2 + 2y - 1 = 0.$$

Das soluções encontradas, $(1,\, 0)$, $(3,\, 0)$ e $(2,\, 1/2)$, só interessa considerar esta última, $P_1 = (2,\, 1/2)$, a única que é interna ao domínio D. Como, nesse ponto, $f_{xy}^2 - f_{xx}f_{yy} = -2 < 0$ e $f_{xx} > 0$, ele é um mínimo relativo, onde o valor da função é $-1/4$.

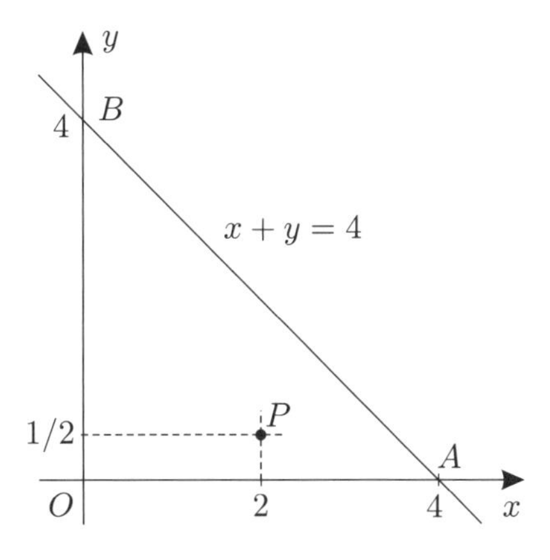

Figura 3.8

Devemos analisar agora o comportamento da função na fronteira de D. No segmento OA ($y = 0$ e $0 \leq x \leq 4$), f é sempre zero, de forma que todos os pontos de OA são de máximo e de mínimo para a função $f(x,\, 0)$. No segmento OB ($x = 0,\ 0 \leq y \leq 4$), f se reduz a $h(y) = y^2 + 3y$, que é estritamente crescente, possuindo um mínimo em $y = 0$ e um máximo em $y = 4$. Finalmente, no segmento AB ($x = 4 - y$), f se reduz a

$$F(y) = f(4-y,\, y) = y^3 - 3y^2 + 3y, \quad 0 \leq y \leq 4.$$

Observe que $F'(y) = 3(y-1)^2$ é sempre positiva, exceto para $y = 1$, onde ela se anula, de sorte que $F(y)$ é crescente no intervalo $0 \leq y \leq 4$, com valor mínimo zero em A e valor máximo 28 em B. Em conclusão, sobre a fronteira de D, f assume o valor mínimo zero em todos os pontos do segmento OA e o valor máximo 28 no ponto B.

Comparando os valores de f em OA, B e P, isto é, zero, 28 e $-1/4$, respectivamente, vemos que essa função assume o valor mínimo $-1/4$ no ponto interno P e o máximo 28 num ponto da fronteira.

Exercícios

Nos Exercícios 1 a 16, determine os pontos estacionários das funções dadas e verifique os que são de máximo, de mínimo ou pontos-sela. Calcule os extremos das funções, quando estes existirem.

1. $z = xy(x + y - 1)$.

2. $z = x^2 - y^2$

3. $z = x^2 - xy + y^2$.

4. $z = x^3 - xy + y^2$.

5. $z = x^2 - xy + y^2 - 6y$.

6. $z = x^2 + 27y - y^3$.

7. $z = -x^3 + y^3 + x^2 + y^2$.

8. $z = x^2y^2 + 2(x - y)$.

9. $z = x^2(x - 1) + y(2x - y)$.

10. $z = x^5 + (y - 3x)^2$.

11. $z = \dfrac{V}{x} + \dfrac{V}{y} + xy, \quad V > 0$.

12. $z = \dfrac{1}{x^2} + \dfrac{4}{y^2} + xy$.

13. $z = y \operatorname{sen} x$.

14. $z = e^x + e^y - e^{x+y}$.

15. $z = \operatorname{sen} x + \operatorname{sen} y, \quad 0 \leq x \leq 2\pi, \quad 0 \leq y \leq 2\pi$.

16. $z = x \operatorname{sen} y + y$.

17. Ache as dimensões de uma caixa sem tampa, na forma de um paralelepípedo retângulo, de maneira que ela tenha um dado volume V e área mínima.

Ache o máximo e o mínimo de cada uma das funções dadas nos Exercícios 18 e 19.

18. $z = x^2 + y^2 - xy - y, \quad |x| \leq 1, \ |y| \leq 1$.

19. $z = 8x^3 - 3xy + y^3, \quad 0 \leq x \leq 1, \ 0 \leq y \leq 1$.

20. Ache o maior valor da função $z = \ln xy - 2x - 3y$ no quadrante $x > 0$, $y > 0$ e mostre que ela não tem mínimo.

Respostas e sugestões

1. $P_0 = (0, 0)$, $P_1 = (1/3, 1/3)$, $P_2 = (0, 1)$ e $P_3 = (1, 0)$ são os pontos estacionários, dos quais P_0, P_2 e P_3 são pontos-sela e P_1 é ponto de mínimo local. A função não tem máximo nem mínimo absolutos, o que pode ser verificado pondo $y = x$ e fazendo $x \to \pm\infty$.

3. $P_0 = (0, 0)$ é o único ponto estacionário, o qual é ponto de mínimo e $f(P_0) = 0$ é o valor mínimo. A função não tem máximo.

5. $P_0 = (2, 4)$ é o único ponto crítico, o qual é ponto de mínimo. A função não tem máximo.

7. Os pontos estacionários são: $P_0 = (0, 0)$, ponto de mínimo local; $P_1 = (0, -2/3)$ e $P_2 = (2/3, 0)$, pontos-sela; $P_3 = (2/3, -2/3)$, ponto de máximo local. A função não tem máximo nem mínimo (relativos ou absolutos).

9. $P_0 = (0, 0)$ é ponto de máximo, $(2/3, 2/3)$ é ponto-sela.

11. $P_0 = (\sqrt[3]{V}, \sqrt[3]{V})$ é ponto de mínimo relativo. A função não tem máximo nem mínimo absolutos.

13. Os pontos estacionários são os pontos $P_k = (k\pi, 0)$ onde k é inteiro, e todos são pontos-sela.

15. Os pontos estacionários são $P_1 = (\pi/2, \pi/2)$, $P_2 = (\pi/2, 3\pi/2)$, $P_3 = (3\pi/2, \pi/2)$ e $P_4 = (3\pi/2, 3\pi/2)$. P_2 e P_3 são pontos-sela; P_1 é ponto de máximo (relativo e absoluto), com $z(P_1) = 2$; P_4 é ponto de mínimo (relativo e absoluto), com $z(P_4) = -2$. O gráfico da função está ilustrado, em duas posições distintas, na Fig. 3.9.

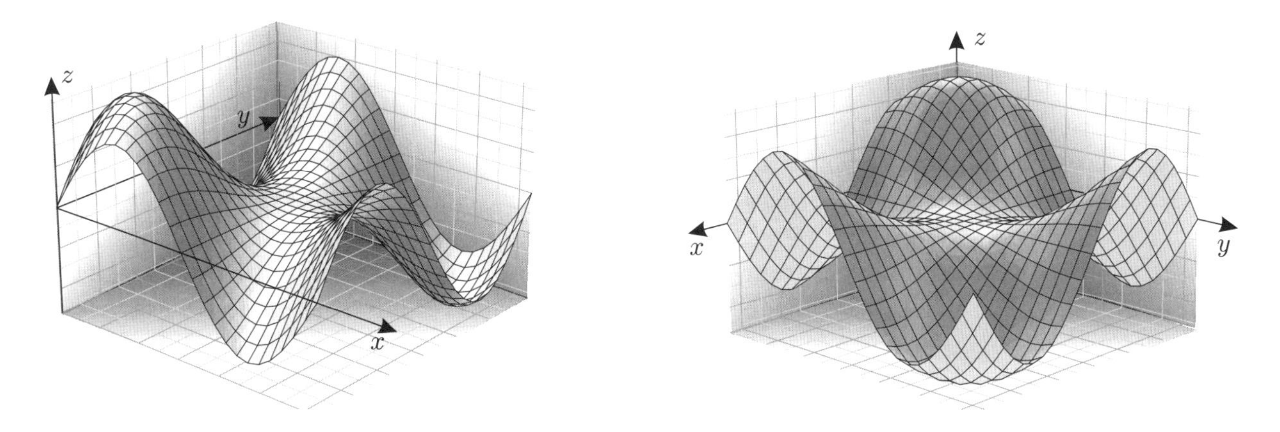

Figura 3.9

17. $z = V/xy$. $z_x = z_y = 0$ resultam em $x^2y = xy^2 = 2V$, donde $x = y = \sqrt[3]{2V} = 2z$. Verifique que $D = -3 < 0$ e $z_{xx} > 0$ nesse ponto $(\sqrt[3]{2V}, \sqrt[3]{2V})$.

19. $z_x = z_y = 0 \Rightarrow y = 8x^2$ e $x = y^2$, donde as soluções $(0, 0)$ e $(1/4, 1/2)$. Verifique que este último ponto é realmente de mínimo, cujo valor é $-1/2$. O ponto $(0, 0)$ já está na fronteira do domínio da função; fosse ponto interior e seria ponto-sela. Para achar o máximo é necessário estudar a função $z = z(x, y)$ na fronteira, isto é, $z(x, 0)$ e $z(x, 1)$ em $0 \leq x \leq 1$, depois $z(0, y)$ e $z(1, y)$ em $0 \leq y \leq 1$. Vê-se que o máximo é 8 e é assumido no ponto $(1, 0)$.

3.4 Método dos multiplicadores de Lagrange

Em muitas aplicações o problema de achar os extremos de uma função apresenta-se sujeito a certas condições nas variáveis independentes. Por exemplo, para achar a distância mínima de um ponto de uma dada superfície $g(x, y, z) = 0$ à origem devemos minimizar a função $f(x, y, z) = x^2 + y^2 + z^2$, sujeita à condição $g(x, y, z) = 0$. Uma condição como esta costuma ser chamada *vínculo*, e o problema correspondente é um problema de *extremos vinculados* ou *extremos condicionados.*

É concebível que a equação $g(x, y, z) = 0$ no problema acima possa ser resolvida em relação a z. Isso nos daria z como função de x e y, que, substituída em f, produziria uma função das variáveis x e y:

$$f(x, y, z) = f(x, y, z(x, y)) = F(x, y).$$

Dessa maneira o problema ficaria reduzido a minimizar a função F sem qualquer condição adicional. Seria um problema comum de extremos, como os problemas tratados anteriormente. É claro que poderíamos também usar a equação $g = 0$ para eliminar, não a variável z, mas a variável x ou a variável y.

Entretanto, a eliminação de variáveis nem sempre é possível na prática. Além disso, essa eliminação leva-nos necessariamente a dar preferência a uma das variáveis, introduzindo certa assimetria no problema. Portanto, razões de ordem prática e estética justificam a procura de um novo método de resolver problemas de extremos condicionados. Mas não é só isso: existem razões de ordem teórica que são as que melhor justificam o engenhoso *método dos multiplicadores de Lagrange*, que exporemos a seguir.

Explicando o método de Lagrange

Começamos lembrando o que vimos antes: para que uma função diferenciável $f(x, y)$ tenha valor estacionário (máximo, mínimo ou ponto-sela) num certo ponto é necessário que suas derivadas de primeira ordem se anulem nesse ponto. O mesmo é verdade de uma função de três ou mais variáveis independentes. Mas, se as derivadas de primeira ordem de uma função $f(x_1, x_2, \ldots, x_n)$ se anulam num ponto P_0, sua diferencial também se anula nesse ponto:

$$df = \frac{\partial f}{\partial x_1}dx_1 + \frac{\partial f}{\partial x_2}dx_2 + \ldots + \frac{\partial f}{\partial x_n}dx_n = 0.$$

Reciprocamente, se essa diferencial se anula no ponto P_0, o mesmo deve ocorrer com suas derivadas parciais. De fato, como as variáveis independentes são dx_1, $dx_2, \ldots$, dx_n, fazendo $dx_1 = 1$, $dx_2 = \ldots = dx_n = 0$, obtemos $\partial f/\partial x_1 = 0$; fazendo $dx_2 = 1$, $dx_1 = dx_3 = \ldots = dx_n = 0$, obtemos $\partial f/\partial x_2 = 0$; e assim por diante.

Vamos agora expor o método de Lagrange, considerando o problema de achar os valores estacionários de uma função $f(x, y, z)$, sujeita ao vínculo $g(x, y, z) = 0$. Observe que essa equação inter-relaciona as variáveis x, y e z, de forma que, como já dissemos antes, uma delas pode ser considerada função das outras duas. Vamos supor, para fixar as idéias, que $z = z(x, y)$. Então, x e y são independentes e

$$g(x, y, z) = g(x, y, z(x, y)) = G(x, y) = 0,$$

donde segue-se que

$$dg = \frac{\partial g}{\partial x}dx + \frac{\partial g}{\partial y}dy + \frac{\partial g}{\partial z}dz = \frac{\partial G}{\partial x}dx + \frac{\partial G}{\partial y}dy = 0. \tag{3.10}$$

Nessa equação, somente dx e dy são variáveis independentes, ao passo que

$$dz = \frac{\partial z}{\partial x}dx + \frac{\partial z}{\partial y}dy.$$

Então, embora dg seja zero, isso não é mais equivalente a $\partial g/\partial x = \partial g/\partial y = \partial g/\partial z = 0$. O que é verdade é que

$$\frac{\partial G}{\partial x} = \frac{\partial g}{\partial x} + \frac{\partial g}{\partial z}\frac{\partial z}{\partial x} = 0 \quad \text{e} \quad \frac{\partial G}{\partial y} = \frac{\partial g}{\partial y}\frac{\partial z}{\partial y} = 0.$$

Analogamente, como desejamos achar um valor estacionário de f, podemos escrever

$$df = \frac{\partial f}{\partial x}dx + \frac{\partial f}{\partial y}dy + \frac{\partial f}{\partial z}dz = 0, \tag{3.11}$$

entendendo, como no caso de g, que as variáveis x, y e z são interdependentes. Vamos agora multiplicar a Eq. (3.10) por um parâmetro λ e subtraí-la da Eq. (3.11). Obtemos

$$\left(\frac{\partial f}{\partial x} - \lambda\frac{\partial g}{\partial x}\right)dx + \left(\frac{\partial f}{\partial y} - \lambda\frac{\partial g}{\partial y}\right) + \left(\frac{\partial f}{\partial z} - \lambda\frac{\partial g}{\partial z}\right)dz = 0.$$

Supondo que $\partial g/\partial z \neq 0$ no ponto onde f é estacionária, podemos escolher λ de forma que o coeficiente de dz seja zero:

$$\frac{\partial f}{\partial z} - \lambda\frac{\partial g}{\partial z} = 0 \tag{3.12}$$

e a equação anterior se reduz a

$$\left(\frac{\partial f}{\partial x} - \lambda\frac{\partial g}{\partial x}\right)dx + \left(\frac{\partial f}{\partial y} - \lambda\frac{\partial f}{\partial y}\right)dy = 0.$$

Como dx e dy são variáveis independentes, dessa equação concluímos que

$$\frac{\partial f}{\partial x} - \lambda\frac{\partial g}{\partial x} = 0 \quad \text{e} \quad \frac{\partial f}{\partial y} - \lambda\frac{\partial g}{\partial y} = 0. \tag{3.13}$$

As Eqs. (3.12) e (3.13), juntamente com a equação $g(x,\, y,\, z) = 0$, formam um sistema de quatro equações nas incógnitas x, y, z e λ. Basta resolver esse sistema para encontrar o ponto estacionário $(x,\, y,\, z)$ e o *multiplicador de Lagrange* λ. O método de Lagrange consiste, pois, no seguinte: *para achar um ponto estacionário de uma função $f(x,\, y,\, z)$, sujeito a um vínculo $g(x,\, y,\, z) = 0$, formamos a função*

$$F(x,\, y,\, z,\, \lambda) = f(x,\, y,\, z) - \lambda g(x,\, y,\, z)$$

e procuramos seus pontos estacionários $(x,\, y,\, z,\, \lambda)$. Para isso devemos resolver o sistema de equações $F_x = F_y = F_x = F = 0$, ou seja,

$$\begin{aligned} &\frac{\partial f}{\partial x} - \lambda \frac{\partial g}{\partial x} = 0, \qquad \frac{\partial f}{\partial y} - \lambda \frac{\partial g}{\partial y} = 0 \\ &\frac{\partial f}{\partial z} - \lambda \frac{\partial g}{\partial z} = 0, \qquad g(x, y, z) = 0. \end{aligned} \tag{3.14}$$

Repare que para chegar a esse resultado, embora tivéssemos que supor $\partial g/\partial z \neq 0$, o sistema (3.14) é simétrico nas variáveis x, y e z. Teríamos chegado a esse mesmo resultado se tivéssemos suposto $\partial g/\partial y \neq 0$ e resolvido a equação $g = 0$ em y; ou, ainda, se tivéssemos suposto $\partial g/\partial x \neq 0$ e tirado $x = x(y,\, z)$ de $g = 0$. O importante, para a validade do método, é que uma das derivadas $\partial g/\partial x$, $\partial g/\partial y$ e $\partial g/\partial z$ seja diferente de zero no ponto estacionário de f.

Significado geométrico

As Eqs. (3.14) têm uma interpretação geométrica interessante, que passamos a descrever. Repare que a equação $f(x,\, y,\, z) = k$ descreve uma superfície para cada valor do parâmetro k. Considerando diferentes valores de k, obtemos toda uma família de superfícies que cobrem uma certa região do espaço (Fig. 3.10). O problema de achar o máximo ou o mínimo de f, com a condição $g = 0$, consiste em achar, entre as superfícies da família $f = k$ que cortam a superfície $g = 0$, aquela que corresponde ao maior ou ao menor valor de k, respectivamente. Vamos imaginar um ponto P deslocando-se sobre a superfície $g = 0$, de maneira a cruzar as superfícies da família $f = k$ no sentido de k sempre crescente ou sempre decrescente. É concebível, como sugere a Fig. 3.10, que possamos atingir um ponto P_0 onde o sentido crescente ou decrescente muda para decrescente ou crescente, respectivamente. Quando isso ocorrer as superfícies $f = k$ e $g = 0$ se tocarão tangencialmente, tendo a mesma reta normal em P_0, isto é, os vetores $\operatorname{grad} f$ e $\operatorname{grad} g$ terão a mesma direção em P_0. Mas é precisamente isso que exprimem as três primeiras equações em (3.14):

$$\left(\frac{\partial f}{\partial x}, \frac{\partial f}{\partial y}, \frac{\partial f}{\partial z}\right) = \lambda \left(\frac{\partial g}{\partial x}, \frac{\partial g}{\partial y}, \frac{\partial g}{\partial z}\right).$$

Observe que essa mesma relação deve ocorrer num ponto-sela, como ilustra a Fig. 3.11.

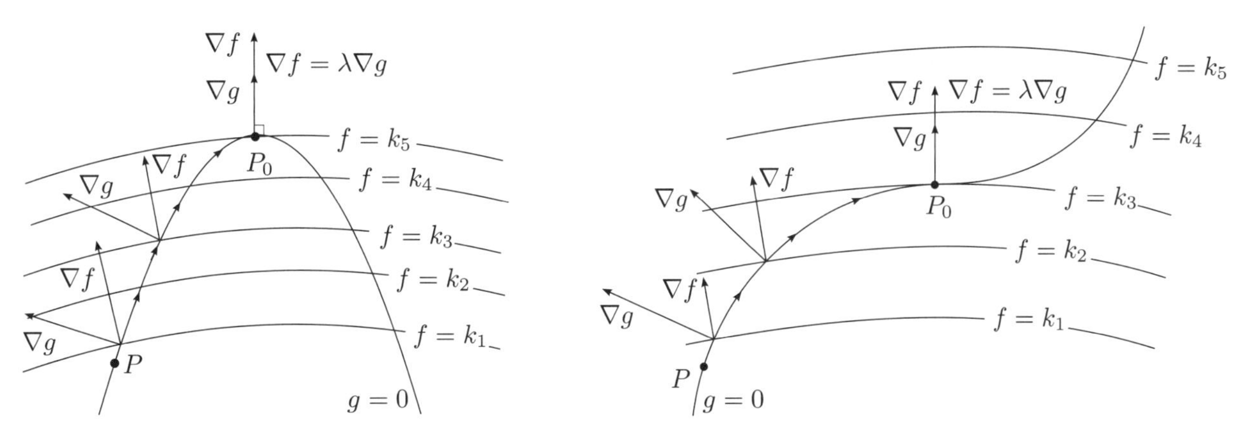

Figura 3.10

Figura 3.11

Convém notar, explicitamente, que o método de Lagrange, que descrevemos no caso de três variáveis independentes, se estende, de maneira óbvia, a um número qualquer de variáveis.

Exemplo 1. Vamos determinar o paralelepípedo retângulo de maior volume cujos vértices jazem no elipsóide de equação

$$\frac{x^2}{a^2} + \frac{y^2}{b^2} + \frac{z^2}{c^2} = 1. \tag{3.15}$$

Seja $(x,\, y,\, z)$ o vértice do paralelepípedo no primeiro octante, de forma que suas arestas medem $2x$, $2y$ e $2z$, respectivamente, e seu volume é $V = 8xyz$. Para maximizar essa função, sujeita ao vínculo (3.15), formamos a função

$$F = 8xyz - \lambda\left(\frac{x^2}{a^2} + \frac{y^2}{b^2} + \frac{z^2}{c^2} - 1\right)$$

e igualamos a zero suas derivadas em relação a x, y, z, λ. Assim, obtemos as equações

$$4yz - \frac{\lambda x}{a^2} = 0, \quad 4xz - \frac{\lambda y}{b^2} = 0, \quad 4xy - \frac{\lambda z}{c^2} = 0 \tag{3.16}$$

e a Eq. (3.15). Para resolvê-las, multiplicamos as Eqs. (3.16) por x, y e z, respectivamente, efetuamos sua soma e usamos a Eq. (3.15). Obtemos $\lambda = 12xyz$. Substituindo esse valor em (3.16) resulta

$$yz(a^2 - 3x^2) = 0, \quad xz(b^2 - 3y^2) = 0, \quad xy(c^2 - 3z^2) = 0.$$

Como x, y e z devem ser positivos, a solução do problema é

$$x = \frac{a}{\sqrt{3}}, \quad y = \frac{b}{\sqrt{3}}, \quad z = \frac{c}{\sqrt{3}}, \quad \lambda = \frac{4abc}{\sqrt{3}}.$$

Então, o paralelepípedo procurado tem arestas $2a/\sqrt{3}$, $2b/\sqrt{3}$, $2c/\sqrt{3}$ e volume $V = 8abc/3\sqrt{3}$.

Exemplo 2. Vamos achar a menor distância da origem à curva $y = x^3 + 1$. Trata-se de minimizar a função

$$f(x,\, y) = x^2 + y^2,$$

sujeita ao vínculo

$$g(x,\, y) = y - x^3 - 1 = 0.$$

Igualando a zero as derivadas da função

$$F(x,\, y,\, \lambda) = x^2 + y^2 - \lambda(y - x^3 - 1),$$

obtemos as equações

$$2x + 3yx^2 = 0, \quad 2y - \lambda = 0, \quad y - x^3 - 1 = 0, \tag{3.17}$$

que têm três soluções: primeiro temos a solução $P_0 = (x,\, y,\, \lambda) = (0,\, 1,\, 2)$. Em seguida, supondo $x \neq 0$ e eliminando λ e y em (3.17), obtemos a equação

$$h(x) = 3x^4 + 3x + 1 = 0. \tag{3.18}$$

Essa equação tem duas soluções reais negativas. Para vermos isso observamos que $h(-1) = h(0) = 1$ e $h'(x) = 12x^3 + 3$ se anula em $x_0 = -1/\sqrt[3]{4}$, sendo negativa à esquerda desse ponto e positiva à direita. Além disso, $h(x_0) < 0$, de sorte que o gráfico de $h(x)$ tem o aspecto ilustrado na Fig. (3.12), com zeros em x_1 e x_2 tais que $-1 < x_1 < x_0 < x_2 < 0$. Em correspondência a essas soluções x_1 e x_2 da Eq. (3.18), obtemos duas soluções das Eqs. (3.17). Observando atentamente a curva $g = 0$ (Fig. 3.13), vemos que a solução proveniente de x_1 corresponde ao mínimo procurado, ao passo que a solução proveniente de x_2 corresponde a um máximo relativo da função f. O ponto $(0,\, 1)$ corresponde a outro mínimo, desta vez apenas relativo.

Portanto, a menor distância procurada é a distância da origem ao ponto (x_1, y_1), inferior a 1.

Observe que podemos também resolver esse problema diretamente, usando $g = 0$ para eliminar y em $f = 0$. Isso nos deixaria com a tarefa de achar os valores estacionários de $f(x, y(x)) = x^2 + (x^3 + 1)^2$. Teríamos de encontrar as raízes da derivada dessa última função, que é precisamente o problema de achar as raízes da Eq. (3.18).

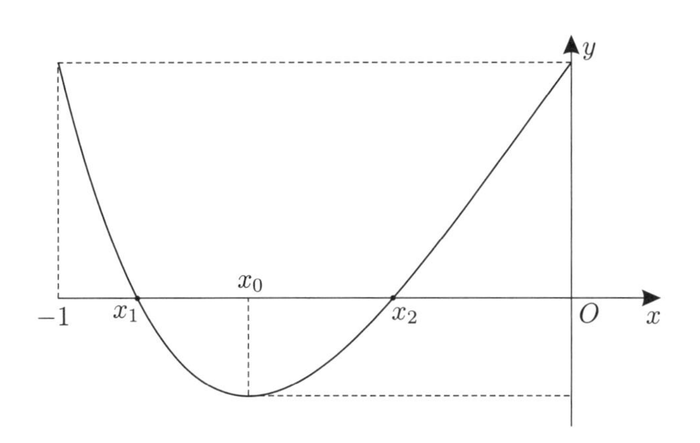

Figura 3.12

Figura 3.13

É interessante observar ainda que minimizar a distância $f(x, y) = x^2 + y^2$ sujeita à condição $g = y - x^3 - 1 = 0$ equivale a encontrar a cota mínima do parabolóide $z = x^2 + y^2$ quando o ponto (x, y) percorre a curva $y = x^3 + 1$. Isso está ilustrado na Fig. 3.14, que exibe duas posições do parabolóide, sobre o qual aparece a curva gerada pelas cotas correspondentes aos pontos da curva $y = x^3 + 1$. O comprimento PQ é a solução do problema, enquanto P_1Q_1 é o máximo relativo e P_2Q_2 o outro mínimo (apenas relativo).

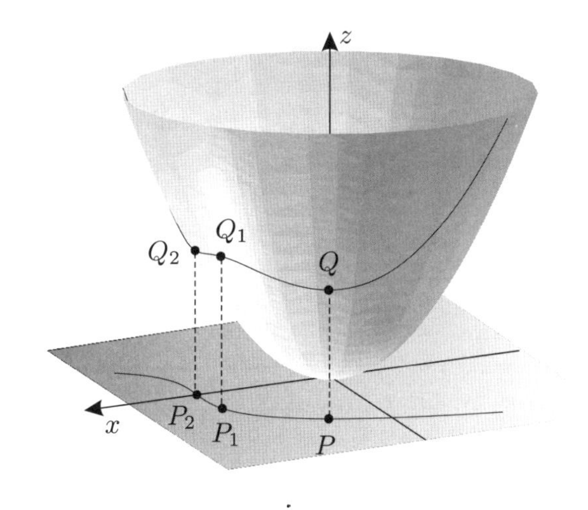

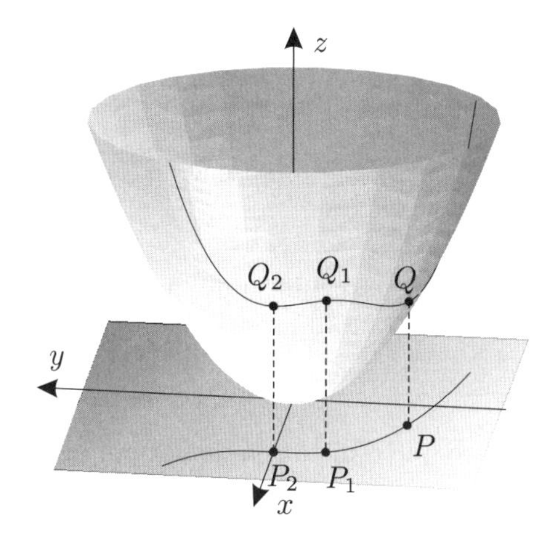

Figura 3.14

Exemplo 3. Para calcular a distância mínima da origem à curva

$$g(x, y) = (1 - x)^3 + y^2 = 0, \quad x \geq 1,$$

devemos minimizar a função $f(x, y) = x^2 + y^2$, sujeita à condição $g = 0$. Formando a função

$$F(x, y, \lambda) = x^2 + y^2 - \lambda[(1 - x)^3 + y^2]$$

e igualando a zero suas derivadas, obtemos as equações

$$2x + 3\lambda(1 - x) = 0, \quad y - \lambda y = 0, \quad (1 - x)^3 + y^2 = 0. \tag{3.19}$$

Pela segunda dessas equações, $y = 0$ ou $\lambda = 1$. Se $y = 0$, a terceira equação nos dá $x = 1$ e a primeira se reduz a $2 = 0$, que é um absurdo. Se $\lambda = 1$, a primeira equação não tem solução real em x. Vemos assim que as Eqs. (3.19) não têm solução. No entanto, o problema original tem solução com $x = 1$ e $y = 0$ (Fig. 3.15). O método de Lagrange não funciona nesse caso porque as derivadas de g se anulam no ponto (1, 0) que dá a solução do problema. Como vimos, o método requer que ao menos uma das derivadas de g não se anule no ponto-solução.

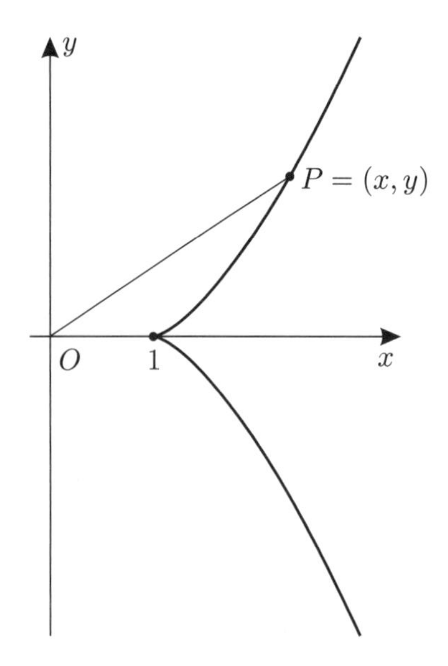

Figura 3.15

Exercícios

Resolva cada um dos Exercícios 1 a 11 pelo método de Lagrange.

1. Ache o máximo e o mínimo da função $f(x, y, z) = x + y + z$ sobre a esfera $x^2 + y^2 + z^2 = 1$ e interprete o resultado geometricamente.

2. Mostre que a distância de um ponto (x_0, y_0) a uma reta $ax + by + c = 0$ é $\dfrac{|ax_0 + by_0 + c|}{\sqrt{a^2 + b^2}}$.

3. Ache as distâncias mínima e máxima da elipse $x^2 + 4y^2 = 16$ à reta $y = x - 10$.

4. Mostre que a distância de um ponto (x_0, y_0, z_0) a um plano $ax + by + cz + d = 0$ é $\dfrac{|ax_0 + by_0 + cz_0 + d|}{\sqrt{a^2 + b^2 + c^2}}$.

5. Calcule a distância da superfície $z = x^2 + y^2 + 10$ ao plano $3x + 2y - 6z - 6 = 0$.

6. Dado um ponto $P_0 = (x_0, y_0, z_0)$ e uma superfície $g(x, y, z) = 0$, mostre que o ponto $P = (x, y, z)$ da superfície que faz estacionário o quadrado da distância de P a P_0 é tal que a direção $\overrightarrow{P_0P}$ coincide com a direção do gradiente de g em P. Interprete esse resultado geometricamente.

7. Mostre que de todos os triângulos com a mesma área A, o de menor perímetro é o triângulo equilátero.

8. Mostre que de todos os triângulos com o mesmo perímetro $2p$, o de maior área é o triângulo equilátero.

9. Mostre que de todos os paralelepípedos retângulos com o mesmo volume V, o de menor área é o cubo.

10. Mostre que de todos os paralelepípedos retângulos com a mesma área A, o de maior volume é o cubo.

11. Mostre que se (x, y, z) é um ponto do plano $x + y + z = d > 0$, o produto xyz atinge seu maior valor quando $x = y = z = d/3$.

Respostas e sugestões

1. O máximo e o mínimo são, respectivamente,

$$f\Big(\frac{\sqrt{3}}{3},\, \frac{\sqrt{3}}{3},\, \frac{\sqrt{3}}{3}\Big) = \sqrt{3} \quad \text{e} \quad f\Big(-\frac{\sqrt{3}}{3},\, -\frac{\sqrt{3}}{3},\, -\frac{\sqrt{3}}{3}\Big) = -\sqrt{3}.$$

Geometricamente, o problema pode ser reformulado da seguinte maneira: "determinar o valor de k (no caso, os valores), para o qual o plano de equação $x + y + z = k$ seja tangente à esfera $x^2 + y^2 + z^2 = 1$".

2. Considere a função

$$F(x,\, y,\, z,\, \lambda) = (x - x_0)^2 + (y - y_0)^2 - \lambda(ax + by + c).$$

De $F_x = 0$ e $F_y = 0$ obtêm-se $x - x_0 = \lambda a/2$ e $y - y_0 = \lambda a/2$. Substituindo esses valores em $F_\lambda = 0$ na forma $a(x - x_0) + b(y - y_0) = -(ax_0 + by_0 + c)$, encontra-se λ em termos dos dados do problema. Esse valor de λ deve ser levado nas fórmulas anteriores de $x - x_0$ e $y - y_0$, e estes na fórmula da distância para se obter o resultado desejado.

3. Ache primeiro os pontos da elipse onde as retas tangentes são paralelas à reta $y = x - 10$, quais sejam, $(\pm 8/\sqrt{5},\, \mp 2/\sqrt{5})$. Em seguida aplique o resultado do exercício anterior.

4. Proceda como no Exercício 2, só que agora tem-se de lidar com três variáveis independentes.

5. Proceda como no Exercício 3.

7. Pela fórmula de Heron para a área de um triângulo, $A^2 = p(p - x)(p - y)(p - z)$, onde $2p$ é o perímetro e $x,\, y,\, z$ são os lados do triângulo.

3.5 Extensão do método dos multiplicadores de Lagrange

O método dos multiplicadores de Lagrange se estende a funções de várias variáveis e aos casos em que vários vínculos devem ser considerados simultaneamente. Nosso objetivo aqui não é fazer um estudo detalhado dessa extensão, mas apenas indicar o procedimento geral do método de Lagrange.

Consideremos uma função $f(x_1, \ldots,\, x_n)$, cujos pontos estacionários se deseja encontrar, sujeitos a r vínculos $(r < n)$ dados pelas equações

$$g_1(x_1, \ldots,\, x_n) = 0, \quad g_2(x_1, \ldots,\, x_0) = 0, \quad \ldots, \quad g_r(x_1, \ldots,\, x_n) = 0.$$

Para isso introduzimos os parâmetros $\lambda_1, \ldots, \lambda_r$, e formamos a função de $n + r$ variáveis,

$$F(x_1, \ldots,\, x_n;\, \lambda_1, \ldots,\, \lambda_r) = f - \lambda_1 g_1 - \ldots - \lambda_r g_r.$$

Em seguida determinamos seus pontos estacionários, resolvendo as $n + r$ equações

$$\frac{\partial F}{\partial x_i} = 0, \; i = 1, \ldots,\, n; \quad g_j = 0, \; j = 1, \ldots,\, r.$$

Devemos notar que a aplicabilidade prática desse método depende da possibilidade de se determinarem os multiplicadores λ_i. Não podemos deixar de observar que o método de Lagrange tem grande importância teórica. Foi graças a esse método que Lagrange pôde criar uma nova formulação da Mecânica Clássica num contexto puramente analítico, dando origem à chamada Mecânica Analítica. Mais de um século após a morte de Lagrange, essa formulação, estendida por Hamilton ainda no século XIX, seria decisiva para a formulação matemática da Mecânica Quântica nos anos 20 do século passado.

Capítulo 4

Funções implícitas e transformações

4.1 Funções implícitas de uma variável

Vamos iniciar este capítulo com uma recordação das funções implícitas, já consideradas no Cálculo 1.

O leitor já está bastante familiarizado com a idéia de uma curva dada como gráfico de uma função explícita $y = f(x)$. Mais geralmente, a equação de uma curva no plano é dada implicitamente na forma $F(x, y) = 0$. Por exemplo, as equações

$$2x - 3y + 1 = 0, \quad x^2 + y^2 - 9 = 0 \quad \text{e} \quad 3x^2 - 2y^2 - 12 = 0$$

representam uma reta, uma circunferência e uma hipérbole, respectivamente. Elas são relativamente simples, podendo ser resolvidas em relação a y, o que resulta na definição de uma ou mais funções, em cada caso:

$$y = \frac{2x+1}{3}, \quad y = \pm\sqrt{9 - x^2} \quad \text{e} \quad y = \pm\sqrt{\frac{3x^2 - 12}{2}},$$

respectivamente. Às vezes é difícil, ou mesmo impossível, explicitar y, e fácil resolver a equação em relação a x, como ocorre no seguinte exemplo:

$$4y^3 + x(y^2 + 1)e^y \cos y - \operatorname{sen}\, y = 0,$$

donde se obtém

$$x = \frac{\operatorname{sen}\, y - 4y^3}{(y^2 + 1)e^y \cos y}.$$

O caso mais geral é aquele em que não se pode resolver a equação em relação a y nem em relação a x; o exemplo seguinte ilustra essa situação.

$$F(x, y) = \log xy + \sqrt{x^2 + y^2 - 1} - 1 = 0. \tag{4.1}$$

Muitas vezes, ainda é possível interpretar y como função de x ou x como função de y em equações como essa. Assim, é fácil ver que $x = 1$ e $y = 1$ constituem uma solução da Eq. (4.1), sendo de se imaginar que para x próximo de 1 exista, em correspondência, um único valor y, tal que $F(x, y) = 0$ em (4.1). E dessa maneira y resulta função de x, definida *implicitamente* pela equação $F(x, y) = 0$.

Convém observar, entretanto, que nem toda equação define y como função de x ou x como função de y. E é fácil exibir exemplos de equações sem qualquer solução, como $x^2 + y^2 + 1 = 0$; ou equações com soluções isoladas, como $x^2 + y^2 = 0$, cuja única solução é $x = 0$ e $y = 0$.

Visualização geométrica

Queremos encontrar condições que garantam que a equação $F(x, y) = 0$ tenha soluções e defina uma de suas variáveis como função da outra. Para isso, algumas considerações geométricas ajudam muito. Começamos observando que as possíveis soluções y dessa equação são os pontos de interseção da superfície $z = F(x, y)$ com o plano $z = 0$, ou plano Oxy. É claro, então, que só nos interessa considerar o caso em que a superfície $z = F(x, y)$ e o plano $z = 0$ se tocam em pelo menos um ponto, digamos, $P_0 = (x_0, y_0)$, de sorte que $F(x_0, y_0) = 0$. Se nesse ponto o plano tangente à superfície $z = F(x, y)$ coincidir com o plano $z = 0$, pode acontecer que P_0 seja o único ponto da interseção da superfície com esse plano, não sendo então possível obter uma das variáveis x ou y como função da outra. Isso é o que acontece no caso do parabolóide $z = x^2 + y^2$, no ponto $P_0 = (0, 0)$ (Fig. 4.1a). Como o vetor $(F_x, F_y, -1)$ é normal ao plano tangente, essa situação ocorre quando esse vetor tem a direção do eixo Oz, isto é, quando $F_x = F_y = 0$ em P_0.

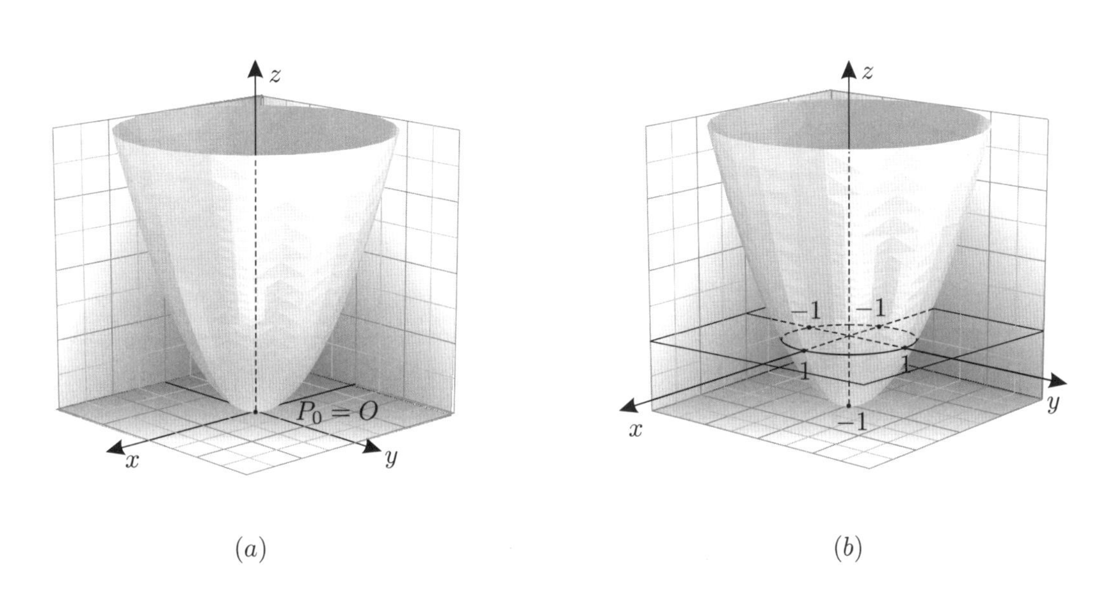

Figura 4.1

Ao contrário, se o plano tangente à referida superfície no ponto P_0 for inclinado em relação ao plano $z = 0$, é fácil entender que essa superfície deve cortar esse plano ao longo de toda uma curva por P_0. De fato, numa pequena vizinhança de P_0 a superfície pode ser aproximada pelo plano tangente, desde que $F(x, y)$ seja diferenciável; e como esse plano corta o plano $z = 0$, o mesmo deve ocorrer com a superfície. Mas dizer que o plano tangente é inclinado em relação ao plano $z = 0$ equivale a dizer que F_x e F_y não podem se anular simultaneamente em P_0, isto é, devemos ter $F_x \neq 0$ ou $F_y \neq 0$ no ponto P_0. Isso é o que acontece com o parabolóide $z = x^2 + y^2 - 1$, que corta o plano Oxy na circunferência $x^2 + y^2 = 1$ (Fig. 4.1b). Nessas condições, a equação $F(x, y) = 0$ define uma das variáveis como função da outra em toda uma vizinhança de P_0. Mais precisamente, vale o teorema que enunciamos a seguir.

Teorema (da função implícita). *Seja $F(x, y)$ uma função com derivadas F_x e F_y contínuas num domínio aberto D. Suponhamos que F se anule num ponto $P_0 = (x_0, y_0)$ de D, onde $F_y \neq 0$. Então existe um retângulo*

$$R\colon\ x_0 - \delta < x < x_0 + \delta, \quad y_0 - \mu < y < y_0 + \mu,$$

todo contido em D, e uma única função f, com domínio

$$V_\delta = \{x\colon\ x_0 - \delta < x < x_0 + \delta\},$$

tal que $(x, f(x)) \in R$ *e* $F(x, f(x)) = 0$ *para todo* $x \in V_\delta$. *Além disso,* f *é derivável e*

$$f'(x) = -\frac{F_x}{F_y}\cdot \tag{4.2}$$

A demonstração desse teorema pertence mais propriamente a um curso de Análise, por exigir propriedades topológicas da reta que não estão à nossa disposição, razão pela qual não será feita aqui. No entanto, é oportuno interpretar geometricamente a condição $F_y \neq 0$. Para isso, sejam α e β os ângulos que a tangente faz com os eixos Ox e Oy, respectivamente. De acordo com (4.2), $-F_x = \operatorname{sen}\alpha = \cos\beta$ e $F_y = \cos\alpha$, ou seja, $(F_y, -F_x)$ é o vetor tangente $(\cos\alpha, \cos\beta)$. Portanto, F_y ser diferente de zero em P_0 significa que a reta tangente à curva nesse ponto não é paralela ao eixo Oy (Fig. 4.2) (pois tem componente diferente de zero na direção do eixo Ox). Ao contrário, se $F_y = 0$, então a referida curva terá a tangente paralela ao eixo Oy, como ocorre no ponto Q da Fig. 4.2. Ora, numa vizinhança desse ponto Q, pode acontecer que a cada x correspondam várias soluções y de $F(x, y) = 0$, não sendo, pois, de se esperar que essa equação determine uma função $y = f(x)$. Repare que isso não pode ocorrer no ponto P_0, onde a tangente à curva não é paralela ao eixo Oy.

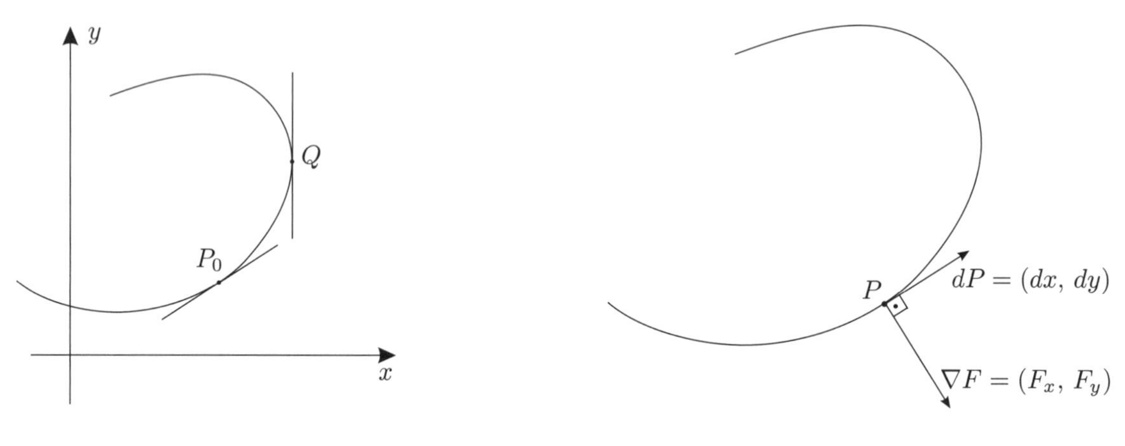

Figura 4.2 Figura 4.3

Observe ainda que F_y é função contínua, de forma que, sendo diferente de zero em P_0, ela será diferente de zero em toda uma vizinhança de P_0.

É claro que o mesmo teorema pode ser enunciado na hipótese em que $F_x \neq 0$ em P_0, com modificações óbvias: a equação $F(x, y) = 0$ define agora $x = g(y)$, com $g'(y) = -F_y/F_x$. E valem observações análogas às que fizemos no caso da hipótese $F_y \neq 0$. Em qualquer dos dois casos — $F_y \neq 0$ ou $F_x \neq 0$, e estando satisfeitas as condições do teorema — diremos que a equação $F(x, y) = 0$ é *solúvel* ou que *pode ser resolvida* em relação a y ou em relação a x, respectivamente, mesmo que não exista uma expressão explícita de uma das variáveis em termos da outra.

A Eq. (4.2) é conseqüência da derivação da identidade $F(x, f(x)) = 0$, usando a regra da cadeia: $F_x + F_y f'(x) = 0$. Repare que ela pode também ser escrita na forma

$$\frac{dy}{dx} = -\frac{F_x}{F_y},$$

ou seja,

$$dF = F_x dx + F_y dy = 0.$$

Esta é uma equação que relaciona as variáveis dx e dy de maneira que a diferencial dF seja zero. Ela ainda se escreve na forma

$$(F_x, F_r)\cdot(dx, dy) = \nabla F \cdot dP = 0,$$

mostrando que dP é um vetor tangente à curva $F = 0$, já que ∇F é normal a essa curva no ponto P_0 considerado (Fig. 4.3).

Vários exemplos

Exemplo 1. A equação

$$F(x, y) = x^2 + y^2 - 1 = 0 \tag{4.3}$$

está satisfeita em todos os pontos da circunferência de centro na origem e raio 1 (Fig. 4.4). A condição $F_y = 2y \neq 0$ também está satisfeita em todos os pontos dessa circunferência, exceto em $A_\pm = (\pm 1, 0)$. Então, numa vizinhança de cada ponto $P_0 \neq A_\pm$, a equação define $y = f(x)$, com derivada

$$f'(x) = -\frac{F_x}{F_y} = -\frac{x}{y}\cdot$$

Devemos notar que a Eq. (4.3) é relativamente simples e pode ser resolvida explicitamente em relação a y. Ela nos dá duas soluções,

$$y = f_+(x) = \sqrt{1 - x^2} \quad \text{e} \quad y = f_-(x) = -\sqrt{1 - x^2}$$

com derivadas $-x/y$, isto é,

$$f_+'(x) = -\frac{x}{\sqrt{1 - x^2}} \quad \text{e} \quad f_-'(x)\frac{x}{\sqrt{1 - x^2}}\cdot$$

Observe que o fato de termos duas funções, f_+ e f_-, não contradiz o teorema das funções implícitas, que é um *teorema local*; ele afirma a existência de uma solução única apenas numa vizinhança conveniente de P_0. Assim, se $P_0 = (x_0, y_0)$ for tal que $y_0 > 0$, a solução única numa vizinhança suficientemente pequena desse ponto será f_+, ao passo que se $y_0 < 0$ essa solução seria $f-$.

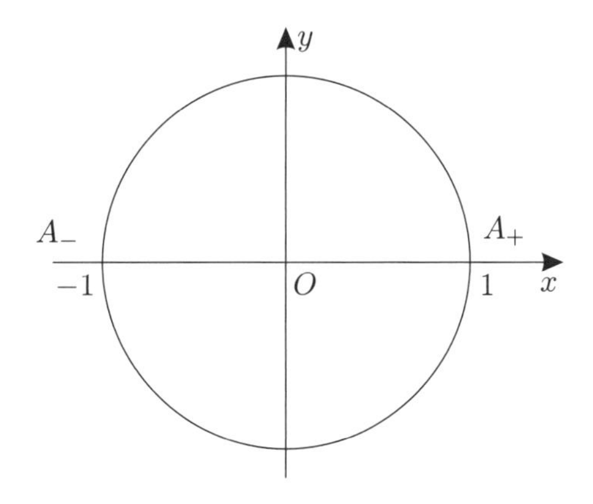

Figura 4.4

Exemplo 2. O problema de achar a inversa de uma certa função $y = f(x)$, com derivada contínua e diferente de zero numa vizinhança de um ponto x_0, pode ser resolvido como caso particular do Teorema da Função Implícita. De fato, sendo $F(x, y) = f(x) - y$, podemos escrever $y = f(x)$ na forma $F(x, y) = 0$. Seja $y_0 = f(x_0)$. Então,

$$F_x(x_0, y_0) = f'(x_0) \neq 0.$$

Isso significa que podemos resolver a equação

$$F(x, y) = f(x) - y = 0$$

em relação a x: existe uma função $x = g(y)$, definida e derivável numa vizinhança de $y_0 = f(x_0)$, tal que

$$F(g(y), y) = f(g(y)) - y = 0,$$

isto é, tal que $f(g(y)) = y$. Além disso,

$$g'(y) = -\frac{F_y}{F_x} = -\frac{-1}{f'(x)} = \frac{1}{f'(x)}\cdot$$

Esta é precisamente a fórmula da derivada da função inversa.

Derivadas superiores

Se a função F tiver derivadas segundas contínuas, a Eq. (4.2) mostra que f' será derivável. Para calcular f'' tanto podemos derivar essa equação como sua equivalente, a identidade

$$F_x(x,\, f(x)) + F_y(x,\, f(x))f'(x) = 0.$$

Derivando esta última, obtemos

$$F_{xx} + F_{xy}f' + F_{yx}f' + F_{yy}f'^2 + F_y f'' = 0.$$

Daqui e da Eq. (4.2) segue-se que

$$f' = -\frac{F_{xx}F_y^2 - 2F_{xy}F_xF_y + F_{yy}F_x^2}{F_y^3}.$$

De maneira análoga, podemos obter as derivadas de f até uma certa ordem n desde que F tenha contínuas até essa ordem.

Exemplo 3. Vamos considerar y como função de x, na equação

$$F(x,\, y) = x^3y^3 - x - y + 1 = 0 \tag{4.4}$$

numa vizinhança de $P_0 = (1,\, 1)$. Como $F(1,\, 1) = 0$, $F_x = 3x^2y^3 - 1$ e $F_y = 3x^3y^2 - 1$, podemos aplicar o Teorema da Função Implícita. Derivando três vezes a Eq. (4.4) e simplificando, obtemos, sucessivamente,

$$3x^2y^3 + 3x^3y^2y' - y' = 0,$$

$$6xy^3 + 18x^2y^2y' + 6x^3yy'^2 + 3x^3y^2y'' - y'' = 0,$$

$$6y^3 + 54xy^2y' + 54x^2yy'^2 + 27x^2y'' + 6x^3x'^3 + 18x^3yy'y'' + 4x^3y^2y''' - y''' = 0.$$

Fazendo $x = y = 1$ nessas equações, obtemos os valores das três primeiras derivadas de $y = f(x)$ em $x = 1$:

$$f'(1) = -1, \quad f''(1) = 3 \quad \text{e} \quad f'''(1) = -\frac{81}{16}.$$

Esses valores permitem escrever o polinômio de Taylor de terceiro grau da função $y = f(x)$ relativo ao ponto $x = 1$:

$$p_3(x) = 1 - (x-1) + \frac{3}{2}(x-1)^2 - \frac{81}{96}(x-1)^3.$$

Esse polinômio, como sabemos, aproxima a função $y = f(x)$ tanto melhor quanto mais próximo de 1 estiver x, sendo que o erro $|f(x) - p_3(x)|$ é da ordem de $(x-1)^4$ com $x \to 0$.

Exercícios

Em cada um dos Exercícios 1 a 7, verifique a validade do Teorema da Função Implícita e calcule y' e y'' no ponto P_0.

1. $y^3 - xy + x^2 = 3,\ \ P_0 = (2,\, 1)$.

2. $x \log x + ye^y = 0,\ \ P_0 = (1,\, 0)$.

3. $\log xy + xy^2 = 1,\ \ P_0 = (1,\, 1)$.

4. $x^5 - y^2 - xy = 1,\ \ P_0 = (1,\, 0)$.

5. $y \operatorname{sen} xy + \log(x^2 + y^2) = 0,\ \ P_0 = (0,\, 1)$.

6. $xy + \log xy = 1,\ \ P_0 = (1,\, 1)$.

7. $\log xy - 2xy + 2 = 0,\ \ P_0 = (1,\, 1)$.

8. Verifique diretamente que as funções implícitas $y = f(x)$ dos Exercícios 6 e 7 são ambas iguais a $y = 1/x$.

Nos Exercícios 9 e 10, verifique que F_y se anula no ponto P_0 dado, mas $F_x \neq 0$, de forma que a equação dada determina $x = g(y)$. Calcule g' e g'' como funções de x e y.

9. $F(x, y) = x^3 + y^3 - \cos xy = 0, \quad P_0 = (1, 0).$

10. $F(x, y) = x^2 + y^2 + \log(x^2 + y^2) - 1 = 0, \quad P_0 = (1, 0).$

11. Mostre que $f(x) = 1 - 2(x-2) - \frac{5}{2}(x-2)^2 - 5(x-2)^3 + ...$, onde $y = f(x)$ é a função implícita dada pela equação $x^2 + y^2 = 5$ numa vizinhança do ponto $(2, 1)$.

Respostas e sugestões

1. $y' = -3, \quad y'' = -62.$ **3.** $y' = -2/3, \quad y'' = 23/27.$ **5.** $y' = 1/2, \quad y'' = 1/4.$

7. $y' = -1, \quad y'' = 2$

8. Pondo $xy = z$ e tomando exponenciais nos dois lados da equação, obtemos $ze^z = e$. Verifique que o lado esquerdo dessa equação é uma função crescente que se anula em $z = 0$, de forma que a equação tem solução única, a qual é positiva. Use procedimento análogo no caso do Exercício 7.

9. $g' = 0, \quad g'' = -1/3.$ **11.** Use o procedimento do Exemplo 3 do texto.

4.2 Funções implícitas de múltiplas variáveis — Parte I

Do mesmo modo que uma equação $F(x, y) = 0$ pode determinar uma das variáveis como função da outra, também uma equação envolvendo três ou mais variáveis determina, sob certas condições, uma das variáveis como função das outras. Assim, se $F(x_0, y_0, z_0) = 0$ *e se as derivadas parciais* F_x, F_y, F_z *são funções contínuas em todo um conjunto aberto* D, *contendo o ponto* $P_0 = (x_0, y_0, z_0)$, *onde* $F_z \neq 0$, *então a equação* $F(x, y, z) = 0$ *determina uma função* $z = f(x, y)$, *definida numa vizinhança* V *conveniente do ponto* (x_0, y_0) *em* $\mathbb{R}^2$, *tal que, para* (x, y) *em* V, $(x, y, f(x,y))$ *está em* D *e*

$$F(x, y, f(x,y)) = 0 \tag{4.5}$$

identicamente. Além disso, f *possui derivadas parciais* f_x *e* f_y, *que são calculadas por derivação da identidade (4.5), usando a regra da cadeia:*

$$F_x + F_z \frac{\partial f}{\partial x} = 0, \quad \text{donde} \quad \frac{\partial f}{\partial x} = -\frac{F_x}{F_z}; \tag{4.6}$$

$$F_y + F_z \frac{\partial f}{\partial y} = 0, \quad \text{donde} \quad \frac{\partial f}{\partial y} = -\frac{F_y}{F_z}. \tag{4.7}$$

Não vamos demonstrar esse teorema aqui, pelas mesmas razões que não demonstramos o Teorema da Função Implícita da seção anterior. Observamos que sendo z função de x e y, as diferenciais dx, dy e dz estão ligadas pela condição $dF = 0$, isto é,

$$F_x dx + F_y dy + F_z dz = 0. \tag{4.8}$$

Nesta equação, dx e dy são variáveis independentes e dz é, então, dada por

$$dz = -\frac{F_x}{F_z}dx - \frac{F_y}{F_z}dy = \frac{\partial f}{\partial x}dx + \frac{\partial f}{\partial y}dy.$$

Pondo $d\mathbf{P} = (dx, dy, dz)$, (4.8) se escreve na forma $\nabla F \cdot d\mathbf{P} = 0$. Como o vetor ∇F é perpendicular ao plano tangente à superfície $F(x, y, z) = 0$, vemos que o vetor $d\mathbf{P}$ é sempre tangente a essa superfície.

Observemos também que se a função F possuir derivadas segundas contínuas, as Eqs. (4.6) e (4.7) mostram que a função f também terá derivadas segundas contínuas, que podem ser calculadas por derivação dessas equações ou por várias derivações de (4.5). Todos esses resultados se estendem, de maneira óbvia, ao caso de uma equação envolvendo múltiplas variáveis, isto é, *se a equação*

$$F(x_1, x_2, \dots, x_n, z) = 0 \tag{4.9}$$

está satisfeita para $x_1 = x_1^0,\ x_2 = x_2^0, \dots,\ x_n = x_n^0,\ z = z_0$*; se* F *tem derivadas parciais contínuas num domínio aberto de* R^{n+1}*, contendo o ponto* $P_0 = (x_1^0, \dots, x_n^0, z_0)$*; e se* $F_z \neq 0$ *nesse ponto, então a Eq. (4.9) determina* z *como função de* $x_1, \dots, x_n$*, ou seja,*

$$z = f(x_1, \dots, x_n).$$

As derivadas parciais de f *podem ser calculadas a partir da identidade*

$$F(x_1, \dots, x_n, f(x_1, \dots, x_n)) = 0,$$

válida numa vizinhança do ponto $Q_0 = (x_1^0, \dots, x_n^0)$ *em* $\mathbb{R}^n$*, onde* $F_z \neq 0$. Por exemplo, derivando essa identidade em relação a x_1, obtemos

$$F_{x_1} + F_z f_{x_1} = 0, \quad \text{donde} \quad \frac{\partial f}{\partial x_1} = -\frac{F_{x_1}}{F_z}.$$

De modo análogo se obtêm as outras derivadas de f.

Exemplo. A equação

$$F(x, y, z) = 2\,\text{sen}\, z - xz + y^3 - 1$$

está satisfeita no ponto $P_0 = (1, 1, 0)$, onde $F_z = 1 \neq 0$; logo, ela define z como função de x e y numa vizinhança do ponto $(1, 1)$. Temos aí,

$$\frac{\partial z}{\partial x} = \frac{z}{2\cos z - x} \quad \text{e} \quad \frac{\partial z}{\partial y} = \frac{3y^2}{x - 2\cos z}.$$

Quando $x = 1$ e $y = 1$, $z = f(x, y)$ assume o valor $z = 0$; portanto,

$$f_x(1, 1) = 0 \quad \text{e} \quad f_y(1, 1) = -3.$$

Exercícios

Nos Exercícios 1 a 6, ache, em termos de x, y, z, as derivadas parciais de primeira ordem das funções implícitas $z = f(x, y)$, determinadas pelas equações dadas.

1. $x^2 + y^2 + z^2 = 1$.

2. $xy(1 + x + y) - z^2 = 0$.

3. $\log xyz + e^z = 1$.

4. $x^2 z + yz^2 - \text{arc sen}\ z = 0$.

5. $xz^2 - 3yz + \cos\ z = 0$.

6. $x^2 - y^2 + z^2 = 1$.

Respostas

1. $f_x = -x/z, \quad f_y = -y/z$.

3. $f_x = \dfrac{-z}{x(1 + ze^z)}, \quad f_y = \dfrac{-z}{y(1 + ze^z)}$.

5. $f_x = \dfrac{z^2}{3y + \text{sen}\, z - 2xz}, \quad f_y = \dfrac{-3z}{3y + \text{sen}\, z - 2xz}$.

4.3 Funções implícitas de múltiplas variáveis — Parte II

Os resultados anteriores se estendem mesmo ao caso em que lidamos com um sistema de equações envolvendo múltiplas variáveis. Assim, duas equações

$$F(x_1, x_2, \ldots, x_n) = 0,$$

$$F(x_1, x_2, \ldots, x_n) = 0$$

podem, em geral, ser resolvidas em relação a duas dessas variáveis como funções das outras.

Vamos considerar primeiro o caso mais simples, em que as funções F e G são lineares, digamos, nas variáveis x_1 e x_2:

$$a_1x_1 + b_1x_2 = f_1(x_3, \ldots, x_n),$$

$$a_2x_1 + b_2x_2 = f_2(x_3, \ldots, x_n).$$

Então, se o determinante dos coeficientes de x_1 e x_2 for diferente de zero, isto é, se $\Delta = a_1b_2 - a_2b_1 \neq 0$, esse sistema de equações pode ser resolvido em x_1 e x_2. Obtemos

$$x_1 = \frac{b_2f_1 - b_1f_2}{a_1b_2 - a_2b_1}, \qquad x_2 = \frac{a_1f_2 - a_2f_1}{a_1b_2 - a_2b_1}.$$

É claro que esse procedimento se estende a um número qualquer de equações. No caso de três equações,

$$a_1x_1 + b_1x_2 + c_1x_3 = f_1(x_4, \ldots, x_n),$$

$$a_2x_2 + b_2x_2 + c_2x_3 = f_2(x_4, \ldots, x_n).$$

$$a_3x_3 + b_3x_2 + c_3x_3 = f_3(x_4, \ldots, x_n),$$

com determinante não-nulo,

$$\Delta = \begin{vmatrix} a_1 & b_1 & c_1 \\ a_2 & b_2 & c_2 \\ a_3 & b_3 & c_3 \end{vmatrix} \neq 0,$$

a resolução do sistema resulta em

$$x_1 = \frac{\begin{vmatrix} f_1 & b_1 & c_1 \\ f_2 & b_2 & c_2 \\ f_3 & b_3 & c_3 \end{vmatrix}}{\Delta}, \quad x_2 = \frac{\begin{vmatrix} a_1 & f_1 & c_1 \\ a_2 & f_2 & c_2 \\ a_3 & f_3 & c_3 \end{vmatrix}}{\Delta}, \quad x_3 = \frac{\begin{vmatrix} a_1 & b_1 & f_1 \\ a_2 & b_2 & f_2 \\ a_3 & b_3 & f_3 \end{vmatrix}}{\Delta}.$$

Vamos considerar em seguida duas equações,

$$F(u, v, x, y) = 0 \quad \text{e} \quad G(u, v, x, y) = 0, \tag{4.10}$$

as quais desejamos resolver em u e v como funções de x e y. Para isso devemos introduzir o determinante

$$\begin{vmatrix} \dfrac{\partial F}{\partial u} & \dfrac{\partial G}{\partial u} \\ \dfrac{\partial F}{\partial v} & \dfrac{\partial G}{\partial v} \end{vmatrix} = \frac{\partial F}{\partial u} \cdot \frac{\partial G}{\partial v} - \frac{\partial F}{\partial v} \cdot \frac{\partial G}{\partial u},$$

chamado o *Jacobiano* das funções F e G em relação a u e v. Ele costuma ser indicado pelos símbolos

$$\frac{\partial(F, G)}{\partial(u, v)} \quad \text{ou} \quad \frac{D(F, G)}{D(u, v)}.$$

Podemos agora enunciar as condições de solubilidade das Eqs. (4.10).

Teorema. *Sejam $F(u, v, x, y)$ e $G(u, v, x, y)$ funções contínuas com derivadas contínuas num domínio aberto D de $\mathbb{R}^4$. Suponhamos que as Eqs. (4.10) estejam satisfeitas num ponto $P_0 = (u_0, v_0, x_0, y_0)$ de D; suponhamos ainda que nesse ponto o Jacobiano seja diferente de zero, isto é,*

$$J = \frac{\partial(F, G)}{\partial(u, v)} \neq 0.$$

Então existe um único par de funções,

$$u = f(x, y) \quad \text{e} \quad v = g(x, y), \tag{4.11}$$

definidas numa certa vizinhança V do ponto $Q_0 = (x_0, y_0)$ em $\mathbb{R}^2$, tal que o ponto

$$(f(x, y), g(x, y), x, y)$$

esteja sempre em D, o Jacobiano J (como função de (x, y) através das funções (4.11)) seja diferente de zero em V e

$$\begin{aligned} F(f(x, y), g(x, y), x, y) &= 0, \\ G(f(x, y), g(x, y), x, y) &= 0, \end{aligned} \tag{4.12}$$

identicamente em $(x, y) \in V$.

Devemos acrescentar ainda que as funções f e g resultam ser diferenciáveis, e suas derivadas podem ser calculadas a partir das identidades (4.12). Por exemplo, derivando essas identidades em relação a x, obtemos

$$F_u \frac{\partial f}{\partial x} + F_v \frac{\partial g}{\partial x} + F_x = 0, \qquad G_u \frac{\partial f}{\partial x} + G_v \frac{\partial g}{\partial x} + G_x = 0.$$

Esse é um sistema de equações lineares em $\partial f/\partial x$ e $\partial g/\partial x$, que resolvemos para obter

$$\frac{\partial f}{\partial x} = \frac{F_v G_x - F_x G_v}{F_u G_v - F_v G_u} \quad \text{e} \quad \frac{\partial g}{\partial x} = \frac{F_x G_u - F_u G_x}{F_u G_v - F_v G_u}.$$

De modo inteiramente análogo, derivando as identidades (4.12) em relação a y e resolvendo o sistema resultante, obtemos $\partial f/\partial y$ e $\partial g/\partial y$:

$$\frac{\partial f}{\partial y} = \frac{F_v G_y - F_y G_v}{F_u G_v - F_v G_u} \quad \text{e} \quad \frac{\partial g}{\partial y} = \frac{F_y G_u - F_u G_y}{F_u G_v - F_v G_u}. \tag{4.13}$$

Esse teorema se estende, de maneira óbvia, ao caso em que lidamos com um número qualquer de funções de várias variáveis. Sua demonstração é mais delicada que os teoremas enunciados nas seções anteriores e não será feita aqui.

Cabe notar ainda que se as funções F e G tiverem derivadas parciais contínuas até segunda ordem, o mesmo será verdade das funções f e g. Suas derivadas segundas podem ser calculadas por derivações sucessivas de (4.12).

Exercícios

1. Resolva explicitamente as equações

$$x + y + \operatorname{sen} uv = 0 \quad \text{e} \quad 3x + 2y + u^2 + v^2 = 0$$

para obter x e y como funções de u e v.

2. Determine as derivadas parciais de primeira ordem de u e v como funções de x e y, definidas implicitamente pelas equações

$$xu^2 + y^2v = 1 \quad \text{e} \quad uv - x^2 + y^2u^2 = 0.$$

3. A equação de estado de um gás ideal é $pv = kT$, onde k é uma constante; p, v e T são a pressão, o volume e a temperatura do gás, respectivamente. Verifique que

$$\frac{\partial p}{\partial v} \cdot \frac{\partial v}{\partial T} \cdot \frac{\partial T}{\partial p} = -1.$$

4. Seja $F(x, y, z)$ uma função diferenciável tal que, num certo ponto, $F = 0$, $F_x \neq 0$, $F_y \neq 0$ e $F_z \neq 0$, de forma que podemos considerar x como função de y e z, y como função de x e z e z como função de x e y. Mostre que

$$\frac{\partial x}{\partial y} \cdot \frac{\partial y}{\partial z} \cdot \frac{\partial z}{\partial x} = -1.$$

Note que o resultado do exercício anterior é um caso particular deste.

Respostas e sugestões

1. $x = 2 \operatorname{sen} uv - u^2 - v^2, \quad y = u^2 + v^2 - 3 \operatorname{sen} uv.$

2. $u_x = \dfrac{2xy^2 + u^3}{y^2(v + 2y^2u) - 2xu^2}, \quad v_x = \dfrac{4x^2u + u^2v + 2y^2u^3}{2xu^2 - y^2(v + 2y^2u)}.$ Calcule u_y e v_y.

3. Note que $\partial p/\partial v = -kT/v^2$. Calcule as outras duas derivadas.

4.4 Transformações e suas inversas. Transformações lineares

Vamos considerar um sistema de duas funções

$$u = u(x, y) \quad \text{e} \quad v = v(x, y),$$

definidas num mesmo domínio D. Esse sistema constitui o que chamamos de *transformação* ou *aplicação*, já que ele pode ser interpretado como transformando cada ponto $P = (x, y)$ num outro ponto $Q = (u, v)$, como ilustra a Fig. 4.5. Podemos indicar essa aplicação com um símbolo f, escrevendo

$$f(P) = Q, \quad f(P) = (u(P), v(P)) = Q.$$
$$f\colon (x, y) \to (u, v) \quad \text{ou} \quad f\colon P \to f(P).$$

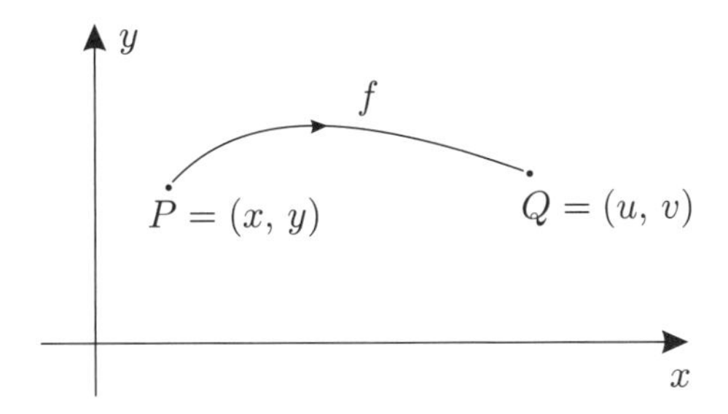

Figura 4.5

O ponto Q é chamado o *ponto imagem* de P pela transformação f. À medida que P varia no domínio D, o ponto Q varia num conjunto E, que é a *imagem* de D pela aplicação f. Muitas vezes é conveniente representar o ponto P num plano x, y, e o ponto imagem Q noutro plano u, v.

A idéia de transformação não se restringe ao plano. Lidamos com transformações no espaço de três dimensões, no $\mathbb{R}^n$ e, em geral, com transformações definidas em domínios de $\mathbb{R}^m$, tendo como imagens conjuntos de outro espaço $\mathbb{R}^n$. Uma função $z = f(x, y)$ é transformação de $\mathbb{R}^2$ em $\mathbb{R}^1 = \mathbb{R}$: $(x, y) \mapsto f(x, y)$. As transformações que mais nos interessam considerar aqui são as transformações de $\mathbb{R}^2$ em $\mathbb{R}^2$ e as de $\mathbb{R}^3$ em $\mathbb{R}^3$.

Um exemplo interessante de transformação em $\mathbb{R}^3$ é dado por uma certa porção de fluido em movimento. Num instante inicial $t = 0$ o fluido ocupa um domínio D do espaço. Depois de um certo tempo t, cada partícula $P = (x, y, z)$ do fluido terá se deslocado para uma nova posição $Q = (u, v, w)$. O fluido, que inicialmente ocupava um conjunto D do espaço, passa a ocupar, ao cabo do tempo t, um outro conjunto E. Como as partículas do fluido permanecem sempre distintas umas das outras, a transformação f leva pontos distintos de D em pontos distintos de E; é o que se chama de *transformação injetiva.* Como ela alcança todos os pontos de E, ela é também *sobrejetiva*, como é chamada toda aplicação de um conjunto D num conjunto qualquer E tal que todo ponto de E é imagem de algum ponto de D. Uma aplicação que é ao mesmo tempo injetiva e sobrejetiva é chamada de *transformação bijetiva* ou *biunívoca.* Uma transformação bijetiva possui inversa: dado um ponto $Q \in E$ existe um só ponto $P \in D$ tal que $f(P) = Q$. Esse ponto P é a *imagem* de Q pela transformação *inversa* f^{-1} (Fig. 4.6):

$$P = f^{-1}(Q) \Leftrightarrow f(P) = Q.$$

Em termos de coordenadas, no caso de uma transformação do plano no plano podemos escrever

$$u = u(x, y) \text{ e } v = v(x, y) \quad \Leftrightarrow \quad x = x(u, v) \text{ e } y = y(u, v).$$

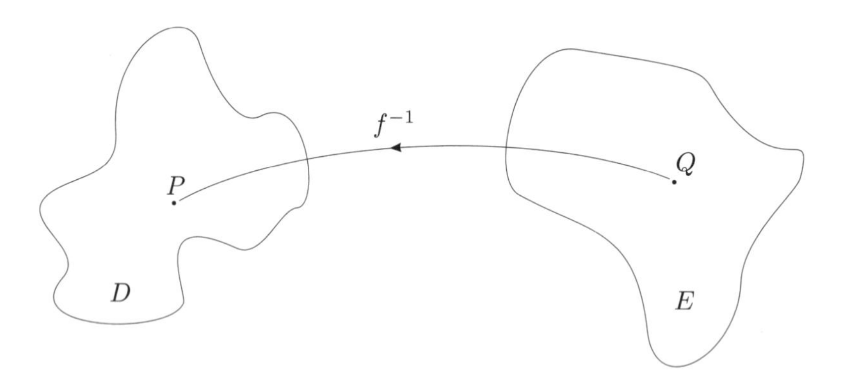

Figura 4.6

Exemplo 1. Vamos considerar a transformação f dada pelas equações

$$z = ax + by \quad \text{e} \quad w = cx + dy, \tag{4.14}$$

onde a, b, c e d são constantes não todas nulas. Essa aplicação tem a propriedade de transformar retas em retas. De fato, os pontos $P = (x, y)$ de uma reta satisfazem equações paramétricas do tipo

$$x = mt + n \quad \text{e} \quad y = pt + q, \tag{4.15}$$

onde m, n, p e q são constantes, e t é o parâmetro. Substituindo essas equações em (4.14), obtemos as coordenadas do ponto $Q = f(P)$ na forma

$$z = (am + bp)t + (an + bq) \quad \text{e} \quad w = (cm + dp)t + (cn + dq), \tag{4.16}$$

que são novamente equações paramétricas de uma reta, agora no plano z, w. Por essa razão, uma transformação do tipo (4.14) é chamada de *transformação linear.*

A linearidade da transformação f pode ser interpretada em termos de vetores. Para isso vamos utilizar a notação matricial de vetor-coluna, com o que as fórmulas de transformação (4.14) ficam sendo

$$\begin{pmatrix} z \\ w \end{pmatrix} = f\begin{pmatrix} x \\ y \end{pmatrix} = x\begin{pmatrix} a \\ c \end{pmatrix} + y\begin{pmatrix} b \\ d \end{pmatrix}.$$

Agora as Eqs. (4.16) assumem a forma

$$\begin{aligned} \begin{pmatrix} z \\ w \end{pmatrix} = f\begin{pmatrix} x \\ y \end{pmatrix} &= (mt+n)\begin{pmatrix} a \\ c \end{pmatrix} + (pt+q)\begin{pmatrix} b \\ d \end{pmatrix} \\ &= t\left[m\begin{pmatrix} a \\ c \end{pmatrix} + p\begin{pmatrix} b \\ d \end{pmatrix}\right] + n\begin{pmatrix} a \\ c \end{pmatrix} + q\begin{pmatrix} b \\ d \end{pmatrix} = tf\begin{pmatrix} m \\ p \end{pmatrix} + f\begin{pmatrix} n \\ q \end{pmatrix}. \end{aligned} \tag{4.17}$$

Por outro lado, em notação de vetor-coluna, as Eqs. (4.15) se escrevem

$$\begin{pmatrix} x \\ y \end{pmatrix} = t\begin{pmatrix} m \\ p \end{pmatrix} + \begin{pmatrix} n \\ q \end{pmatrix},$$

de sorte que (4.17) fica sendo

$$f\left[t\begin{pmatrix} m \\ p \end{pmatrix} + \begin{pmatrix} n \\ q \end{pmatrix}\right] = tf\begin{pmatrix} m \\ p \end{pmatrix} + f\begin{pmatrix} n \\ q \end{pmatrix},$$

ou ainda, pondo

$$\mathbf{u} = \begin{pmatrix} m \\ p \end{pmatrix} \quad \text{e} \quad \mathbf{v} = \begin{pmatrix} n \\ q \end{pmatrix},$$

a equação anterior passa a se escrever na forma compacta

$$f(t\mathbf{u} + \mathbf{v}) = tf(\mathbf{u}) + f(\mathbf{v}). \tag{4.18}$$

Repare que (4.14) implica $f(\mathbf{0}) = \mathbf{0}$. Daqui e de (4.18) obtemos, fazendo sucessivamente $t = 1$ e $\mathbf{v} = \mathbf{0}$:

$$f(\mathbf{u} + \mathbf{v}) = f(\mathbf{u}) + f(\mathbf{v}) \quad \text{e} \quad f(t\mathbf{u}) = tf(\mathbf{u}). \tag{4.19}$$

Essas equações exprimem a *linearidade* da transformação f como esse conceito costuma ser introduzido em Álgebra Linear. Deixamos ao leitor a tarefa de demonstrar, reciprocamente, que uma transformação que satisfaz (4.19) é dada por equações do tipo (4.14).

Finalmente, notemos que a transformação (4.14) é inversível se $\Delta = ad - bc \neq 0$. Nesse caso, a transformação inversa é dada, de acordo com a regra de Cramer, pelas fórmulas

$$x = \frac{dz - bw}{\Delta} \quad \text{e} \quad y = \frac{aw - cz}{\Delta}.$$

Exemplo 2. Uma transformação linear $f\colon \mathbb{R}^3 \mapsto \mathbb{R}^3$ é dada pelas fórmulas de transformação

$$\begin{aligned} u &= a_1x + b_1y + c_1z, \\ y &= a_2x + b_2y + c_2z, \\ w &= a_3x + b_3y + c_3z. \end{aligned}$$

Pode-se verificar, de maneira análoga ao procedimento do exemplo anterior, que essa aplicação transforma retas em retas e planos em planos. Além disso, ela também satisfaz as propriedades de linearidade (4.19).

Exemplo 3 (Transformação de Kelvin). Vamos descrever a *transformação por reflexão no círculo unitário*, também chamada de *transformação por raios vetores recíprocos* ou *transformação de Kelvin.* Dado $P \neq 0$, sua imagem $f(P)$ é o ponto Q sobre o raio OP, satisfazendo a condição $|OP||OQ| = 1$ ou $|OQ| =$

$1/|OP|$ (Fig. 4.7). O ponto Q é chamado de *imagem refletida* de P no círculo unitário. Essa transformação f leva o exterior do círculo unitário de centro na origem no seu interior e vice-versa; e deixa invariantes os pontos da circunferência desse círculo, isto é, $f(P) = P$ se $|OP| = 1$. Além disso, $f(P) \to 0$ com $P \to \infty$ e $f(P) \to \infty$ com $P \to 0$.

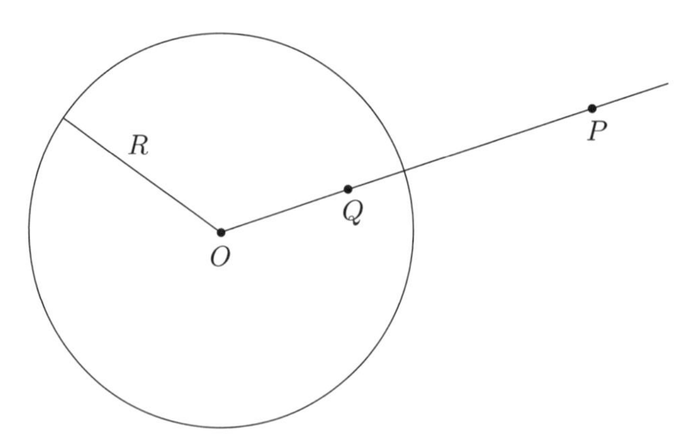

Figura 4.7

Para obter as equações que relacionam x e y a u e v, onde $OP = (x, y)$ e $OQ = (u, v)$, notamos que $OQ = OP/|OP|^2$; portanto,

$$u = \frac{x}{x^2 + y^2} \quad \text{e} \quad v = \frac{y}{x^2 + y^2}.$$

De modo análogo, a transformação inversa é dada por

$$x = \frac{u}{u^2 + v^2} \quad \text{e} \quad y = \frac{v}{u^2 + v^2}.$$

Observe que $f = f^{-1}$, isto é, a transformação f coincide com sua inversa. Por essa razão, os pontos P e $Q = f(P)$ são ditos *conjugados* um do outro.

Exercícios

1. Demonstre que toda transformação f de $\mathbb{R}^2$ em $\mathbb{R}^2$ que goza das propriedades (4.19) é dada por equações do tipo (4.14). Estenda esse resultado a uma transformação de $\mathbb{R}^3$ em $\mathbb{R}^3$, isto é, prove que uma tal transformação, tendo as propriedades (4.19) é do tipo (4.20). Faça também a correspondente extensão a transformações de $\mathbb{R}^n$ em $\mathbb{R}^n$.

2. Demonstre que se f é uma transformação linear, então as seguintes proposições são equivalentes:

$$a)\ f(\mathbf{u}) = f(\mathbf{v}) \Rightarrow \mathbf{u} = \mathbf{v}; \quad b)\ f(\mathbf{u}) = \mathbf{0} \Rightarrow \mathbf{u} = \mathbf{0}; \quad \text{c)}\ \mathbf{u} \neq \mathbf{v} \Rightarrow \mathbf{f}(\mathbf{u}) \neq \mathbf{f}(\mathbf{v}).$$

Qualquer uma dessas propriedades pode, pois, ser usada para definir transformação linear injetiva.

3. Demonstre que se f é uma transformação linear, a solução mais geral da equação $f(\mathbf{x}) = \mathbf{a}$ é do tipo $\mathbf{x} = \mathbf{y} + \mathbf{x}_0$, onde $\mathbf{y}$ é a solução geral de $f(\mathbf{y}) = \mathbf{0}$ e $\mathbf{x}_0$ é uma solução particular de $f(\mathbf{x}) = \mathbf{a}$.

4. Encontre as Eqs. (4.14) correspondentes à transformação linear $f\colon \mathbb{R}^2 \mapsto \mathbb{R}^2$ dada por

$$f(1, 1) = (1, 2) \quad \text{e} \quad f(-1, 2) = (0, 7).$$

Encontre também as fórmulas (4.15) da transformação inversa.

5. Mostre que uma transformação linear f de $\mathbb{R}^2$ em $\mathbb{R}^2$ fica completamente determinada quando se especificam as imagens de dois vetores, (x_0, y_0) e (x_1, y_1), tais que

$$\begin{vmatrix} x_0 & y_0 \\ x_1 & y_1 \end{vmatrix} = x_0 y_1 - x_1 y_0 \neq 0.$$

6. Formule e demonstre um resultado análogo ao do exercício anterior para uma transformação linear $f\colon \mathbb{R}^3 \mapsto \mathbb{R}^3$.

7. Encontre as fórmulas da transformação linear $f\colon \mathbb{R}^3 \mapsto \mathbb{R}^3$ tal que

$$f(1,\,0,\,0) = (0,\,1,\,2), \quad f(1,\,1,\,0) = (1,\,1,\,1), \quad f(1,\,1,\,1) = (2,\,-1,\,1).$$

Encontre também as fórmulas da transformação inversa.

8. Demonstre que toda transformação linear $f\colon \mathbb{R}^3 \mapsto \mathbb{R}^3$ leva retas em retas.

9. Demonstre que toda transformação linear $f\colon \mathbb{R}^3 \mapsto \mathbb{R}^3$ leva planos em planos.

10. Descreva a imagem da circunferência $x^2 + y^2 = r^2$ pela transformação

$$f : (x,\,y) \mapsto (u,\,v) = (x/4,\,y).$$

Faça gráficos nos planos x, y e u, v, variando os valores de r.

11. Descreva as imagens das retas $x = c =$ const. pela transformação $f\colon\ (x,\,y) \mapsto (e^x \cos y,\ e^x \operatorname{sen} y)$. Faça gráficos para entender o significado geométrico dessa transformação.

12. Encontre as equações da transformação geral por inversão $f(P) = Q\colon \mathbb{R}^2 \mapsto \mathbb{R}^2$, onde Q jaz no raio OP e a reflexão se faz no círculo de raio r, isto é, $|OP||OQ| = r^2$.

13. Obtenha as fórmulas da transformação de Kelvin em $\mathbb{R}^3$: $f(P) = Q,\ |OP||OQ| = r^2$.

14. Mesma questão do exercício anterior no espaço $\mathbb{R}^n$.

Respostas, sugestões e soluções

1. Seja $\begin{pmatrix} z \\ w \end{pmatrix}$ a imagem de $\begin{pmatrix} x \\ y \end{pmatrix}$ pela transformação f. Pondo $\mathbf{e}_1 = \begin{pmatrix} 1 \\ 0 \end{pmatrix}$, $\mathbf{e}_2 = \begin{pmatrix} 0 \\ 1 \end{pmatrix}$ e notando que

$$\begin{pmatrix} x \\ y \end{pmatrix} = x\begin{pmatrix} 1 \\ 0 \end{pmatrix} + y\begin{pmatrix} 0 \\ 1 \end{pmatrix} = x\mathbf{e}_1 + y\mathbf{e}_2,$$

teremos:

$$\begin{pmatrix} z \\ w \end{pmatrix} = f\begin{pmatrix} x \\ y \end{pmatrix} = f(x\mathbf{e}_1 + y\mathbf{e}_2) = xf(\mathbf{e}_1) + yf(\mathbf{e}_2).$$

Denotando com a e c as componentes do vetor $f(\mathbf{e}_1)$ e com b e d as do vetor $f(\mathbf{e}_2)$, esta última relação se escreve

$$\begin{pmatrix} z \\ w \end{pmatrix} = x\begin{pmatrix} a \\ c \end{pmatrix} + y\begin{pmatrix} b \\ d \end{pmatrix} = \begin{pmatrix} ax + by \\ cx + dy \end{pmatrix},$$

que equivale às Eqs. (4.14).

2. Repare que toda transformação linear f goza das propriedades $f(\mathbf{0}) = \mathbf{0}$ e $f(\mathbf{v} - \mathbf{u}) = f(\mathbf{v}) - f(\mathbf{u})$. A primeira dessas relações foi observada logo após a Eq. (4.18), e a segunda é conseqüência de (4.18), bastando fazer $t = -1$.

Para provar que $a) \Rightarrow b)$, supomos $f(\mathbf{u}) = \mathbf{0}$; logo, $f(\mathbf{u}) = f(\mathbf{0})$. Daqui e de $a)$ segue-se que $\mathbf{u} = \mathbf{0}$; portanto, $a) \Rightarrow b)$. Reciprocamente, seja $f(\mathbf{u}) = f(\mathbf{v})$; então, $f(\mathbf{u} - \mathbf{v}) = \mathbf{0}$; daqui e de $b)$ concluímos que $\mathbf{u} - \mathbf{v} = \mathbf{0}$, ou seja, $\mathbf{u} = \mathbf{v}$, donde $b) \to a)$. Então $a) \Leftrightarrow b)$.

De maneira análoga se demonstra que $a) \Leftrightarrow c)$. Daqui e de $a) \Leftrightarrow b)$ concluímos que $a)$, $b)$ e $c)$ são equivalentes.

3. Para provar que toda solução $\mathbf{x}$ da *equação não homogênea* $f(\mathbf{x}) = \mathbf{a}$ é do tipo $\mathbf{x} = \mathbf{y} + \mathbf{x}_0$, onde $\mathbf{y}$ é solução da *equação homogênea* $f(\mathbf{y}) = \mathbf{0}$, ponha $\mathbf{y} = \mathbf{x} - \mathbf{x}_0$ e note que

$$f(\mathbf{y}) = f(\mathbf{x} - \mathbf{x}_0) = f(\mathbf{x}) - f(\mathbf{x}_0) = \mathbf{a} - \mathbf{a} = \mathbf{0}.$$

Prove a recíproca: se $\mathbf{y}$ é solução da equação homogênea, então $\mathbf{x} = \mathbf{y} + \mathbf{x}_0$ é solução da equação não homogênea.

5. Observe que qualquer vetor (x, y) pode ser escrito na forma

$$(x, y) = a(x_0, y_0) + b(x_1, y_1),$$

onde a e b são coeficientes convenientes. De fato, isso equivale ao sistema

$$x_0 a + x_1 b = x,$$
$$y_0 a + y_1 b = y,$$

que tem solução única (a, b), já que o determinante dos coeficientes é diferente de zero. Em conseqüência, a imagem de (x, y) pela f,

$$f(x, y) = af(x_0, y_0) + bf(x_1, y_1),$$

fica completamente determinada.

7. Repare que

$$f(1, 0, 0) = (0, 1, 2); \quad f(0, 1, 0) = f(1, 1, 0) - f(1, 0, 0) = (1, 1, 1) - (0, 1, 2) = (1, 0, -1);$$

$$f(0, 0, 1) = f(1, 1, 1) - f(1, 1, 0) = (2, -1, 1) - (1, 1, 1) = (1, -2, 0).$$

Então,

$$(u, v, w) = f(x, y, z) = xf(1, 0, 0) + yf(0, 1, 0) + zf(0, 0, 1)$$
$$= x(0, 1, 2) + y(1, 0, -1) + z(1, -2, 0) = (y + z, x - 2z, 2x - y),$$

ou seja,

$$u = y + z, \qquad v = x - 2z, \qquad w = 2x - y.$$

Para se obter as fórmulas da transformação inversa basta resolver esse sistema em x, y e z, com o seguinte resultado:

$$x = \frac{2u + v + 2w}{5}, \qquad y = \frac{4u + 2v - w}{5}, \qquad z = \frac{u - 2v + w}{5}.$$

8. Considere uma reta pelo ponto A, na direção de um vetor $\mathbf{u}$. Então, seu ponto genérico P é dado por $P = A + t\mathbf{u}$, onde t é o parâmetro que descreve a reta. Em conseqüência, $Q = f(P)$ é dado por $Q = f(A) + tf(\mathbf{u})$, donde se vê que esse ponto Q, imagem de P, descreve a reta pelo ponto $f(A)$, na direção do vetor $f(\mathbf{u})$. Caso $f(\mathbf{u}) = \mathbf{0}$, essa reta se reduz ao único ponto $f(A)$.

9. Considere um plano por um ponto A, paralelo a dois vetores não colineares $\mathbf{u}$ e $\mathbf{v}$. Seu ponto genérico P é dado por $P = A + t\mathbf{u} + s\mathbf{v}$, onde t e s são parâmetros. Em conseqüência, $Q = f(P)$ é dado por

$$Q = A + tf(\mathbf{u}) + sf(\mathbf{v}),$$

donde se vê que esse ponto Q, imagem de P, descreve o plano pelo ponto $f(A)$, paralelo aos vetores $f(\mathbf{u})$ e $f(\mathbf{v})$. Cabe notar que se esses vetores forem colineares, ou um deles for nulo, digamos $f(\mathbf{u}) = \mathbf{0}$, o plano se reduz à reta por $f(A)$, na direção do vetor $f(\mathbf{v})$. Ele se reduz ao único ponto $f(A)$ se $f(\mathbf{u}) = f(\mathbf{v}) = \mathbf{0}$.

11. As imagens são círculos de centro na origem e raio e^c.

12. $u = \dfrac{r^2 x}{x^2 + y^2}$ e $v = \dfrac{r^2 y}{x^2 + y^2}$. A solução é análoga à do Exercício 13 a seguir.

13. Sejam $f\colon P \mapsto Q$, $P = (x, y, z)$, $Q = (u, v, w)$, $|OP||OQ| = r^2$ e $OQ = k \cdot OP$. Então

$$(x^2 + y^2 + z^2)(u^2 + v^2 + z^2) = r^4 \quad \text{e} \quad u^2 + v^2 + w^2 = k^2(x^2 + y^2 + z^2),$$

donde obtemos $k = r^2/(x^2 + y^2 + z^2)$. Daqui e de $OQ = k \cdot OP$, segue-se que

$$u = \frac{r^2 x}{x^2 + y^2 + z^2}, \quad v = \frac{r^2 y}{x^2 + y^2 + z^2} \quad \text{e} \quad w = \frac{r^2 z}{x^2 + y^2 + z^2}.$$

4.5 Mudança de coordenadas

Vamos considerar uma transformação $Q = f(P)$, com domínio D e imagem E, dada pelas seguintes equações:

$$u = u(x, y) \quad \text{e} \quad v = v(x, y). \tag{4.20}$$

Suponhamos que essa transformação seja inversível, de forma que as Eqs. (4.20) definem x e y como funções de u e v:

$$x = x(u, v) \quad \text{e} \quad y = y(u, v). \tag{4.21}$$

Estas são as fórmulas da transformação inversa f^{-1}. Como existe assim uma correspondência biunívoca entre pontos P de D e pontos Q de E, tanto podemos caracterizar P pelas coordenadas cartesianas x, y como pelo par de números u, v. Em geral, quando $Q = (u, v)$ descreve as retas $u =$ const. e $v =$ const. no plano u, v, o ponto $P = (x, y)$ descreve curvas no plano x, y (Fig. 4.8). Daí chamarmos u e v de *coordenadas curvilíneas* de P. As linhas de coordenadas curvilíneas

$$u(x, y) = \text{ const.} \quad \text{e} \quad v(x, y) = \text{ const.}$$

formam duas famílias de curvas no plano x, y, cobrindo o domínio D (Fig. 4.8). No caso em que a transformação dada seja linear, essas curvas se reduzem a retas. As fórmulas (4.20) ou (4.21) são chamadas de fórmulas de *mudança de coordenadas*, pois elas de fato permitem passar das coordenadas x, y a u, v e vice-versa. As coordenadas curvilíneas u, v são chamadas de *coordenadas ortogonais* se as curvas $u(x, y) =$ const. e $v(x, y) =$ const. no plano x, y sempre se cortarem em ângulo reto; é este o caso da transformação

$$u = xy, \quad v = y^2 - x^2,$$

ilustrada na Fig. 4.9.

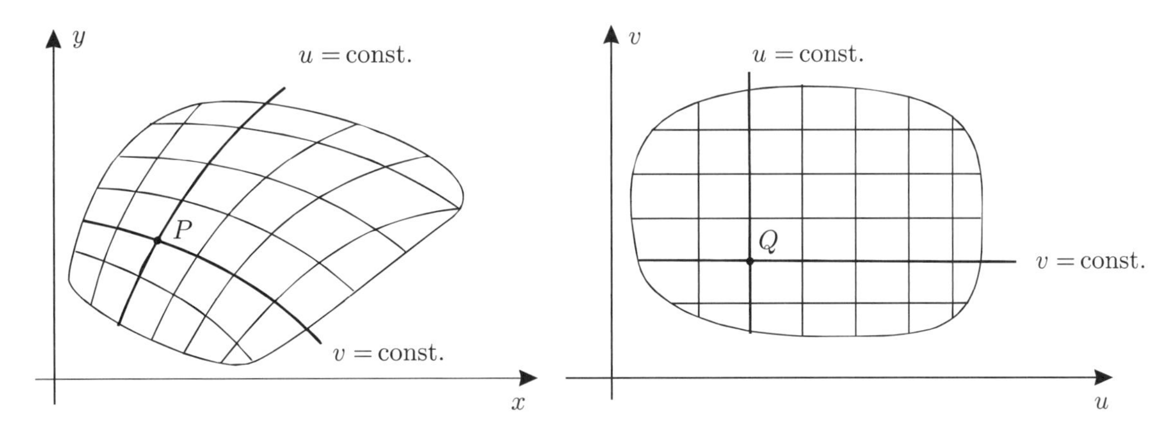

Figura 4.8

Devemos observar que nem sempre conseguimos resolver as Eqs. (4.20) explicitamente para obter as Eqs. (4.21). Daí a necessidade de se saber as condições sob as quais as Eqs. (4.20) definem x e y como funções implícitas de u e v. O teorema seguinte, conseqüência do teorema da p. 106, estabelece essas condições.

Teorema. *Suponhamos que as funções em (4.20) sejam contínuas e tenham derivadas primeiras contínuas numa vizinhança V de um ponto (x_0, y_0), na qual o Jacobiano seja sempre diferente de zero:*

$$J = \frac{\partial(u, v)}{\partial(x, y)} = u_x v_y - u_y v_x \neq 0 \quad \text{em} \quad V.$$

Então as Eqs. (4.20) podem ser resolvidas, ao menos implicitamente, e as funções em (4.21) são contínuas e possuem derivadas primeiras contínuas numa vizinhança do ponto (u_0, v_0), onde $u_0 = u(x_0, y_0)$ e $v_0 = v(x_0, y_0)$. Além disso, as derivadas dessas funções são dadas por

$$x_u = v_y/J, \quad y_u = -v_x/J, \quad x_v = -u_y/J, \quad y_v = u_x/J. \tag{4.22}$$

Demonstração. Basta introduzir as funções

$$F(x,\, y,\, u,\, v) = u(x,\, y) - u \quad \text{e} \quad G(x,\, y,\, u,\, v) = v(x,\, y) - v$$

e aplicar o teorema das funções implícitas da p. 106. Para obtermos as fórmulas (4.22), derivamos as Eqs. (4.20) em relação a u; notando que u e v são variáveis independentes e aplicando a regra de derivação em cadeia, obtemos

$$1 = u_x x_u + u_y y_u$$

e

$$0 = v_x x_u + v_y y_u.$$

Temos aqui um sistema de equações lineares nas incógnitas x_u e y_u, cuja resolução nos dá as duas primeiras fórmulas de (4.22). De maneira análoga, derivando as Eqs. (4.20) em relação a v e resolvendo o sistema resultante em relação a x_v e y_v, encontramos as duas últimas fórmulas de (4.22).

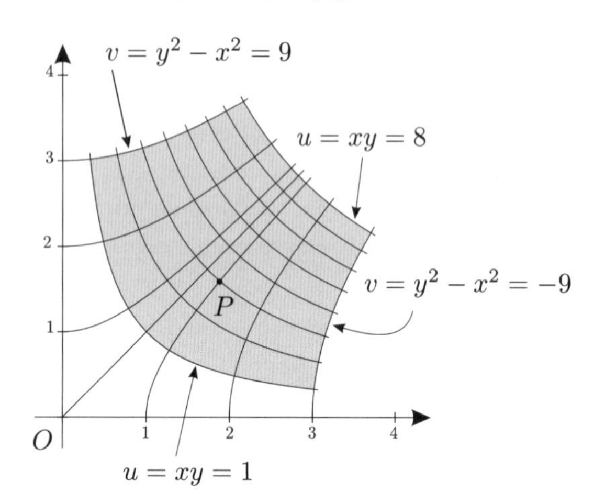

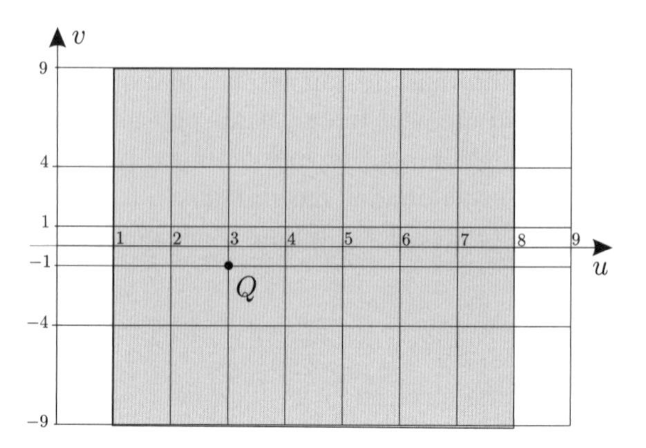

Figura 4.9

Como aplicação dessas fórmulas, vamos mostrar que $JJ' = 1$, onde

$$J = \frac{\partial(u, v)}{\partial(x, y)} \quad \text{e} \quad J' = \frac{\partial(x, y)}{\partial(u, v)}.$$

De fato, usando as referidas fórmulas, obtemos

$$J' = x_u y_v - x_v y_u = \frac{v_y}{J} \cdot \frac{u_x}{J} - \left(\frac{-u_y}{J}\right)\left(\frac{-v_x}{J}\right) = \frac{u_x v_y - u_y v_x}{J^2} = \frac{1}{J},$$

donde o resultado desejado.

Extensão a dimensões superiores

O teorema anterior se estende a transformações num espaço $\mathbb{R}^n$ com um número qualquer de dimensões $n \geq 2$. Em particular, no caso de uma transformação em $\mathbb{R}^3$, dada por equações

$$u = u(x,\, y,\, z), \quad v = v(x,\, y,\, z), \quad w = w(x,\, y,\, z),$$

define-se o *Jacobiano* como sendo o determinante

$$J = \frac{\partial(u,\, v,\, w)}{\partial(x,\, y,\, z)} = \begin{vmatrix} u_x & v_x & w_x \\ u_y & v_y & w_y \\ u_z & v_y & w_z \end{vmatrix}.$$

Então, o mesmo procedimento anterior permite demonstrar que

$$
\begin{aligned}
x_u &= \frac{1}{J}\cdot\frac{\partial(v,\,w)}{\partial(y,\,z)}, & y_u &= \frac{1}{J}\cdot\frac{\partial(v,\,w)}{\partial(z,\,x)}, & z_u &= \frac{1}{J}\cdot\frac{\partial(v,\,w)}{\partial(x,\,y)},\\
x_v &= \frac{1}{J}\cdot\frac{\partial(w,\,u)}{\partial(y,\,z)}, & y_v &= \frac{1}{J}\cdot\frac{\partial(w,\,u)}{\partial(z,\,x)}, & z_v &= \frac{1}{J}\cdot\frac{\partial(w,\,u)}{\partial(x,\,y)},\\
x_w &= \frac{1}{J}\cdot\frac{\partial(u,\,v)}{\partial(y,\,z)}, & y_w &= \frac{1}{J}\cdot\frac{\partial(u,\,v)}{\partial(z,\,x)}, & z_w &= \frac{1}{J}\cdot\frac{\partial(u,\,v)}{\partial(x,\,y)}
\end{aligned}
\tag{4.23}
$$

e que $JJ' = 1$, onde $J' = \dfrac{\partial(x,\,y,\,z)}{\partial(u,\,v,\,w)}\cdot$ Observe que todas as fórmulas em (4.24) podem ser obtidas de uma única delas, através de permutações circulares de x, y, z e de u, v, w.

Coordenadas polares

As equações

$$x = r\cos\theta \quad \text{e} \quad y = r \ \text{sen}\ \theta,$$

restritas ao conjunto E: $r > 0$, $0 \le \theta < 2\pi$, definem uma transformação de E em todo o plano x, y menos a origem. Sua inversa é obtida resolvendo-se as equações acima, donde as fórmulas de inversão

$$r = \sqrt{x^2 + y^2} \quad \text{e} \quad \theta = \text{arc tg}\,\frac{y}{x}\cdot$$

Qualquer ambigüidade na determinação do ângulo θ pode ser eliminada examinando-se os sinais de x e y: se $x > 0$ e $y > 0$, θ é um ângulo do primeiro quadrante; se $x < 0$ e $y > 0$, θ é do segundo quadrante, etc. r e θ são as *coordenadas polares*, já discutidas na Seção 9.6 do Volume 2 do *Cálculo das funções de uma variável.* Elas só deixam de ser univocamente determinadas na origem, quando $r = 0$ e o ângulo θ é indeterminado. As retas $\theta =$ const. e $r =$ const. correspondem, no plano x, y, a semi-retas pela origem e a círculos centrados na origem, respectivamente (Fig. 4.10); r e θ são coordenadas ortogonais, já que cada semi-reta $\theta =$ const. intersecta cada círculo $r =$ const. em ângulo reto.

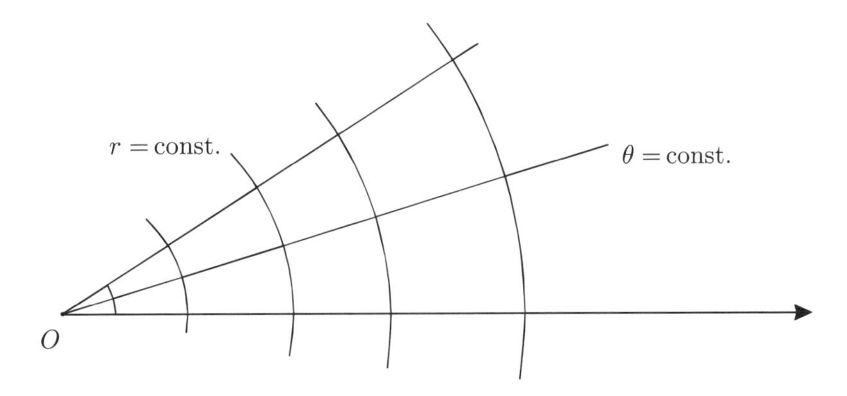

Figura 4.10

As fórmulas anteriores nos dão, por cálculo direto, as derivadas

$$\frac{\partial r}{\partial x} = \frac{x}{\sqrt{x^2+y^2}} = \frac{x}{r} = \cos\theta, \quad \frac{\partial r}{\partial y} = \frac{y}{\sqrt{x^2+y^2}} = \frac{y}{r} = \text{sen}\,\theta,$$

$$\frac{\partial \theta}{\partial x} = \frac{-y/x^2}{1+y^2/x^2} = \frac{-\,\text{sen}\,\theta}{r}, \quad \frac{\partial \theta}{\partial y} = \frac{1/x}{1+y^2/x^2} = \frac{\cos\theta}{r}\cdot$$

Daqui e da regra da cadeia, obtemos

$$\begin{aligned} \frac{\partial}{\partial x} &= \frac{\partial r}{\partial x} \cdot \frac{\partial}{\partial r} + \frac{\partial \theta}{\partial x} \cdot \frac{\partial}{\partial \theta} = \cos\theta \cdot \frac{\partial}{\partial r} - \frac{\operatorname{sen}\theta}{r} \cdot \frac{\partial}{\partial \theta}, \\ \frac{\partial}{\partial y} &= \frac{\partial r}{\partial y} \cdot \frac{\partial}{\partial r} + \frac{\partial \theta}{\partial y} \cdot \frac{\partial}{\partial \theta} = \operatorname{sen}\theta \cdot \frac{\partial}{\partial r} + \frac{\cos\theta}{r} \cdot \frac{\partial}{\partial \theta} \cdot \end{aligned} \tag{4.24}$$

Laplaciano em coordenadas polares

Vamos usar as fórmulas anteriores para obter o operador *laplaciano* em coordenadas polares. Lembramos que o laplaciano é o *operador diferencial* $\partial^2/\partial x^2 + \partial^2/\partial y^2$, indicado com o símbolo Δ, que transforma qualquer função duas vezes derivável, $u = u(x, y)$, na função

$$\Delta u = \frac{\partial^2 u}{\partial x^2} + \frac{\partial^2 u}{\partial y^2} \cdot$$

Esse operador foi introduzido por Laplace (1749-1827) em seus estudos de Mecânica Celeste, e desempenha um papel de importância fundamental nos mais variados domínios da ciência pura e aplicada. Em muitos problemas envolvendo o laplaciano é necessário saber exprimi-lo em diferentes sistemas de coordenadas. Vamos aqui encontrar sua expressão em coordenadas polares.

Da primeira das fórmulas (4.24) segue-se que

$$\begin{aligned} \frac{\partial^2}{\partial x^2} &= \left(\cos\theta \frac{\partial}{\partial r} - \frac{\operatorname{sen}\theta}{r}\frac{\partial}{\partial \theta}\right)\left(\cos\theta \frac{\partial}{\partial r} - \frac{\operatorname{sen}\theta}{r}\frac{\partial}{\partial \theta}\right) \\ &= \cos\theta \frac{\partial}{\partial r}\left(\cos\theta\frac{\partial}{\partial r}\right) - \cos\theta\frac{\partial}{\partial r}\left(\frac{\operatorname{sen}\theta}{r}\frac{\partial}{\partial\theta}\right) - \frac{\operatorname{sen}\theta}{r}\frac{\partial}{\partial\theta}\left(\cos\theta\frac{\partial}{\partial r}\right) + \frac{\operatorname{sen}\theta}{r}\frac{\partial}{\partial\theta}\left(\frac{\operatorname{sen}\theta}{r}\frac{\partial}{\partial\theta}\right) \\ &= \cos^2\theta\frac{\partial^2}{\partial r^2} - \frac{\operatorname{sen}\theta\cos\theta}{r}\frac{\partial^2}{\partial r\,\partial\theta} + \frac{\operatorname{sen}\theta\cos\theta}{r^2}\frac{\partial}{\partial\theta} \\ &\quad - \frac{\operatorname{sen}\theta\cos\theta}{r}\frac{\partial^2}{\partial r\,\partial\theta} + \frac{\operatorname{sen}^2\theta}{r}\frac{\operatorname{sen}^2\theta}{r^2}\frac{\partial^2}{\partial\theta^2} + \frac{\operatorname{sen}\theta\cos\theta}{r^2}\frac{\partial}{\partial\theta}, \end{aligned}$$

isto é,

$$\frac{\partial^2}{\partial x^2} = \cos^2\theta\,\frac{\partial^2}{\partial r^2} - \frac{\operatorname{sen}2\theta}{r}\left(\frac{\partial^2}{\partial r\,\partial\theta} - \frac{1}{r}\frac{\partial}{\partial\theta}\right) + \frac{\operatorname{sen}^2\theta}{r}\left(\frac{\partial}{\partial r} + \frac{1}{r}\frac{\partial^2}{\partial\theta^2}\right).$$

De maneira inteiramente análoga calculamos $\partial^2/\partial y^2$, obtendo

$$\frac{\partial^2}{\partial y^2} = \operatorname{sen}^2\theta\,\frac{\partial^2}{\partial r^2} + \frac{\operatorname{sen}2\theta}{r}\left(\frac{\partial^2}{\partial r\,\partial\theta} - \frac{1}{r}\frac{\partial}{\partial\theta}\right) + \frac{\cos^2\theta}{r}\left(\frac{\partial}{\partial r} + \frac{1}{r}\frac{\partial^2}{\partial\theta^2}\right).$$

O laplaciano é a soma dessas duas últimas expressões, isto é,

$$\boxed{\frac{\partial^2}{\partial r^2} + \frac{1}{r}\frac{\partial}{\partial r} + \frac{1}{r^2}\frac{\partial^2}{\partial\theta^2},}$$

que é o resultado procurado.

Coordenadas cilíndricas

Vamos considerar as fórmulas de transformação

$$x = r\cos\theta, \quad y = r\,\mathrm{sen}\,\theta, \quad z = z,$$

que introduzem as chamadas *coordenadas cilíndricas* r, θ e z, de grande importância nas aplicações. Com as restrições $r > 0$ e $0 \leq \theta < 2\pi$, z real, obtemos uma correspondência biunívoca entre as coordenadas retangulares x, y, z e as coordenadas cilíndricas r, θ, z de qualquer ponto P, excetuado o eixo Oz. A Fig. 4.11 ilustra um ponto P como interseção de três superfícies de coordenadas: $r =$ const., que é cilíndrica, $\theta =$ const. e $z =$ const., que são planos. Essas três superfícies se intersectam em curvas duas a duas ortogonais no ponto P; r, θ e z são *coordenadas ortogonais.*

O laplaciano no espaço $\mathbb{R}^3$ é o operador diferencial

$$\Delta = \frac{\partial^2}{\partial x^2} + \frac{\partial^2}{\partial y^2} + \frac{\partial^2}{\partial z^2}.$$

Em vista do que vimos no exemplo anterior, é claro que, em coordenadas cilíndricas, ele é dado na forma

$$\boxed{\Delta = \frac{\partial^2}{\partial r^2} + \frac{1}{r}\frac{\partial}{\partial r} + \frac{1}{r^2}\frac{\partial^2}{\partial \theta^2} + \frac{\partial^2}{\partial z^2}.}$$

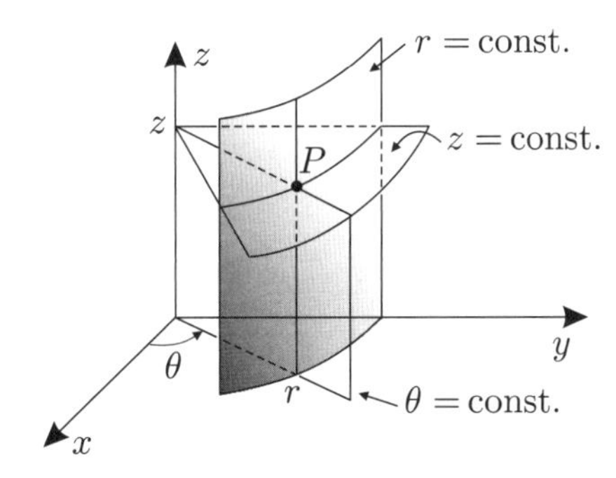

Figura 4.11

Coordenadas esféricas

As coordenadas esféricas, também chamadas de *coordenadas polares espaciais*, são outro tipo importante de coordenadas curvilíneas. Associadas a um ponto P de coordenadas cartesianas x, y, z, elas são os números r, θ, ϕ, assim descritos (Fig. 4.12): r é a distância da origem ao ponto P; θ é o ângulo entre as semi-retas Oz e OP, chamado de *ângulo polar*; e ϕ é o ângulo formado pelos planos Oxz e OPz, chamado de *longitude* de P. Repare que ϕ é o ângulo polar no plano Oxy, geralmente sujeito à restrição $0 \leq \phi < 2\pi$, enquanto $0 \leq \theta \leq \pi$.

Para obtermos as fórmulas de transformação relacionando as coordenadas cartesianas às coordenadas esféricas de um mesmo ponto P, observamos que se r' for a projeção de r sobre o plano Oxy, então

$$x = r'\cos\phi \quad \text{e} \quad y = r'\,\mathrm{sen}\,\phi.$$

Como $z = r\cos\theta$ e $r' = r\,\mathrm{sen}\,\theta$, obtemos as fórmulas de transformação seguintes:

$$x = r\,\mathrm{sen}\,\theta\cos\phi, \quad y = r\,\mathrm{sen}\,\theta\,\mathrm{sen}\,\phi, \quad z = r\cos\theta. \tag{4.25}$$

Vamos obter as fórmulas inversas. Elevando ao quadrado e somando as Eqs. (4.25), simplificando e extraindo a raiz quadrada, encontramos

$$r = \sqrt{x^2 + y^2 + z^2}.$$

Como $r' = \sqrt{x^2 + y^2}$,

$$\phi = \arccos \frac{x}{\sqrt{x^2 + y^2}} = \operatorname{arc\,sen} \frac{y}{\sqrt{x^2 + y^2}} = \operatorname{arc\,tg} \frac{y}{x} \tag{4.26}$$

Da terceira equação em (4.25) obtemos também

$$\theta = \arccos \frac{z}{r} = \arccos \frac{z}{\sqrt{x^2 + y^2 + z^2}} \cdot \tag{4.27}$$

Como no caso das coordenadas polares no plano, qualquer possível ambigüidade na determinação do ângulo ϕ pelas fórmulas (4.26) é eliminada pelo exame dos sinais de x e y. Observe que o eixo Oz na sua totalidade é constituído de pontos excepcionais, com ângulo ϕ indeterminado. No caso da origem, o ângulo θ também fica indeterminado. A Fig. 4.13 ilustra as superfícies coordenadas $r =$ const. (uma esfera), $\theta =$ const. (um cone) e $\phi =$ const. (um plano), que se cortam em ângulo reto; logo, as coordenadas esféricas são ortogonais.

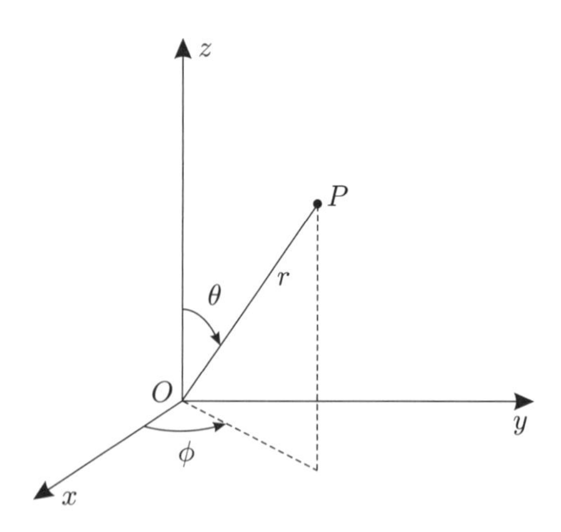

Figura 4.12

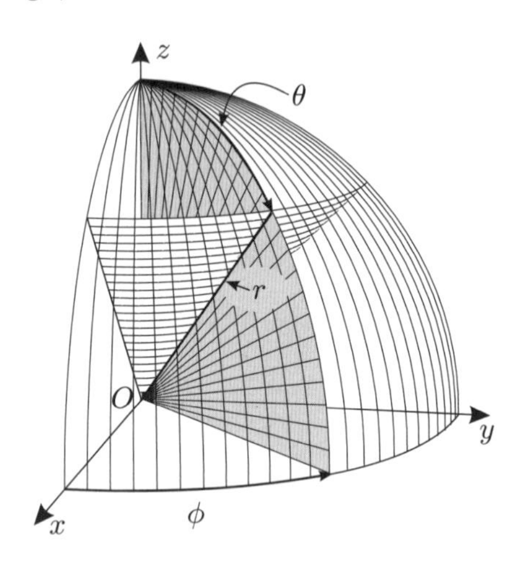

Figura 4.13

O laplaciano pode ser expresso em coordenadas esféricas fazendo-se um cálculo direto, como vimos há pouco no caso das coordenadas polares. No entanto, esse cálculo é longo e penoso: mais tarde, na Seção 7.4, veremos um meio mais fácil de se obter o laplaciano em coordenadas esféricas. Aqui nos limitamos apenas a mencionar o resultado final:

$$\boxed{\Delta = \frac{\partial^2}{\partial r^2} + \frac{2}{r}\frac{\partial}{\partial r} + \frac{1}{r^2}\frac{\partial^2}{\partial \theta^2} + \frac{\cos\theta}{r^2 \operatorname{sen}\theta}\frac{\partial}{\partial\theta} + \frac{1}{r^2 \operatorname{sen}^2\theta}\frac{\partial^2}{\theta\phi^2}.}$$

Revisitando a transformação de Kelvin

Vamos retomar a transformação de Kelvin, introduzida no Exemplo 3 da seção anterior (p. 109):

$$u = \frac{x}{x^2 + y^2} \quad \text{e} \quad v = \frac{y}{x^2 + y^2},$$

com inversas

$$x = \frac{u}{u^2 + v^2} \quad \text{e} \quad y = \frac{v}{u^2 + v^2}.$$

Observe que

$$x^2 + y^2 = \frac{x}{u} \quad \text{donde} \quad x^2 - \frac{x}{u} + y^2 = 0,$$

ou ainda, completando o quadrado,

$$\left(x - \frac{1}{2u}\right)^2 + y^2 = \left(\frac{1}{2u}\right)^2.$$

Isso mostra que as retas $u =$ const. no plano u, v correspondem aos círculos de centro $(1/2u, 0)$ e raio $1/2u$ (Fig. 4.14) no plano x, y. Do mesmo modo, as retas $v =$ const. correspondem aos círculos de centro $(0, 1/2v)$ e raio $1/2v$, dados por

$$x^2 + \left(y - \frac{1}{2v}\right)^2 = \left(\frac{1}{2v}\right)^2.$$

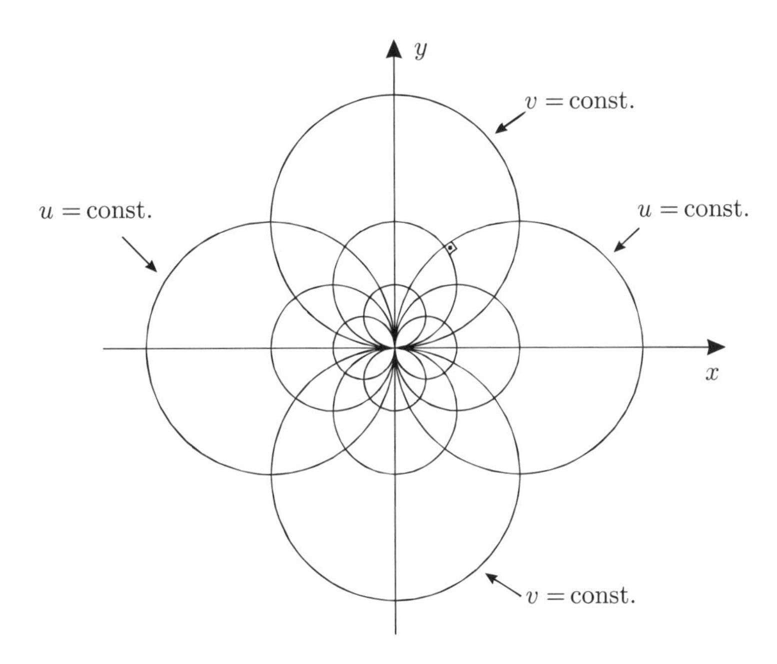

Figura 4.14

Vamos mostrar que os círculos da família $u =$ const. intersectam os círculos da família $v =$ const. em ângulo reto. Para isso, escrevemos as equações desses círculos nas formas

$$F = x^2 + y^2 - \frac{x}{u} = 0 \quad \text{e} \quad G = x^2 + y^2 - \frac{y}{v} = 0,$$

e procedemos a mostrar que $\nabla F \cdot \nabla G = 0$ nos pontos onde essas equações estão satisfeitas, pontos esses que são as interseções dos círculos. Ora,

$$\nabla F = \left(2x - \frac{1}{u},\ 2y\right) \quad \text{e} \quad \nabla G = \left(2x,\ 2y - \frac{1}{v}\right);$$

portanto, levando em conta que $x/u = x^2 + y^2 = y/v$, obtemos

$$\nabla F \cdot \nabla G = 4x^2 - \frac{2x}{u} + 4y^2 - \frac{2y}{v} = 4x^2 - 2(x^2 + y^2) + 4y^2 - 2(x^2 + y^2) = 0,$$

que é o resultado desejado. Isso mostra que as coordenadas u, v são também ortogonais.

Exercícios

1. Calcule os Jacobianos da transformação de coordenadas cartesianas a coordenadas polares, $(x, y) \mapsto (r, \theta)$, e de sua inversa.

2. Calcule os Jacobianos de transformação de coordenadas cartesianas a coordenadas cilíndricas, $(x, y, z) \mapsto (r, \theta, z)$, e de sua inversa.

3. Calcule os Jacobianos de transformação de coordenadas cartesianas a coordenadas esféricas, $(x, y, z) \mapsto (r, \theta, \phi)$, e de sua inversa.

4. Seja f uma função tal que $f'(u)$ seja contínua e sempre positiva ou sempre negativa. Demonstre que a transformação $x = f(u)$, $y = -v + uf(u)$ é inversível, e sua inversa é dada pelas equações $u = g(x)$, $v = -y + xg(x)$, onde g é a inversa da função f.

5. Demonstre que as coordenadas u, v, w obtidas com a transformação por inversão,

$$u = \frac{x}{x^2 + y^2 + z^2}, \quad v = \frac{y}{x^2 + y^2 + z^2}, \quad w \frac{z}{x^2 + y^2 + z^2},$$

são ortogonais. Identifique as superfícies $u =$ const., $v =$ const. e $w =$ const.

6. Demonstre que as coordenadas $u = x^2 - y^2$, $v = 2xy$ são ortogonais. Esboce as curvas $u =$ const. e $v =$ const. no plano x, y.

7. Demonstre que as curvas $x =$ const. e $y =$ const. no plano u, v, correspondentes à transformação do exercício anterior, são parábolas com focos na origem (parábolas confocais). Esboce essas parábolas e demonstre que cada parábola $x =$ const. intercepta cada parábola $y =$ const. em ângulo reto.

8. Demonstre que a Equação de Laplace no plano, quando expressa em coordenadas polares r, θ, permanece invariante sob a transformação $r = 1/\rho$ que substitui a variável r pela variável ρ.

9. Utilize o resultado do exercício anterior para provar que a Equação de Laplace no plano, $u_{xx} + u_{yy} = 0$, permanece invariante sob a transformação de Kelvin.

10. Demonstre a mesma invariância da Equação de Laplace do exercício anterior diretamente, sem apelar para o resultado do Exercício 8.

11. Formule e demonstre resultado análogo ao do Exercício 8 em três dimensões espaciais.

12. Formule e demonstre resultados análogos aos dos Exercícios 9 e 10 em três dimensões espaciais.

13. Demonstre que se todas as normais a uma superfície $z = z(x, y)$ intersectam o eixo dos z, então essa superfície é de revolução em torno desse eixo.

14. Mostre que a chamada *equação das ondas*,

$$\frac{\partial^2 u}{\partial x^2} - \frac{1}{c^2}\frac{\partial^2 u}{\partial t^2} = 0,$$

se transforma em $u_{\zeta\eta} = 0$ pela mudança de coordenadas $\zeta = x + ct$, $\eta = x - ct$.

15. Demonstre as fórmulas (4.23).

Respostas, sugestões e soluções

1. $\dfrac{\partial(x, y)}{\partial(r, \theta)} = r \quad \dfrac{\partial(r, \theta)}{\partial(x, y)} = \dfrac{1}{r}\cdot$

3. $\dfrac{\partial(x, y, z)}{\partial(r, \theta, \phi)} = r^2 \operatorname{sen}\theta, \quad \dfrac{\partial(r, \theta, \phi)}{\partial(x, y, z)} = \dfrac{1}{r^2 \operatorname{sen}\theta}\cdot$

5. Mostre que $\nabla u \cdot \nabla v = \nabla u \cdot \nabla w = \nabla v \cdot \nabla w = 0$. As superfícies $u =$ const. $v =$ const. e $w =$ const. são esferas. Por exemplo, no caso $u = \dfrac{1}{2c} =$ const., temos a esfera $(x - c)^2 + y^2 + z^2 = c^2$, de centro $(c, 0, 0)$ e raio c.

8. Como $r = 1/\rho$, temos que

$$\frac{\partial}{\partial r} = -\frac{1}{r^2}\frac{\partial}{\partial \rho} = -\rho^2 \frac{\partial}{\partial \rho} \quad \text{e} \quad \frac{\partial^2}{\partial r^2} = \frac{2}{r^3}\frac{\partial}{\partial \rho} + \frac{1}{r^4}\frac{\partial^2}{\partial \rho^2} = 2\rho^3 \frac{\partial}{\partial \rho} + \rho^4 \frac{\partial^2}{\partial \rho^2}.$$

Portanto,

$$u_{rr} + \frac{1}{r}u_r + \frac{1}{r^2}u_{\theta\theta} = 2\rho^3 u_\rho + \rho^4 u_{\rho\rho} + \rho(-\rho^2 u_\rho) + \rho^2 u_{\theta\theta} = \rho^4\Big(u_{\rho\rho} + \frac{1}{\rho}u_p + \frac{1}{\rho^2}u_{\theta\theta}\Big),$$

donde segue o resultado desejado.

9. Comece notando que a transformação de Kelvin, em coordenadas polares, é dada por

$$u = \frac{x}{x^2+y^2} = \frac{\cos\theta}{r} = \rho\cos\theta \quad \text{e} \quad v = \frac{y}{x^2+y^2} = \frac{\operatorname{sen}\theta}{r} = \rho \operatorname{sen}\theta,$$

donde se vê que ela é a mesma transformação do exercício anterior, donde a invariância anunciada.

10. Temos $w_x = w_u u_x + w_v v_x$ e $w_{xx} = w_{uu}u_x^2 + 2w_{uv}u_x v_x + w_{vv}v_x^2 + w_u u_{xx} + w_v v_{xx}$. Daqui e de uma expressão análoga para w_{yy} obtemos $w_{xx} + w_{yy} = w_{uu}(\nabla u)^2 + 2w_{uv}(\nabla u \cdot \nabla v) + w_{vv}(\nabla v)^2 + w_u(\Delta u) + w_v(\Delta v)$. Por outro lado, das fórmulas da transformação de Kelvin segue-se que $(\nabla u)^2 = (\nabla v)^2 = 1/(x^2+y^2)^2$, $\nabla u \cdot \nabla v = \Delta u = \Delta v = 0$. (Para provar que $\Delta u = \Delta v = 0$, é mais fácil expressar u e v em coordenadas polares.) Termine.

11. A solução é análoga à do Exercício 8.

12. A solução é análoga à do Exercício 9.

13. Seja (X, Y, Z) um ponto genérico da reta normal à superfície num de seus pontos $(x, y, z(x, y))$. Então

$$\frac{X-x}{z_x} = \frac{Y-y}{z_y} = \frac{Z-z(x, y)}{-1}.$$

Como essa reta passa pelo eixo Oz, as equações acima estão satisfeitas com $X = Y = 0$, donde segue-se que $xz_y - yz_x = 0$. Essa equação, em coordenadas polares, é precisamente $\partial z/\partial\theta = 0$, como pode ser verificado valendo-se das fórmulas (4.25). Mas isso significa que z é função de r apenas e não de θ. Como $r = \sqrt{x^2+y^2}$, vemos que $z = f(x^2+y^2)$, o que prova o resultado desejado.

Capítulo 5

Integrais múltiplas

As integrais múltiplas, ou integrais de funções de múltiplas variáveis, são uma extensão natural do conceito de integral de funções de uma variável. Vamos considerar duas extensões distintas, porém equivalentes, desse conceito: *as integrais repetidas* e as *integrais múltiplas* propriamente ditas. Mas, nesse estudo, vamos necessitar de resultados sobre integrais simples em que ou os limites de integração dependem de uma variável, ou o integrando depende dessa variável, ou ainda a dependência dessa variável ocorre tanto nos limites de integração como no integrando. Essa variável costuma ser referida como *parâmetro*, daí a expressão do título da seção seguinte.

5.1 Integrais dependentes de um parâmetro

Vamos considerar primeiro o caso em que a dependência do parâmetro ocorre nos limites de integração. De acordo com o Teorema Fundamental do Cálculo, se f é uma função contínua num intervalo I e se F é uma de suas primitivas, então

$$\int_{u_t}^{u_2} f(y)dy = F(u_2) - F(u_1), \tag{5.1}$$

onde u_1 e u_2 são dois pontos quaisquer do intervalo I. Vamos supor que u_1 e u_2 sejam funções deriváveis de uma variável x. Então, pela regra da cadeia, $F(u_1) = F(u_1(x))$ e $F(u_2) = F(u_2(x))$ são funções deriváveis em x, e suas derivadas são dadas por

$$\frac{dF(u_1(x))}{dx} = F'(u_1)u_1'(x) \quad \text{e} \quad \frac{dF(u_2(x))}{dx} = F'(u_2)u_2'(x).$$

Em conseqüência, o segundo membro de (5.1) é derivável, o que prova que a integral do primeiro membro também é derivável; e como $f(u) = F'(u)$, obtemos o seguinte resultado:

$$\frac{d}{dx}\int_{u_1(x)}^{u_2(x)} f(y)dy = F'(u_2)u_2'(x) - F'(u_1)u_1'(x) = f(u_2)u_2'(x) - f(u_1)u_1'(x). \tag{5.2}$$

Em particular, se $u_1(x) = a$ é constante e $u_2(x) = x$, essa fórmula de derivação se reduz à seguinte versão do Teorema Fundamental:

$$\frac{d}{dx}\int_a^x f(y) = f(x).$$

Integrais em que o integrando é função de duas variáveis

Vamos considerar, em seguida, integrais do tipo

$$F(x) = \int_{u_1}^{u_2} f(x,\, y)dy,$$

onde o integrando f é uma função de duas variáveis, enquanto supomos fixos os limites de integração u_1 e u_2. Agora o "parâmetro" é a variável y. Vamos supor que f seja função contínua com derivada $\partial f/\partial x$ contínua em todo um retângulo

$$R: \ a \leq x \leq b, \quad c \leq y \leq d.$$

Então, se u_1 e u_2 são pontos do intervalo $c \leq y \leq d$, vale a seguinte fórmula de derivação:

$$\frac{d}{dx}\int_{u_1}^{u_2} f(x,\, y)dy = \int_{u_1}^{u_2} \frac{\partial f(x,\, y)}{dx}dy. \tag{5.3}$$

Embora uma demonstração completa desse resultado esteja além dos nossos objetivos, vamos indicar como ela costuma ser feita. Primeiro introduzimos a função

$$F(x) = \int_{u_1}^{u_2} f(x,\, y)dy$$

e notamos que

$$\Delta F = F(x+h) - F(x) = \int_{u_1}^{u_2} f(x+h,\, y)dy - \int_{u_1}^{u_2} f(x,\, y)dy = \int_{u_1}^{u_2} [f(x+h,\, y) - f(x,\, y)]dy,$$

de sorte que

$$\frac{\Delta F}{h} = \int_{u_1}^{u_2} \frac{f(x+h,\, y) - f(x,\, y)}{h}dy. \tag{5.4}$$

Quando $h \to 0$, o integrando que aí aparece tende à derivada $\partial f/\partial x$, sendo pois de imaginar que se possa passar ao limite nessa expressão para se obter a fórmula (5.3). No entanto, é preciso notar que estaríamos assim afirmando que

$$\lim_{k\to 0}\int_{u_1}^{u_2} \frac{f(x+h,\, y) - f(x,\, y)}{h}dy = \int_{u_1}^{u_2} \lim_{k\to 0}\frac{f(x+h,\, y) - f(x,\, y)}{h}dy,$$

isto é, que o limite da integral é igual à integral do limite.

Mas isso nem sempre é verdade, pois existem situações em que não podemos trocar a ordem das operações de integrar e passar ao limite sem alterar o resultado. Por exemplo,

$$\lim_{h\to 0}\int_0^1 \frac{2xdx}{(x^2+h^2)\ln h} \neq \int_0^1 \lim_{h\to 0}\frac{2xdx}{(x^2+h^2)\ln h}.$$

De fato, o limite na integral do segundo membro é zero para $x \neq 0$, de sorte que essa integral também é zero, ao passo que a integral do primeiro membro é $\ln(1+1/h^2)/\ln h$, cujo limite, com $h \to 0$, calculado pela regra de l'Hôpital, resulta ser -2.

Esse exemplo serve para mostrar que a passagem ao limite em (5.4) para se obter (5.3) precisa ser justificada, o que é possível em face de ser f uma função contínua, juntamente com sua derivada $\partial f/\partial x$. Entretanto, não vamos nos ocupar dessa parte da demonstração, que pertence antes a um curso de Análise.

Combinando os dois casos anteriores

Finalmente, vamos considerar a situação mais geral, em que os limites de integração u_1 e u_2, e o integrando f, são funções da variável x:

$$F(x) = \int_{u_1(x)}^{u_2(x)} f(x,\, y)dy.$$

Para calcular a derivada dessa função, observamos que ela pode ser considerada função da variável x diretamente e, indiretamente, através de u_1 e u_2:

$$F(x) = \int_{u_1}^{u_2} f(x,\, y)dy = G(x,\, u_1(x),\, u_2(x)). \tag{5.5}$$

Sua derivada é então calculada pela regra da cadeia:

$$F'(x) = \frac{\partial G}{\partial x} + \frac{\partial G}{\partial u_1}u_1'(x) + \frac{\partial G}{\partial u_2}u_2'(x). \tag{5.6}$$

Vamos escrever G na forma

$$G = \int_a^{u_2} f(x,\, y)dy - \int_a^{u_1} f(x,\, y)dy,$$

onde a é qualquer número fixado entre u_1 e u_2. Então,

$$\frac{\partial G}{\partial u_2} = f(x,\, u_2) \quad \text{e} \quad \frac{\partial G}{\partial u_1} = -f(x,\, u_1).$$

Daqui, de (5.3) e (5.6), obtemos a seguinte expressão para a derivada de (5.5):

$$\frac{d}{dx}\int_{u_1(x)}^{u_2(x)} f(x,\, y)dy = \int_{u_1(x)}^{u_2(x)} \frac{\partial f(x,\, y)}{\partial x}dy + f(x,\, u_2(x))u_2' - f(x,\, u_1(x))u_1'(x). \tag{5.7}$$

Esta fórmula, como se vê, contém as fórmulas (5.2) e (5.3) como casos particulares.

Exemplo 1. De acordo com a fórmula (5.2),

$$\frac{d}{dx}\int_{x^2}^{\sqrt{x}} e^{-y^2}dy = \frac{e^{-x}}{2\sqrt{x}} - 2xe^{-x^4}.$$

Exemplo 2. Vamos usar a fórmula (5.3) para calcular a derivada da função

$$F(x) = \int_0^1 \ln(x^2 + y^2)dy.$$

Teremos

$$F'(x) = \int_0^1 \frac{\partial}{\partial x}\ln(x^2 + y^2)dy = \int_0^1 \frac{2x}{x^2 + y^2}dy.$$

Para calcular essa integral, notamos que, considerando x constante,

$$\frac{2xdy}{x^2 + y^2} = \frac{2d(y/x)}{1 + (y/x)^2};$$

portanto,

$$F'(x) = 2\arctan\frac{y}{x}\bigg|_{y=0}^{y=1} = 2\arctan\frac{1}{x},$$

Exemplo 3. Vamos calcular a derivada da função

$$F(x) = \int_x^{\sqrt{x}} \frac{e^{xy^2}}{y}dy.$$

De acordo com a fórmula (5.7),

$$F'(x) = \int_x^{\sqrt{x}} ye^{xy^2}dy + \frac{1}{2\sqrt{x}} \cdot \frac{e^{x^2}}{\sqrt{x}} - \frac{e^{x^3}}{x}.$$

A integral que aí aparece pode ser calculada com a substituição $y = u/\sqrt{x}$:

$$\int ye^{xy^2}dy = \int \frac{u}{\sqrt{x}}e^{u^2}\frac{du}{\sqrt{x}} = \frac{1}{2x}\int de^{u^2} = \frac{e^{u^2}}{2x} = \frac{e^{xy^2}}{2x};$$

portanto,

$$F'(x) = \frac{e^{x^2} - e^{x^3}}{2x} + \frac{e^{x^2}}{2x} - \frac{e^{x^3}}{x} = \frac{2e^{x^2} - 3e^{x^3}}{2x}.$$

Exercícios

Calcule as derivadas das funções dadas nos Exercícios 1 a 13.

1. $F(x) = \int_1^{x_2} \ln y\, dy.$

2. $F(x) = \int_1^{e^x} \ln y\, dy.$

3. $F(x) = \int_{-\sqrt{x}}^{1} \frac{dy}{\sqrt{y^2+1}}.$

4. $F(x) = \int_x^{x^2} y\sqrt{1-y}\, dy.$

5. $F(x) = \int_{\sqrt{x}}^{x} \operatorname{sen} \frac{1}{y}\, dy.$

6. $F(x) = \int_{x^2}^{\ln x} e^y\, dy.$

7. $F(x) = \int_0^{\operatorname{sen} x} \operatorname{arc\,sen} y\, dy.$

8. $F(x) = \int_0^{\operatorname{arc\,sen} x} \operatorname{sen} y\, dy.$

9. $F(x) = \int_0^{x} \frac{\operatorname{sen} xy}{y}\, dy.$

10. $F(x) = \int_0^{\pi} \frac{\cos xy^{-1}}{y} dy.$

11. $F(x) = \int_0^{x^2} \sqrt{y} dy, x < 0.$

12. $F(x) = \frac{1}{2}\int_0^{x} (x^2 \operatorname{sen} y + 1)^2 dy.$

13. $F(x) = \int_0^{\sqrt{x}} \arctan \frac{y}{\sqrt{x}} dy.$

Respostas

1. $2x \ln x^2.$

3. $\frac{1}{2\sqrt{x}} \cdot \frac{1}{\sqrt{x+1}} = \frac{1}{2\sqrt{x(x+1)}}.$

5. $\operatorname{sen} \frac{1}{x} - \frac{1}{2\sqrt{x}} \operatorname{sen} \frac{1}{\sqrt{x}}.$

7. $\cos x \cdot \operatorname{arc\,sen}(\operatorname{sen} x).$

9. $\frac{2 \operatorname{sen} x^2}{x}.$

11. $-2x^2.$

13. $\frac{1}{4\sqrt{x}}\left(\frac{\pi}{2} - \ln 2\right).$

5.2 Integrais duplas. Áreas e volumes

Vamos introduzir o conceito de *integral dupla* de maneira análoga ao procedimento usado na Seção 10.5 do Volume 1 do *Cálculo das funções de uma variável*, quando definimos a *integral de Riemann* de uma função contínua num intervalo fechado.

Seja $f(x, y)$ uma função definida num domínio D do plano. Vamos supor que D seja limitado, de sorte que ele estará todo contido num retângulo

$$R\colon\ a \le x \le b, \quad c \le y \le d,$$

como ilustra a Fig. 5.1. Vamos dividir os lados horizontais desse retângulo em m subintervalos iguais, de comprimentos $\Delta x = (b-a)/m$. De igual modo, dividimos os lados verticais em n subintervalos iguais, de comprimentos $\Delta y = (d-c)/n$. Sejam

$$x_0 = a < x_1 < x_2 < \cdots < x_m = b \quad \text{e} \quad y_0 = c < y_1 < y_2 < \cdots < y_m = d$$

os pontos dessas divisões. Traçando, por esses pontos, retas paralelas aos eixos de coordenadas, o retângulo R fica dividido em sub-retângulos R_{ij}, $i = 1, \ldots, m$ e $j = 1, \ldots, n$, cada um deles com área $\Delta x \Delta y$. Agora tomamos em cada sub-retângulo R_{ij} um ponto $P_{ij} = (\xi_j, \eta_j)$, como ilustra a Fig. 5.1, e formamos a *soma de Riemann*

$$\sum_{i=1}^{m}\sum_{j=1}^{n} f(\xi_i, \eta_j)\Delta x \Delta y,$$

onde tomamos $f(\xi_i, \eta_j)$ como sendo zero quando o ponto P_{ij} estiver fora do domínio D. Quando Δx e Δy tendem a zero, ou, o que é o mesmo, quando m e n tendem a infinito, pode acontecer que essa soma tenha um limite determinado. Isso ocorrendo, esse limite é chamado de *integral de f sobre o domínio D*, que se indica com o símbolo

$$\iint_D f(x, y)dxdy.$$

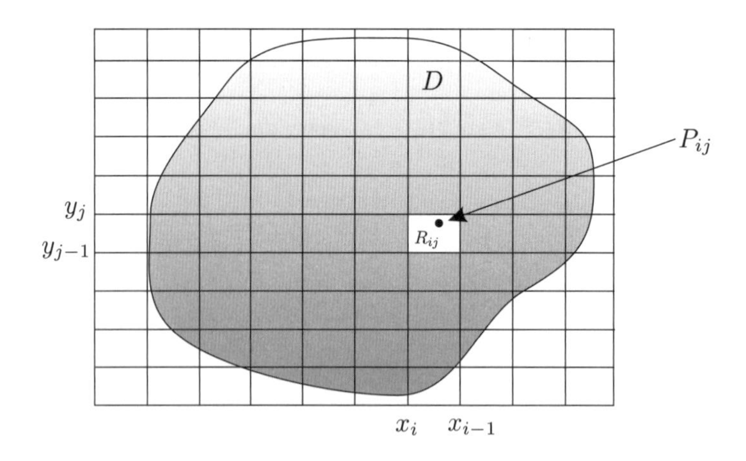

Figura 5.1

Portanto, por definição,

$$\iint\limits_D f(x, y)dxdy = \lim_{\substack{\Delta x \to 0 \\ \Delta y \to 0}} \sum_{i=1}^{m} \sum_{j=1}^{n} f(\xi_i, \eta_j)\Delta x \Delta y. \tag{5.8}$$

A existência desse limite depende não apenas do comportamento da função f, mas também das propriedades do domínio D. Vamos supor que a fronteira de D seja constituída de um número finito de arcos do tipo

$$x = x(t), \quad y = y(t), \quad \alpha \leq t \leq \beta,$$

onde $x(t)$ e $y(t)$ são funções contínuas com derivadas contínuas num intervalo fechado $[\alpha, \beta]$, satisfazendo a condição $x'^2 + y'^2 \neq 0$. Tal arco é dito *arco regular*, e uma fronteira constituída de um número finito de arcos regulares é chamada de *fronteira regular*. Quando a função f é contínua num domínio compacto (fechado e limitado), com fronteira regular, a integral dupla definida em (5.8) existe. É o que se demonstra nos cursos de Análise. Esse resultado será suficiente para os propósitos do nosso curso.

Repare que se um sub-retângulo R_{ij} contiver pontos de D e pontos fora de D, ele contribuirá ou não para a soma em (5.8) conforme P_{ij} seja escolhido em D ou fora, respectivamente. Essa escolha não afeta o valor da integral, que é o limite da soma quando os lados dos sub-retângulos R_{ij} tendem a zero. Esse fato decorre da hipótese que fazemos de que a fronteira seja regular. Em certo sentido, pode-se dizer que uma fronteira regular tem "área nula", portanto em nada contribui para a integral. Existem fronteiras não regulares e bastante complexas para terem "área positiva" ou *medida positiva*, como se diz.

Volume como integral dupla

Para interpretar geometricamente o significado da integral dupla, vamos supor, por um momento, que a função f seja positiva. Então, o gráfico de $z = f(x, y)$ é uma superfície que jaz acima do plano Oxy, como ilustra a Fig. 5.2. É fácil compreender, então, que a soma de Riemann em (5.8) é a soma dos volumes dos paralelepípedos cujas bases são os sub-retângulos R_{ij} e cujas alturas correspondentes são os valores $f(\xi_i, \eta_i)$. Quando $\Delta x \to 0$ e $\Delta y \to 0$, essa soma vai-se aproximando mais e mais do que podemos chamar de "volume" do sólido delimitado pelo domínio D, pelo gráfico de f e pelas retas que passam pela fronteira de D e são paralelas ao eixo Oz. Podemos, pois, definir o *volume* desse sólido como sendo a integral em (5.8).

Quando f for positiva em alguns pontos e negativa em outros, a integral (5.8) se constituirá de duas partes: uma parcela positiva, igual ao volume do sólido correspondente ao subconjunto de D onde f é positiva; e uma parcela negativa, igual, em valor absoluto, ao volume do sólido correspondente ao subconjunto de D onde f é negativa.

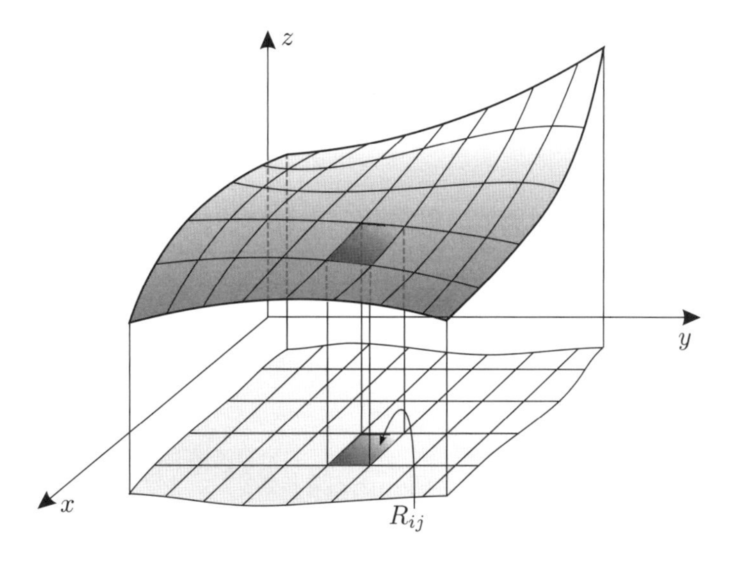

Figura 5.2

Definição de área

A *área de uma figura plana D*, com fronteira regular, é definida como sendo a integral da função $f(x, y) = 1$ em D, isto é,

$$A = \iint_D dxdy.$$

Esta definição é perfeitamente natural, já que as somas de Riemann em (5.8), com $f(x, y) = 1$, são áreas de polígonos que vão "aproximando" mais e mais a figura D à medida que Δx e Δy tendem a zero (Figs. 5.3).

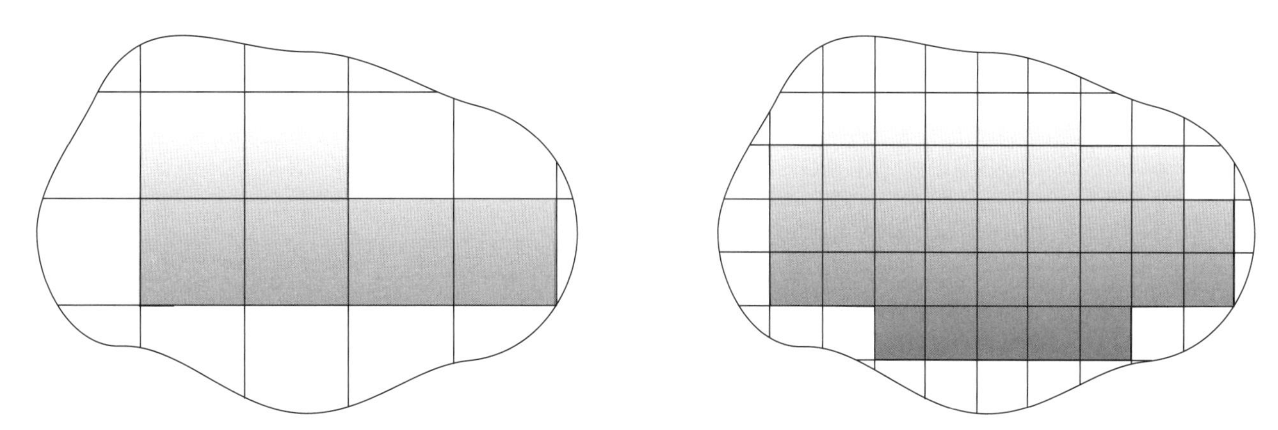

Figura 5.3

Como aplicação imediata da definição de área, é fácil verificar que a área A da figura delimitada pelo gráfico de uma função $f(x) \geq 0$, o eixo Ox e as retas $x = a$ e $x = b$ (Fig. 5.4), é dada por

$$A = \int_a^b f(x)dx.$$

De fato, de acordo com a definição anterior e (5.9) adiante,

$$A = \iint_D dxdy = \int_a^b \left(\int_0^{f(x)} dy \right) dx = \int_a^b f(x)dx.$$

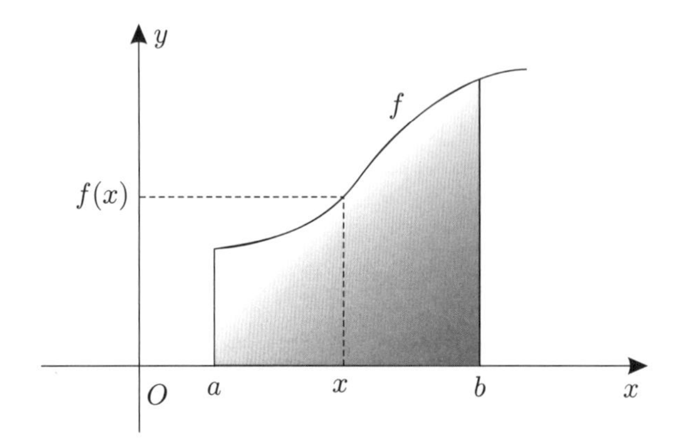

Figura 5.4

Integrais repetidas

No Volume 1 do Cálculo das funções de uma variável as integrais simples são calculadas em termos de primitivas graças ao Teorema Fundamental do Cálculo. Veremos agora que o cálculo das integrais duplas se reduz ao cálculo de integrais simples graças a um teorema que se demonstra nos cursos de Análise. Vamos considerar uma versão simplificada desse teorema, suficiente para os propósitos de nosso curso.

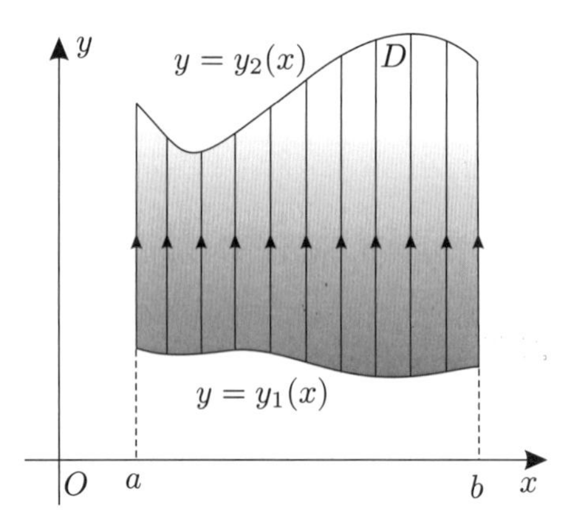

Figura 5.5

Vamos supor que a função f tenha domínio $D = \{(x,\, y)\colon\ a \le x \le b,\ y_1(x) \le y \le y_2(x)\}$, onde $y = y_1(x)$ e $y = y_2(x)$ sejam funções contínuas num intervalo $[a,\, b]$, como ilustra a Fig. 5.5. Pode-se demonstrar, então, que a integral dupla de f sobre D é o resultado de duas integrações sucessivas:

$$\iint_D f(x,\, y)dxdy = \int_a^b \left(\int_{y_1(x)}^{y_2(x)} f(x,\, y)dy \right) dx. \tag{5.9}$$

A última integral que aí aparece, entre parênteses, é do tipo considerado na Seção 5.1. É costume escrever a *integral repetida* do segundo membro de (5.9) na forma

$$\int_a^b \int_{y_2(x)}^{y_2(x)} f(x,\, y)dydx, \quad \text{ou ainda,} \quad \int_a^b dx \int_{y_1(x)}^{y_2(x)} f(x,\, y)dy.$$

Quando f é positiva, a integração em y que aparece no segundo membro de (5.9) representa a área $A(x)$ de uma seção do sólido pelo domínio D, pela superfície $z = f(x,\, y)$ e pelas retas paralelas a Oz que passam pela fronteira de D. O produto $A(x)dx$ representa o volume de uma "fatia" desse sólido, como ilustra a Fig. 5.6. Evidentemente, quando integramos em x obtemos o volume total do sólido, como era de esperar.

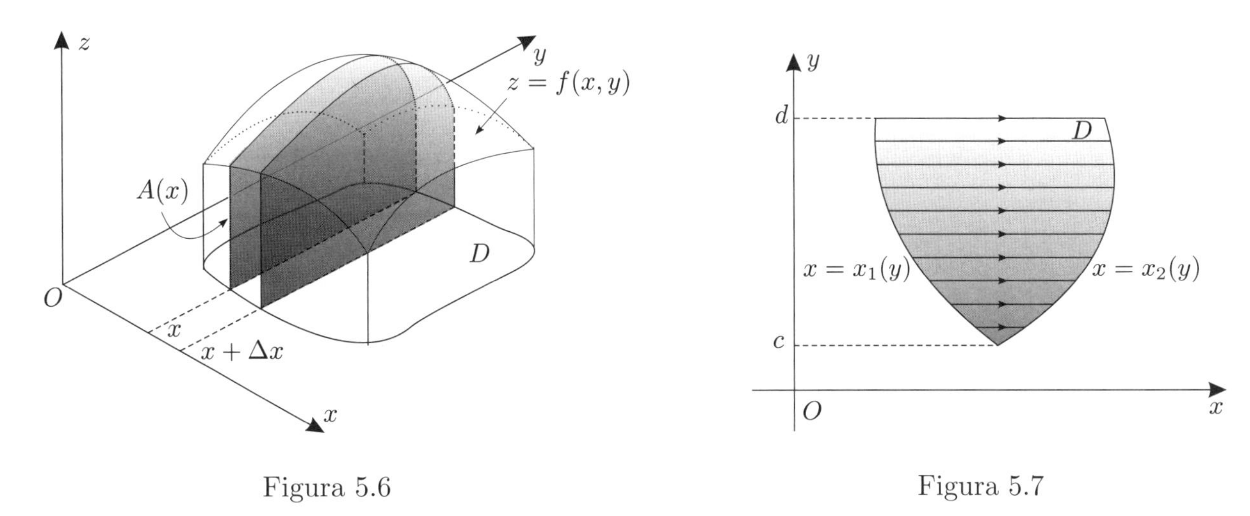

Figura 5.6 Figura 5.7

É claro que o resultado expresso em (5.9) pode ser formulado trocando-se os papéis das variáveis x e y. Para isso devemos supor que D possa ser descrito como o conjunto dos pontos $(x,\, y)$ com $c \le y \le d$ e $x_1(y) \le x \le x_2(y)$, onde $x = x_1(y)$ e $x = x_2(y)$ sejam funções contínuas no intervalo $[c,\, d]$, como ilustra a Fig. 5.7. Então, a integral dupla da função f é o resultado de se integrar primeiro em x e depois em y:

$$\iint_D f(x,y)dxdy = \int_c^d \left(\int_{x_1(y)}^{x_2(y)} f(x,y)ds \right) dy. \tag{5.10}$$

Observe que para a validade tanto de (5.9) como de (5.10) devemos supor que f seja função contínua no domínio D, e que este inclui sua fronteira, sendo um conjunto compacto.

Exemplo 1. Vamos calcular a integral

$$\iint_D \sqrt{x}\cos(y\sqrt{x})dxdy,$$

onde D é o domínio delimitado pelas retas $y = 0$, $x = \pi/4$ e pela curva $y = \sqrt{x}$ (Fig. 5.8a). Integrando primeiro em y, de $y = 0$ a $y = \sqrt{x}$, obtemos

$$\int_0^{\sqrt{x}} \sqrt{x}\cos(y\sqrt{x})dy = \operatorname{sen}(y\sqrt{x})\Big|_0^{\sqrt{x}} = \operatorname{sen} x.$$

Em seguida integramos em x, de $x = 0$ a $x = \pi/4$, de sorte que

$$\iint_D \sqrt{x}\cos(y\sqrt{x})dxdy = \int_0^{\pi/4} dx \int_0^{\sqrt{x}} \sqrt{x}\cos(y\sqrt{x})dy = \int_0^{\pi/4} \operatorname{sen} x dx = 1 - \frac{\sqrt{2}}{2}.$$

Outro modo de calcular a integral consiste em integrar primeiro em x e depois em y, como ilustra a Fig. 5.8b:

$$\iint_D \sqrt{x}\cos(y\sqrt{x})dxdy = \int_0^{\sqrt{\pi}/2} dy \int_{y^2}^{\sqrt{\pi}/4} \sqrt{x}\cos(y\sqrt{x})dx.$$

Esse não é um bom procedimento devido ao fato de que esta última integral em x é bem mais complicada de ser calculada, ao passo que, com a substituição $u = y\sqrt{x}$, ela se transforma na integral de $u^2 \cos u$, a qual pode ser calculada por partes.

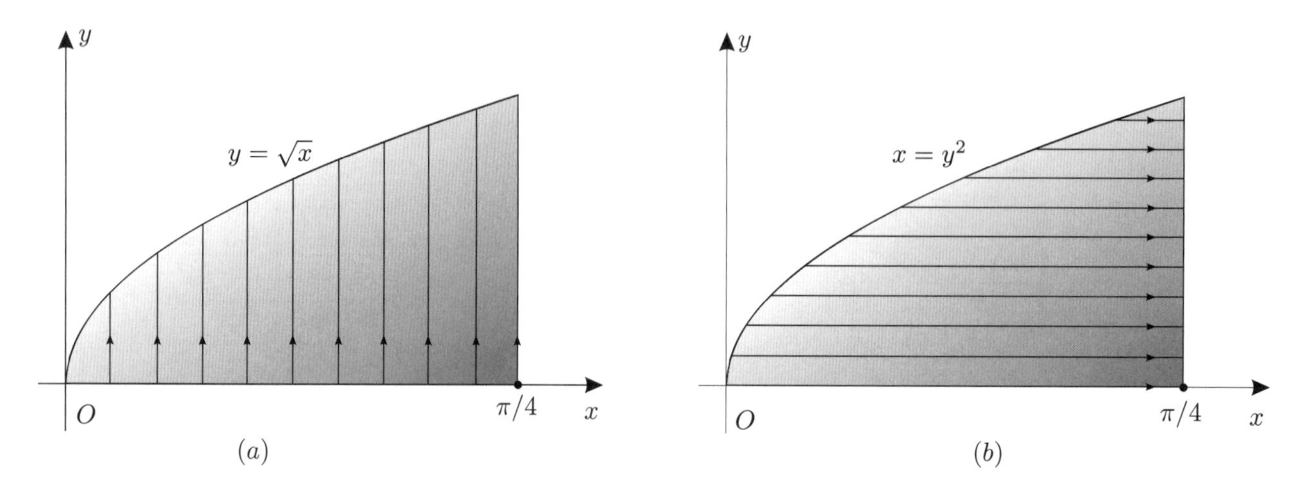

Figura 5.8

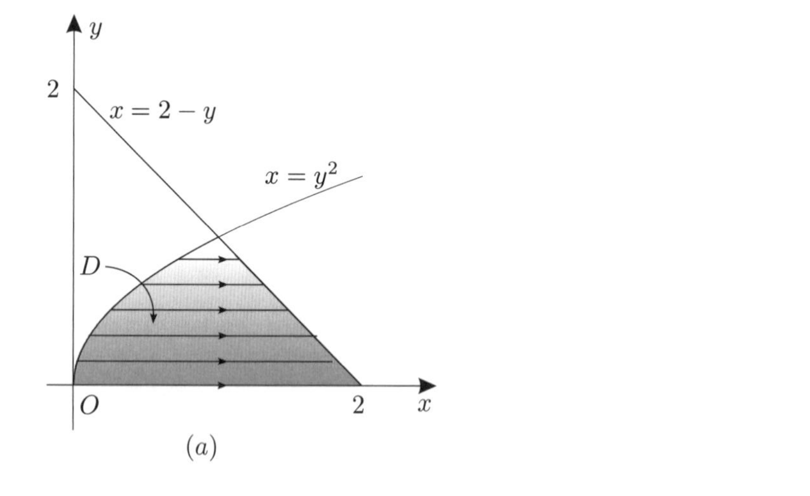

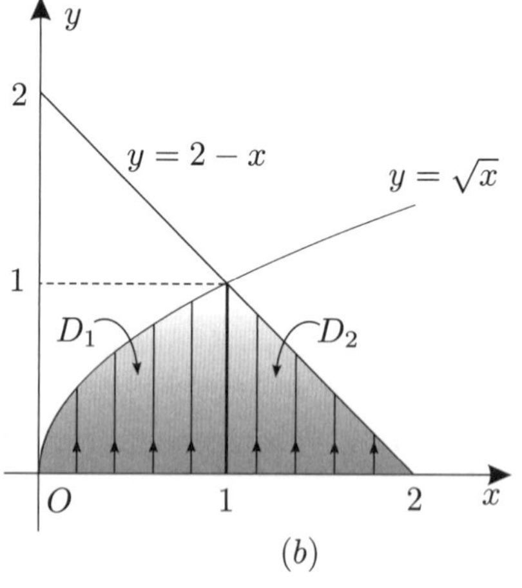

Figura 5.9

Exemplo 2. Vamos calcular a integral da função $f(x, y) = x\sqrt{y}$ no domínio D formado pelas retas $y = 0$, $x + y = 2$ e a parábola $x = y^2$ (Fig. 5.9a). Nesse caso é conveniente integrar primeiro em relação a x:

$$\iint_D x\sqrt{y}\, dxdy = \int_0^1 \sqrt{y}\left(\int_{y^2}^{2-y} x\, dx\right) dy = \int_0^1 \frac{\sqrt{y}}{2}[(2-y)^2 - y^4]dy$$

$$= \int_0^1 \left(2y^{1/2} - 2y^{3/2} + \frac{y^{5/2}}{2} - \frac{y^{9/2}}{2}\right) dy$$

$$= \left(\frac{4y^{3/2}}{3} - \frac{4y^{5/2}}{5} + \frac{y^{7/2}}{7} - \frac{y^{11/2}}{11}\right)\Bigg|_0^1 = \frac{676}{1155}.$$

Se quiséssemos integrar primeiro em y, teríamos de considerar o domínio D como união de dois domínios,

D_1 e D_2, como ilustra a Fig. 5.9b. Então,

$$\iint_D x\sqrt{y}\,dxdy = \iint_{D_1} x\sqrt{y}\,dxdy + \iint_{D_2} x\sqrt{y}\,dxdy = \int_0^1 x\left(\frac{2y^{3/2}}{3}\right)_0^{\sqrt{x}} dx + \int_1^2 x\left(\frac{2y^{3/2}}{3}\right)_0^{2-x} dx$$
$$= \int_0^1 \frac{2x^{7/4}}{3} + \int_1^2 \frac{2x\sqrt{(2-x)^3}}{3} dx.$$

Conquanto seja fácil calcular a primeira dessas integrais, o mesmo não acontece com a segunda.

Exemplo 3. Vamos integrar uma função $f(t)$, entre $t = 0$ e x, n vezes, e mostrar que o resultado pode ser expresso com uma única integração. Vamos escrever

$$F_0(x) = \int_0^x f(t)dt, \quad F_1(x) = \int_0^x F_0(t)dt, \quad F_2(x) = \int_0^x F_1(t)dt, \ldots, \quad F_n(x) = \int_0^x F_{n-1}(t)dt.$$

Repare que

$$F_1(x) = \int_0^x ds \int_0^s f(t)dt = \iint_D f(t)dtds,$$

onde D é o triângulo, no plano t, s, delimitado pelas retas $t = s$, $t = 0$ e $s = x$ (Fig. 5.10). Integrando primeiro em s, depois em t, obtemos

$$F_1(x) = \int_0^x f(t)dt \int_t^x ds = \int_0^x f(t)(x-t)dt.$$

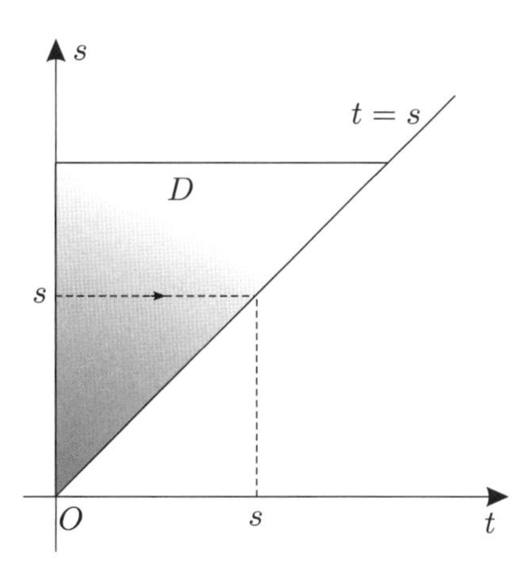

Figura 5.10

Em seguida calculamos $F_2(x)$ de maneira análoga, trocando a ordem de integração. Vejamos:

$$F_2(x) = \int_0^x F_1(s)ds = \int_0^x ds \int_0^s f(t)(s-t)dt$$
$$= \int_0^x f(t)dt \int_t^x (s-t)ds = \int_0^x f(t)\frac{(x-t)^2}{2}dt.$$

De maneira análoga, calculamos $F_3(x)$:

$$F_3(x) = \int_0^x F_2(s)ds = \int_0^x ds \int_0^s f(t)\frac{(s-t)^2}{2}dt$$
$$= \int_0^x f(t)dt \int_t^x \frac{(s-t)^2}{2}ds = \int_0^x f(t)\frac{(x-t)^3}{3!}dt.$$

Continuando com essas integrações vamos encontrar, sucessivamente,

$$F_4(x) = \int_0^x f(t)\frac{(x-t)^4}{4!}dt, \ldots, \quad F_n(x) = \int_0^x f(t)\frac{(x-t)^n}{n!}dt.$$

$F_n(x)$ é o resultado de integrar $n+1$ vezes a função $f(t)$ entre 0 e x, isto é,

$$F_n(x) = \int_0^x ds_n \int_0^{s_n} \ldots ds_2 \int_0^{s_2} ds_1 \int_0^{s_1} f(t)dt = \int_0^x f(t)\frac{(x-1)^n}{n!}dt.$$

Como se vê por esses exemplos, a escolha da ordem de integração no cálculo de uma integral dupla é ditada pela conveniência, em cada caso.

Exercícios

Em cada um dos Exercícios 1 a 17 são dados um domínio D e uma função f. Esboce o domínio D e calcule a integral dupla de f sobre D em cada caso. Em vários deles pode-se ver, sem efetuar cálculos, mas apenas por razões de simetria, que a integral é zero.

1. D é o quadrado $0 \le x \le 1$, $0 \le y \le 1$ e $f(x, y) = x^2 + y^2$.

2. $D = \{(x, y)\colon\ x \ge 0,\ y \ge 0,\ x + y \le 1\}$ e $f(x, y) = x^2 y$.

3. $D = \{(x, y)\colon\ 0 \le x \le y \le 1\}$ e $f(x, y) = x^2 y$.

4. $D = \{(x, y)\colon\ 0 \le y \le x \le \pi/2\}$ e $f(x, y) = \cos y$.

5. D é quadrado de vértices $(\pm 1, 0)$ e $(0, \pm 1)$, e $f(x, y) = xe^y$.

6. $D = \{(x, y)\colon\ 0 \le y \le \operatorname{sen} x,\ 0 \le x \le \pi/2\}$ e $f(x, y) = y$.

7. D é o domínio delimitado pelas retas $x = y$, $x = -1$ e $y = 1$, e $f(x, y) = xy$.

8. $D = \{(x, y)\colon\ 0 \le x \le y \le 1\}$ e $f(x, y) = x \cos y$.

9. D é o semicírculo $x^2 + y^2 \le 1$, $y \ge 0$ e $f(x, y) = x$.

10. D é o semicírculo $x^2 + y^2 \le 1$, $x \ge 0$ e $f(x, y) = y$.

11. D é o domínio delimitado pela parábola $y = x^2$, pelo eixo Ox e pela reta $x = 1$, e $f(x, y) = xe^y$

12. D é o domínio delimitado pela parábola $y = x^2$ e a reta $y = x$, e $f(x, y) = xe^y$.

13. D é o domínio delimitado pela parábola $y = x^2$, o eixo Oy e a reta $y = \pi/2$, e $f(x, y) = \sqrt{y}\ \operatorname{sen}(x\sqrt{y})$.

14. $D = \{(x, y)\colon\ 0 \le y \le x \le \pi\}$ e $f(x, y) = x \operatorname{sen} y$.

15. $D = \{(x, y)\colon\ |x| \le \pi/2,\ 0 \le y \le \cos x\}$, e $f(x, y) = xy$.

16. $D = \{(x, y)\colon\ 0 \le x \le 1,\ 1 - x^2 \le y \le x^2\}$, e $f(x, y) = x\sqrt{y}$.

17. $D = \{(x, y)\colon\ x^2 + y^2 \le r\}$ e $f(x, y) = ax + by + c$. Interprete o resultado geometricamente, mostrando como obtê-lo por um raciocínio de Geometria Elementar.

Calcule o volume de cada um dos sólidos dados nos exercícios seguintes. Faça gráficos para auxiliar no raciocínio.

18. Sólido do primeiro octante, delimitado pelos planos $z = x + y + 1$ e $x + y = 1$. Faça o cálculo por integral dupla e por Geometria Elementar.

19. Sólido do primeiro octante, delimitado pelo plano $y + z = 1$.

20. Sólido do primeiro octante, delimitado pela superfície cilíndrica $z = 4 - y^2$ e pelo plano $x = 5$.

Respostas, sugestões e soluções

1. $2/3$. **3.** $1/15$. **5.** 0. **7.** 0.

9. 0. **11.** $e/2-1$. **13.** $\pi/2-1$ **15.** 0.

17. $\pi r^2 c$. Observe que o volume do sólido é igual ao volume do cilindro circular reto de raio r e altura c.

19. O volume é $V = 5/2$, o qual pode ser calculado elementarmente. Por integração,

$$V = \iint (1-y)dxdy = \int_0^5 dx \int_0^1 (1-y)dy.$$

20. Como no exercício anterior, o volume V agora é dado pela seguinte integral:

$$V = \iint (1-y^2)dxdy = \int_0^5 dx \int_0^1 (1-y^2)dy = \frac{10}{3}.$$

5.3 Propriedades da integral

Vamos relacionar aqui várias propriedades das integrais duplas que são comuns às integrais simples. A *linearidade* da integral se expressa através das seguintes equações:

$$\iint_D cf(x,y)dxdy = c\iint_D f(x,y)dxdy,$$

$$\iint_D [f(x,y) + g(x,y)dxdy = \iint_D f(x,y)dxdy + \iint_D g(x,y)dxdy,$$

onde c é constante, f e g são funções contínuas num domínio compacto D com fronteira regular.[1] Se $D = D_1 \cup D_2$ onde D_1 e D_2 são domínios disjuntos ou só têm em comum um número finito de arcos regulares, então

$$\iint_{D_1 \cup D_2} f(x,y)dxdy = \iint_{D_1} f(x,y)dxdy + \iint_{D_2} f(x,y)dxdy.$$

Vamos considerar a seguir o chamado *Teorema da Média* para integrais duplas. Para isso temos de primeiro enunciar o *Teorema do Valor Intermediário*, já considerado no caso de funções de uma variável, na Seção 4.2 do Volume 1 do Cálculo das funções de uma variável.

Teorema do Valor Intermediário. *Uma função f, contínua num domínio conexo e compacto D, assume todos os valores compreendidos entre seu máximo e seu mínimo.*

Como no caso de funções de uma variável, a demonstração desse teorema necessita de conceitos que não estão à nossa disposição, por isso mesmo não será feita aqui.

[1]Lembramos que por "conjunto compacto" entende-se todo conjunto que é fechado e limitado. A definição de "arco regular" encontra-se na p. 126. Vamos necessitar também da noção de "conjunto conexo", que é simplesmente todo conjunto tal que quaisquer dois de seus pontos podem ser ligados por uma poligonal toda contida no conjunto, definição esta que é dada mais adiante, na p. 169.

Teorema da Média. *Seja f uma função contínua num domínio conexo e compacto D. Então existe ao menos um ponto (ξ, η) em D tal que*

$$\iint_D f(x, y)dxdy = f(\xi, \eta) \iint_D dxdy = f(\xi, \eta)A,$$

onde A é a área de D.

Demonstração. Pelo primeiro teorema da Seção 3.2 (p. 82), sabemos que f assume em D um valor máximo M e um valor mínimo m, de forma que

$$m \leq f(\xi_i, \eta_j) \leq M.$$

qualquer que seja o ponto (ξ_i, η_j) em D. Daqui segue-se que

$$m \sum_{i=1}^{m} \sum_{j=1}^{n} \Delta x \Delta y \leq \sum_{i=1}^{m} \sum_{j=1}^{n} f(\xi_i, \eta_j) \Delta x \Delta y \leq M \sum_{i=1}^{m} \sum_{j=1}^{n} \Delta x \Delta y,$$

onde o termo central dessas desigualdades é a soma de Riemann, que aparece em (5.8) na p. 126. Passando ao limite com Δx e Δy tendendo a zero, obtemos

$$m \iint_D dxdy \leq \iint_D f(x, y)dxdy \leq M \iint_D dxdy.$$

Isso significa que existe um número F, entre m e M, tal que

$$\iint_D f(x, y)dxdy = F \iint_D dxdy.$$

Finalmente, pelo Teorema do Valor Intermediário, existe (ξ, η) em D tal que $F = f(\xi, \eta)$, o que completa a demonstração.

Outras propriedades importantes das integrais duplas são dadas pelas seguintes desigualdades:

$$\left.\begin{array}{l} \displaystyle\iint_D f(x, y)dxdy \geq 0 \quad \text{se} \quad f \geq 0; \\ \displaystyle\iint_D f(x, y)dxdy \geq \iint_D g(x, y)dxdy \quad \text{se} \quad f \geq g; \\ \displaystyle\left|\iint_D f(x, y)dxdy\right| \leq \iint_D |f(x, y)|dxdy. \end{array}\right\} \tag{5.11}$$

As demonstrações são simples e ficam a cargo do leitor.

Exercícios

1. Seja f uma função contínua num domínio D. Vamos supor que o diâmetro d de D (veja a definição de diâmetro logo adiante, na Seção 5.4) tenda a zero, de maneira que D tende a reduzir-se a um único ponto (x_0, y_0). Demonstre que

$$\lim_{d \to 0} \frac{1}{A(D)} \iint_D f(x,y)dxdy = f(x_0, y_0),$$

onde $A(D)$ é a área de D.

2. Demonstre as propriedades (5.11) do texto.

3. Seja $f \geq 0$ uma função contínua num domínio D, tal que

$$\iint_{D'} f(x,\, y)dxdy = 0$$

para todo domínio $D' \subset D$. Demonstre que $f = 0$.

4. Demonstre que se f for contínua e estritamente positiva num conjunto compacto D, com pontos interiores em D, então

$$\iint_{D} f(x,\, y)dxdy > 0.$$

Respostas, sugestões e soluções

1. Pelo teorema da média,

$$\iint_D f(x,\, y)dxdy = f(\xi,\, \eta)A(D), \quad \text{onde} \quad (\xi,\, \eta) \in D;$$

portanto,

$$\lim_{d \to 0} \frac{1}{A(D)} \iint_D f(x,\, y)dxdy = \lim_{d \to 0} f(\xi,\, \eta) = f(x_0,\, y_0).$$

3. Se $f \neq 0$, então existe $(x_0,\, y_0)$ tal que $f(x_0,\, y_0) > 0$ (observe que $f \geq 0$). Como f é contínua pelo teorema da permanência do sinal (p. 51), existe $D' \subset D'$ com $(x_0,\, y_0) \in D'$, tal que $f(x,\, y) > 0$ para todo $(x,\, y) \in D'$. Daqui e do teorema da média,

$$\iint_{D'} f(x,\, y)dxdy = f(\xi,\, \eta)A(D'),$$

onde $(\xi,\, \eta)$ é um ponto conveniente em D'. Mas

$$\iint_{D'} f(x,\, y)dxdy = 0$$

por hipótese, enquanto $A(D') \neq 0$ e $f(\xi,\, \eta) > 0$. Isso leva ao absurdo $0 = f(\xi,\, \eta)A(D') \neq 0$. Concluímos, pois, que $f = 0$.

5.4 Mudança de variáveis nas integrais duplas

Na definição (5.8) (p. 126) da integral dupla de uma função f consideramos um retângulo R que contivesse o domínio D de f e dividimos esse retângulo em sub-retângulos iguais R_{ij} para formar a soma de Riemann que aparece em (5.8).

Na verdade, pode-se demonstrar que o limite em (5.8) existe e independe do fato de serem iguais os sub-retângulos R_{ij}; basta que o "diâmetro" d_{ij} de R_{ij} tenda a zero.

O *diâmetro* de um conjunto A qualquer é definido como sendo o supremo do conjunto das distâncias $|P - Q|$, para todos os possíveis pares de pontos P e Q de A. Assim, se $P,\, Q,\, R,\, S, \ldots$ são pontos de A (Fig. 5.11), os números $|P - Q|$, $|P - R|$, $|Q - S|$, $|R - S|$, etc. são elementos do conjunto cujo supremo é o diâmetro de A. Dito de outra maneira, o diâmetro de A é o menor número d tal que $d \geq |P - Q|$ para todos os pares de pontos P e Q de A.

Uma vez definido o diâmetro de um conjunto, vamos descrever um modo mais geral de introduzir a integral dupla, inteiramente equivalente à definição (5.8) da p. 126. Seja f uma função contínua num domínio compacto D, com fronteira regular. Vamos supor que D seja dividido em n subdomínios $D_1,\, D_2, \ldots,\, D_n$, por meio de um número de arcos regulares, como ilustra a Fig. 5.12. Em cada um dos subdomínios D_i

escolhemos um ponto arbitrário P_i e formamos a soma

$$S_n = \sum_{i=1}^{n} f(P_i)A(D_i), \tag{5.12}$$

onde $A(D_i)$ representa a área do subdomínio D_i. Em seguida consideramos toda uma seqüência de divisões do domínio D, a cada uma das quais associamos uma soma S_n da maneira descrita. Seja d_n o maior dos diâmetros dos subdomínios D_1, $D_2, \ldots,$ D_n da divisão que fornece a soma S_n. Vamos supor que à medida que n cresce, tendendo a infinito, o diâmetro máximo d_n tende a zero. Então a soma S_n tende à integral de f sobre D. Não vamos nos ocupar da demonstração desse resultado; vamos apenas usá-lo em várias aplicações.

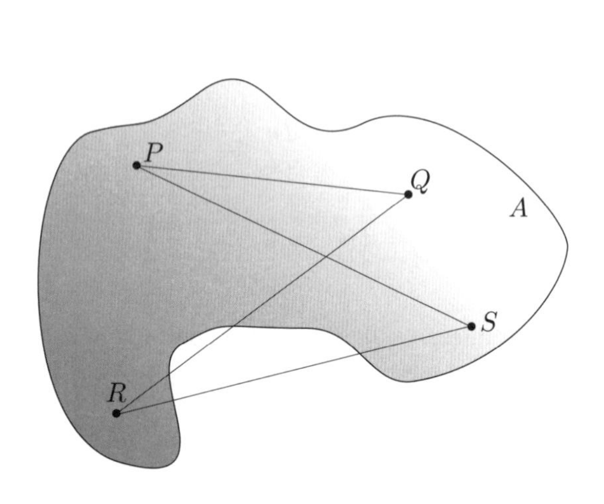

Figura 5.11

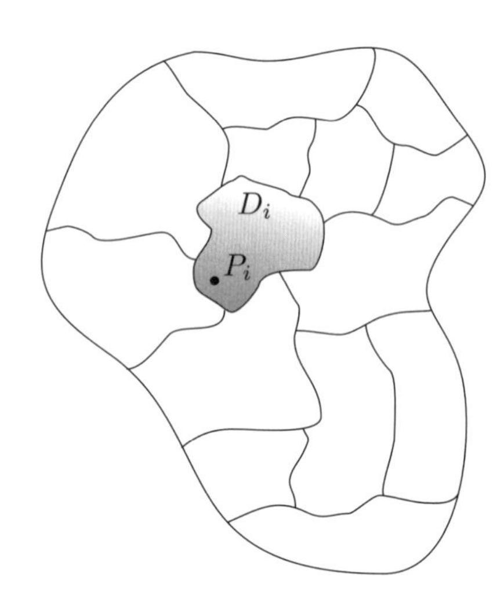

Figura 5.12

Coordenadas polares

Como primeira aplicação do resultado anterior, vamos considerar a integração de uma função f em coordenadas polares r e θ. Vamos supor f já expressa como função de r e θ, num domínio D, dado na forma

$$r_1(\theta) \leq r \leq r_2(\theta), \quad \alpha \leq \theta \leq \beta.$$

Nesse caso é conveniente dividir o domínio D em subdomínios D_i pelos círculos $r =$ const. e as retas $\theta =$ const. Dessa maneira a área de D_i é aproximadamente dada por

$$A(D_i) \approx \Delta r(r\Delta\theta),$$

já que Δr e $r\Delta\theta$ são os lados AB e AC de D_i (Fig. 5.13). Com esse valor de $A(D_i)$, a soma S_n em (5.12) é aproximadamente igual a

$$\sum_{i=1}^{n} f(r_i, \theta_i)(r\Delta\theta)(\Delta r).$$

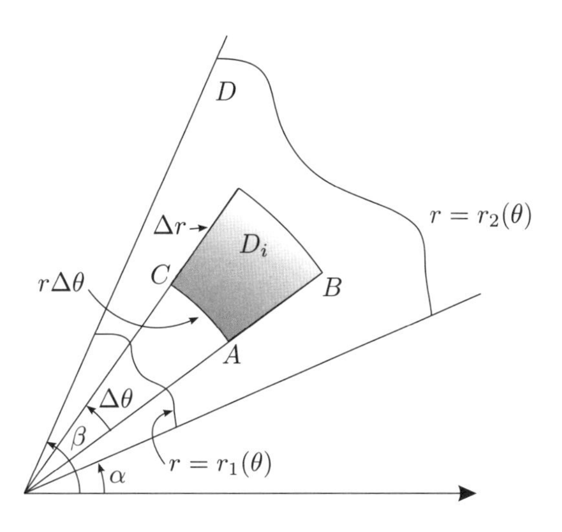

Figura 5.13

Quando passamos ao limite, com $n \to \infty$, essa soma deve convergir para a integral repetida

$$\int_{\alpha}^{\beta} d\theta \int_{r_1(\theta)}^{r_2(\theta)} f(r, \theta) r dr. \tag{5.13}$$

Isso de fato ocorre, e essa integral é igual à integral dupla de f sobre D:

$$\iint_D f\, dxdy = \int_{\alpha}^{\beta} \int_{r_1(\theta)}^{r_2(\theta)} f(r, \theta) r dr\, d\theta.$$

Uma demonstração rigorosa desse resultado é feita nos cursos de Análise, e está fora dos objetivos do nosso curso.

Exemplo 1. Vamos calcular a integral de $f((x, y) = \sqrt{x^2 + y^2}$ no círculo $x^2 + y^2 \leq R^2$. Seria muito trabalhoso efetuar essa integração em coordenadas cartesianas. No entanto, o cálculo é imediato em coordenadas polares, pois $r = \sqrt{x^2 + y^2}$; logo,

$$\iint_{x^2+y^2 \leq R^2} \sqrt{x^2 + y^2} dxdy = \int_{r=0}^{r=R} \int_{\theta=0}^{\theta=2\pi} r(r d\theta) dr = \int_0^R r^2 dr \int_0^{2\pi} d\theta = 2\pi \frac{r^3}{3}\bigg|_0^R = \frac{2\pi R^3}{3}.$$

Mudança geral de variáveis

Vamos considerar agora o problema geral de mudança de variáveis numa integral dupla,

$$\iint_D f(x, y) dxdy. \tag{5.14}$$

Vamos supor que o domínio D do plano x, y seja transformado num domínio D' do plano u, v por uma aplicação biunívoca dada pelas equações de transformação

$$x = x(u, v) \quad \text{e} \quad y = y(u, v).$$

Supomos ainda que essas funções sejam contínuas, com derivadas contínuas e Jacobiano diferente de zero em D', isto é,

$$J = \frac{\partial(x, y)}{\partial(u, v)} = \begin{vmatrix} x_u & y_u \\ x_v & y_v \end{vmatrix} \neq 0.$$

Vamos imaginar, no cálculo da integral (5.14), que o domínio D seja dividido em subdomínios pelas curvas $u =$ const. e $v =$ const. Um subconjunto D_j dessa divisão será delimitado pelas curvas $u = u_0$, $u = u_0 + \Delta u$, $v = v_0$ e $v = v_0 + \Delta v$ (Fig. 5.14). Vamos fazer um cálculo aproximado de sua área considerando valores pequenos de Δu e Δv. Sejam

$$P = P(u,\, v) = (x(u,\, v),\, y(u,\, v)) \quad \text{e} \quad P_0 = (x_0,\, y_0) = (x(u_0,\, v_0),\, y(u_0,\, v_0)).$$

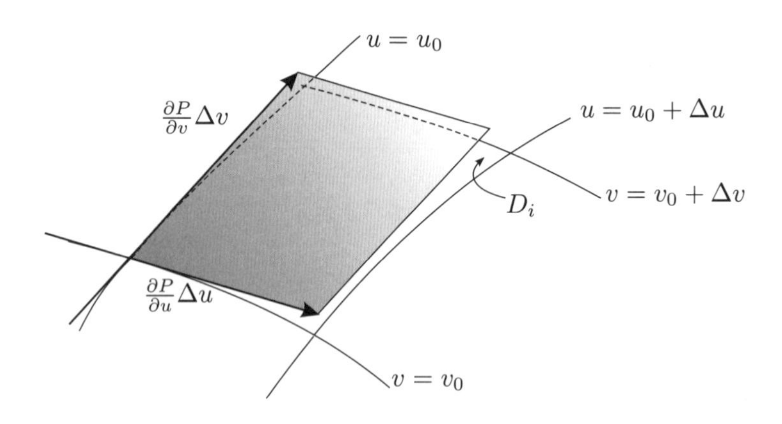

Figura 5.14

Aproximaremos a área de D_i pela do paralelogramo cujos lados são os vetores $(\partial P/\partial u)\Delta u$ e $(\partial P/\partial v)\Delta v$. Notamos que esses vetores são tangentes, no ponto P_0, às curvas $v = v_0$ e $u = u_0$, respectivamente. Essa área é o módulo do produto vetorial desses vetores (p. 19):

$$\left|\frac{\partial P}{\partial u}\Delta u \times \frac{\partial P}{\partial v}\Delta v\right| = |(x_u, y_u) \times (x_v,\, y_v)|\Delta u \Delta v = |x_u y_v - x_v y_u|\Delta u \Delta v = |J|\Delta u \Delta r.$$

Isso sugere que a integral dupla em (5.12) seja dada pela integral dupla de $f|J|$ sobre D', isto é,

$$\iint_D f(x,\, y)dxdy = \iint_{D'} f[x(u,\, v),\, y(u,\, v)]|J|dudv. \tag{5.15}$$

De fato, essa fórmula é correta. Não vamos demonstrá-la aqui, mas apenas nos contentar com o argumento heurístico que acabamos de dar. Esse argumento sugere ainda que o módulo do Jacobiano é o limite das áreas de D_i e do subdomínio correspondente D'_i do plano u, v (Fig. 5.15) quando Δu e Δv tendem a zero, ou seja,

$$|J| = \lim_{\substack{\Delta u \to 0 \\ \Delta v \to 0}} \frac{A(D_i)}{A(D'_i)}. \tag{5.16}$$

Esse resultado também é verdadeiro e pode ser demonstrado com auxílio do Teorema da Média (Exercício 19, adiante). O sinal do Jacobiano, por sua vez, está ligado às *orientações* dos domínios D e D': se $J > 0$, então, quando um ponto P percorre a fronteira de D no sentido anti-horário, sua imagem Q percorre a fronteira de D' no mesmo sentido anti-horário: mas se $J < 0$, então, enquanto P percorre o contorno de D no sentido anti-horário, Q estará descrevendo a fronteira de D' no sentido horário.

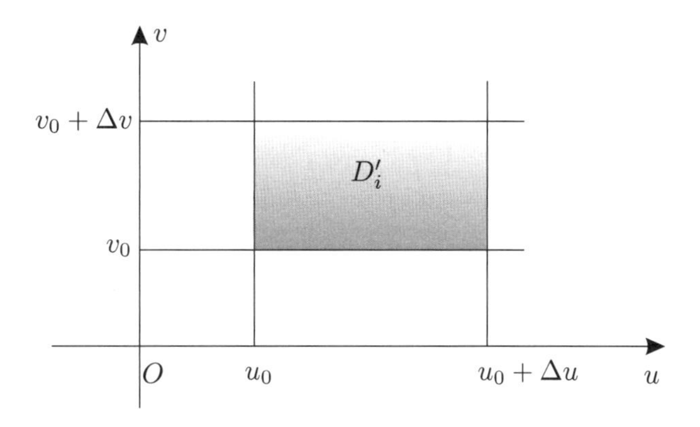

Figura 5.15

Exemplo 2. Repare que o fator r que aparece no integrando de (5.13) é precisamente o Jacobiano da transformação

$$x = r\cos\theta, \quad y = r\operatorname{sen}\theta,$$

isto é,

$$J = \frac{\partial(x, y)}{\partial(r, \theta)} = \begin{vmatrix} \cos\theta & \operatorname{sen}\theta \\ -r\operatorname{sen}\theta & r\cos\theta \end{vmatrix} = r.$$

Esse resultado está de acordo com a fórmula geral (5.15).

Exemplo 3. Para calcular a integral

$$I = \iint_D \left(\frac{x^2}{a^2} + \frac{y^2}{b^2}\right) dxdy, \quad D = \left\{(x, y)\colon \frac{x^2}{a^2} + \frac{y^2}{b^2} \leq 1\right\},$$

primeiro fazemos a mudança de coordenadas $x = au$, $y = bv$. Em conseqüência,

$$I = ab \iint_{u^2+v^2 \leq 1} (u^2 + v^2)dudv.$$

Em seguida introduzimos coordenadas polares: $u = r\cos\theta$, $v = r\operatorname{sen}\theta$, donde

$$I = ab \int_0^{2\pi} \int_0^1 r^3 dr d\theta = 2\pi ab \cdot \frac{1}{4} = \frac{\pi ab}{2}.$$

Observe que esse resultado representa o volume de um sólido cuja lateral é uma superfície cilíndrica e a base (no plano xy) é uma elipse. E a parte superior, você consegue visualizar?

Exemplo 4. Vamos calcular a integral

$$I = \iint_R |(x + y)(x - y)|dxdy, \quad \text{onde} \quad R = \{(x, y)\colon |x| + |y| \leq 1\}.$$

Repare que R é o quadrado delimitado pelas retas $x + y = \pm 1$ e $x - y = \pm 1$ (Fig. 5.16a). Vamos fazer a transformação $x + y = u$, $x - y = v$, ou seja,

$$x = \frac{u + v}{2}, \quad y = \frac{u - v}{2}, \quad J = \begin{vmatrix} 1/2 & 1/2 \\ 1/2 & -1/2 \end{vmatrix} = -\frac{1}{2}.$$

Em conseqüência,

$$I = \frac{1}{2} \iint_{R'} |uv|dudv, \quad \text{onde} \quad R' = \{(u, v)\colon |u| \leq 1, |v| \leq 1\}$$

é o domínio imagem ilustrado na Fig. 5.16b. Portanto,

$$I = \frac{1}{2}\int_{-1}^{1}|u|du\int_{-1}^{1}|v|dv.$$

Ora,

$$\int_{-1}^{1}|u|du = -\int_{-1}^{0}udu + \int_{0}^{1}udu = \frac{1}{2} + \frac{1}{2} = 1,$$

e igualmente para a integral em v, de sorte que a integral original é $1/2$.

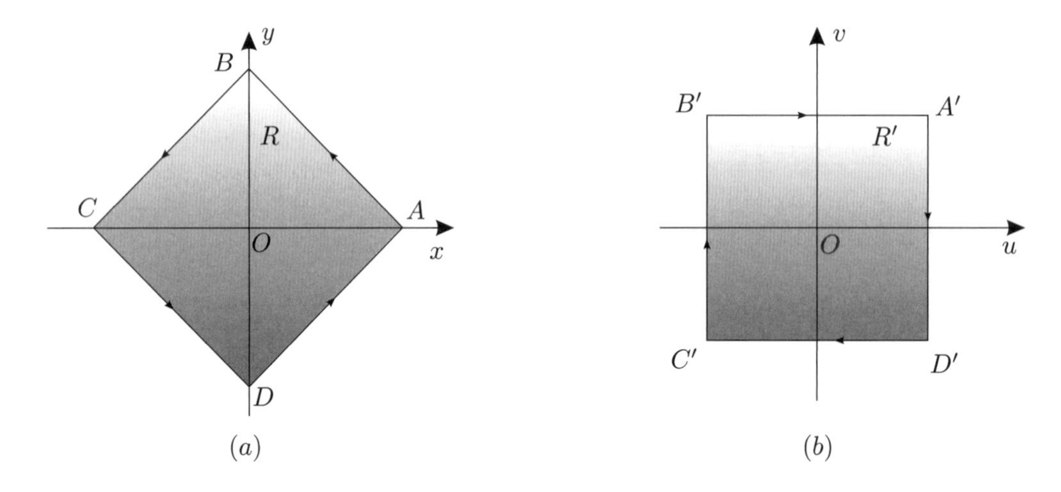

Figura 5.16

Observe que os domínios R e R' têm orientações opostas, como ilustram as duas partes da Fig. 5.16, o que está de acordo com o fato de que o Jacobiano da transformação é negativo.

Exemplo 5. Vamos simplificar a integral

$$I = \iint_D f(xy)dxdy,$$

onde D é a região delimitada pelas hipérboles $xy = 1$, $xy = 2$ e pelas retas $x = y$ e $y = 4x$ (Fig. 5.17a). Vamos usar a transformação $x = u/v$ e $y = v$, com $v > 0$, cujo Jacobiano é $1/v$. Essa transformação leva D no domínio D' delimitado pelas retas $u = 1$, $u = 2$ e pelas parábolas $u = v^2$ e $u = v^2/4$ (Fig. 5.17b). Então

$$I = \iint_{D'} \frac{f(u)}{v}dudv = \int_1^2 f(u)\left(\int_{\sqrt{u}}^{2\sqrt{u}}\frac{dv}{v}\right)du = \int_1^2[(\ln 2\sqrt{u}) - \ln\sqrt{u}]f(u)du = (\ln 2)\int_1^2 f(u)du.$$

Agora os domínios D e D' têm a mesma orientação, o que conforma-se com o Jacobiano ser positivo.

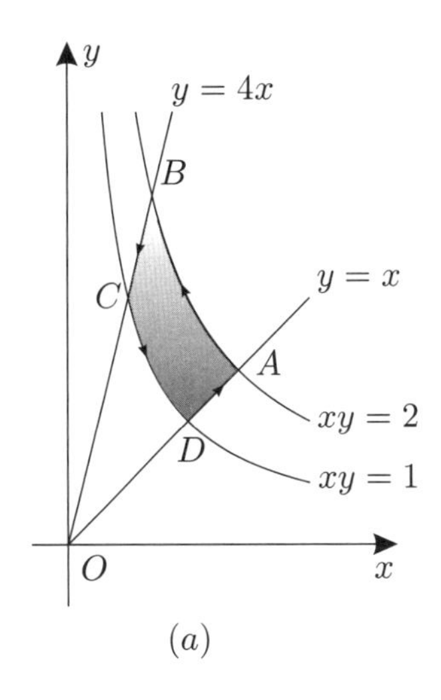

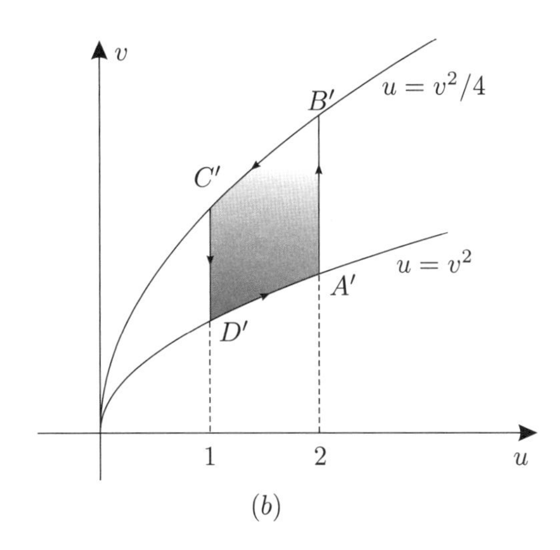

Figura 5.17

Exercícios

Nos Exercícios 1 a 12, use coordenadas polares para calcular as integrais indicadas. Faça gráficos dos domínios de integração em cada caso.

1. $\displaystyle\iint_{x^2+y^2\le R^2} dxdy.$

2. $\displaystyle\iint_{x^2+y^2\le R^2} \sqrt{x^2+y^2}\,dxdy.$

3. $\displaystyle\iint_{x^2+y^2\le R^2} e^{-x^2-y^2}\,dxdy.$

4. $\displaystyle\iint_D xy\,dxdy,\quad D\colon\ 0\le x\le y,\ x^2+y^2\le R^2.$

5. $\displaystyle\iint_D xy\,dxdy,\quad D\colon\ 0\le y\le x\le 1.$

6. $\displaystyle\iint_D xy\,dxdy,\quad D\colon\ 0\le x\le 1,\ 0\le y\le \sqrt{x-x^2}.$

7. $\displaystyle\iint_D xy\,dxdy,\quad D\colon\ a^2\le x^2+y^2\le b^2,\ x\ge 0,\ y\ge 0.$

8. $\displaystyle\iint_D \theta\,dxdy,\quad D\colon\ 0\le r\le\theta\le\pi.$

9. $\displaystyle\iint_D xy\,dxdy,\quad D\colon\ 0\le r\le\cos 2\theta,\ |\theta|\le\pi/4.$

10. $\displaystyle\iint_D \frac{dxdy}{\sqrt{1+x^2+y^2}},\quad D\colon\ 0\le r\le\sqrt{\cos 2\theta},\ |\theta|\le\pi/4.$

11. $\displaystyle\iint_{x^2+y^2\le R^2} x^2e^{-(x^2+y^2)^2}\,dxdy.$

12. $\displaystyle\iint_{x^2+y^2\le 1} \frac{dxdy}{x^2+y^2+1}$

13. $\displaystyle\iint_D \sqrt{1-\frac{x^2}{a^2}-\frac{y^2}{b^2}}\,dxdy,\quad D\colon\ \frac{x^2}{a^2}+\frac{y^2}{b^2}\le 1.$

14. $\displaystyle\iint_D xy\left(\frac{x^4}{a^2}+\frac{y^4}{b^2}\right)dxdy,\quad D\colon\ \frac{x^4}{a^2}+\frac{y^4}{b^2}\le R,\ x\ge 0,\ y\ge 0.$

15. Calcule a área da cardióide $r=a(1+\cos\theta)$ e faça seu gráfico.

16. Calcule a área interior ao círculo $r=3a\cos\theta$ e exterior à cardióide $r=a(1+\cos\theta)$, e faça seu gráfico.

17. Transforme e simplifique a integral de $f(x+y)$ sobre o domínio $D\colon\ |x|+|y|\le 1$.

18. Calcule a integral

$$\iint_D (x+y)^2\,\mathrm{sen}^2(x-y)\,dxdy,\ D:|x|+|y|\le\pi.$$

19. Demonstre a propriedade (5.16) do texto.

Respostas e sugestões

1. πR^2.

3. $\pi(1 - e^{-R^2})$.

5. Repare que o domínio de integração é um triângulo no primeiro quadrante, delimitado pelas retas $\theta = 0$, $\theta = \pi/4$ e $r\cos\theta = 1$, o qual, em coordenadas polares, é $0 \le r \le 1/\cos\theta$, $0 \le \theta \le \pi/4$. O resultado é $1/8$.

7. $(b^4 - a^4)/8$.

9. Repare a simetria e conclua que a integral é zero.

11. $\pi(1 - e^{-R^4})/4$.

13. $2\pi ab/3$. Faça primeiro $x = au$ e $y = bv$.

14. $\pi abR^4/32$. Faça $x = \sqrt{ar\cos\theta}$, $y = \sqrt{br\,\mathrm{sen}\,\theta}$.

15. $3\pi a^2/2$.

17. $2\int_{-1}^{1} uf(u)du$. Faça $x + y = u$, $y = v$.

5.5 Integrais impróprias

Até agora só temos considerado integrais de funções contínuas em domínios compactos. Mas esse conceito pode ser estendido a certos casos em que o domínio de integração não seja compacto. Isso é feito através de limites, como no caso de funções de uma variável (Seções 10.4 do Volume 1 do Cálculo das funções de uma variável, e 7.2 e 7.3 do Volume 2 da mesma obra). Há, essencialmente, dois casos a considerar:

1º caso. Pode acontecer que se queira integrar uma função f, definida e contínua num domínio compacto D, exceto em um ponto P de sua fronteira, sendo impossível estender a função f de maneira a torná-la contínua em P. Um ponto nessas condições é chamado de *ponto singular* de f. Seja A_ε um conjunto aberto contendo P, de diâmetro ε, e seja $D_\varepsilon = D - A_\varepsilon$ (Fig. 5.18). É claro que podemos integrar f sobre D_ε. Se essa integral tiver limite finito com $\varepsilon \to 0$, independente dos conjuntos A_ε que se considerem, definimos esse limite como sendo a *integral imprópria* de f sobre D:

$$\iint_D f(x, y)dxdy = \lim_{\varepsilon\to 0} \iint_{D_\varepsilon} f(x, y)dxdy.$$

2º caso. Pode acontecer que a função f que se deseja integrar seja definida num domínio não limitado D. Seja D_R um domínio compacto contido em D e tal que qualquer ponto de D esteja contido em D_R para R suficientemente grande (Fig. 5.19). Se a integral de f sobre D_R tiver limite finito com $R \to \infty$, independente dos conjuntos D_R que se considerem, novamente definimos esse limite como sendo a *integral imprópria* de f sobre D:

$$\iint_D f(x, y)dxdy = \lim_{R\to x} \iint_{D_R} f(x, y)dxdy.$$

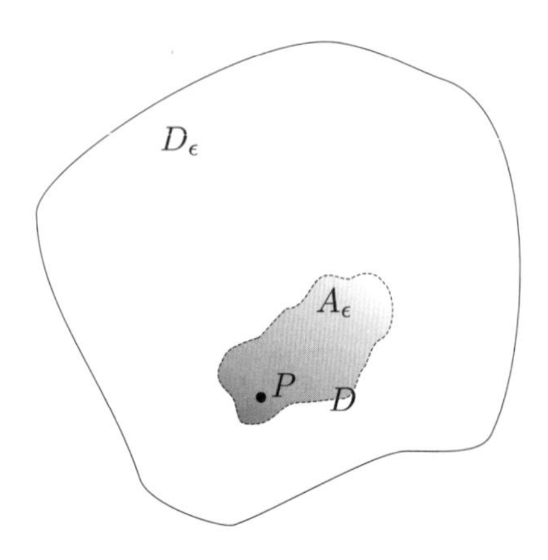

Figura 5.18

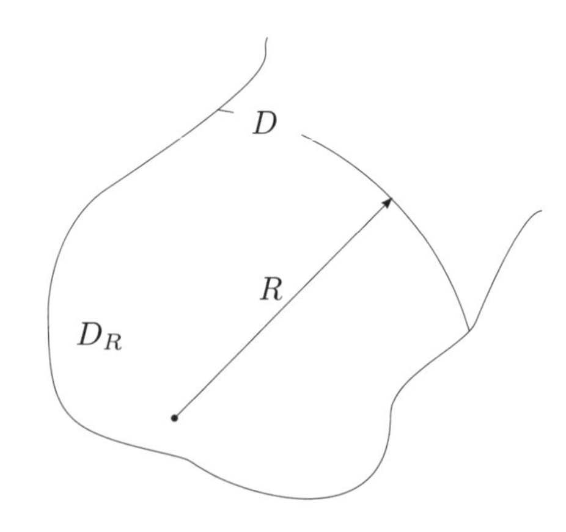

Figura 5.19

Exemplo 1. A função

$$f(x,\, y) = \frac{1}{\sqrt{x^2 + y^2}}$$

tem uma singularidade na origem, não sendo, pois, integrável no sentido próprio no disco $x^2 + y^2 \le 1$. No entanto, sua integral, nesse disco, existe no sentido impróprio. De fato, usando coordenadas polares, integrando sobre o domínio anular D_ε: $\varepsilon \le x^2 + y^2 < 1$ e passando ao limite, com $\varepsilon \to 0$, obtemos

$$\iint_{x^2+y^2\le 1} \frac{dxdy}{\sqrt{x^2+y^2}} = \lim_{\varepsilon\to 0} \iint_{D_\varepsilon} \frac{dxdy}{\sqrt{x^2+y^2}} = \lim_{\varepsilon\to 0} \int_0^{2\pi} \int_\varepsilon^1 \frac{1}{r}\, r dr d\theta = \lim_{\varepsilon\to 0} 2\pi(1-\varepsilon) = 2\pi.$$

Exemplo 2. Com um procedimento análogo ao anterior, podemos calcular a integral imprópria da função

$$f(x,\, y) = e^{-x^2-y^2}$$

sobre todo o plano:

$$\int_{-\infty}^{\infty} \int_{-\infty}^{\infty} e^{-x^2-y^2} dxdy = \lim_{R\to\infty} \iint_{x^2+y^2\le R^2} e^{-x^2-y^2} dxdy$$

$$= \lim_{R\to\infty} \int_0^{2\pi} \int_0^R e^{-r^2} r\, dr d\theta = \pi \lim_{R\to\infty} [-e^{-r^2}]\Big|_0^R = \pi$$

Integral de Poisson

Uma importante aplicação dessa integral é o cálculo da chamada *integral de Poisson*,

$$\int_{-\infty}^{\infty} e^{-x^2} dx = \lim_{R\to\infty} \int_{-R}^{R} e^{-x^2} dx = \sqrt{\pi},$$

que ocorre freqüentemente nas aplicações. Para provar esse resultado, começamos observando que se

$$I_R = \int_{-R}^{R} e^{-x^2} dx = \int_{-R}^{R} e^{-y^2} dx,$$

então

$$I_R^2 = \int_{-R}^{R} e^{-x^2} dx \int_{-R}^{R} e^{-y^2} dy = \iint_{Q_R} e^{-x^2-y^2} dxdy,$$

onde Q_R é o quadrado $|x| \le R, |y| \le R$. Seja C_R o disco de raio R e o centro na origem e

$$J_R = \iint_{C_R} e^{-x^2-y^2} dxdy.$$

Como é fácil ver (Fig. 5.20),

$$J_R \le I_R^2 \le J_{R\sqrt{2}}.$$

Mas, pelo que vimos há pouco, $J_R \to \pi$ com $R \to \infty$; logo, $J_{R\sqrt{2}}$ também converge para o mesmo valor π. Em virtude da desigualdade anterior, o mesmo ocorre com I_R^2, donde concluímos que $I_R \to \sqrt{\pi}$, isto é,

$$\int_{-\infty}^{\infty} e^{-x^2} dx = \lim_{R\to\infty} \int_{-R}^{R} e^{-x^2} dx = \sqrt{\pi}.$$

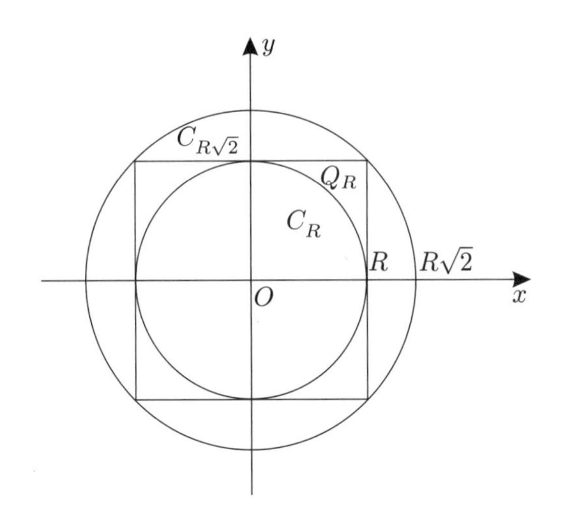

Figura 5.20

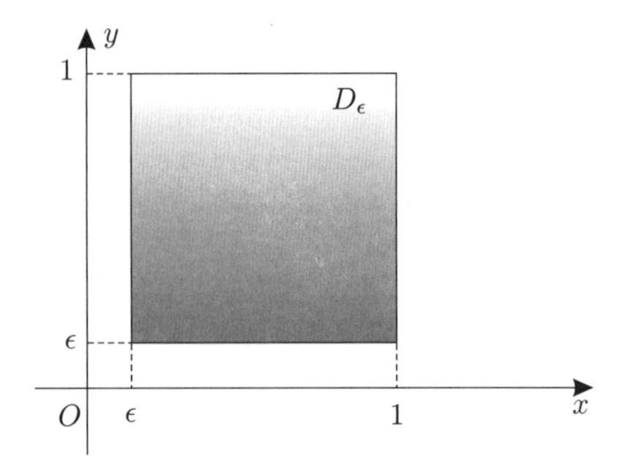

Figura 5.21

As idéias utilizadas nos dois casos considerados atrás podem ser estendidas, de maneira óbvia, a outros tipos de integrais impróprias. Assim, se a função f tiver várias singularidades $P_1, P_2, \ldots, P_r$, na fronteira de seu domínio D, consideramos primeiro a integral sobre o domínio $D' = D - V_1 - V_2 - \ldots - V_r$, onde V_1, $V_2, \ldots, V_r$ sejam vizinhanças dos pontos $P_1, P_2, \ldots, P_r$, respectivamente. Uma vez efetuada a integral de f sobre D', passamos ao limite com os diâmetros das vizinhanças $V_1, V_2, \ldots, V_r$ tendendo a zero. Esse limite será a integral imprópria de f sobre D.

Às vezes as singularidades de f são em número infinito, podendo mesmo se constituírem num segmento retilíneo ou arco de curva. O exemplo seguinte ilustra tal situação.

Exemplo 3. Vamos integrar a função $f(x, y) = 1/\sqrt{xy}$ sobre o quadrado $0 < x \leq 1,\ 0 < y \leq 1$. Repare que essa função tem singularidades nos segmentos $I_x:\ y = 0,\ 0 \leq x \leq 1$ e $I_y:\ x = 0,\ 0 \leq y \leq 1$. No entanto, ela é contínua em domínios do tipo

$$D_\varepsilon:\ \varepsilon \leq x \leq 1,\ \varepsilon \leq x \leq 1,$$

onde $\varepsilon > 0$ (Fig. 5.21). Então,

$$\iint_D \frac{dxdy}{\sqrt{xy}} = \lim_{\varepsilon \to 0} \iint_{D_\varepsilon} \frac{dxdy}{\sqrt{xy}} = \int_0^1 \int_0^1 \frac{dxdy}{\sqrt{xy}} = \lim_{\varepsilon \to 0} \int_\varepsilon^1 \int_\varepsilon^1 \frac{dxdy}{\sqrt{xy}}$$

$$= \lim_{\varepsilon \to 0} \int_\varepsilon^1 \frac{dx}{\sqrt{x}} \int_\varepsilon^1 \frac{dy}{\sqrt{y}} = \lim_{\varepsilon \to 0} 2\sqrt{x}\Big|_\varepsilon^1 2\sqrt{y}\Big|_\varepsilon^1 = \lim_{\varepsilon \to 0} 4(1 - \varepsilon) = 4.$$

Provando a convergência de integrais impróprias

Muitas vezes é impossível calcular efetivamente uma integral imprópria, embora seja possível provar que ela converge. Para isso basta mostrar que a integral em questão é absolutamente convergente, já que os mesmos teoremas sobre convergência de integrais simples (Capítulo 7 do Volume 2 do Cálculo das funções de uma variável) se estendem às integrais múltiplas, com as mesmas demonstrações.

Exemplo 4. Não vemos como calcular, em termos de funções elementares, a integral

$$\int_{-\infty}^{\infty} \int_{-\infty}^{\infty} \frac{\operatorname{sen}(2x^2 + 3y^2)dxdy}{(x^2 + 3y^2)^{3/4}\sqrt{2x^2 + y^2 + 1}}$$

No entanto, é fácil provar que ela converge. Ela só é imprópria na origem e no infinito, por isso é necessário interpretá-la como soma de duas integrais, uma numa vizinhança da origem, $r^2 = x^2 + y^2 \leq R_0^2$, e a outra numa vizinhança do infinito, $x^2 + y^2 \geq R_0^2$. Em ambas usaremos coordenadas polares e, para simplificar, indicaremos com f o integrando em ambos os casos. Nosso objetivo é provar a convergência das integrais

$$I(\delta) = \iint_{\delta \leq r \leq R_0} f\,dxdy \quad \text{e} \quad I(R) = \iint_{R_0 \leq r \leq R} f\,dxdy,$$

com $\delta \to 0$ e $R \to \infty$, respectivamente.

Observe que a singularidade de f na origem é devida ao fator $(x^2 + 3y^2)^{3/4}$ no denominador, que é da ordem de $r^{3/2}$. Isso não é tão ruim porque o elemento de área, $dxdy$, contribui com um fator r, de sorte que o resultado é $r^{1/2}$ no denominador, que é integrável. Mais precisamente,

$$\iint_{\delta \leq r \leq R_0} |f|dxdy = \int_0^{2\pi} \int_\delta^{R_0} \frac{|\operatorname{sen}(2r^2 + r^2 \operatorname{sen}^2 \theta)|rdrd\theta}{r^{3/2}(1 + 2\operatorname{sen}^2 \theta)^{3/4}\sqrt{r^2 + r^2\cos^2\theta + 1}}$$

$$\leq 2\pi \int_\delta^{R_0} \frac{dr}{\sqrt{r}} = 4\pi(\sqrt{R_0} - \sqrt{\delta}),$$

donde concluímos que $I(\delta)$ é absolutamente convergente com $\delta \to 0$.

O estudo da convergência de $I(R)$ com $R \to \infty$ é análogo. Repare que agora não podemos desprezar a raiz quadrada que aparece no denominador do integrando. Ela se comporta como r, portanto cancela o r proveniente do elemento de área. O saldo é o fator $r^{3/2}$ no denominador, suficiente para assegurar a convergência da integral, como fica bem explicitado na fórmula seguinte:

$$\iint_{R_0 \leq r \leq R} |f|dxdy = \int_0^{2\pi} \int_{R_0}^{R} \frac{|\operatorname{sen}(2r^2 + r^2 \operatorname{sen}^2 \theta)|rdrd\theta}{r^{3/2}(1 + 2\operatorname{sen}^2 \theta)^{3/4}\sqrt{r^2 + r^2\cos^2\theta + 1}}$$

$$\leq 2\pi \int_{R_0}^{R} \frac{dr}{r^{3/2}} = -4\pi\left(\frac{1}{\sqrt{R}} - \frac{1}{\sqrt{R_0}}\right) = 4\pi\left(\frac{1}{\sqrt{R_0}} - \frac{1}{\sqrt{R}}\right)$$

e novamente concluímos que $I(R)$ é absolutamente convergente com $R \to \infty$.

Exercícios

Calcule as integrais impróprias dos Exercícios 1 a 10.

1. $\displaystyle\int_0^\infty \int_0^\infty e^{-x-y}dxdy.$

2. $\displaystyle\int_0^\infty \int_0^\infty x^2 e^{-x^2-y^2}dxdy.$

3. $\displaystyle\int_{-\infty}^\infty \int_{-\infty}^\infty y^2 e^{-x^2-y^2}dxdy.$

4. $\displaystyle\iint_{x^2+y^2\leq 1} \frac{dxdy}{(x^2+y^2)^{3/4}}$

5. $\displaystyle\iint_{x^2+y^2\leq 1} \frac{x^2dxdy}{(x^2+y^2)^{7/4}}.$

6. $\displaystyle\iint_{x^2+y^2\leq 1} \ln\sqrt{x^2+y^2}\,dxdy.$

7. $\displaystyle\iint_D e^{x/y}dxdy$, onde D é o domínio $0 \leq x \leq y^2,\ 0 \leq y \leq 1$.

8. $\displaystyle\iint_D e^{(x-y)/(x+y)}dxdy$, onde D é o triângulo delimitado pelos eixos $x = 0,\ y = 0$ e pela reta $x + y = 1$.

9. $\displaystyle\iint_{x^2+y^2\leq 1} \frac{dxdy}{\sqrt{1-x^2-y^2}}.$

10. $\displaystyle\iint_D \frac{dxdy}{\sqrt{|x-y|}},\quad D\colon\ 0 \leq x \leq 1,\ 0 \leq y \leq 1.$

Nos Exercícios 11 a 15 demonstre a convergência das integrais impróprias indicadas.

11. $\displaystyle\iint_{x^2+y^2\le 1} \frac{\operatorname{sen}^2 xy}{(x^2+y^2)^{5/6}}\, dxdy.$

12. $\displaystyle\int_{-\infty}^{\infty}\int_{-\infty}^{\infty} x^2y^2e^{-x^2-y^2}\cos xy\, dxdy.$

13. $\displaystyle\int_{-\infty}^{\infty}\int_{-\infty}^{\infty} \frac{x^{5/3}\operatorname{sen}^2 y}{(x^2+y^2+1)^2}\, dxdy.$

14. $\displaystyle\iint_{x^2+y^2\le 1} \frac{x^2y^2\cos^2\sqrt{3x^2+2y^2}}{(4x^2+5y^2)^{8/3}\sqrt{5x^2+6y^2}}\, dxdy.$

15. $\displaystyle\int_{-x}^{\infty}\int_{-x}^{\infty} \frac{e^{-3x^2-y^2}}{x^2+3y^2}\, dxdy.$

16. Mostre que a função $f(x, y) = 1/(x-y)$ não é integrável no domínio $D\colon\ 0 \le y \le x \le 1$.

Sugestões

2. Utilizando coordenadas polares, chega-se às integrais de $\cos^2\theta$ e $r^3e^{-r^2}$. Esta última deve ser efetuada por partes, lembrando que $re^{-r^2} = -(1/2)(e^{-r^2})'$. Outra maneira consiste em integrar separadamente em x e em y. Veja o próximo exercício.

3. Pode-se resolver por coordenadas polares, como no exercício anterior, ou integrando separadamente em x (valendo-se da integral de Poisson) e em y (por partes). Mais fácil ainda é provar logo que esta integral é quatro vezes a do exercício anterior, levando em conta que o integrando é uma função par, tanto em x como em y.

6. Observe que $\displaystyle\int r\ln r dr = \int r\, d(r\ln r - r)$.

7. Primeiro faça um gráfico do domínio. Integre em x, de zero a $x = y^2$, obtendo $ye^{x/y}|_0^{y^2} = ye^y - y$. Ao integrar em y, de zero a 1, o primeiro termo que aí aparece tem de ser integrado por partes, notando que $d(ye^y) = ye^y + e^y dy$, ou seja, $ye^y = d(ye^y) - e^y dy$.

11. Utilize coordenadas polares.

12. Por ser o integrando uma função par, tanto em x como em y, basta considerar a integral no primeiro quadrante $x \ge 0$, $y \ge 0$. Observe também que é possível reduzir o problema a integrais simples.

13. A integral só é imprópria no infinito. Depois de introduzir coordenadas polares, o novo integrando é dominado por $r^{-4/3}$.

16. Integre sobre o domínio $D_\varepsilon\colon\ y + \varepsilon \le x \le 1,\ 0 \le y \le 1 - \varepsilon$ e tente fazer $\varepsilon \to 0$. Esboce os domínios D e D_ε.

5.6 Integrais triplas

As definições de integral dupla se estendem naturalmente a funções de três ou mais variáveis independentes. Para os propósitos de nosso curso, podemos restringir nossas considerações a funções definidas em certos domínios espaciais simples, com certos tipos particulares de fronteiras, que explicaremos a seguir.

Superfícies regulares

Sem entrar em maiores detalhes, podemos entender por *superfície regular* todo conjunto de pontos do espaço que admita representação dada por uma função contínua, com derivadas contínuas, de um dos tipos $z = z(x, y)$, $y = y(z, x)$ ou $x = x(y, z)$.

Diremos que a fronteira de um conjunto espacial é *regular* se ela puder ser obtida como reunião de um número finito de superfícies regulares. Por exemplo, a superfície da esfera unitária, de equação

$$x^2 + y^2 + z^2 = 1,$$

é uma fronteira regular. Repare que ela não admite uma representação única do tipo $z = z(x, y)$. As equações

$$z_+ = \sqrt{1 - x^2 - y^2} \quad \text{e} \quad z_- = -\sqrt{1 - x^2 - y^2}$$

servem para representar os hemisférios $z > 0$ e $z < 0$, respectivamente, excluindo-se o bordo $x^2 + y^2 = 1$, $z = 0$, já que aí as derivadas

$$\partial z_\pm / \partial x = \frac{\mp x}{\sqrt{1 - x^2 - y^2}} \quad \text{e} \quad \partial z_\pm / \partial y = \frac{\mp y}{\sqrt{1 - x^2 - y^2}}$$

não estão mais definidas. No entanto, os pontos do referido bordo se encaixam numa das representações

$$y_\pm = \pm\sqrt{1 - z^2 - x^2} \quad \text{e} \quad x^\pm = \pm\sqrt{1 - y^2 - z^2},$$

de sorte que a superfície da esfera unitária é uma fronteira regular.

Definição de integral tripla

Seja $f(x, y, z)$ uma função contínua num domínio compacto D, cuja fronteira supomos regular. Como D é limitado, ele estará todo contido num paralelepípedo retângulo

$$R\colon\ a \le x \le b,\ c \le y \le d,\ e \le z \le f.$$

Por meio de planos perpendiculares aos eixos de coordenadas, vamos dividir R em subparalelepípedos D_1, $D_2, \ldots, D_n$, em cada um dos quais escolhemos pontos $P_1, P_2, \ldots, P_n$, respectivamente, e formamos a soma

$$S_n = \sum_{i=1}^{n} f(P_i)V(D_i). \tag{5.17}$$

Nessa soma $V(D_i)$ é o volume do paralelepípedo D_i, e $f(P_i)$ será zero se P_i cair fora do domínio D.

Seja d_n o maior dos diâmetros dos paralelepípedos $D_1, D_2, \ldots, D_n$. Vamos supor que à medida que n cresce, tendendo a infinito, o diâmetro máximo d_n tende a zero. Demonstra-se, nessas condições, que a soma S_n converge para o que chamamos de integral de f sobre D. Essa integral é indicada com o símbolo

$$\iiint_D f(x, y, z)dxdydz.$$

O *volume* de um domínio D, com fronteira regular, é definido como sendo a integral, sobre D, da função $f(x, y, z) = 1$, isto é,

$$V(D) = \iiint_D dxdydz.$$

Uma vez definido o volume de um domínio qualquer, não necessariamente um paralelepípedo, a integral pode ser introduzida como limite de somas S_n dadas em (5.17), com divisão de D em subdomínios D_1, $D_2, \ldots, D_n$ por meio de superfícies regulares arbitrárias, não necessariamente planos perpendiculares aos eixos. O essencial é que o maior dos diâmetros d_n de $D_1, D_2, \ldots, D_n$ tenda a zero com $n \to \infty$, como no caso da integral dupla.

A integral tripla de uma função f sobre um domínio D costuma ser indicada mais abreviadamente com o símbolo

$$\int_D f(P)dV \quad \text{ou} \quad \int_D f(P)dV_P.$$

Propriedades da integral tripla

A integral tripla goza de todas as propriedades já consideradas anteriormente para as integrais duplas, com modificações óbvias. Por exemplo, se $D = D_1 \cup D_2$, onde D_1 e D_2 são domínios disjuntos ou que só têm em comum um número finito de superfícies regulares, então

$$\int_{D_1 \cup D_2} f(P)dV = \int_{D_1} f(P)dV + \int_{D_2} f(P)dV.$$

O Teorema da Média, no caso de uma integral tripla, afirma que *se f é uma função contínua num domínio compacto D, com fronteira regular, então existe um ponto P' em D tal que*

$$\int_D f(P)dV = f(P')V(D),$$

onde $V(D)$ é o volume de D.

A integral tripla goza das propriedades de linearidade, exatamente como elas foram formuladas para a integral dupla no início da Seção 5.3. As desigualdades

$$f \geq 0 \Rightarrow \int_D f(P)dV \geq 0, \quad f \leq g \Rightarrow \int_D f(P)dV \leq \int_D g(P)dV$$

e

$$\left| \int_D f(P)dV \right| \leq \int_D |f(P)|dV$$

são também válidas e se demonstram como no caso de integrais simples e duplas.

Como calcular uma integral tripla

O cálculo de uma integral tripla, em geral, é efetuado por redução a uma integral simples, seguida de uma integração dupla. Por exemplo, vamos considerar um domínio D, cuja fronteira seja constituída de duas superfícies,

$$z = g_1(x, y) \quad \text{e} \quad z = g_2(x, y),$$

onde g_1 e g_2 são definidas no mesmo domínio R do plano x, y e $g_1(x, y) \leq g_2(x, y)$ (Fig. 5.22). Então, como se demonstra nos cursos de Análise,

$$\iiint f(x, y, z)dxdydz = \iint_R dxdy \int_{g_1(x, y)}^{g_2(x, y)} f(x, y, z)dz.$$

É claro que podemos também integrar primeiro em x ou y, a escolha sendo determinada pela conveniência. Se o domínio D for mais geral, não sendo passível de uma descrição simples, em termos de funções g_1 e g_2, como acima, podemos imaginá-lo decomposto em um número finito de tais domínios simples. Por exemplo, a Fig. 5.23 ilustra uma situação em que $D = D_1 \cap D_2 \cup D_3$; portanto,

$$\int_D f(P)dV = \int_{D_1} f(P)dV + \int_{D_2} f(P)dV + \int_{D_1} f(P)dV.$$

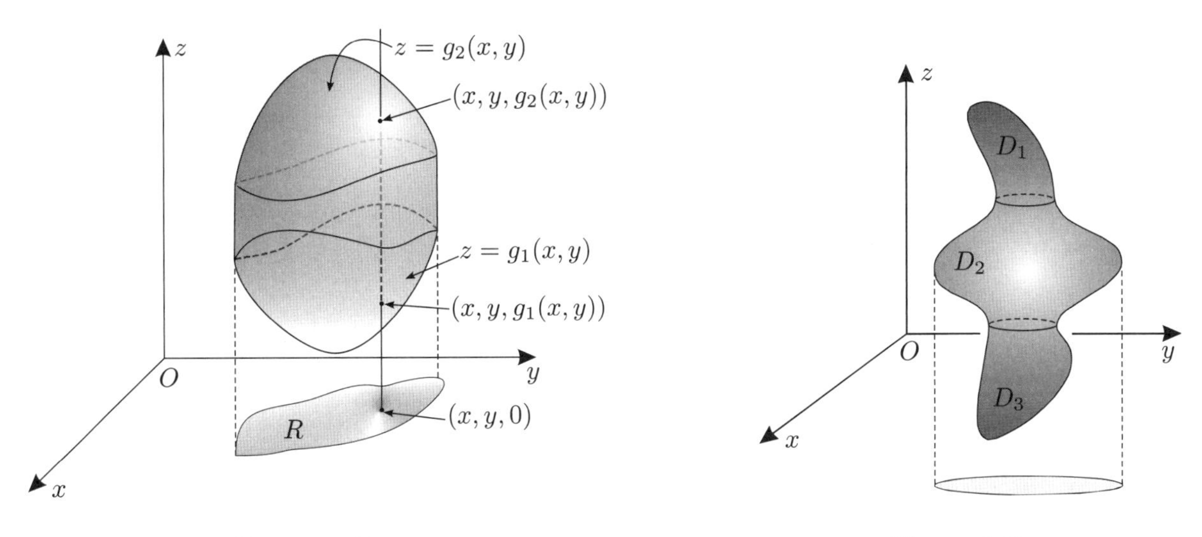

Figura 5.22 Figura 5.23

Exemplo 1. Vamos usar integração tripla para calcular o volume do sólido D, delimitado pelos parabolóides

$$z = x^2 + y^2 \quad \text{e} \quad z = 12 - x^2 - 3y^2,$$

ilustrados na Fig. 5.24. A interseção desses parabolóides é uma curva sobre o cilindro de equação

$$x^2 + y^2 = 12 - x^2 - 3y^2 \quad \text{ou} \quad x^2 + 2y^2 = 6.$$

Ambos, curva e cilindro, estão ilustrados na parte direita da figura. Esse cilindro corta o plano x, y na elipse de semi-eixos $a = \sqrt{6}$ e $b = \sqrt{3}$, a qual aparece em ambas as partes da Fig. 5.24. A curva interseção dos referidos parabolóides é descrita parametricamente pelas equações

$$x = \sqrt{6 - y^2} \quad \text{e} \quad z = 6 - y^2, \quad -\sqrt{3} \leq y \leq \sqrt{3}.$$

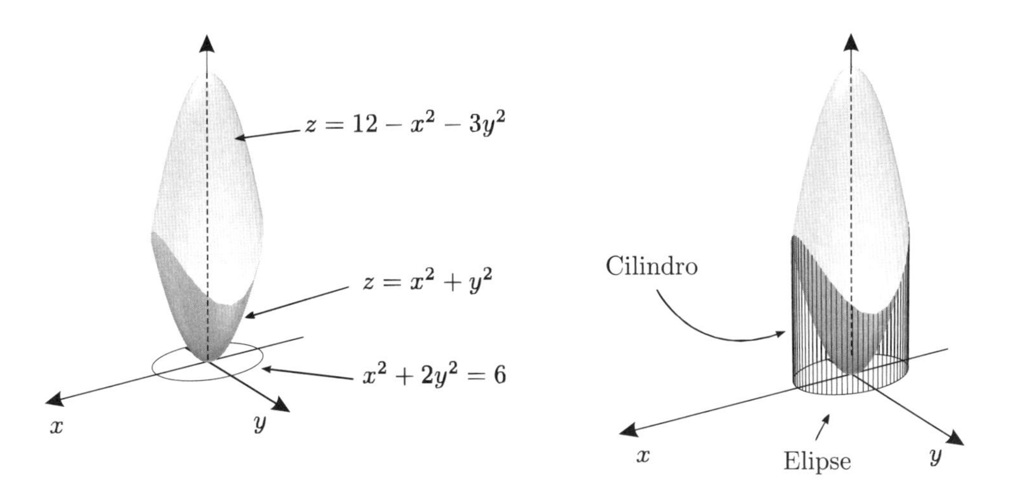

Figura 5.24

O volume procurado é dado por

$$V = \iiint_D dxdydz = \iint_{x^2+2y^2=6} dxdy \int_{x^2+y^2}^{12-x^2-3y^2} dz = \int_{-\sqrt{3}}^{\sqrt{3}} dy \int_{-\sqrt{6-2y^2}}^{\sqrt{6-2y^2}} (12 - 2x^2 - 4y^2)dx$$

$$= \int_{-\sqrt{3}}^{\sqrt{3}} \left[24\sqrt{6-2y^2} - \frac{4}{3}(6-2y^2)^{3/2} - 8y^2\sqrt{6-2y^2}\right] dy.$$

Esta última integral se racionaliza com a substituição $\sqrt{2}y = \sqrt{6}\operatorname{sen}\theta$ (veja a Seção 11.9 do Volume 1 do Cálculo das funções de uma variável):

$$V = 24\sqrt{2}\int_{-\pi/2}^{\pi/2}(3\cos^2\theta - \cos^4\theta - 3\operatorname{sen}^2\theta\cos^2\theta)d\theta = 96\sqrt{2}\int_0^{\pi/2}\cos^4\theta d\theta.$$

Esse tipo de integral foi tratado na Seção 11.5 do referido Volume 1. O resultado é $V = 18\pi\sqrt{2}$.

Às vezes é mais conveniente desdobrar a integral tripla numa integral dupla seguida de uma integral simples, como ilustra o exemplo seguinte.

Exemplo 2. Para calcular o volume do elipsóide

$$\frac{x^2}{a^2} + \frac{y^2}{b^2} + \frac{z^2}{c^2} = 1,$$

procedemos a integrar a área $A(x)$ de sua seção $T(x)$, transversal ao eixo Ox, de $x = -a$ a $x = a$, já que $A(x)\Delta x$ é o volume de uma fatia do elipsóide (Fig. 5.25). Essa seção transversal é uma elipse num plano paralelo ao plano Oyz e de equação

$$\frac{y^2}{b^2} + \frac{z^2}{c^2} = 1 - \frac{x^2}{a^2}, \quad \text{ou ainda,} \quad \frac{y^2}{b^2(1-x^2/a^2)} + \frac{z^2}{c^2(1-x^2/a^2)} = 1,$$

donde se vê que os semi-eixos dessa elipse são $b\sqrt{a^2-x^2}/a$ e $c\sqrt{a^2-x^2}/a$. Como vimos nas páginas 16 e 17 do Volume 2 do Cálculo das funções de uma variável, a área de uma elipse de semi-eixos a e b é πab, de forma que, no caso presente,

$$A(x) = \frac{\pi bc(a^2-x^2)}{a^2}.$$

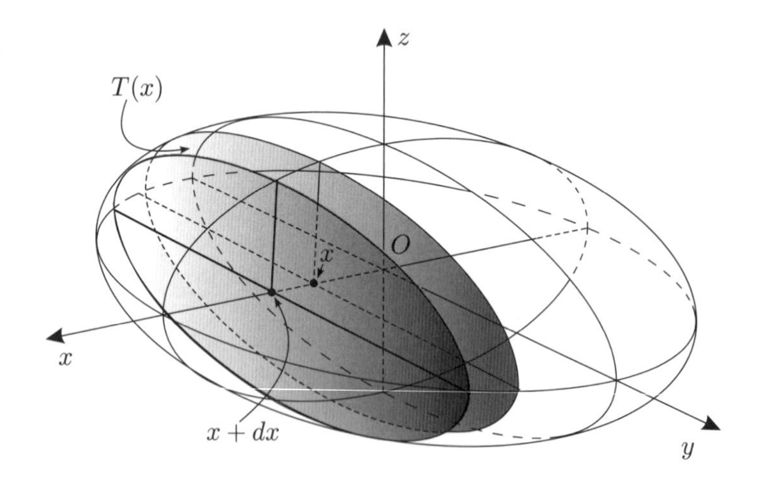

Figura 5.25

Portanto,

$$V = \int_{-a}^{a} dx \iint_{T(x)} dydz = \int_{-a}^{a} A(x)dx = \frac{4\pi abc}{3}.$$

Repare que essa expressão se reduz ao volume da esfera, $V = 4\pi r^3/3$, quando $a = b = c = r$.

Muitas vezes o problema apresenta alguma simetria que permite utilizar coordenadas polares na integral dupla, simplificando os cálculos. É o que veremos no exemplo seguinte.

Exemplo 3. Vamos calcular o volume V do sólido delimitado pelos planos $z = \pm 1$ e pelo hiperbolóide $x^2 + y^2 - z^2 = 1$. Observe que esse volume é o dobro do volume do sólido contido no semi-espaço $z \geq 0$, o qual, por sua vez, é o volume π do cilindro de base $x^2 + y^2 \leq 1$ e altura $h = 1$, acrescido de um volume exterior a esse cilindro (Fig. 5.26):

$$V = 2\left(\pi + \iint_{1 \leq x^2+y^2 \leq 2} dxdy \int_{\sqrt{x^2+y^2-1}}^{1} dz\right) = 2\left(\pi + \iint_{1 \leq x^2+y^2 \leq 2} \left(1 - \sqrt{x^2+y^2-1}\right) dxdy\right)$$

Vamos usar coordenadas polares no cálculo dessa última integral:

$$V = 2\left(\pi + \int_0^{2\pi} d\theta \int_1^{\sqrt{2}} \left(1 - \sqrt{r^2-1}\right) rdr\right) = 2\left(\pi + 2\pi\left(\frac{r^2}{2} - \frac{(r^2-1)^{3/2}}{3}\right)_1^{\sqrt{2}}\right) = \frac{8\pi}{3}.$$

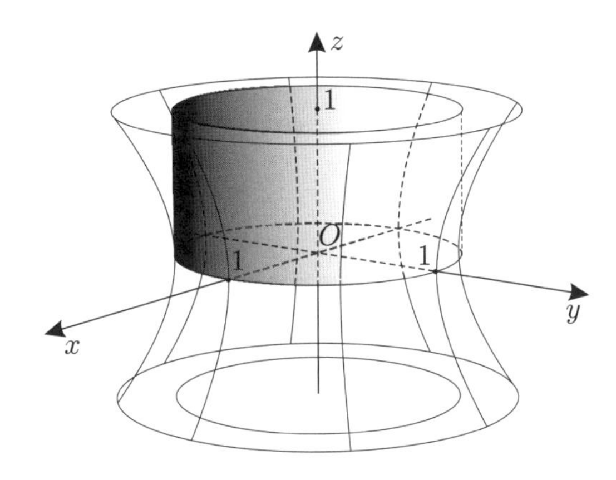

Figura 5.26

Exercícios

Calcule as integrais repetidas nos Exercícios 1 a 5.

1. $\int_0^{\pi/2} dx \int_0^x dy \int_0^y \cos(x+y+z)dz$. **2.** $\int_0^{\pi/2} dy \int_0^y dz \int_0^z \operatorname{sen}(x+y+z)dx$. **3.** $\int_0^1 dx \int_0^x dy \int_0^y \frac{y\,dz}{x}$.

4. $\int_0^{\pi} dz \int_0^z dy \int_0^{yz} \cos\frac{x}{y} dx$. **5.** $\int_1^2 dz \int_z^{2z} dy \int_y^{2y} xdx$.

Em cada um dos Exercícios 6 a 13 calcule a integral da função dada sobre o domínio dado D. Sempre que possível, faça um esboço desse domínio.

6. $f(x, y, z) = x + y + z$, D: $0 \leq x \leq 1$, $0 \leq y \leq 1$, $0 \leq z \leq 1$.

7. $f(x, y, z) = xy^2z^3$, D: $0 \leq x \leq 1$, $0 \leq y \leq 1$, $0 \leq z \leq 1$.

8. $f(x, y, z) = z$ e D é o tetraedro delimitado pelos planos de coordenadas e pelo plano $x + y + z = 1$.

9. $f(x, y, z) = x + y + z$ e D é o tetraedro delimitado pelos planos de coordenadas e pelo plano $x + y + z = 1$.

10. $f(x, y, z) = z$ e D é o tetraedro delimitado pelos planos de coordenadas e pelo plano $x - y + z = 1$.

11. $f(x, y, z) = z$ e D é o tetraedro delimitado pelos planos de coordenadas e pelo plano $x - y - z = 1$.

12. $f(x, y, z) = x^2$ e D é o elipsóide $x^2/a^2 + y^2/b^2 + z^2/c^2 \leq 1$.

13. $f(x, y, z) = z$ e D é a parte do elipsóide $x^2/a^2 + y^2/b^2 + z^2/c^2 \leq 1$ que jaz no primeiro octante.

Nos Exercícios 14 a 17, calcule, por integração tripla, o volume do sólido dado e faça um esboço desse sólido.

14. Tetraedro de vértices $(0, 0, 0)$, $(a, 0, 0)$, $(0, b, 0)$ e $(0, 0, c)$.

15. Sólido delimitado pelos planos $x = 0$, $y = 0$, $z = x$ e pela superfície cilíndrica $z = 1 - y^2$.

16. Sólido interseção das esferas $x^2 + y^2 + z^2 \leq R$ e $x^2 + y^2 + z^2 \leq 2Rz$.

17. Sólido interseção dos parabolóides $z \leq 1 - x^2 - y^2$ e $z \geq x^2 + y^2 - 1$.

18. Seja $f(P)$ uma função contínua num domínio D. Use o Teorema da Média para provar que quando o diâmetro d do domínio D tende a zero, de forma que D sempre contenha um certo ponto P_0, então

$$\lim_{d \to 0} \frac{1}{V(D)} \iiint_D f(P)dV = f(P_0),$$

onde $V(D)$ é o volume de D.

Respostas, sugestões e soluções

1. $-1/3$. **3.** $1/9$. **5.** $35/4$. **7.** $1/24$. **8.** $1/24$.

9. Observe que se trata de uma integral que é três vezes a do exercício anterior.

10. Integre em z de zero a $1 - x + y$; depois em y de $x - 1$ a zero (e não de zero a $x - 1$; faça o gráfico para bem compreender a situação). Finalmente, integre em x de zero a 1. Observe também que, de antemão, já sabemos que o resultado deve ser positivo.

11. Agora o resultado é negativo, com o mesmo valor absoluto que o do exercício anterior. Analise o gráfico e explique por quê. Saiba também decidir sobre os limites das integrações sucessivas.

12. Faça como no Exemplo 2 atrás: $\int_a^a x^2 A(x)dx = \int_a^a x^2 \frac{\pi bc}{a^2}(a^2 - x^2)dx =$ etc.

13. Como no Exemplo 2, seccione o elipsóide; dessa vez, porém, com seção $T(z)$ transversal ao eixo Oz:

$$\int_0^c \frac{\pi ab(c^2 - z^2)}{4c^2} zdz = \frac{\pi abc^2}{16}.$$

14. $abc/6$. Desenhe o tetraedro, uma de cujas faces jaz no plano $x/a + y/b + z/c = 1$. Integre em x de zero a $a(1 - y/b - z/c)$; depois em y de zero a $b(1 - z/c)$; e, finalmente, em z de zero a c.

15. $4/15$. Primeiro faça um esboço do sólido. Integre em x de zero a z; em seguida, integre em z de zero a $1 - y^2$; e, finalmente, integre em y de zero a 1.

16. As esferas se intersecionam na circunferência $x^2 + y^2 = (R\sqrt{3}/2)^2$. Desenhe as esferas e essa circunferência. Integre em z de $R - \sqrt{R^2 - x^2 - y^2}$ a $\sqrt{R^2 - x^2 - y^2}$. Em seguida integre no plano do círculo $x^2 + y^2 \leq (R\sqrt{3}/2)^2$, utilizando coordenadas polares.

17. Faça um esboço do referido sólido e observe que o volume pedido é oito vezes o volume do referido sólido no primeiro octante, o qual é dado por $\int_0^1 dx \int_0^{1-x^2} dy \int_0^{1-x^2-y^2} dz$.

18. Pelo Teorema da Média, $\iiint_D f(P)dV = f(\overline{P})V(D)$, onde $\overline{P}$ é um ponto conveniente de D, donde $\frac{1}{V(D)} \iiint_D f(P)dV = f(\overline{P})$. Finalmente, passe ao limite com $d \to 0$.

5.7 Mudança de variáveis nas integrais triplas

O problema da mudança de variáveis numa integral tripla é inteiramente análogo ao mesmo problema já tratado no caso das integrais duplas. Vamos considerar a integração de uma função f num domínio D do espaço x, y, z. Seja D' sua imagem no espaço u, v, w, por uma aplicação biunívoca, dada pelas equações de transformação

$$x = x(u,\, v,\, w), \quad y = y(u,\, v,\, w) \quad \text{e} \quad z = z(u,\, v,\, w).$$

Supomos que essas funções sejam contínuas, com derivadas contínuas e Jacobiano diferente de zero em D':

$$J = \frac{\partial(x,\, y,\, z)}{\partial(u,\, v,\, w)} = \begin{vmatrix} x_u & y_u & z_u \\ x_v & u_v & z_v \\ x_w & u_w & z_w \end{vmatrix} \neq 0$$

Vamos imaginar, no cálculo da integral de f sobre D, que esse domínio seja dividido em subdomínios por superfícies do tipo $u =$ const., $v =$ const. e $w =$ const. Um subdomínio D_i dessa divisão, com vértice num ponto

$$P_0 = (x_0,\, y_0,\, z_0) = (x(u_0,\, v_0,\, w_0),\, y(u_0,\, v_0,\, w_0),\, z(u_0,\, v_0,\, w_0)),$$

será delimitado pelas superfícies $u = u_0$, $u = u_0 + \Delta u$, $v = v_0$, $v = v_0 + \Delta v$, $w = w_0$ e $w = w_0 + \Delta w$ (Fig. 5.27a). Para valores pequenos de Δu, Δv e Δw, vamos aproximar o volume de D_i pelo do paralelepípedo cujos lados são os vetores $(\partial P/\partial u)\Delta u$, $(\partial P/\partial v)\Delta v$ e $(\partial P/\partial w)\Delta w$. Como vimos na p. 23, esse volume é dado pelo valor absoluto do produto misto desses vetores, isto é, pelo valor absoluto de

$$\frac{\partial P}{\partial u}\Delta u \times \frac{\partial P}{\partial v}\Delta v \cdot \frac{\partial P}{\partial w}\Delta w = \begin{vmatrix} x_u & x_v & x_w \\ y_u & y_v & y_w \\ z_u & z_v & z_w \end{vmatrix} \Delta u \Delta v \Delta w = J \Delta u \Delta v \Delta w.$$

Isso sugere que a integral tripla de f sobre D seja igual à integral de $f|J|$ sobre D', isto é,

$$\iiint_D f(x,\, y,\, z)dxdydz = \iiint_{D'} f[x(u,\, v,\, w),\, y(u,\, v,\, w),\, z(u,\, v,\, w)]|J|dudvdw.$$

Como no caso das integrais duplas, esse resultado é verdadeiro, embora não possamos demonstrá-lo em detalhe aqui. É também verdade que $|J|$ é o limite da razão dos volumes de D_i e D'_i quando o diâmetro d'_i de D'_i tende a zero (Fig. 5.27b).

$$|J| = \lim_{d'_i \to 0} \frac{V(D_i)}{V(D'_i)}.$$

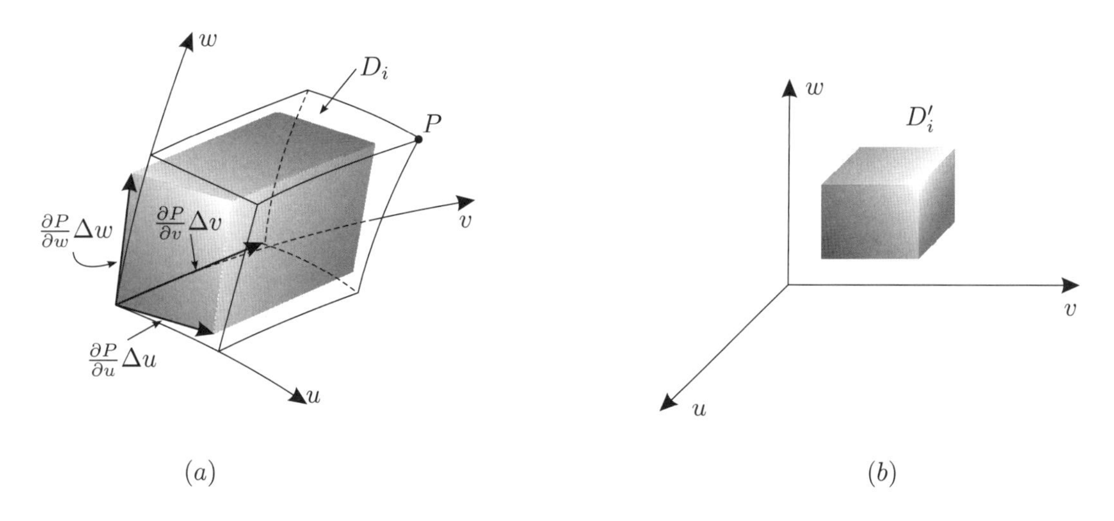

Figura 5.27

O sinal do Jacobiano, como no caso de duas variáveis, está ligado às orientações de D e D'. Para descrever essas orientações, imaginemos, no ponto P_0, um triedro T de vetores unitários tangentes às curvas interseções das superfícies $u = u_0$, $v = v_0$ e $w = w_0$, esses vetores apontando nos sentidos crescentes das coordenadas u, v e w (Fig. 5.28a). Seja T' o triedro correspondente no ponto $Q_0 = (u_0, v_0, w_0)$ (Fig. 5.28b). O Jacobiano J será positivo ou negativo conforme T e T' tenham orientações coincidentes ou opostas.

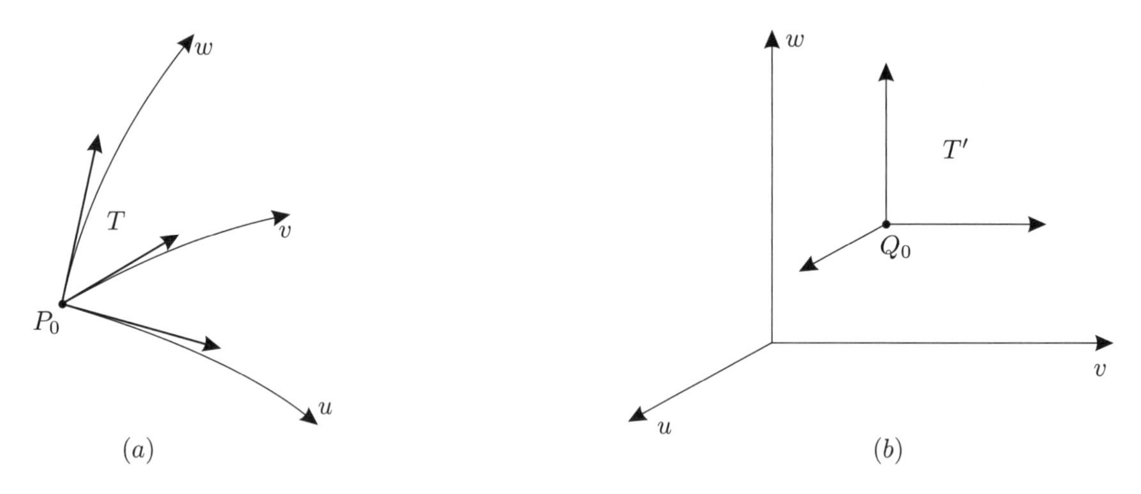

Figura 5.28

Se as coordenadas curvilíneas u, v, w forem ortogonais, então os vetores $\partial P/\partial u$, $\partial P/\partial v$ e $\partial P/\partial w$ serão dois a dois ortogonais. Em conseqüência, sendo também positivo o Jacobiano, podemos escrever

$$\frac{\partial P}{\partial u}\Delta u \times \frac{\partial P}{\partial v}\Delta v \cdot \frac{\partial P}{\partial w}\Delta w = \left|\frac{\partial P}{\partial u}\Delta u\right| \left|\frac{\partial P}{\partial v}\Delta u\right| \left|\frac{\partial P}{\partial w}\Delta w\right|,$$

isto é, o elemento de volume será simplesmente o produto dos lados de um paralelepípedo retângulo (Fig. 5.29). Isso é o que acontece nos dois casos mais freqüentes de mudança de variáveis: a mudança para coordenadas cilíndricas e a mudança para coordenadas polares.

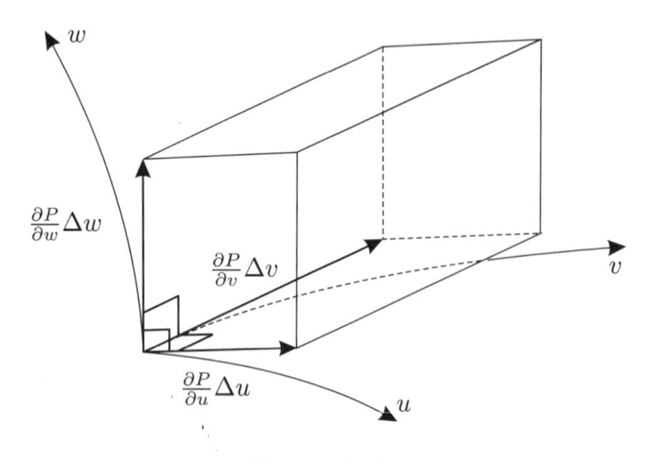

Figura 5.29

Coordenadas cilíndricas

Vamos considerar a mudança de coordenadas cartesianas para coordenadas cilíndricas, r, θ, z, dada por

$$x = r\cos\theta, \quad y = r\operatorname{sen}\theta, \quad z = z. \tag{5.18}$$

Nesse caso, o elemento de volume delimitado pelas superfícies de coordenadas $r =$ const., $r + \Delta r =$ const., $\theta =$ const., $\theta + \Delta\theta =$ const., $z =$ const. e $z + \Delta z =$ const. é dado pelo produto dos lados $r\Delta\theta$, Δr e Δz

(Fig. 5.30). Então, a integral tripla de uma função f em coordenadas cilíndricas é dada por

$$\iiint f(r,\theta,z)r\,dr\,d\theta\,dz$$

entre limites convenientes de integração. Repare que o fator r que aí aparece é precisamente o Jacobiano da transformação (5.18).

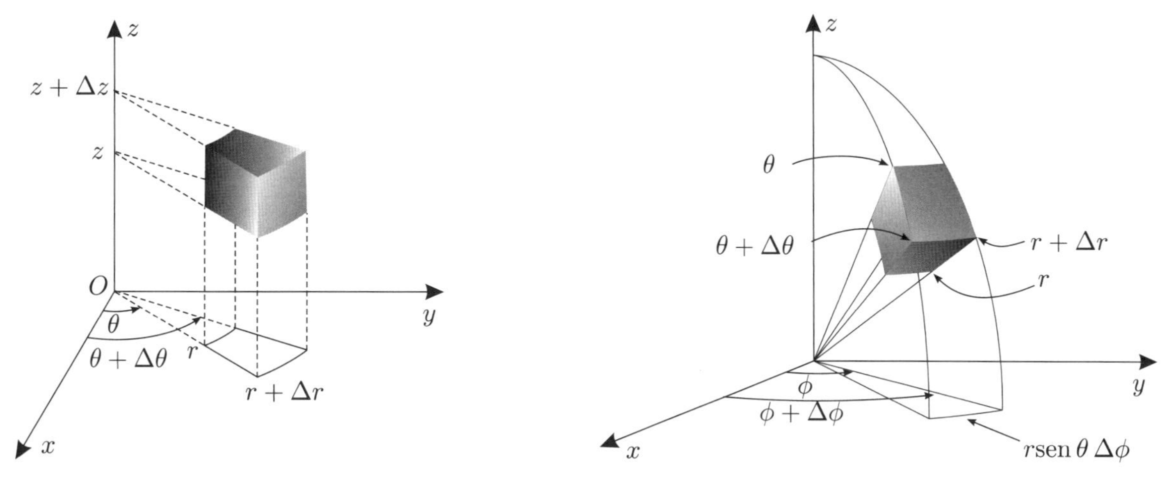

Figura 5.30 Figura 5.31

Coordenadas esféricas

Quando usamos coordenadas esféricas r, θ, ϕ dadas por

$$x = r\,\mathrm{sen}\,\theta\cos\phi, \quad y = r\,\mathrm{sen}\,\theta\,\mathrm{sen}\,\phi, \quad z = r\cos\theta, \tag{5.19}$$

a integral tripla de uma função f é dada por

$$\iiint f(r,\,\theta,\,\phi)r^2\,\mathrm{sen}\,\theta\,dr\,d\theta\,d\phi \tag{5.20}$$

entre limites convenientes de integração. De fato, para vermos isso basta notar que o elemento de volume delimitado pelas superfícies de coordenadas $r =$ const., $r+\Delta r =$ const., $\theta =$ const., $\theta+\Delta\theta =$ const., $\phi =$ const. e $\phi+\Delta\phi =$ const. é dado pelo produto dos lados $r\,\mathrm{sen}\,\theta\Delta\phi$, Δr e $r\Delta\theta$ (Fig. 5.31). Repare que o fator $r^2\,\mathrm{sen}\,\theta$ que aparece em (5.20) é precisamente o Jacobiano da transformação (5.19):

$$\begin{aligned}
J &= \begin{vmatrix} x_r & y_r & z_r \\ x_\theta & y_\theta & z_\theta \\ x_\phi & y_\phi & z_\phi \end{vmatrix} = \begin{vmatrix} \mathrm{sen}\,\theta\cos\phi & \mathrm{sen}\,\theta\,\mathrm{sen}\,\phi & \cos\theta \\ r\cos\theta\cos\phi & r\cos\theta\,\mathrm{sen}\,\phi & -r\,\mathrm{sen}\,\theta \\ -r\,\mathrm{sen}\,\theta\,\mathrm{sen}\,\phi & r\,\mathrm{sen}\,\theta\cos\phi & 0 \end{vmatrix} \\
&= r^2(\mathrm{sen}\,\theta\cos^2\theta\cos^2\phi + \mathrm{sen}^3\,\theta\,\mathrm{sen}^2\,\phi + \mathrm{sen}\,\theta\cos^2\theta\,\mathrm{sen}^2\,\phi + \mathrm{sen}^3\,\theta\cos^2\phi) \\
&= r^2\,\mathrm{sen}\,\theta(\cos^2\theta\cos^2\phi + \mathrm{sen}^2\,\theta\,\mathrm{sen}^2\,\phi + \cos^2\theta\,\mathrm{sen}^2\,\phi + \mathrm{sen}^2\,\theta\cos^2\phi) \\
&= r^2\,\mathrm{sen}\,\theta[\cos^2\theta(\cos^2\phi + \mathrm{sen}^2\,\phi) + \mathrm{sen}^2\,\theta(\mathrm{sen}^2\,\phi + \cos^2\phi)] = r^2\,\mathrm{sen}\,\theta.
\end{aligned}$$

Densidade de massa

Para podermos considerar alguns exemplos interessantes de aplicações da integração tripla, vamos introduzir o conceito de *densidade de massa* numa distribuição de massa sobre um domínio D do espaço. A massa contida num elemento de volume dV tem um certo valor dm, e o quociente dm/dV é a *densidade* média de massa em dV. A *densidade* ρ *no ponto* P é o limite desse quociente quando o diâmetro de dV tende a zero, de maneira que dV contenha sempre o ponto P. Desse modo a massa contida em dV é aproximadamente ρdV e a massa total em D é dada por

$$\iiint_D \rho(P)dV.$$

Esse modo de introduzir o conceito de densidade de massa tem a vantagem de ser bastante sugestivo, do ponto de vista físico. Matematicamente, é preciso entender que a densidade de massa é uma função $\rho = \rho(P)$ tal que a massa contida em qualquer subdomínio D de D é dada pela integral anterior.

É fácil mostrar que a função $\rho = \rho(P)$ que satisfaz essa condição é única (Exercício 20 adiante).

Se a densidade ρ for constante, diz-se que a distribuição de massa em D é *homogênea* ou *uniforme*. Nesse caso, a massa total em D é simplesmente o produto de ρ pelo volume de D:

$$\iiint_D \rho dV = \rho \iiint_D dV.$$

Exemplo 1. Vamos calcular a massa contida num cilindro circular reto, de raio R e altura h, supondo a densidade de massa $\rho = \rho_0 r$ onde ρ_0 é uma constante e r é a distância ao eixo do cilindro. A simetria do problema torna adequado o uso de coordenadas cilíndricas, com eixo Oz coincidente com o eixo do cilindro. Com referência à Fig. 5.32, temos

$$M = \int_0^h \int_0^R \int_0^{2\pi} \rho_0 r(rd\theta)drdz = 2\pi\rho_0 \int_0^R r^2 dr \int_0^h dz = \frac{2\pi\rho_0 R^3 h}{3}.$$

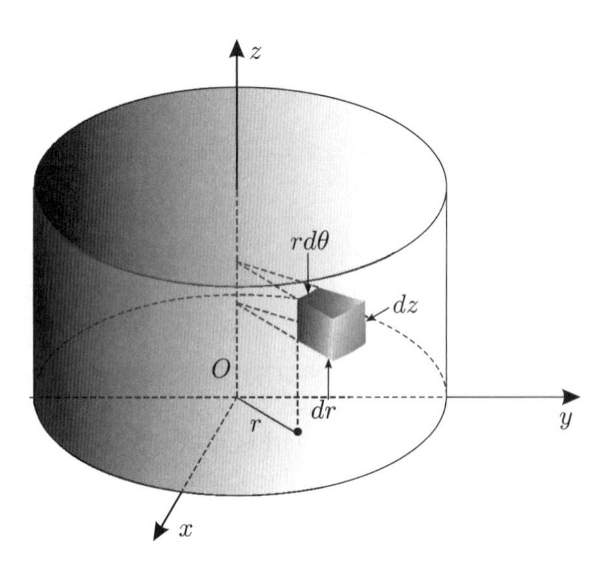

Figura 5.32

Exemplo 2. Dada uma certa distribuição de massa, o *campo gravitacional* que ela origina num ponto P é, por definição, a força de atração que ela exerce sobre uma massa unitária nesse ponto. Consideremos uma distribuição homogênea de massa, com densidade constante ρ, num cone circular reto de altura h e raio R. Vamos calcular o campo gravitacional dessa massa no vértice do cone. Novamente usaremos coordenadas cilíndricas, com o vértice do cone na origem e eixo coincidente com o eixo Oz (Fig. 5.33). Repare que, em virtude da simetria do problema, a força de atração está dirigida na direção do eixo Oz, pois a componente perpendicular a esse eixo, devida a uma massa em P, é anulada por componente análoga devida a uma massa num ponto P', oposto a P em relação ao eixo Oz. Então, um elemento de massa em P,

$$dm = \rho dV = \rho(rd\theta)drdz,$$

exerce, sobre a massa unitária na origem, uma atração cuja projeção sobre o eixo Oz é dada por

$$G\frac{dm}{r'^2}\cos\alpha = G\frac{\rho r d\theta dr dz}{r'^2}\cdot\frac{z}{r'} = G\frac{\rho r z d\theta dr dz}{(r^2+z^2)^{3/2}},$$

onde G é a constante de gravitação, $r' = |OP|$ e α é o ângulo entre OP e Oz. Portanto, a atração total, devida à massa em todo o cone, é

$$2\pi\rho G\int_0^h\left(\int_0^R \frac{rdr}{(r^2+z^2)^{3/2}}\right)zdz = 2\pi\rho G\int_0^h \frac{z}{\sqrt{r^2+z^2}}\Big|_R^0 dz = 2\pi\rho G\int_0^h\left(1-\frac{z}{\sqrt{R^2+z^2}}\right)dz$$
$$= 2\pi\rho G(h - \sqrt{R^2+z^2}\Big|_0^h) = 2\pi\rho G(h+R-\sqrt{R^2+h^2}\,).$$

Observação. O conceito de *integral imprópria* se estende, de modo óbvio, ao caso de integrais triplas. Por exemplo, a integral tripla do exemplo anterior é imprópria, já que seu integrando tem uma singularidade na origem, onde $r = z = 0$.

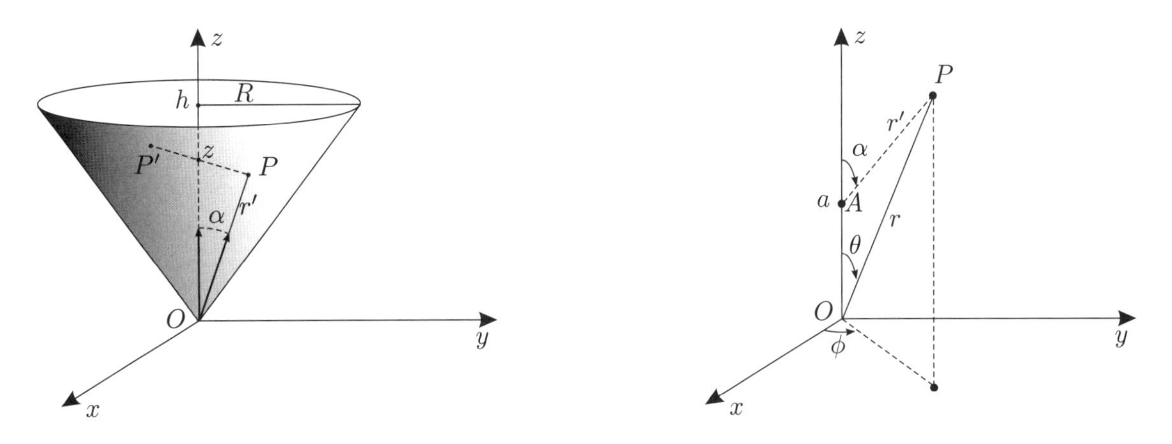

Figura 5.33 Figura 5.34

Dois exemplos importantes

Vamos ilustrar o uso de coordenadas esféricas na integração tripla considerando, nos exemplos seguintes, dois resultados fundamentais da teoria da gravitação. No primeiro deles provaremos que se uma distribuição de massa sobre uma concha esférica é tal que a densidade só depende do raio, então essa massa não exerce qualquer atração sobre massas no interior da concha. Esse resultado surpreendente foi estabelecido por Newton em sua famosa obra *Princípios Matemáticos de Filosofia Natural.* O segundo resultado que vamos considerar, também encontrado na mesma obra de Newton, é a demonstração de que uma distribuição de massa sobre uma esfera, cuja densidade só é função do raio, atrai qualquer massa exterior como se a massa da esfera estivesse toda concentrada em seu centro. Esses dois resultados se aplicam no caso de um planeta como a Terra.

Exemplo 3. Vamos considerar uma distribuição de massa numa concha esférica $R_1 \le r \le R_2$, cuja densidade ρ só é função de r: $\rho = \rho(r)$. É claro, por razões de simetria, que o campo gravitacional sobre uma massa na origem é zero. Para estabelecer o mesmo resultado num ponto A qualquer, interior à esfera $r < R_1$, tomamos os eixos de coordenadas de modo que A esteja em Oz e tenha coordenada a (Fig. 5.34). Por razões de simetria, o campo gravitacional em A se reduz à sua componente na direção do eixo Oz. A contribuição a essa componente, devida a um elemento de massa em P,

$$dm = \rho(r)dV = \rho(r)r^2 \operatorname{sen}\theta dr d\theta d\phi,$$

é dada por

$$G\frac{dm}{r'^2}\cos\alpha = \frac{Gdm}{r'^2}\cdot\frac{r\cos\theta - a}{r'} = \frac{G(r\cos\theta - a)\rho(r)r^2\operatorname{sen}\theta dr d\theta d\phi}{(r^2+a^2-2ar\cos\theta)^{3/2}}.$$

Em conseqüência, o campo total em A é a integral dessa expressão, isto é,

$$G\int_{R_1}^{R_2}\rho(r)r^2dr\int_0^{2\pi}d\phi\int_0^{\pi}\frac{(r\cos\theta - a)\operatorname{sen}\theta\, d\theta}{(r^2+a^2-2ar\cos\theta)^{3/2}}$$

$$= 2\pi G\int_{R_1}^{R_2}\rho(r)r^2dr\int_0^{\pi}\frac{(r\cos\theta - a)\operatorname{sen}\theta\, d\theta}{(r^2+a^2-2ar\cos\theta)^{3/2}} = 2\pi G\int_{R_1}^{R_2}\rho(r)r^2(I_1+I_2)dr,$$

onde

$$I_1 = \int_0^{\pi}\frac{r\cos\theta\operatorname{sen}\theta\, d\theta}{(r^2+a^2-2ar\cos\theta)^{3/2}} \quad \text{e} \quad I_2 = -a\int_0^{\pi}\frac{\operatorname{sen}\theta\, d\theta}{(r^2+a^2-2ar\cos\theta)^{3/2}}. \tag{5.21}$$

Vamos provar que $I_1 + I_2 = 0$, começando por calcular I_2. Notamos que

$$a\operatorname{sen}\theta d\theta = \frac{1}{2r}d_\theta(r^2+a^2-2ar\cos\theta);$$

portanto, lembrando que $a < R_1 \leq r$,

$$I_2 = \frac{1}{r\sqrt{r^2+a^2-2ar\cos\theta}}\Bigg|_0^{\pi} = \frac{1}{r(r+a)} - \frac{1}{r(r-a)} = \frac{-2a}{r(r^2-a^2)}. \tag{5.22}$$

Quanto à integral I_1, notamos que

$$\frac{r\cos\theta\operatorname{sen}\theta}{(r^2+a^2-2ar\cos\theta)^{3/2}} = \frac{2ar\cos\theta\operatorname{sen}\theta}{2a(r^2+a^2-2ar\cos\theta)^{3/2}}$$

$$= \frac{(2ar\cos\theta - r^2 - a^2)\operatorname{sen}\theta}{2a(r^2+a^2-2ar\cos\theta)^{3/2}} + \frac{(r^2+a^2)\operatorname{sen}\theta}{2a(r^2+a^2-2ar\cos\theta)^{3/2}}$$

$$= \frac{-\operatorname{sen}\theta}{2a\sqrt{r^2+a^2-2ar\cos\theta}} + \frac{(r^2+a^2)\operatorname{sen}\theta}{2a(r^2+a^2-2ar\cos\theta)^{3/2}}.$$

Em conseqüência,

$$I_1 = \left[\frac{-\sqrt{r^2+a^2-2ar\cos\theta}}{2a^2} - \frac{r^2+a^2}{2a^2r\sqrt{r^2+a^2-2ar\cos\theta}}\right]_0^{\pi},$$

donde

$$I_1 = \frac{-1}{ar} - \frac{r^2+a^2}{2a^2r}\left(\frac{1}{r+a} - \frac{1}{r-a}\right) = \frac{2a}{r(r^2-a^2-)}. \tag{5.23}$$

Daqui e de (5.22) segue-se que $I_1 + I_2 = 0$, que é o resultado desejado.

Exemplo 4. Vamos considerar agora uma distribuição de massa numa esfera de raio R, com densidade $\rho = \rho(r)$, onde r é a distância ao centro da esfera, que supomos coincidente com a origem dos eixos. Seja A um ponto do eixo OZ, cuja distância à origem é $a > R$ (Fig. 5.35). Por razões de simetria, é fácil ver que a atração da esfera sobre uma partícula de massa unitária em A se reduz à sua componente na direção de Oz, no sentido de A para 0. Raciocinando como no exemplo anterior, a contribuição a essa componente, devida a um elemento de massa dm em P, é dada por

$$2\pi G\int_0^R \rho(r)r^2(I_1+I_2)dr,$$

onde I_1 e I_2 são as mesmas integrais que aparecem em (5.21). Todavia, como agora $a > R \geq r$, os cálculos (5.22) e (5.23) ficam sendo, respectivamente,

$$I_2 = \left.\frac{1}{r\sqrt{r^2+a^2-2ar\cos\theta}}\right|_0^\pi = \frac{1}{r(a+r)} - \frac{1}{r(a-r)} = \frac{-2}{a^2-r^2}$$

e

$$I_1 = \left[\frac{-\sqrt{r^2+a^2-2ar\cos\theta}}{2a^2r} - \frac{r^2+a^2}{2a^2r\sqrt{r^2+a^2-2ar\cos\theta}}\right]_0^\pi$$

$$= -\frac{1}{a^2} + \frac{r^2+a^2}{2a^2r}\left(\frac{1}{a+r} - \frac{1}{a-r}\right) = -\frac{1}{a^2} + \frac{r^2+a^2}{a^2(a^2-r^2)}.$$

Portanto, $I_1 + I_2 = -2/a^2$ e o campo gravitacional em A é

$$2\pi G \int_0^R \rho(r)r^2 \cdot \frac{-2}{a^2}dr = -\frac{4\pi G}{a^2}\int_0^R \rho(r)r^2dr.$$

Como a massa M da esfera é dada por

$$M = \iiint \rho(r)dV = \int_0^R\int_0^\pi\int_0^{2\pi} \rho(r)r^2 \operatorname{sen}\theta dr d\theta d\phi = 4\pi\int_0^R \rho(r)r^2dr,$$

o campo gravitacional em A fica sendo $-GM/a^2$, que é o resultado desejado, pois mostra que essa força é a mesma que seria exercida por uma partícula de massa M no centro da esfera.

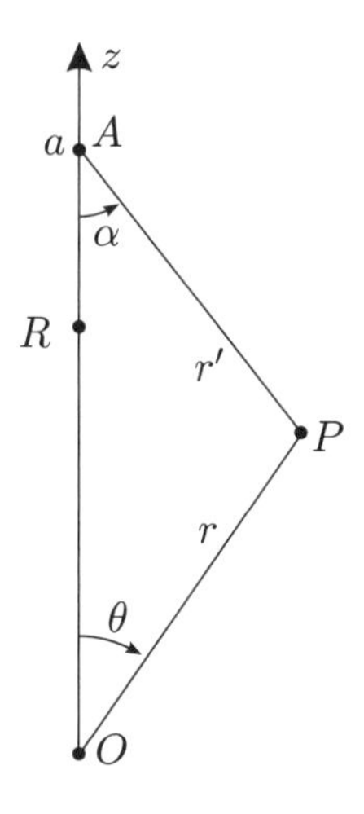

Figura 5.35

Exercícios

Nos Exercícios 1 a 7, calcule os volumes dos sólidos dados usando coordenadas cilíndricas ou esféricas.

1. Cone circular reto, de raio R e altura h.

2. Esfera de raio R.

3. Sólido delimitado pelo parabolóide $z = a(x^2 + y^2)$ e pelo plano $z = h$, onde a e h são positivos.

4. Calota esférica interseção da esfera $x^2 + y^2 + z^2 \leq R^2$ com o semi-espaço $z \geq a$, onde $0 < a < R$.

5. Interseção da esfera $x^2 + y^2 + z^2 \leq R^2$ com o cone $z^2 \geq m^2(x^2 + y^2)$, $z \geq 0$.

6. Interseção da esfera $x^2 + y^2 + z^2 \leq R^2$ com o cilindro $x^2 + y^2 \leq a^2$, onde $a < R$.

7. Interseção da esfera $x^2 + y^2 + z^2 \leq R^2$ com o parabolóide $0 \leq z \leq x^2 + y^2$.

8. Calcule o campo gravitacional, na origem, de uma distribuição homogênea de massa, com densidade ρ_0, sobre o domínio $0 \leq z \leq h$, $a^2 \leq x^2 + y^2 \leq b^2$.

9. Com referência ao exercício anterior, mostre que o campo gravitacional no ponto $(0, 0, h/2)$ é zero.

10. Ainda com referência ao Exercício 8, calcule o campo gravitacional no ponto $(0, 0, -c)$, onde $c > 0$.

11. Calcule a massa contida numa esfera de raio R, cuja densidade de massa ρ é proporcional à distância r ao centro da esfera: $\rho = kz$.

12. Calcule a massa contida numa esfera de raio R, cuja densidade de massa ρ é inversamente proporcional à distância r ao centro da esfera: $\rho = k/r$.

13. Determine a condição que deve satisfazer o expoente α para que a massa de uma esfera de raio R e densidade $\rho = kr^\alpha$ seja finita e calcule essa massa.

14. Calcule a massa contida numa esfera de raio R e centro na origem, cuja densidade é proporcional à distância ao eixo Oz: $\rho = kz$.

15. Considere uma esfera de raio R e densidade de massa $\rho = kr^\alpha$, onde r é a distância à origem. Determine a condição que α deve satisfazer para que o campo gravitacional do hemisfério $z \geq 0$ na origem seja finito e calcule esse campo.

16. Uma distribuição de massa num cilindro circular reto de raio R e altura h tem densidade $\rho = \rho_0 r^\alpha$, onde r é a distância ao eixo do cilindro. Determine a condição que α deve satisfazer para que a massa total no cilindro seja finita e calcule essa massa.

17. Calcule o volume da interseção do cone $\theta \leq \pi/4$ com a esfera $r \leq 2R\cos\theta$, onde r, θ, ϕ são as coordenadas esféricas.

18. Mostre que se a densidade de massa numa concha esférica só é função do raio, então essa concha atrai qualquer partícula no seu exterior como se a massa estivesse toda concentrada em seu centro.

19. Imagine que a massa do universo esteja sendo criada desde o início do tempo $t = 0$; ao mesmo tempo ela vai-se expandindo radialmente, de sorte que, a cada instante t e a uma distância r do centro O, a densidade de massa é dada por

$$\rho = \frac{M(1 - e^{-t})}{2\pi r(ct)^2} \quad \text{se} \quad r < ct$$

e $\rho = 0$ se $r \geq ct$, onde M e c são constantes positivas. Calcule a massa do universo a cada instante t, verifique que ela cresce com o tempo e tende para M quando $t \to \infty$.

20. Um hemisfério de raio R contém uma distribuição homogênea de massa com densidade ρ. Mostre que o campo gravitacional dessa massa no centro do hemisfério equivale ao campo de toda a massa concentrada no eixo do hemisfério, a uma distância $\sqrt{2/3}$ do centro.

21. Dada uma distribuição de massa num domínio D, estabeleça a unidade da função contínua $\rho = \rho(P)$, tal que a massa contida em qualquer subdomínio D' de D seja

$$\iiint_{D'} \rho(P)dV_P.$$

Respostas, sugestões e soluções

1. $\pi R^2 h/3$.

3. $\pi h^2/2a$.

5. $\frac{2\pi R^3}{3}\left(1 - \frac{m}{\sqrt{1+m^2}}\right)$.

7. $\frac{\pi(R^2 - R_1^2)^{3/2}}{6} + \frac{\pi R_1^4}{8}$, onde $h = (\sqrt{1+4R^2} - 1)/2$ e $R_1 = \sqrt{h}$.

9. $\int_a^b dr \int_0^{2\pi} d\theta \int_0^h \frac{G\rho_0(z - h/2)r}{[r^2 + (z - h/2)^2]^{3/2}} dz = 0$.

11. $k\pi R^4$.

13. $\alpha > -3$. $\frac{4k\pi R^{\alpha+3}}{\alpha+3}$.

15. $\alpha > -1$, $\frac{\pi G k R^{\alpha+1}}{\alpha+1}$.

17. πR^3.

19. $M(1 - e^{-t})$.

5.8 Centro de massa e momento de inércia

Seja ρ a densidade de massa de um corpo que ocupa um domínio D do espaço. O *centro de massa* desse corpo é definido como sendo o ponto $C = (z_0, y_0, z_0)$ tal que 0

$$x_0 = \frac{1}{M}\iiint_D x\rho dV, \quad y_0 = \frac{1}{M}\iiint_D y\rho dV, \quad z_0 = \frac{1}{M}\iiint_D z\rho dV, \tag{5.24}$$

onde M é a massa total do corpo.

Para bem compreender o significado dessa definição, devemos notar que $x\rho dV$ é o produto da massa elementar $dm = \rho dV$ por sua distância x ao plano Oyz (Fig. 5.36). Esse produto é chamado de *momento de massa* em relação ao plano Oyz. A primeira integral em (5.24) é a soma dos momentos de todas as massas elementares dm ou *momento total* em relação ao plano Oyz. Do mesmo modo, a segunda e a terceira integrais são os *momentos totais* em relação aos planos Oxz e Oxy, respectivamente. O que as Eqs. (5.24) nos dizem é que os três momentos referidos são, respectivamente, iguais aos momentos Mx_0, My_0 e Mz_0 da massa total M, concentrada no centro de massa C. Em outras palavras, os momentos de massa são os mesmos que se obtém como se toda a massa estivesse concentrada no centro de massa.

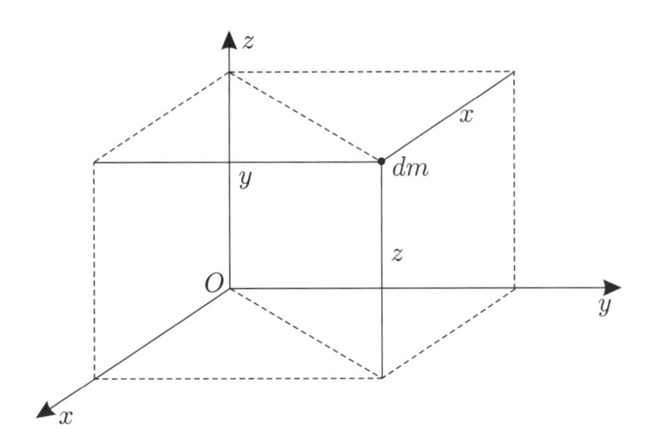

Figura 5.36

As Eqs. (5.24) podem ser escritas na forma compacta

$$\mathbf{R} = C = \frac{1}{M}\iiint_D \rho \mathbf{r} dV, \tag{5.25}$$

onde $C = (x_0, y_0, z_0)$ e $\mathbf{r} = (x, y, z)$. A integral que aí aparece é o vetor cujas componentes são as integrais das componentes do vetor $\rho\mathbf{r} = (\rho x, \rho y, \rho z)$. Naturalmente, se a origem do sistema de coordenadas coincidir com o centro de massa, $\mathbf{R}$ será zero e

$$\iiint_D \rho\mathbf{r}dV = 0.$$

Vamos supor que a massa esteja distribuída sobre uma lâmina de espessura h, disposta sobre o plano x, y, e que ρ seja independente de z, isto é, $\rho = \rho(x, y)$. Nesse caso é conveniente introduzir a *densidade superficial* de massa $\sigma = \rho h$. Em conseqüência, a massa contida num elemento de volume $dV = hdxdy$ será dada por $\rho dV = \rho hdxdy = \sigma dxdy$, e a massa total no domínio D do plano será

$$\iint_D \sigma dxdy.$$

As coordenadas do centro de massa $C = (x_0, y_0)$ serão agora dadas por

$$x_0 = \frac{1}{M}\iint x\sigma dxdy \quad \text{e} \quad y_0 = \frac{1}{M}\iint_D y\sigma dxdy. \tag{5.26}$$

O centro de massa de um corpo é chamado de *centróide* ou *centro geométrico* quando sua massa estiver homogeneamente distribuída, isto é, quando ρ for constante. Nesse caso a fórmula (5.25) se reduz a

$$\mathbf{R} = \frac{1}{V}\iiint_D \mathbf{r}dV,$$

onde V é o volume de D; e, no caso de um domínio plano D, as fórmulas (5.26) ficam sendo

$$Ax_0 = \iint_D x\, dxdy \quad \text{e} \quad Ay_0 = \iint_D ydxdy,$$

onde A é a área de D.

Exemplo 1. Vamos estabelecer o seguinte resultado, devido a Papus, um matemático de Alexandria do século IV d.C.: *o volume do sólido que se obtém por rotação de uma figura plana D em torno de uma reta no plano de D, e que não interseciona D, é o produto da área dessa figura pelo comprimento da circunferência descrita pelo seu centróide.*

Demonstração. Escolhemos os eixos de coordenadas no plano de D de maneira que o eixo de rotação coincida com o eixo Oy e a figura D esteja compreendida entre as retas $x = a$ e $x = b$ (Fig. 5.37). Seja $I(x)$ a interseção da reta de abscissa x, paralela ao eixo Oy, com a figura D. Supomos que essa interseção seja constituída de um único segmento ou de um número finito de segmentos, cujo comprimento ou soma dos comprimentos designamos por $f(x)$. Então, o volume V do sólido gerado pela rotação de D em torno do eixo Oy é dado por

$$V = \int_a^b 2\pi x f(x)dx,$$

pelo mesmo argumento que nos permitiu estabelecer a fórmula (1.6) na Seção 1.2 do Volume 2 do *Cálculo das funções de uma variável.* Observe agora que $f(x)dx$ é o elemento de área de abscissa x, de forma que a abscissa x_0 do centróide de D é dada por

$$Ax_0 = \int_a^b xf(x)dx,$$

onde A é a área de D. Em conseqüência,

$$V = (2\pi x_0)A, \tag{5.27}$$

que é o resultado desejado.

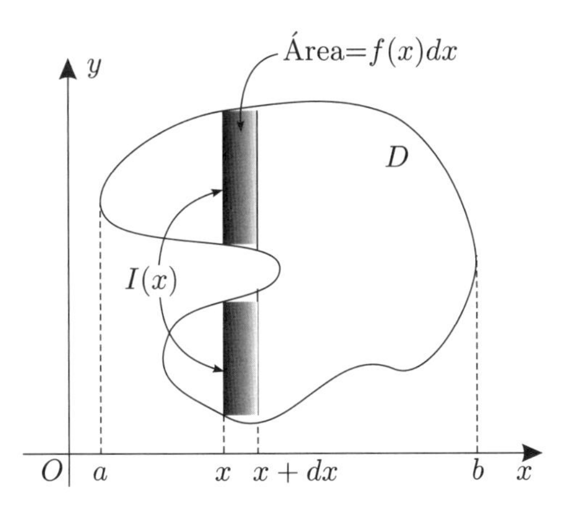

Figura 5.37

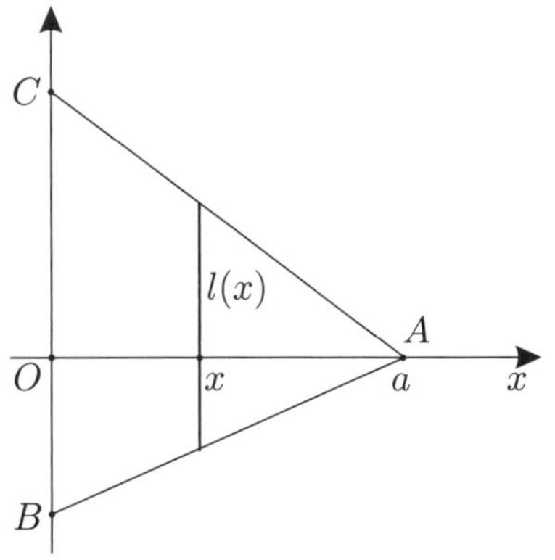

Figura 5.38

Exemplo 2. Vamos provar que o centróide de um triângulo é o ponto de encontro de suas medianas. Para isso é conveniente escolher os eixos de coordenadas de forma que o eixo Oy contenha dois vértices, B e C, e o eixo Ox passe pelo terceiro vértice, de abscissa a (Fig. 5.38). Seja $l(x)$ o comprimento da interseção da reta vertical de abscissa x com o triângulo. Então a abscissa x_0 do centróide do triângulo é dada por

$$Ax_0 = \int_0^a xl(x)dx$$

onde A é a área do triângulo. Se b é o comprimento do lado que jaz no eixo Oy, então $A = ab/2$ e

$$\frac{l(x)}{a-x} = \frac{b}{a}, \quad \text{donde} \quad l(x) = \frac{b(a-x)}{a},$$

de sorte que

$$x_0 = \frac{2}{a^2}\int_0^a (ax - x^2)dx = \frac{a}{3}.$$

Isso mostra que o centróide do triângulo dista da base BC um terço da distância do terceiro vértice a essa base. É claro que o mesmo raciocínio pode ser usado com relação aos outros lados e vértices do triângulo, provando o resultado desejado.

Momento de inércia

Para introduzir a noção de *momento de inércia*, vamos considerar um corpo D em rotação em torno de um eixo L, com velocidade angular ω (Fig. 5.39). Então, cada elemento de massa $dm = \rho dV$, a uma distância r do eixo, terá velocidade escalar ωr, e sua energia cinética será

$$\frac{(\omega r)^2 dm}{2} = \frac{\omega^2 r^2 \rho dV}{2}.$$

A energia cinética total, E_{cr}, devida à rotação, será a soma de todos esses elementos, isto é,

$$E_{cr} = \iiint_D \frac{\omega^2 r^2 \rho dV}{2} = \frac{\omega^2}{2}\iiint_D r^2 \rho dV.$$

Essa última integral é, por definição, o *momento de inércia* I do corpo em relação ao eixo L:

$$I = \iiint_D r^2 \rho dV. \tag{5.28}$$

Em termos do momento de inércia, a energia cinética de um corpo em rotação assume a forma $E_{cr} = Iw^2/2$. Repare que essa energia é diretamente proporcional ao momento de inércia: quanto maior o momento de inércia, tanto maior será a energia necessária para colocar o corpo em rotação ou para pará-lo.

A integral em (5.28) nos mostra que o momento de inércia I será tanto maior quanto mais afastada do eixo L estiver a massa do corpo, como ocorre nos volantes ou reguladores de velocidade. Observe também a analogia entre a expressão da energia cinética de rotação e a energia cinética de um corpo de massa m em translação com velocidade v: $E_{ct} = mv^2/2$. Vemos que o momento de inércia desempenha, nos movimentos de rotação, papel análogo ao da massa nos movimentos de translação.

No caso de uma lâmina D disposta sobre o plano x, y, com densidade superficial de massa σ, o momento de inércia em relação a um eixo L, perpendicular ao plano, é dado por

$$I = \iint_D r^2 \sigma dx dy,$$

onde r é a distância do elemento de massa $\sigma dx dy$ ao eixo L.

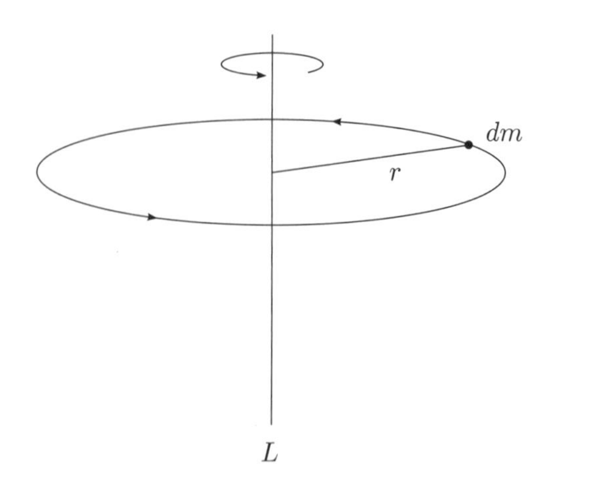

Figura 5.39

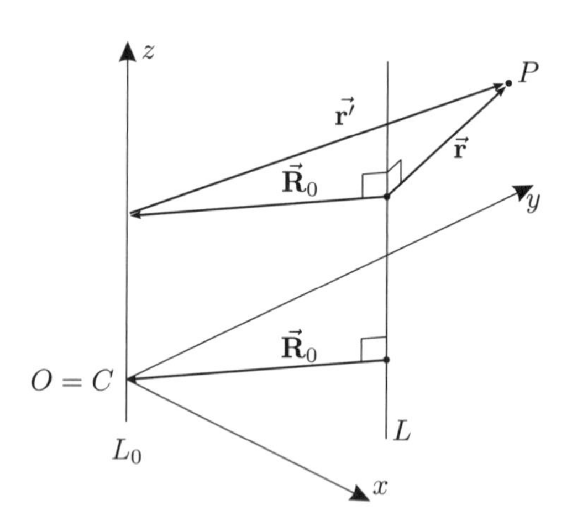

Figura 5.40

Exemplo 3. Vamos estabelecer o chamado teorema de Steiner: *o momento de inércia I de um corpo de massa M em relação a um eixo L é igual ao momento de inércia desse corpo em relação ao eixo L_0 passando pelo centro de massa C e paralelo a L, mais o momento de inércia, em relação a L, da massa M concentrada em C.*

Demonstração. Primeiro escolhemos um sistema de coordenadas com origem no centro de massa C e o eixo Oz coincidente com o eixo L_0. Sejam $\mathbf{r}$ e $\mathbf{r}'$ os vetores-posição de um ponto genérico P em relação aos eixos L e L_0, respectivamente, e $\mathbf{R}_0$ e vetor-posição do centro de massa em relação ao eixo L (Fig. 5.40). Como $\mathbf{r} = \mathbf{r}' + \mathbf{R}_0$, podemos escrever

$$I = \iiint_D \rho \mathbf{r}^2 dV = \iiint_D \rho(\mathbf{r}' + \mathbf{R}_0)^2 dV = \iiint_D \rho \mathbf{r}'^2 dV + 2\mathbf{R} \cdot \iiint_D \rho \mathbf{r}' dV + \mathbf{R}_0^2 \iiint_D \rho dV.$$

O primeiro termo desta última expressão é o momento de inércia I_0 em relação a L_0, e o último é MR_0^2; já a integral que aparece como fator no segundo termo é zero, pela própria definição de centro de massa.

Então, $I = I_0 + MR_0^2$, que é o resultado desejado.

Exemplo 4. Vamos calcular o momento de inércia I de uma distribuição homogênea de massa sobre uma esfera de raio R em relação a um eixo pelo centro da esfera. Vamos supor que esse eixo seja o eixo Oz, com origem no centro da esfera, e seja ρ_0 a densidade de massa. Então, usando coordenadas cilíndricas, teremos

$$I = \int_0^{2\pi} d\theta \int_{-R}^{R} dz \int_0^{\sqrt{R^2-z^2}} \rho_0 r^3 dr = 2\pi\rho_0 \int_{-R}^{R} \frac{(R^2-z^2)^2}{4} dz = \frac{2\pi\rho_0 R^5}{5}.$$

Podemos também usar coordenadas esféricas, notando que o momento de inércia em relação a qualquer dos eixos cartesianos é o mesmo, isto é,

$$I = \iiint (x^2+y^2)\rho_0 dxdydz = \iiint (y^2+z^2)\rho_0 dxdydz = \iiint (x^2+z^2)\rho_0 dxdydz.$$

Em seguida, somamos essas três integrais e usamos coordenadas esféricas:

$$3I = 2\iiint (x^2+y^2+z^2)\rho_0 dxdydz = 2\rho_0 \int_0^{2\pi} \int_0^{\pi} \int_0^{R} r^4 \operatorname{sen}\theta dr d\theta d\phi = 7\pi\rho_0 \int_0^R r^4 dr = \frac{8\pi\rho_0 R^5}{5};$$

portanto, $I = 8\pi\rho_0 R^5/15$.

Exercícios

Determine os centróides das figuras dadas nos Exercícios 1 a 7.

1. Semidisco $x^2 + y^2 \leq R^2, \quad x \geq 0$.

2. Domínio delimitado pelos eixos de coordenadas, pela curva $y = e^x$ e pela reta $x = 1$.

3. Domínio delimitado pela parábola $y = x^2$, pelo eixo Oy e pela reta $y = 2$.

4. Domínio delimitado pelas parábolas $y = x^2$ e $x = y^2$.

5. Domínio interseção da elipse $b^2x^2 + a^2b^2 = 1$ com o semiplano $x \geq 0$.

6. Domínio (ilimitado) $x \geq 1, \quad 0 \leq y \leq 1/x^3$.

7. Domínio (ilimitado) $x \geq 0, \quad 0 \leq y \leq e^{-x}$.

8. Determine o centro de massa de um hemisfério $x^2+y^2+z^2 \leq R^2$, $z \geq 0$, cuja densidade de massa é proporcional à distância à base do hemisfério: $\rho = kz$.

9. Determine o centro de massa de um cone circular reto de raio R e altura h, cuja densidade de massa é proporcional à distância à base do cone.

10. Calcule o volume do toro gerado por rotação do círculo $(x-R)^2 + y^2 \leq r^2$ em volta do eixo Oy, onde $R > r$.

11. Calcule o volume do sólido que se obtém por rotação, em volta do eixo Oy, do semicírculo $(x-R)^2 + y^2 \leq R^2$, $x \geq R$.

12. Calcule o momento de inércia, em relação a seu eixo, de um cilindro circular reto de raio R e altura h, com densidade $\rho = kr$, onde r é a distância ao eixo do cilindro.

13. Calcule o momento de inércia de um quadrado de lado $2a$ em relação a um eixo perpendicular ao seu centro, supondo constante a densidade superficial de massa σ.

14. Calcule o momento de inércia de um quadrado homogêneo de lado $2a$ e massa m em relação a um eixo no plano do quadrado, passando por seu centro e paralelo a um dos lados.

15. Considere uma concha esférica homogênea de densidade ρ_0 e raios R_1 e R_2, $R_1 < R_2$. Calcule seu momento de inércia em relação a um de seus eixos.

16. Calcule o momento de inércia, em relação ao eixo Oz, de uma distribuição homogênea de massa de densidade ρ_0, no sólido $R_1 \leq x^2 + y^2 \leq R_2$, $0 \leq z \leq h$.

17. Calcule o momento de inércia, em relação ao eixo Ox, de uma distribuição homogênea de massa de densidade ρ_0, na concha hemisférica $R_1 \leq x^2 + y^2 + z^2 \leq R_2$, $z \geq 0$.

18. Mostre que o centróide do hemisfério $0 \leq z \leq \sqrt{R^2 - x^2 - y^2}$ é o ponto $(0, 0, 3R/8)$.

Respostas e sugestões

1. $(4R/3\pi, 0)$.

2. Faça as integrações, separadamente, no quadrado de vértices $(0, 0)$, $(1, 0)$, $(1, 1)$, $(0, 1)$ e no domínio delimitado pela curva $y = e^x$ e pelas retas $x = 1$ e $y = 1$. O resultado deve ser $(1/(e-1), (e+1)/4)$.

3. $(3/4\sqrt{2}, 6/5)$.

5. $(4a/3\pi, 0)$.

7. $C = (1, 1/4)$.

9. $(0, 0, 2h/5)$.

11. $\pi R^3(3\pi + 4)/3$.

13. $8a^4\sigma/3$.

15. $8\pi(R_2^5 - R_1^5)\rho_0/15$.

17. $4\pi(R_2^5 - R_1^5)\rho_0/15$.

Capítulo 6

Integrais de linha

O conceito de integral foi primeiramente introduzido, no Volume 1 do *Cálculo das funções de uma variável*, para funções de uma única variável, ao longo de um intervalo de números reais. Vimos, no capítulo anterior, como esse conceito se estende a funções de duas e três variáveis, resultando nas integrais duplas e integrais triplas. Há outra maneira muito importante de se estender a noção de integral, dando origem às chamadas *integral de linha* e *integral de superfície*, que vamos estudar no presente capítulo. Para isso é conveniente fazer algumas considerações preliminares sobre as noções de arcos e regiões no plano e no espaço.

6.1 Arcos e regiões

Já tivemos oportunidade de notar que um modo conveniente de especificar um arco de curva consiste em prescrever suas equações paramétricas,

$$x = x(t), \quad y = y(t), \quad z = z(t). \tag{6.1}$$

Em geral supomos que essas funções sejam contínuas num intervalo $a \leq t \leq b$. Diz-se então que o arco é *contínuo*. Mas, mesmo com essa hipótese de continuidade, o arco

$$P(t) = x(t)\mathbf{i} + y(t)\mathbf{j} + z(t)\mathbf{k}$$

que também se escreve na forma

$$P(t) = (x(t),\, y(t),\, z(t)),$$

pode ser bastante geral, em nada se parecendo com uma "curva" como costumamos visualizar geometricamente esse objeto. Já observamos, no final do Capítulo 4 do referido Volume 1, que existem curvas contínuas sem tangentes, constituídas só de pontos angulosos; portanto, curvas que poderiam ser chamadas de "rugosas". Mais surpreendente do que isso é o fato de existirem curvas contínuas que enchem todo um domínio espacial; por exemplo, uma curva contínua que passa por todos os pontos de um cubo! No entanto, curvas tão gerais assim são excluídas de nossas considerações quando fazemos a hipótese de que as funções em (6.1), além de contínuas, tenham derivadas contínuas no intervalo $a \leq t \leq b$. Além disso, vamos supor que

$$P'(t) = x'(t)\mathbf{i} + y'(t)\mathbf{j} + z'(t)\mathbf{k} \neq 0.$$

Diremos, então, que o arco é *liso* ou *regular*. Isso porque ele possui tangente em cada um de seus pontos e essa tangente varia com continuidade.

Além do arco regular, interessa-nos considerar o chamado *arco seccionalmente regular*, que é todo arco para o qual as funções em (6.1) são contínuas em seu intervalo de definição, porém cujas derivadas são seccionalmente contínuas nesse intervalo. Em outras palavras, o intervalo $[a,\, b]$ é constituído de um número finito de subintervalos $[a_i,\, b_i]$, isto é,

$$[a,\, b] = [a_0,\, b_0] \cup [a_1,\, b_1] \ldots \cup [a_n,\, b_n],$$

de tal maneira que $b_0 = a_1$, $b_1 = a_2, \ldots, b_{n-1} = a_n$. Além disso, em cada um dos subintervalos $[a_i, b_i]$ a derivada $P'(t)$ é contínua e diferente de zero, tem limites com $t \to a_i+$ e $t \to b_i-$, e esses limites coincidem com as derivadas de $P(t)$, à direita em a_i e à esquerda em b_i, respectivamente. A Fig. 6.1 ilustra um arco seccionalmente regular. Lidaremos sempre com arcos regulares ou seccionalmente regulares, por isso mesmo quase sempre omitiremos qualquer qualificativo da palavra "arco". Além de "arco", usaremos as palavras *curva, caminho* e *contorno* com o mesmo significado.

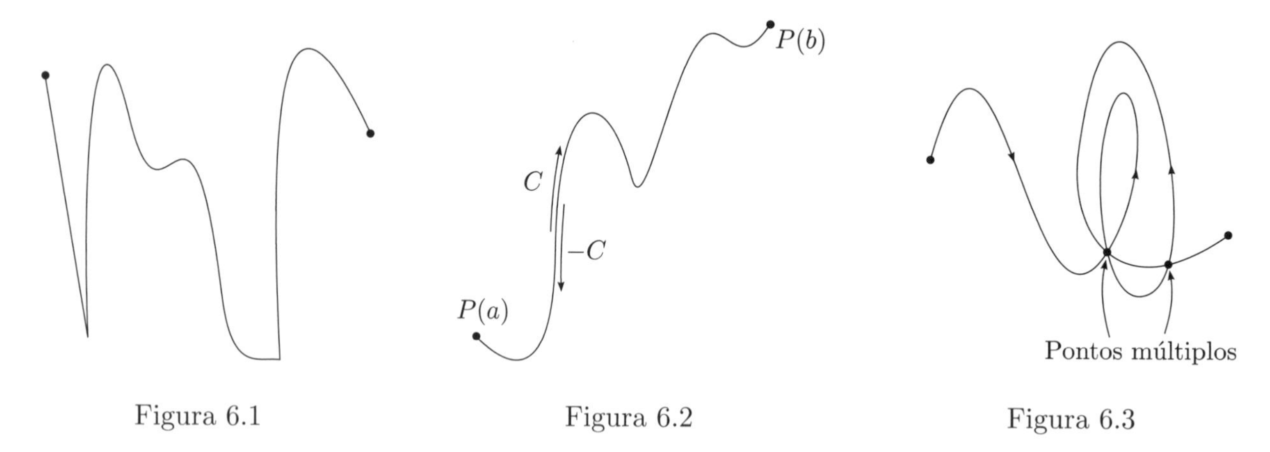

Figura 6.1 Figura 6.2 Figura 6.3

A representação paramétrica de um arco C,

$$P = P(t), \quad a \leq t \leq b,$$

ordena os pontos de C de acordo com os valores crescentes de t, de forma que C é um conjunto *ordenado* ou *orientado*. Os pontos $P(a)$ e $P(b)$ são chamados a *origem* e a *extremidade* de C, respectivamente. O mesmo conjunto C, com orientação oposta, é o arco que indicamos por $-C$ (Fig. 6.2) e que possui representação paramétrica

$$Q(t) = P(-t), \quad -b \leq t \leq -a.$$

Às vezes a origem e a extremidade do arco são simplesmente chamadas de *extremidades*. Diz-se que o arco é *simples* quando cada um de seus pontos $P(t)$ provém de um único valor de t, isto é, quando $t_1 \neq t_2 \Rightarrow P(t_1) \neq P(t_2)$. Não sendo simples, o arco conterá ao menos um *ponto múltiplo*, assim chamado todo ponto proveniente de dois ou mais valores do parâmetro t: $P(t_1) = P(t_2)$ com $t_1 \neq t_2$ (Fig. 6.3). Diz-se que o arco é *fechado* quando suas extremidades são coincidentes: $P(a) = P(b)$ (Fig. 6.4a). O arco é *fechado simples* se todos os seus pontos, à exceção das extremidades, forem simples (Fig. 6.4b).

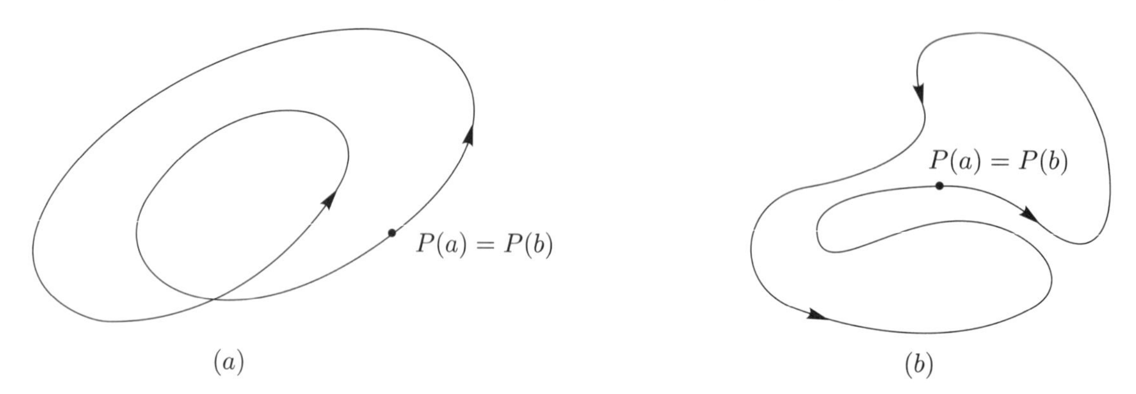

Figura 6.4

Às vezes consideramos arcos cujos parâmetros t variam em intervalos abertos ou semi-abertos, como $a < t < b$, $a < t \leq b$, $-\infty < t \leq b$, etc. Nesses casos o arco deixa de ter origem, extremidade ou ambos.

Até agora a palavra "domínio" tem sido usada para designar todo conjunto em que uma ou mais funções são definidas, ou mesmo como simples sinônimo da palavra "conjunto". Mas para as considerações que faremos a partir de agora é conveniente reservar um vocábulo para designar um conjunto aberto e conexo.

Conjuntos conexos e Teorema de Jordan

Vimos, na p. 46, que *conjunto aberto* é aquele cujos pontos são todos internos, nenhum deles pertencendo à sua fronteira. Diz-se que um conjunto aberto é *conexo* se quaisquer dois de seus pontos podem ser ligados por uma *linha poligonal* toda contida no conjunto. Por *linha poligonal* entendemos um "arco" constituído de um número finito de segmentos retilíneos em sucessão, tais que a extremidade de cada um coincide com a origem do seguinte. Chamaremos *região* a todo conjunto aberto e conexo. É costume indicar a fronteira de um conjunto qualquer C com o símbolo ∂C. Dada uma região R, chamaremos *região fechada* $\overline{R}$ ao conjunto $R \cup \partial R$, que se obtém juntando-se a R os pontos de sua fronteira.

De acordo com um famoso teorema, devido a Camille Jordan (1838-1922), *toda curva fechada simples C, no plano, divide o plano em duas regiões, tendo C como fronteira comum, uma das quais, chamada interior de C, é limitada.* Esse interior de C, denotado por R, possui uma propriedade adicional, chamada *conectividade simples*, que significa ser possível deformar a curva C com continuidade até reduzi-la a um ponto sem sair da região fechada $\overline{R}$. Podemos então dizer que *uma região* **R** *é simplesmente conexa se qualquer curva fechada em R pode ser deformada com continuidade até reduzir-se a um ponto sem sair de R.* A região ilustrada na Fig. 6.5a é simplesmente conexa, enquanto a da Fig. 6.5b, embora conexa, não é simplesmente conexa: ela possui um "buraco" que destrói a conectividade simples.

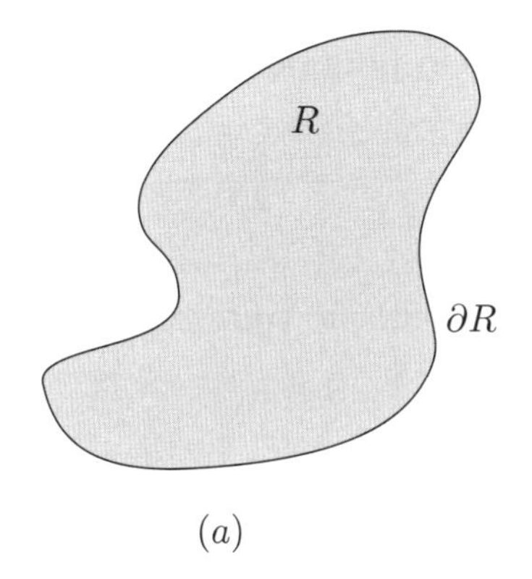

(a)

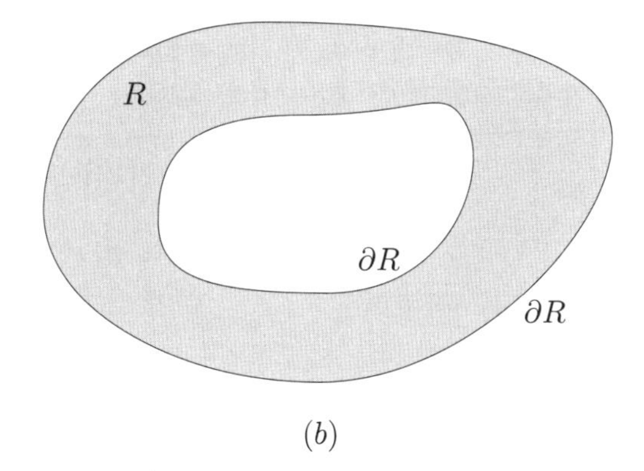

(b)

Figura 6.5

O teorema de Jordan é de fácil compreensão, mas seu tratamento rigoroso é delicado e está fora dos objetivos do nosso curso.

Exercícios

Identifique os arcos nos Exercícios 1 a 12, faça gráficos e indique suas orientações.

1. $P(t) = t\mathbf{i} + (1-t)\mathbf{j},\ \ 0 \le t \le 1.$

2. $P(t) = 2t\mathbf{i} + t^2\mathbf{j},\ \ 1 \le t \le 0.$

3. $P(t) = (t^2+1)\mathbf{i} - 3t\mathbf{j},\ \ -1 \le t \le 1.$

4. $P(t) = t\mathbf{i} + 2t\mathbf{j} + (1-t)\mathbf{k},\ \ 0 \le t \le 2.$

5. $P(t) = (\cos t)\mathbf{i} + (\operatorname{sen} t)\mathbf{j} + t\mathbf{k},\ \ 0 \le t \le 2\pi.$

6. $P(t) = (\operatorname{sen} t)\mathbf{i} - (\cos t)\mathbf{j} - 2t\mathbf{k},\ \ 0 \le t \le \pi.$

7. $P(t) = \dfrac{\mathbf{i}}{t} + t\mathbf{j},\ \ 1 \le t < \infty.$

8. $P(t) = t\mathbf{i} + \dfrac{2\mathbf{j}}{t},\ \ 0 < t < \infty$

9. $P(t) = t\mathbf{i} + \sqrt{1-t^2}\,\mathbf{j},\ \ -1 \le t \le 1.$

10. $P(t) = t\mathbf{i} - \sqrt{1-t^2}\,\mathbf{j},\ \ -1 \le t \le 1.$

11. $P(t) = \sqrt{1-t^2}\,\mathbf{i} + t\mathbf{j},\ \ -1 \le t \le 1.$

12. $P(t) = -(\cos t)\mathbf{i} + (\operatorname{sen} t)\mathbf{j},\ \ 0 \le t \le \pi/2$:.

13. Mostre que o arco $P(0) = 0$ e $P(t) = (t,\, t^3 \operatorname{sen}(1/t))$, $0 \leq t \leq 1$ é regular. Faça seu gráfico e verifique que ele corta o eixo Ox numa infinidade de pontos.

14. Mostre que o arco $P(0) = 0$ e $P(t) = t\mathbf{i} + t^2 \operatorname{sen}(1/t)\mathbf{j}$, $0 < t \leq 1$ não é regular. Faça seu gráfico.

Sugestões e soluções

13. $P'(t) = (1,\, 3t^2 \operatorname{sen}(1/t) - t\cos(1/t))$, $0 < t \leq 1$. Daqui obtemos $\lim_{t\to 0+} P'(t) = (1,\, 0)$. Por outro lado, a derivada à direita de $P(t)$ em $t = 0$ é dada por

$$\lim_{t\to 0+} \frac{P(t) - P(0)}{t} = \lim_{t\to 0+} (1,\, t^2 \operatorname{sen}(1/t)) = (1,\, 0).$$

que é o mesmo que o limite de $P'(t)$ com $t \to 0+$; portanto, $P'(t)$ é contínua em $0 \leq t \leq 1$ e $P(t)$ é regular.

14. $P'(t) = \mathbf{i} + (2t \operatorname{sen}(1/t) - \cos(1/t))\mathbf{j}$, donde se vê que não existe o limite de $P'(t)$ com $t \to 0+$.

6.2 Integral de linha de primeira espécie

Sejam C um arco de curva e s o comprimento, ao longo de C, contado positivamente a partir de uma de suas extremidades. Os pontos P desse arco são, então, caracterizados pelo parâmetro s, que varia de O a L, onde L é o comprimento total de C:

$$P = x(s)\mathbf{i} + \mathbf{y}(s)\mathbf{j} + z(s)\mathbf{k} = P(s).$$

Seja $f(P)$ uma função definida nos pontos de C, tal que $f(P(s))$ seja uma função contínua de s. Podemos, então, considerar a integral

$$\int_0^L f(P(s))ds, \tag{6.2}$$

chamada *integral de linha de primeira espécie* de f sobre C. As expressões *integral curvilínea* e *integral de contorno* são também usadas com freqüência.

Exemplo 1. Vamos calcular a integral da função $f(x,\, y) = x$ sobre o contorno fechado OAB, formado pelas retas $x = 0$, $y = 1$ e a parábola $y = x^2$, $x \geq 0$ (Fig. 6.6). Como $f(x,\, y) = 0$ em OB, só teremos contribuições dos trechos OA e AB. Repare que, sobre a parábola $y = g(x) = x^2$,

$$ds = \sqrt{1 + g'(x)^2}\, dx = \sqrt{1 + 4x^2}\, dx,$$

de sorte que

$$\int_{OA} f(x,\, y)ds = \int_0^1 x\sqrt{1 + 4x^2}\, dx = \frac{1}{8}\int_0^1 (1 + 4x^2)^{1/2} d(1 + 4x^2) = \left.\frac{(1 + 4x^2)^{3/2}}{12}\right|_0^1 = \frac{5\sqrt{5} - 1}{12}.$$

Por outro lado,

$$\int_{AB} f(x,\, y)ds = \int_0^1 x dx = \frac{1}{2}.$$

Então,

$$\int_{OABO} f(x,\, y)ds = \frac{5(\sqrt{5} + 1)}{12}.$$

Observe que a integral (6.2) faz sentido mesmo que a função f não esteja definida em pontos fora de C. Em particular, se $\lambda = \lambda(s)$ for uma função contínua do arco s, podemos definir sua integral sobre C:

$$\int_0^L \lambda(s)ds.$$

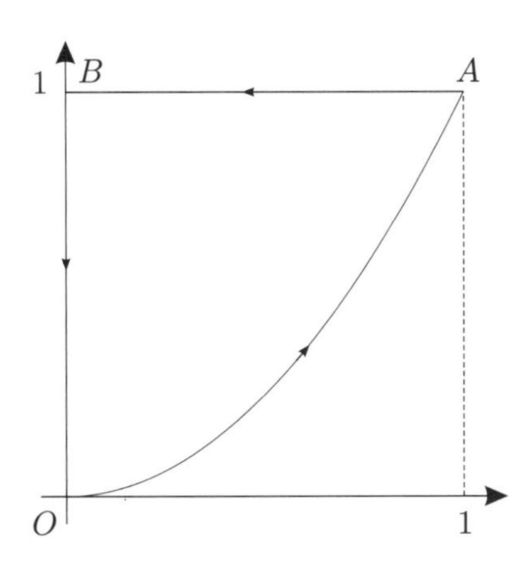

Figura 6.6

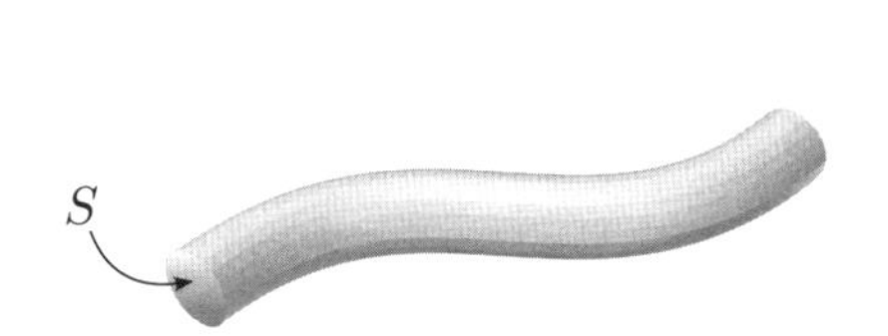

Figura 6.7

Integrais desse tipo ocorrem, por exemplo, quando consideramos distribuições lineares de massa ou carga elétrica ao longo de um fio. A título de ilustração, vamos considerar um fio delgado, parecido com um arco C, e vamos supor que sua densidade de massa ρ seja constante sobre qualquer seção transversal de área S (Fig. 6.7). Então $\rho = \rho(s)$ só é função do comprimento de arco, e a massa contida no elemento de arco ds é, aproximadamente, $\rho(s)Sds$. O produto $\lambda(s) = \rho(s)S$ é chamado de *densidade linear de massa* ou massa por unidade de comprimento. A massa total do fio é dada por

$$\int_0^L \rho(s)Sds = \int_0^L \lambda(s)ds.$$

De maneira inteiramente análoga introduz-se o conceito de densidade linear de carga elétrica, considerando-se uma distribuição de carga elétrica ao longo de um fio delgado.

Exemplo 2. Consideremos uma distribuição homogênea de massa no intervalo $0 \le x \le L$, portanto com densidade λ constante. Vamos calcular o campo gravitacional $\mathbf{E} = (E_x, E_y)$ dessa massa no ponto $P = (L/2, y)$, como ilustra a Fig. 6.8. O campo devido a um elemento de massa λdx, denotado $d\mathbf{E} = (dE_x, dE_y)$, é tal que

$$dE_x = \frac{G\lambda dx}{(x - L/2)^2 + y^2} \cos\alpha = \frac{G\lambda(x - L/2)dx}{[(x - L/2)^2 + y^2]^{3/2}}$$

e

$$dE_y = \frac{-G\lambda dx}{(x - L/x)^2 + y^2} \operatorname{sen}\alpha = \frac{-G\lambda y dx}{[(x - L/2)^2 + y^2]^{3/2}},$$

onde G é a constante de gravitação.

A integral da primeira dessas diferenciais, de $x = 0$ a $x = L$, é zero, pois ela assume valores opostos para valores de x simétricos em relação a $x = L/2$. Isso era de se esperar, pela simetria do problema, de forma que o campo gravitacional é vertical, reduzindo-se à componente E_y. Essa componente é dada por

$$E_y = -G\lambda y \int_0^L \frac{dx}{[(x - L/2)^2 + y^2]^{3/2}} = -2G\lambda y \int_0^{L/2} \frac{d\xi}{(\xi^2 + y^2)^{3/2}}.$$

Para calcular esta última integral, fazemos a substituição $\xi = y\,\mathrm{tg}\,\theta$ e indicamos com θ_0 o valor de θ correspondente a $\xi = L/2$. Como

$$\xi^2 + y^2 = y^2(1 + tg^2\theta) = \frac{y^2}{\cos^2\theta} \quad \text{e} \quad d\xi = \frac{y d\theta}{\cos^2\theta},$$

obtemos

$$E_y = \frac{-2G\lambda}{y}\int_0^{\theta_0} \cos\theta \, d\theta = -\frac{2G\lambda}{y}\,\mathrm{sen}\,\theta_0 = -\frac{2G\lambda}{y}\cdot\frac{tg\theta_0}{\sqrt{1 + tg^2\theta_0}}.$$

Mas $\mathrm{tg}\,\theta_0 = L/2y$ e $\mathrm{sen}\,\theta_0 = \mathrm{tg}\,\theta_0/\sqrt{1 + \mathrm{tg}^2\,\theta_0}$; logo,

$$E_y = \frac{-2G\lambda}{y}\,\mathrm{sen}\,\theta_0 = \frac{-2G\lambda}{y}\cdot\frac{L/2y}{\sqrt{1 + L^2/4y^2}} = \frac{-GM}{y\sqrt{(L/2)^2 + y^2}}. \tag{6.3}$$

onde $M = \lambda L$ é a massa total contida no segmento $O \leq x \leq L$.

Repare que y é a distância entre o ponto $P = (L/2, y)$ e o segmento $[0, L]$, e $d = \sqrt{(L/2)^2 + y^2}$ é a distância de P às extremidades desse segmento. Então, a expressão acima de E_y pode se escrever na forma

$$E_y = -\frac{GM}{r^2}$$

onde r é a média geométrica de y e d, isto é, $r = \sqrt{yd}$. Portanto, o *campo gravitacional no ponto P é o mesmo que seria produzido se toda a massa do segmento estivesse concentrada no ponto $Q = (L/2, y - r)$.* Note que este ponto é exatamente o meio do segmento $[0, L]$ quando $y = L/2$.

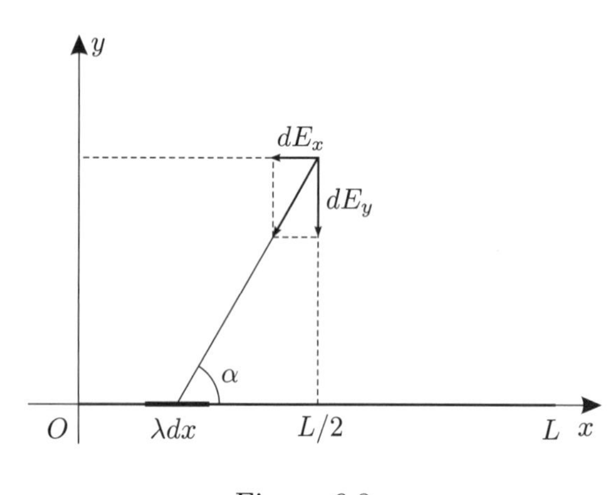

Figura 6.8

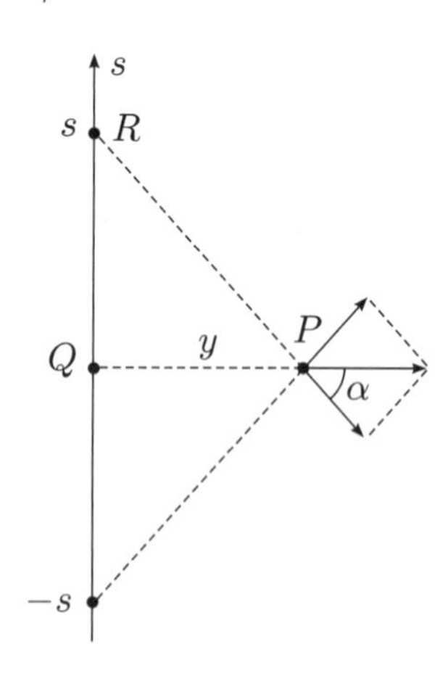

Figura 6.9

Forças elétricas e campo elétrico

A interação entre cargas elétricas em repouso é governada pela "lei de Coulomb", segundo a qual *duas cargas pontuais q_1 e q_2 se repelem ou se atraem com força proporcional ao produto das cargas e inversamente proporcional ao quadrado da distância d que as separa.* A força é de atração se as cargas têm sinais opostos, e de repulsão se elas são de mesmo sinal. Como se vê, a única diferença entre interação elétrica e interação gravitacional é que, neste caso, só há lugar para forças atrativas.

Se $\mathbf{F}_{21}$ é a força que a carga q_1 exerce sobre a carga q_2, então

$$\mathbf{F}_{21} = K\frac{q_1 q_2}{|\mathbf{r}_2 - \mathbf{r}_1|^2}\cdot\frac{\mathbf{r}_2 - \mathbf{r}_1}{|\mathbf{r}_2 - \mathbf{r}_1|} = \frac{Kq_1q_2(\mathbf{r}_2 - \mathbf{r}_1)}{|\mathbf{r}_2 - \mathbf{r}_1|^3},$$

onde $\mathbf{r}_1$ e $\mathbf{r}_2$ são os vetores-posição de q_1 e q_2, respectivamente, e K é uma constante de proporcionalidade.

Para obtermos a força sobre uma carga pontual devida a uma distribuição de cargas num volume, ao longo de um arco ou sobre uma superfície, devemos usar os métodos de somação no caso de distribuições discretas de cargas pontuais, e os métodos de integração nos casos de distribuições contínuas de cargas. A força que uma distribuição de cargas exerce sobre uma carga positiva pontual e unitária num certo ponto é, por definição, o *campo elétrico* dessa distribuição no referido ponto.

Exemplo 3. Vamos calcular o campo elétrico de um arame retilíneo e infinito nos dois sentidos, carregado de eletricidade, com densidade linear constante λ. É fácil ver, pela simetria do problema, que o campo é perpendicular ao arame em qualquer ponto P. De fato, seja Q a interseção com o arame, do plano a ele perpendicular, passando pelo ponto P. As contribuições ao campo em P, devido a cargas elementares λds sobre o arame, dispostas simetricamente em relação a Q, têm resultante perpendicular ao arame (Fig. 6.9), já que suas componentes paralelamente ao arame se anulam mutuamente. Sempre com referência à Fig. 6.9, vemos que o valor escalar do campo elementar em P, devido à carga elementar λds em R, é dado por

$$dE = K\frac{\lambda ds}{s^2+y^2}\cos\alpha = \frac{(K\lambda y)ds}{(s^2+y^2)^{3/2}}.$$

O valor escalar do campo total $\mathbf{E}$ é a integral dessa diferencial, de $s=-\infty$ a $s=+\infty$, isto é,

$$E = K\lambda y\int_{-\infty}^{\infty}\frac{ds}{(s^2+y^2)^{3/2}}.$$

A integral que aí aparece é do mesmo tipo da integral que encontramos no Exemplo 2 e se calcula do mesmo modo. O resultado é

$$E = \frac{2K\lambda}{y}.$$

Repare que esse resultado pode ser obtido de (6.3) fazendo $L\to\infty$. Isso corresponde a calcular o campo produzido por uma distribuição de cargas sobre um arame finito e depois fazer o comprimento desse arame tender a infinito em ambos os sentidos.

Exercícios

Calcule as integrais indicadas nos Exercícios 1 a 10.

1. $\int_C (x-y)ds$, onde C é o contorno do triângulo de vértices (0, 0), (1, 2) e (2, 1).

2. $\int_C xyds$, onde C é o arco $P(\theta)=(\cos\theta)\mathbf{i}+(\operatorname{sen}\theta)\mathbf{j}$, $\pi/2\le\theta\le\pi$.

3. $\int_C xyds$, onde C é o quadrado $|x|+|y|=1$.

4. $\int_C xyds$, onde C é o arco da elipse $b^2x^2+a^2y^2=a^2b^2$, com $x\ge 0$, $y\ge 0$.

5. $\int_C xds$, onde C é o arco $P(t)=t\mathbf{i}+t^2\mathbf{j}$, $0\le t\le 1$.

6. $\int_C (x^2+y^2+z^2)ds$, onde C é o arco de hélice $P(\theta)=\cos\theta\,\mathbf{i}+\operatorname{sen}\theta\,\mathbf{j}+\theta\,\mathbf{k}$, $\mathbf{0}\le\theta\le\mathbf{2}\pi$.

7. $\int_C xds$ onde C é o arco $P(t)=\theta(\mathbf{i}+\operatorname{sen}\theta\,\mathbf{j}+\cos\theta\,\mathbf{k})$, $0\le\theta\le a$.

8. $\int_C (x^2-y^2-z^2)ds$, onde C é o arco $P(t)=\cos t\,\mathbf{i}-\operatorname{sen}t\,\mathbf{j}+2t\,\mathbf{k}$, $-\pi\le t\le 0$.

9. $\int_C x^5 ds$, onde C é o arco $P(t) = (t,\, 1/t),\quad 0 \leq t \leq 1.$

10. $\int_C e^{\sqrt{y}}\, ds$, onde C é o arco $P(t) = \mathbf{i} + t^2\mathbf{j} + 3\mathbf{k},\quad -1 \leq t \leq 0.$

Respostas

1. 0. **3.** 0. **5.** $(\sqrt{5} - 1)/12$.

7. $(\sqrt{(2 + a^2)^3} - 2\sqrt{2})/3$. **9.** $(2\sqrt{2} - 1)/6$.

6.3 Integral de linha das formas diferenciais

Sejam $(L = L(x,\, y,\, z)$, $M = M(x,\, y,\, z)$ e $N = N(x,\, y,\, z)$ funções definidas e contínuas numa região R do espaço e seja C um arco regular, todo contido em R, com representação paramétrica

$$P(t) = x(t)\mathbf{i} + y(t)\mathbf{j} + z(t)\mathbf{k},\quad a \leq t \leq b.$$

Vamos definir a *integral de linha, integral curvilínea* ou *integral de contorno* da expressão

$$Ldx + Mdy + Ndz, \tag{6.4}$$

ao longo do arco C, como sendo

$$\int_a^b [L(P(t))x'(t) + M(P(t))y'(t) + N(P(t))z'(t)]dt.$$

A expressão (6.4) é chamada de *forma diferencial.* Ela pode ser interpretada como produto escalar do vetor $F(P) = (L,\, M,\, N)$ com o vetor

$$dP = dx\mathbf{i} + dy\mathbf{j} + dz\mathbf{k} = [x'(t)\mathbf{i} + y'(t)\mathbf{j} + z'(t)\mathbf{k}]dt = P'(t)dt.$$

Então, a integral da forma (6.4) ao longo do arco C, que costuma ser indicada com os símbolos

$$\int_C Ldx + Mdy + Ndz \quad \text{e} \quad \int_C F(P)\cdot dP,$$

pode também ser escrita na forma

$$\int_a^b F(P(t))\cdot P'(t)dt.$$

Podemos, pois, escrever:

$$\int_C Ldx + Mdy + Ndz = \int_C F(P)\cdot dP = \int_a^b F(P(t))\cdot P'(t)dt = \int_a^b (Lx' + My' + Nz')dt. \tag{6.5}$$

Essa integral de linha pode também ser interpretada como o limite de uma soma do tipo

$$\sum_{i=1}^{n} F(P_i)\cdot \Delta P_i, \tag{6.6}$$

onde $\Delta P_i = P_i - P_{i-1}$ e $P_0,\, P_1, \ldots,\, P_n$ são pontos de divisão do arco C (Fig. 6.10). Esse limite é tomado de maneira tal que o maior dos comprimentos

$$|\Delta P_i| = |P_i - P_{i-1}|,\quad i = 1,\, 2 \ldots,\, n$$

tenda a zero com $n \to \infty$.

Observação. Alguns autores costumam qualificar como de "segunda espécie" a integral de linha definida em (6.5), em oposição à integral de linha "de primeira espécie" introduzida na seção anterior. Todavia, não há diferença essencial entre esses dois tipos de integral: a de "primeira espécie" facilmente se reduz ao tipo definido em (6.5), bastando para isso introduzir em (6.2) uma parametrização do arco C, dada por $s = s(t), a \leq t \leq b$, com $s(a) = 0$ e $s(b) = L$.

Veremos, a seguir, alguns exemplos de integrais de linha.

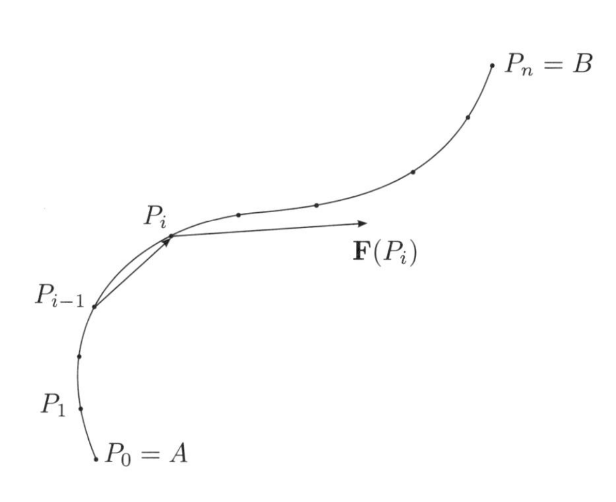

Figura 6.10

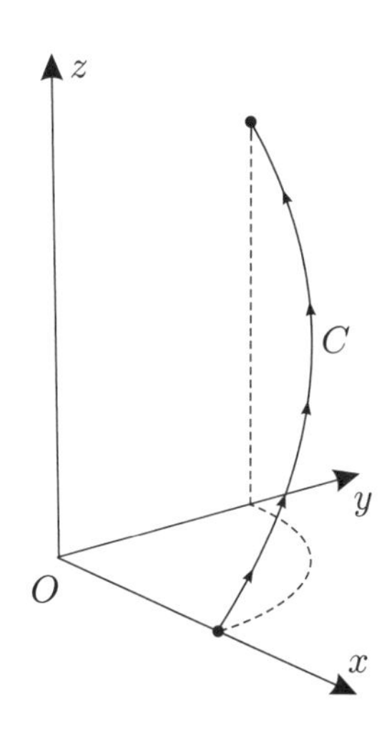

Figura 6.11

Exemplo 1. Calcular a integral da forma diferencial

$$ydx - xdy + zdz$$

ao longo do arco de hélice

$$C\colon\ x = \cos t, \quad y = \operatorname{sen} t, \quad z = t, \quad 0 \leq t \leq \pi/2,$$

ilustrado na Fig. 6.11. Como

$$dx = -\operatorname{sen} t\, dt, \quad dy = \cos t\, dt, \quad dz = dt,$$

obtemos

$$\begin{aligned}\int_C ydx - xdy + zdz &= \int_0^{\pi/2} [\operatorname{sen} t(-\operatorname{sen} t) - \cos t \cdot \cos t + t]dt \\ &= \int_0^{\pi/2} (t-1)dt = \left(\frac{t^2}{2} - t\right)_0^{\pi/2} = \frac{\pi^2}{8} - \frac{\pi}{2} = \frac{\pi(\pi-4)}{8}.\end{aligned}$$

Exemplo 2. Vamos calcular a integral da forma $xydz$ ao longo do mesmo arco C do exemplo anterior. Teremos

$$\int_C xydz = \int_0^{\pi/2} \cos t \operatorname{sen} t\, dt = \left.\frac{\operatorname{sen}^2 t}{2}\right|_0^{\pi/2} = \frac{1}{2}.$$

O exemplo seguinte serve para mostrar, em geral, que a integral de dada forma depende do arco sobre o qual ela se processa, mesmo que se mude o arco, mantendo fixas sua origem e sua extremidade.

Exemplo 3. Consideremos a forma $xydx + y^2dy$, que será integrada ao longo dos arcos C e C', onde (Fig. 6.12)

$$C\colon\ y = x^2,\ \ 0 \leq x \leq 1 \quad \text{e} \quad C'\colon\ x = y^2,\ \ 0 \leq y \leq 1.$$

Teremos:

$$\int_C xydx + y^2dy = \int_0^1 (x^3 + 2x^5)dx = \left(\frac{x^4}{4} + \frac{2x^6}{6}\right) = \frac{1}{4} + \frac{1}{3} = \frac{7}{12}$$

e

$$\int_{C'} xydx + y^2dy = \int_0^1 (2y^4 + y^2)dy = \frac{11}{15}.$$

Como se vê, as duas integrais têm valores diferentes, $7/12$ e $11/15$.

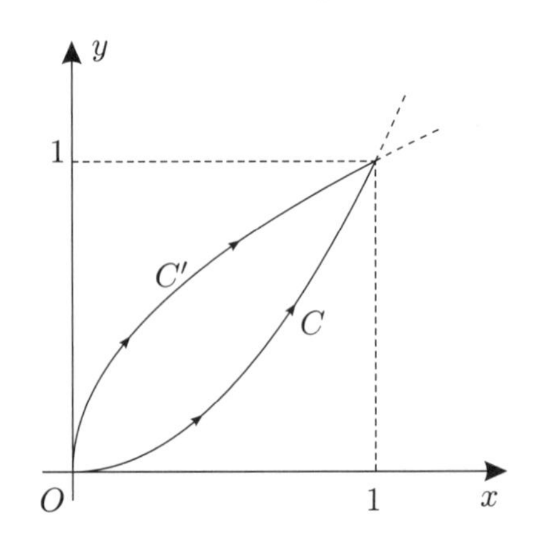

Figura 6.12

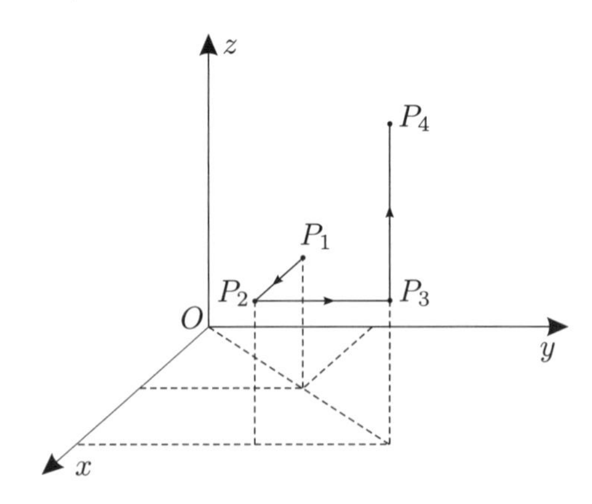

Figura 6.13

Exemplo 4. Vamos integrar a forma $yxdx - xzdy + xyzdz$ ao longo da poligonal $P_1P_2P_3P_4$ onde, como ilustra a Fig. 6.13,

$$P_1 = (1,\, 1,\, 1),\quad P_2 = (2,\, 1,\, 1),\quad P_3 = (2,\, 2,\, 1),\quad P_4 = (2,\, 2,\, 2).$$

Observe que $dy = dz = 0$ no trecho P_1P_2; $dx = dz = 0$ no trecho P_2P_3; e $dx = dy = 0$ no trecho P_3P_4. Portanto,

$$\int_{P_1P_2} = \int_1^2 xdx = \frac{3}{2};\quad \int_{P_2P_3} = -\int_1^2 2dy = -2;\quad \int_{P_3P_4} = \int_1^2 4zdz = 6.$$

Somando tudo, obtemos

$$\int_{P_1P_2P_3P_4} yzdx - xzdy + xydz = \frac{11}{2}.$$

Propriedades da integral de linha

Dependência da orientação do arco. A integral definida em (6.5) está ligada à orientação do arco ao longo do qual se processa a integração. Vamos considerar um arco C, com parametrização $P = P(t)$, e seu oposto $-C$, com parametrização $Q = Q(\tau)$:

$$P = P(t),\quad a \leq t \leq b;$$
$$Q = Q(\tau) = P(-\tau),\quad -b \leq \tau \leq -a.$$

Observando que $\tau = -t$, de forma que $d\tau/dt = -1$ e $P'(t) = -Q'(\tau)$, teremos

$$\int_{-C} Ldx + Mdy + Ndz = \int_{-b}^{-a} F(Q(\tau)) \cdot Q'(\tau)d\tau = -\int_b^a F(P(t)) \cdot [-P'(t)](-dt)$$
$$= -\int_a^b F(P(t)) \cdot P'(t)dt = -\int_C Ldx + Mdy + Ndz,$$

isto é, as integrais sobre C e $-C$ são iguais em valor absoluto e de sinais opostos.

Invariância com a parametrização. Vamos considerar uma mudança de parametrização do arco C, dada por uma função contínua $t = t(\tau)$, com derivada contínua num intervalo $\alpha \leq \tau \leq \beta$. Devemos supor que essa função seja sempre crescente ou sempre decrescente, estabelecendo uma correspondência biunívoca entre os pontos dos intervalos $[a,\, b]$ e $[\alpha,\, \beta]$. Então, no primeiro caso ($t = t(\tau)$ crescente), $t(\alpha) = a$ e $t(\beta) = b$, enquanto no segundo caso ($t = t(\tau)$ decrescente), $t(\beta) = a$ e $t(\alpha) = b$. Seja $Q(\tau) = P(t(\tau))$ a nova parametrização de C. No caso de ser $t(\tau)$ crescente, obtemos

$$\int_C F(P) \cdot dP = \int_a^b F(P(t)) \cdot P'(t)dt = \int_\alpha^\beta F(Q(\tau)) \cdot P'(t(\tau))t'(\tau)dt = \int_\alpha^\beta F(Q(\tau)) \cdot Q'(\tau)d\tau;$$

e se $t(\tau)$ for decrescente,

$$\int_C F(P) \cdot dP = \int_\beta^\alpha F(Q'(\tau)d\tau.$$

Vemos, em ambos os casos, que a integral sobre C, definida em (6.5), tem a mesma forma, invariante com a mudança de parametrização. A integração se faz de β até α no segundo caso porque o ponto $Q(\tau)$ descreve o arco C de $A = P(a) = Q(t(\beta))$ até $B = P(b) = Q(t(\alpha))$ à medida que τ decresce de $\tau = \beta$ até $\tau = \alpha$.

Arco seccionalmente regular. A integral de uma forma diferencial sobre um arco seccionalmente regular C é definida como a soma das integrais sobre os arcos regulares em que C se decompõe. Assim, se um arco C é constituído de um arco C_1, seguido de um arco C_2 — escreve-se $C = C_1 \cup C_2$ — a integral sobre C é a soma das integrais sobre C_1 e C_2 separadamente. De um modo geral, se o arco C é a união de um número finito de arcos regulares $C_1, C_2, \ldots C_r$, então

$$\int_C F(P)dP = \int_{C_1 \cup \ldots \cup C_r} F(P) \cdot dP = \int_{C_1} F(P) \cdot dP + \cdots + \int_{C_r} F(P) \cdot dP.$$

Quando a integração se processa sobre um *arco fechado* C, é costume indicá-la com a notação

$$\oint_C F(P) \cdot dP.$$

Todas as considerações que estamos fazendo aqui são válidas não somente no espaço $\mathbb{R}^3$, mas se adaptam, de maneira óbvia, ao plano e a qualquer espaço $\mathbb{R}^n$, $n \geq 4$.

Desigualdades. Vamos obter agora uma estimativa das integrais de linha que ocorre freqüentemente nas aplicações. Sejam, como antes, $F = (L,\, M,\, N)$ e $dP = (dx,\, dy,\, dz)$. Vamos usar o comprimento de arco s, contado a partir da origem do arco C, como parâmetro para descrever este arco. Então,

$$\int_C Ldx + Mdy + Ndz = \int_C F(P) \cdot dP = \int_0^l F(P(s)) \cdot \frac{dP}{ds} ds,$$

onde l é o comprimento total de C. Como

$$\left|\frac{dP}{ds}\right| = \sqrt{\left(\frac{dx}{ds}\right)^2 + \left(\frac{dy}{ds}\right)^2 + \left(\frac{dz}{ds}\right)^2} = 1,$$

podemos escrever

$$\left|\int_C F(P) \cdot dP\right| \leq \int_0^l |F(P(s))| ds \leq Kl, \tag{6.7}$$

onde K é uma cota superior de $|F(P)|$, isto é,

$$|F(P)| = \sqrt{L^2 + M^2 + N^2} \leq K.$$

Muitas vezes a desigualdade (6.7) costuma ser escrita na forma

$$\left|\int_C F(P) \cdot dP\right| \leq \int_C |F(P)||dP| \leq K \int_C |dP| = Kl.$$

Isso faz sentido, entendendo-se que a segunda integral que aí aparece é precisamente a segunda integral que aparece em (6.7), pois $|dP| = \sqrt{dx^2 + dy^2 + dz^2} = ds$.

Trabalho de uma força

Talvez o exemplo mais típico de integral de linha seja encontrado no conceito de *trabalho* de uma força. Quando uma força constante $\mathbf{F}$ atua sobre uma partícula material que se desloca ao longo de um segmento retilíneo PQ, o *trabalho da força* $\mathbf{F}$ nesse deslocamento é definido pelo produto escalar (veja a Fig. 6.14)

$$\mathbf{F} \cdot \overrightarrow{PQ} = |\mathbf{F}||\overrightarrow{PQ}| \cos \alpha,$$

A situação contemplada nessa definição, todavia, é muito restrita. Em geral, a força não é constante e o deslocamento não é retilíneo, de forma que necessitamos de uma definição geral de trabalho. A motivação para isso consiste em imaginar o deslocamento como uma série de deslocamentos elementares (infinitesimais), como ilustrados na Fig. 6.10. Então, a força $\mathbf{F}$ nesses deslocamentos será praticamente constante. Tomando-a como sendo $\mathbf{F}(P_i)$ durante todo o deslocamento de P_{i-1} a P_i, o trabalho nesse trecho será, aproximadamente, $\mathbf{F}(P_i) \cdot \overrightarrow{P_{i-1}P_i}$; e o trabalho total, no deslocamento de $P_0 = A$ até $P_n = B$ será dado, aproximadamente, pela expressão (6.6). Isso sugere a definição de trabalho em termos da integral de linha da forma diferencial $\mathbf{F}(P) \cdot dP$ ao longo do deslocamento C. Indicando esse trabalho por $W_{AB}(C)$, pomos, por definição,

$$W_{AB}(C) = \int_C \mathbf{F}(P) \cdot dP.$$

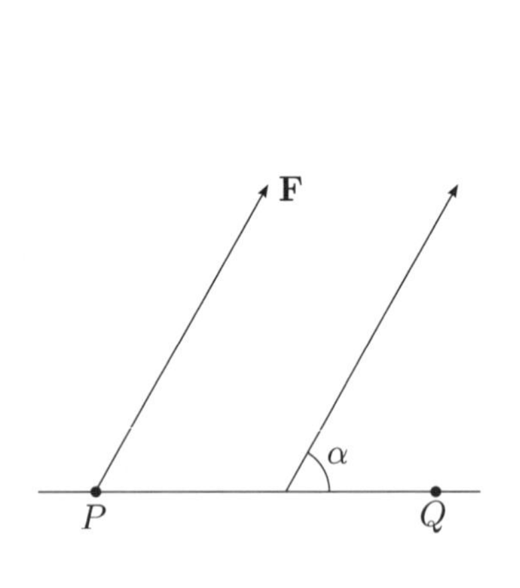

Figura 6.14

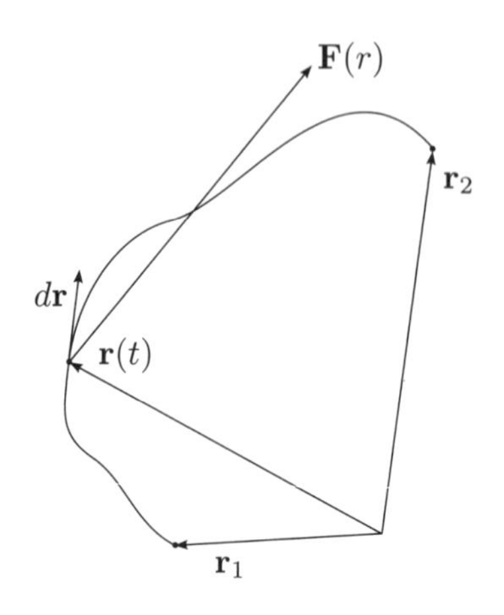

Figura 6.15

Vamos estabelecer agora um resultado básico de Mecânica, dado pelo seguinte

Teorema. *Seja* $\mathbf{r} = \mathbf{r}(t)$ *a equação horária de uma partícula que se desloca da posição inicial* $\mathbf{r}_1 = \mathbf{r}(t_1)$ *à posição final* $\mathbf{r}_2 = \mathbf{r}(t_2)$ (Fig. 6.15), *sob a ação da força* $\mathbf{F} = \mathbf{F}(\mathbf{r}(t))$. ($\mathbf{F}$ é a resultante de todas as forças que atuam sobre a partícula.) *Então o trabalho da força* $\mathbf{F}$ *nesse deslocamento é igual à diferença* *entre os valores da energia cinética da partícula em suas posições final e inicial (fórmula (6.8), logo adiante).*

Demonstração. Sendo m a massa da partícula, a segunda lei de Newton nos diz que $\mathbf{F} = m\ddot{\mathbf{r}}(t)$. Então, denotando com $W_{1,2}$ o trabalho da força $\mathbf{F}$ no referido deslocamento, teremos

$$W_{1,2} = \int_{t_1}^{t_2} \mathbf{F}(\mathbf{r}(t)) \cdot \dot{\mathbf{r}}(t)dt = \int_{t_1}^{t_2} m\ddot{\mathbf{r}}(t) \cdot \dot{\mathbf{r}}(t)dt.$$

Mas

$$\ddot{\mathbf{r}} \cdot \dot{\mathbf{r}} = \frac{1}{2}\frac{d}{dt}(\dot{\mathbf{r}}^2),$$

de sorte que

$$W_{1,2} = \frac{m}{2}\int_{t_1}^{t_2} \frac{d}{dt}(\dot{\mathbf{r}}^2)dt = \left.\frac{m\dot{\mathbf{r}}(t)^2}{2}\right|_{t_1}^{t_2} = \frac{m\dot{\mathbf{r}}(t_2)^2}{2} - \frac{m\dot{\mathbf{r}}(t_1)^2}{2},$$

ou seja,

$$\boxed{W_{1,2} = \frac{mv_2^2}{2} - \frac{mv_1^2}{2},} \tag{6.8}$$

onde $v_1 = |\dot{\mathbf{r}}(t_1)|$ e $v_2 = |\dot{\mathbf{r}}(t_2)|$ são as velocidades inicial e final, respectivamente, o que completa a demonstração.

Exercícios

Calcule as integrais indicadas nos Exercícios 1 a 11.

1. $\int_C xydx - dy$, onde C é o arco $y = x^2$, $0 \le x \le 1$.

2. $\int_C xydx - dy$, onde C é o arco $x = y^2$, $0 \le y \le 1$.

3. $\int_C xydx - dy$, onde C é o segmento $0 \le x \le 1$, $y = 0$, seguido do segmento $x = 1$, $0 \le y \le 1$.

4. $\int_C x^2ydx + ydy$, onde C é o arco $y = 1/x$, $1/2 \le x \le 2$.

5. $\int_C x^2ydx + ydy$, onde C é o segmento $x = 1/2$, $y = 1$ a $y = 1/2$, seguido do segmento $y = 1/2$, $x = 1/2$ a $x = 1$.

6. $\int_C xydx - zdy + ydz$, onde C é o arco $P(t) = (t, t^2, t^3)$, $0 \le t \le 1$.

7. $\int_C \operatorname{sen} y\, dx - \cos y\, dy + zdz$, onde C é o arco $P(t) = (t^2, -2t, -\operatorname{sen} t)$, $0 \le t \le \pi/2$.

8. $\int_C ydx + xdy - (z/2)dz$ ao longo do arco de hélice $P(\theta) = (\cos\theta, \operatorname{sen}\theta, 2\theta)$, $0 \le \theta \le 2\pi$.

9. $\int_C 2xdy - ydx + zdz$, onde C é o arco de hélice $P(t) = (\cos t, \operatorname{sen} t, t)$, $0 \le t \le 2\pi$.

10. $\oint_C 2xdx + ydy$, onde C é a circunferência unitária centrada na origem e percorrida no sentido anti-horário.

11. $\int_{ABC} yzdx + xzdy + xydz$, onde $A = (1, 0, 0)$, $B = (0, 1, 0)$ e $C = (0, 0, 1)$.

12. Calcule a integral de $ydx - xdy$ ao longo da semicircunferência $P(\theta) = (\cos\theta, \operatorname{sen}\theta)$, $0 \leq \theta \leq \pi$.

13. Calcule a integral do Exercício 12, usando a parametrização $y = \sqrt{1-x^2}$, $-1 \leq x \leq 1$, e note que o resultado é o mesmo. Cuidado para tomar a mesma orientação na circunferência, e não a orientação oposta.

14. Calcule a integral de $ydx - x^2dy$ ao longo do segmento retilíneo de $(0, 0)$ a $(1, 1)$. Mostre que se obtém o mesmo valor $1/6$ para a integral com uma parametrização arbitrária do segmento, digamos,

$$x = y = f(t),\ a \leq t \leq b, \quad \text{com} \quad f'(t) > 0,\ f(a) = 0 \ \text{ e } \ f(b) = 1.$$

Nos Exercícios 15 a 18 calcule o trabalho da força $\mathbf{F}$ dada, ao longo do deslocamento dado.

15. $\mathbf{F} = \dfrac{\mathbf{j}}{1+x^2}$; C é o arco de parábola $y = x^2 + 1$, de $x = 0$ a $x = 1$.

16. $\mathbf{F} = \dfrac{\mathbf{j}}{1-x^2}$; C é o arco de círculo $y = -\sqrt{1-x^2}$, de $x = 0$ a $x = 1/2$.

17. $\mathbf{F} = y\mathbf{i} + z\mathbf{j} + x\mathbf{k}$; C é o arco de hélice $P(\theta) = (\cos\theta, \operatorname{sen}\theta, -\theta)$, $0 \leq \theta \leq 2\pi$.

18. $\mathbf{F} = x\mathbf{i} + \sqrt{y}\,\mathbf{j} + \sqrt{z}\,\mathbf{k}$; C é o arco $P(t) = (t, t^2, t^3)$, $0 \leq t \leq 1$.

Nos Exercícios 19 a 22 calcule o trabalho da força $\mathbf{F}$ dada, ao longo de dois caminhos: (a) C é o arco $\mathbf{P}(t) = t\mathbf{i} + t^3\mathbf{j} + t^5\mathbf{k}$, $0 \leq t \leq 1$; (b) C é a poligonal $OP_1P_2P_3$, onde $O = (0, 0, 0)$, $P_1 = (1, 0, 0)$, $P_2 = (1, 1, 0)$ e $P_3 = (1, 1, 1)$.

19. $\mathbf{F} = x\mathbf{i} + y\mathbf{j} + z\mathbf{k}$. **20.** $\mathbf{F} = \sqrt{z}\,\mathbf{i} - x\mathbf{j}$. **21.** $\mathbf{F} = z\mathbf{i} - \sqrt{x}\,\mathbf{k}$. **22.** $\mathbf{F} = y\mathbf{j} + z\mathbf{k}$.

Respostas e sugestões

1. $-3/4$.

3. -1.

5. $-11/48$.

7. $-(\pi+1)/2$.

9. $\pi(3+2\pi)$.

11. 0.

13. $-\pi$.

15. $\ln 2$

16. $(\sqrt{3}-2)/2\sqrt{3}$.

17. $-\pi$.

18. $11/6$.

19. a) $3/2$; b) $3/2$.

20. Observe que a força $\mathbf{F}$ não tem componente na direção $\mathbf{k}$.

21. Observe que no caso (a) o trabalho elementar é o produto escalar da força $\mathbf{F} = (t^5, 0, -\sqrt{t})$ com o deslocamento elementar $dP = (1, 3t^2, 5t^4)dt$.

6.4 Teorema e Fórmula de Green no plano

Vamos tratar agora de um resultado que permite transformar certas integrais duplas em integrais de contorno. Para isso é conveniente introduzir um tipo especial de região no plano, que chamaremos *simples*. Geometricamente, a propriedade característica desse tipo de região é que sua interseção com qualquer reta paralela a um dos eixos de coordenadas é um único segmento ou um ponto, caso não seja vazia. Mais precisamente, R é *região simples* se ela for simplesmente conexa com fronteira regular e se existirem funções contínuas $y_1(x)$, $y_2(x)$, $x_1(y)$ e $x_2(y)$, as duas primeiras num intervalo a $a \leq x \leq b$ e as duas últimas num intervalo $c \leq v \leq d$, tais que (Fig. 6.16)

$$(x, y) \in \overline{R} \Leftrightarrow a \leq x \leq b, \quad y_1(x) \leq y \leq y_2(x),$$

e

$$(x,\, y) \in \overline{R} \Leftrightarrow c \leq y \leq d, \quad x_1(y) \leq x \leq x_2(y),$$

onde $\overline{R} = R \cup \partial R$.

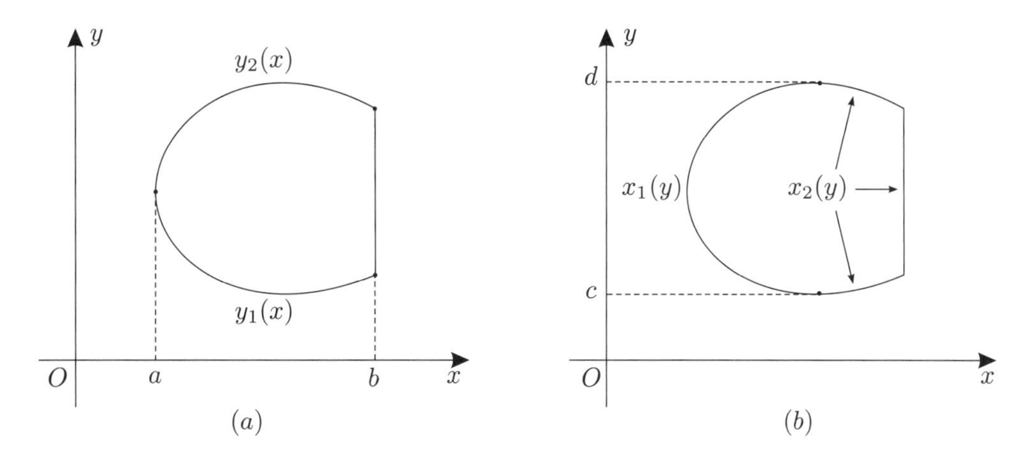

Figura 6.16

Sejam $L(x,\, y)$ e $M(x,\, y)$ funções contínuas, com derivadas primeiras contínuas no fecho $\overline{R}$ de uma região simples R. Quando dizemos que as derivadas são contínuas em $\overline{R}$, estamos supondo que essas funções são contínuas e possuem derivadas contínuas numa região que contém $\overline{R}$. Nessas condições,

$$\iint\limits_R \frac{\partial L}{\partial y} dxdy = \int_a^b dx \int_{y_1(x)}^{y_2(x)} \frac{\partial L}{\partial y} dy = \int_a^b [L(x, y_2(x)) - L(x, y_1(x))]dx$$

$$= - \int_a^b L(x, y_1(x))dx - \int_b^a L(x, y_2(x))dx.$$

Estas duas últimas integrais são integrais de linha, a primeira sobre a parte inferior C_1 da fronteira ∂R, orientada da esquerda para a direita; e a segunda sobre a parte superior C_2 da mesma fronteira ∂R, agora orientada da direita para a esquerda (Fig. 6.16a). Podemos, pois, escrever

$$\iint\limits_R \frac{\partial L}{\partial y} dxdy = - \oint\limits_{\partial R} Ldx, \tag{6.9}$$

já que a integral de Ldx sobre algum possível trecho vertical do contorno ∂R será zero, visto ser $dx = 0$ em tal trecho.

De modo inteiramente análogo, integrando primeiro em relação a x e depois em relação a y, provamos que

$$\iint\limits_R \frac{\partial M}{\partial x} dxdy = \oint\limits_{\partial R} Mdy. \tag{6.10}$$

Daqui e de (6.9) segue-se que

$$\iint\limits_R \left(\frac{\partial M}{\partial x} - \frac{\partial L}{\partial y} \right) dxdy = \oint\limits_{\partial R} Ldx + Mdy. \tag{6.11}$$

Esta é a anunciada Fórmula de Green.

Extensões da Fórmula de Green

Veremos agora que a fórmula (6.11) é válida para regiões mais gerais, que possam ser subdivididas em um número finito de regiões simples por meio de um número finito de arcos regulares. Por exemplo, vamos considerar uma região R, ilustrada na Fig. 6.17 decomposta em três regiões simples R_1, R_2 e R_3, pelos arcos C_1 e C_2. De acordo com a fórmula anterior,

$$\iint_{R_1} \left(\frac{\partial M}{\partial x} - \frac{\partial L}{\partial y}\right) dxdy = \int_{C_1 \cup C_2} Ldx + Mdy;$$

$$\iint_{R_2} \left(\frac{\partial M}{\partial x} - \frac{\partial L}{\partial y}\right) dxdy = \int_{C_3 \cup (-C_2) \cup C_4 \cup C_5} Ldx + Mdy;$$

$$\iint_{R_3} \left(\frac{\partial M}{\partial x} - \frac{\partial L}{\partial y}\right) dxdy = \int_{C_6 \cup (-C_5)} Ldx + Mdy.$$

Somando essas três igualdades membro a membro, as integrais dos primeiros membros se juntam para formar a integral sobre a região R. No segundo membro, as integrais sobre os arcos C_2 e $-C_2$ se anulam, bem como as integrais sobre C_5 e $-C_5$, enquanto as integrais sobre C_1, C_4, C_6 e C_3 produzem a integral sobre a fronteira ∂R da região R. O resultado é novamente a fórmula (6.12).

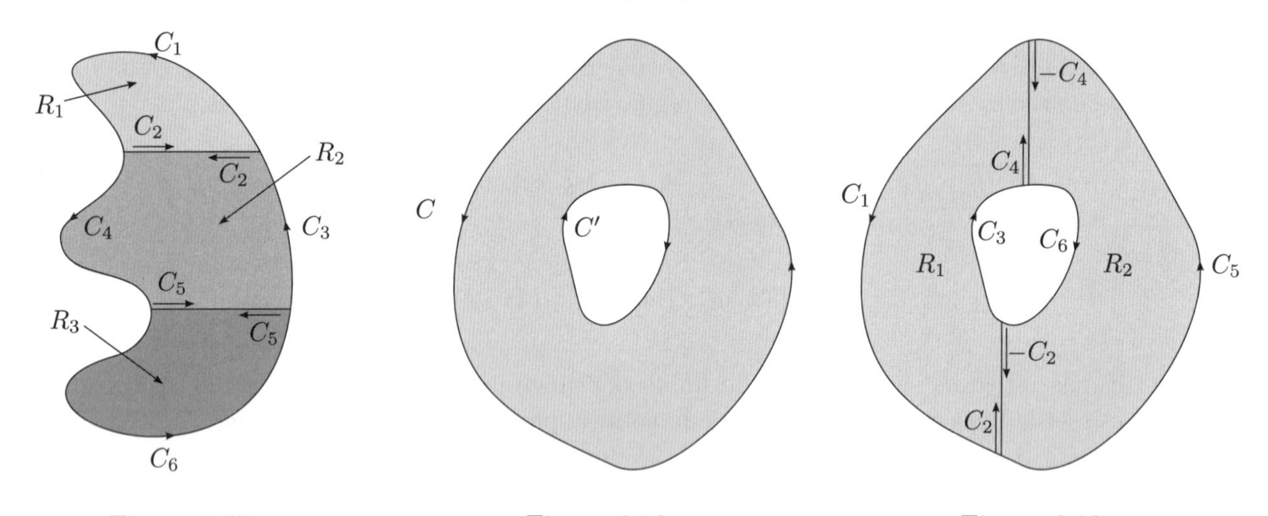

Figura 6.17 Figura 6.18 Figura 6.19

Vamos considerar agora uma região anular R, como ilustra a Fig. 6.18, cuja fronteira ∂R compõe-se de duas partes, C e C'. Introduzindo os trechos C_2 e C_4 (Fig. 6.19), podemos aplicar a fórmula (6.11) separadamente às regiões R_1 e R_2 em que se subdivide R. Teremos:

$$\iint_{R_1} \left(\frac{\partial M}{\partial x} - \frac{\partial L}{\partial y}\right) dxdy = \int_{C_1 \cup C_2 \cup C_3 \cup C_4} Ldx + Mdy;$$

$$\iint_{R_2} \left(\frac{\partial M}{\partial x} - \frac{\partial L}{\partial y}\right) dxdy = \int_{C_5 \cup (-C_4) \cup C_6 \cup (-C_2)} Ldx + Mdy.$$

Somando essas duas igualdades membro a membro, as integrais sobre os trechos C_2 e $-C_2$, bem como sobre C_4 e $-C_4$, se anulam mutuamente. Assim, no segundo membro da soma obtemos a integral sobre

$$(C_1 \cup C_5) \cup (C_3 \cup C_6) = C \cup C'.$$

Ora, $C \cup C'$ é precisamente a fronteira ∂R de R (Fig. 6.18), percorrida de maneira a deixar a região R à esquerda do percurso. Como a soma das integrais sobre R_1 e R_2 nos primeiros membros é a integral sobre a região $R = R_1 \cup R_2$, novamente obtemos a fórmula (6.11).

A fórmula (6.11) estende-se a regiões mais gerais, como a região R ilustrada na Fig. 6.20, cuja fronteira ∂R constitui-se de três contornos fechados simples: C, C' e C'' externos um ao outro. Pelo que fizemos antes, o leitor deve perceber o procedimento a ser usado agora: introduzimos os arcos L_1, L_2 e L_3 (Fig. 6.21), aplicamos a fórmula (6.11) separadamente às regiões R_1 e R_2 e somamos os resultados, como antes. Obtemos novamente a fórmula (6.11) para a região R da Fig. 6.20, com a fronteira $\partial R = C \cup C' \cup C''$ percorrida de maneira a deixar a região R à esquerda do percurso.

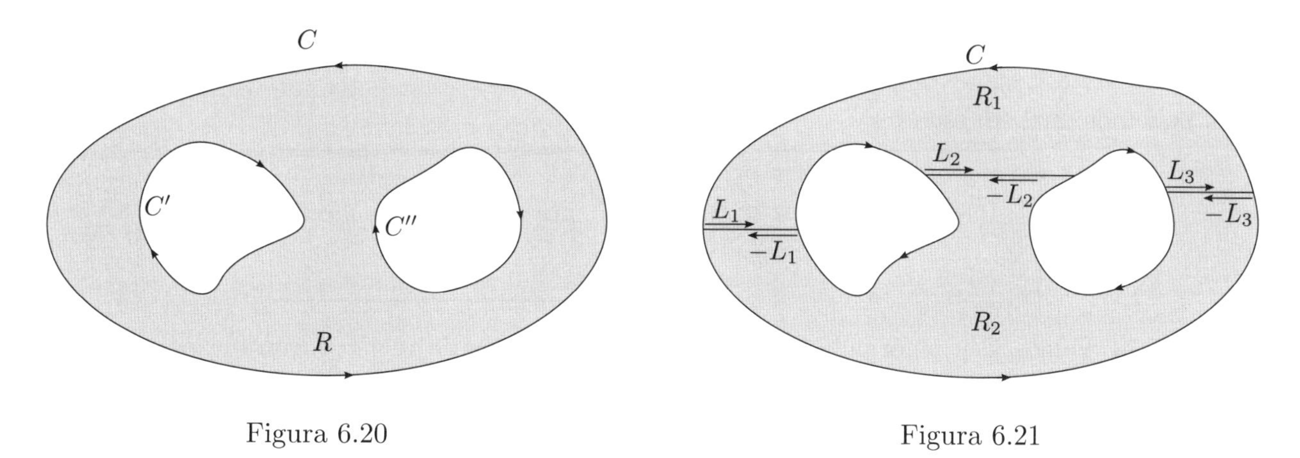

Figura 6.20

Figura 6.21

As considerações anteriores são uma justificação geométrica do *Teorema de Green*, que ora enunciamos.

Teorema de Green. *Seja R uma região do plano, que supomos ser simples ou que possa ser decomposta em um número finito de regiões simples por meio de um número finito de arcos regulares. Sejam $L(x, y)$ e $M(x, y)$ funções contínuas, com derivadas primeiras contínuas em $\overline{R} = R \cup \partial R$. Então*

$$\iint_R \left(\frac{\partial M}{\partial x} - \frac{\partial L}{\partial y} \right) dxdy = \oint_{\partial R} Ldx + Mdy, \tag{6.12}$$

onde o símbolo desta última integral significa que a fronteira ∂R deve ser percorrida de maneira a deixar R sempre à sua esquerda. Esse sentido de percurso é chamado de *sentido positivo* de percurso sobre ∂R.

O teorema de Green pode ser estendido a situações bem mais gerais, seja considerando outros tipos de regiões, seja admitindo uma classe mais ampla de funções L e M, mas não vamos nos ocupar dessas extensões.

Exemplo 1. Vamos calcular a integral da forma

$$Ldx + Mdy = (y + x^2 \cos x)dx + (2x - y^2 \operatorname{sen} y)dy$$

ao longo da circunferência $x^2 + y^2 = 1$, no sentido anti-horário. Para isso utilizamos a fórmula (6.12), fazendo $L = y + x^2 \cos x$ e $M = 2x - y^2 \operatorname{sen} y$:

$$\oint_{x^2+y^2=1} (y + x^2 \cos x)dx + (2x - y^2 \operatorname{sen} y)dy = \iint_{x^2+y^2 \leq 1} (2-1)dxdy = \pi,$$

pois esta última integral é a área do círculo de raio 1.

Área de uma região

O teorema de Green pode ser usado para se obter a área de uma região R do plano. De fato, fazendo $L = 0$ e $M = x$ em (6.12), obtemos

$$A(R) = \iint_R dxdy = \oint_{\partial R} xdy,$$

onde $A(R)$ é a área da região R. Analogamente, fazendo-se $L = -y$ e $M = 0$, encontramos

$$A(R) = \iint_R dxdy = -\oint_{\partial R} ydx.$$

Portanto, podemos também escrever

$$\boxed{A(R) = \iint_R dxdy = \oint_{\partial R} ydx = -\oint_{\partial R} ydx = \frac{1}{2}\oint_{\partial R} xdy - ydx.} \tag{6.13}$$

Exemplo 2. Vamos usar a fórmula (6.13) para calcular a área da região encerrada pela hipociclóide $x^{2/3} + y^{2/3} = a^{2/3}$ (Fig. 6.22). Repare que ela pode ser parametrizada da seguinte maneira:

$$P(\theta) = a(\cos^3\theta, \operatorname{sen}^3\theta), \quad 0 \le \theta \le 2\pi.$$

Teremos, então, para a área procurada,

$$\begin{aligned} A &= \frac{1}{2}\int_{\partial R} xdy - ydx = \frac{3a^2}{2}\int_0^{2\pi}(\operatorname{sen}^2\theta\cos^4\theta + \cos^2\theta\operatorname{sen}^4\theta)d\theta \\ &= \frac{3a^2}{2}\int_0^{2\pi}\operatorname{sen}^2\theta\cos^2\theta\, d\theta = \frac{3a^2}{8}\int_0^{2\pi}\operatorname{sen}^2 2\theta\, d\theta = \frac{3\pi a^2}{8}. \end{aligned}$$

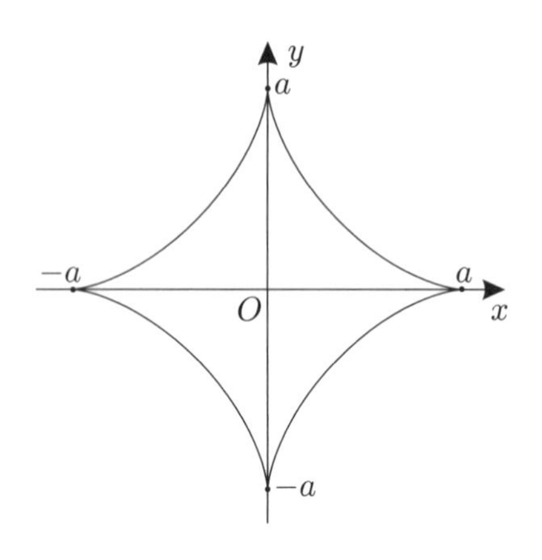

Figura 6.22

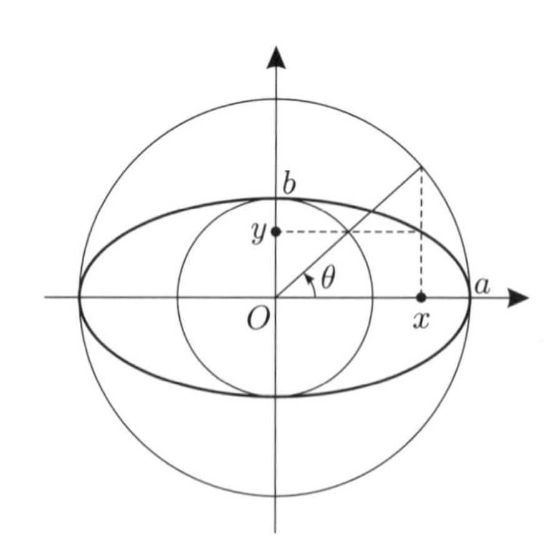

Figura 6.23

Exemplo 3. Vamos usar a fórmula (6.13) para calcular a área da elipse $b^2x^2 + a^2y^2 = a^2b^2$. Nesse caso é conveniente usar a representação paramétrica da elipse, dada por (Fig. 6.23)

$$x = a\cos\theta, \quad y = b\operatorname{sen}\theta, \quad 0 \le \theta \le 2\pi.$$

Então,

$$dx = -a\operatorname{sen}\theta d\theta, \quad dy = b\cos\theta d\theta$$

e a fórmula (6.13) nos dá

$$A = \frac{1}{2}\int_0^{2x} ab(\cos^2\theta + \operatorname{sen}^2\theta)d\theta = \pi ab.$$

Exercícios

Use a Fórmula de Green para calcular as integrais dadas nos Exercícios 1 a 10. Em todos os casos deve-se entender que o contorno é percorrido no sentido anti-horário.

1. $\oint_C xydx + (y^2 - x^2)dy$, onde C é o quadrado de vértices $(0, 0)$, $(0, 1)$, $(1, 0)$ e $(1, 1)$.

2. $\oint_C (x^3 - y^3)dx - xy^2dy$, onde C é o quadrado de vértices $(\pm 1, \pm 1)$.

3. $\oint_C xy(ydx - xdy)$, onde C é o retângulo determinado pelas retas $x = 1$, $x = 3$, $y = -1$, $y = 3$.

4. $\oint_C xydx + (y^2 - x^2)dy$, onde C constitui-se dos arcos de parábola $y = x^2$ e $y = \sqrt{x}$, $0 \leq x \leq 1$.

5. $\oint_C \sqrt{y}\, dx + \sqrt{x}\, dy$, onde C é o contorno, no primeiro quadrante, formado pelas retas $x = 0$, $y = 1$ e a parábola $y = x^2$.

6. $\oint_C xy(3ydx + 7xdy)$, onde C é a elipse $10x^2 + 17y^2 = 29$.

7. $\oint_C (x^2 - y \operatorname{tg} y)dy$, onde C é a circunferência $(x - a)^2 + y^2 = R^2$.

8. $\oint xy(ydy - xdx)$, onde C é a fronteira do semicírculo $x^2 + y^2 \leq R^2$, $x \geq 0$.

9. $\oint_{x^2+y^2=1} x^3dy$.

10. $\oint_{x^2+y^2=1} y^3dx$.

Nos Exercícios 11 a 15, mostre que as integrais indicadas são nulas, quaisquer que sejam os contornos fechados C.

11. $\int_C (\operatorname{sen} x + 4xy)dx + (2x^2 - \cos y)dy$.

12. $\int_C dx + dy$.

13. $\int_C x \ln(\sqrt{x^2 + y^2}\,)dx + y \ln(\sqrt{x^2 + y^2}\,)dy$.

14. $\int_C e^x(\operatorname{sen} ydx + \cos ydy)$.

15. $\int_C \frac{ydx - xdy}{x^2 + y^2}$, onde C não envolve a origem.

16. Use uma das fórmulas (6.13) para calcular a área do círculo de equações paramétricas $x = R\cos\theta$, $y = R\operatorname{sen}\theta$, $0 \leq \theta \leq 2\pi$.

17. Seja C uma curva fechada simples cujo interior R tenha área A e centróide (x_0, y_0). Mostre que

$$\oint_C x^2dy = 2Ax_0 \quad \text{e} \quad \oint_C xydy = Ay_0.$$

Respostas e sugestões

1. $-3/2$. **3.** -64. **5.** $3/10$.

7. Utilizando a Fórmula de Green, transforme a integral dada numa integral de superfície. Integre primeiro em x, depois em y. O resultado é $2\pi aR^2$. Tente integrar primeiro em y para ver a dificuldade que surge.

8. Use coordenadas polares. **9.** $3\pi/4$.

17. Use a fórmula (6.9) e as fórmulas da p. 162 que definem o centróide.

6.5 Teorema da Divergência e Fórmulas de Green no plano

Há um outro modo muito útil de escrever as fórmulas (6.9), (6.10) e (6.12) em termos do vetor unitário normal à fronteira da região R em cada um de seus pontos. Seja $\mathbf{n} = n_x\mathbf{i} + n_y\mathbf{j}$ esse vetor, orientado para fora de R, de tal maneira que quando girado de 90° no sentido anti-horário ele se transforme no vetor tangente unitário $\mathbf{t} = t_x\mathbf{i} + t_y\mathbf{j}$, que aponta no sentido anti-horário de percurso sobre ∂R (Fig. 6.24). $\mathbf{n}$ é chamado de *vetor normal externo* a R. $\mathbf{n}$ e $\mathbf{t}$ são vetores ortogonais unitários, de sorte que se $\mathbf{n}$ é dado, as únicas possibilidades para $\mathbf{t}$ são $(n_y, -n_x)$ e $(-n_y, n_x)$. Ora, a escolha correta é esta última, como revela simples exame da Fig. 6.24, onde $\mathbf{t}$ aparenta ter as duas componentes positivas e $\mathbf{n}$ aparenta ter a primeira componente positiva e a segunda negativa. Então,

$$\mathbf{t} = t_x\mathbf{i} + t_y\mathbf{j} = -n_y\mathbf{i} + n_x\mathbf{j}$$

e o deslocamento dP sobre ∂R é dado por

$$dP = dx\mathbf{i} + dy\mathbf{j} = \mathbf{t}ds = (-n_y\mathbf{i} + n_x\mathbf{j})ds,$$

onde ds é o elemento de arco sobre ∂R. Então

$$dx = -n_y ds \quad \text{e} \quad dy = n_x ds,$$

e as fórmulas (6.10) e (6.9) assumem as formas

$$\iint_R \frac{\partial M}{\partial x} dxdy = \int_{\partial R} Mn_x ds \quad \text{e} \quad \iint_R \frac{\partial L}{\partial y} dxdy = \int_{\partial R} Ln_y ds, \tag{6.14}$$

respectivamente. Em conseqüência,

$$\iint_R \left(\frac{\partial M}{\partial x} + \frac{\partial L}{\partial y}\right) dxdy = \int_{\partial R} (Mn_x + Ln_y) ds. \tag{6.15}$$

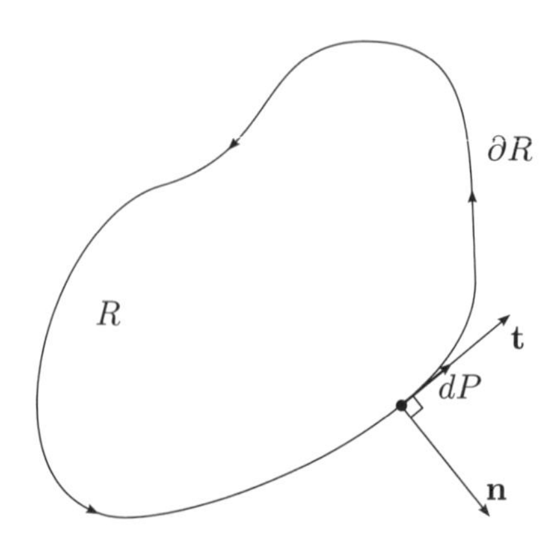

Figura 6.24

Esta última fórmula é a versão, no caso de funções de duas variáveis independentes, do chamado *teorema da divergência*, ou *teorema de Gauss*. O *divergente* de um vetor $\mathbf{F} = M\mathbf{i} + L\mathbf{j}$, indicado com os símbolos $\operatorname{div}\mathbf{F}$ e $\nabla \cdot \mathbf{F}$, é definido como sendo o escalar $\partial M/\partial x + \partial L/\partial y$:

$$\operatorname{div}\mathbf{F} = \nabla \cdot \mathbf{F} = \frac{\partial M}{\partial x} + \frac{\partial L}{\partial y}.$$

A razão do símbolo $\nabla \cdot \mathbf{F}$ é óbvia: ∇ denota o operador diferencial-vetorial

$$\nabla = \frac{\partial}{\partial x}\mathbf{i} + \frac{\partial}{\partial y}\mathbf{j},$$

de sorte que $\nabla \cdot \mathbf{F}$ é como se fosse um produto escalar, isto é,

$$\nabla \cdot \mathbf{F} = \left(\frac{\partial}{\partial x}\mathbf{i} + \frac{\partial}{\partial y}\mathbf{j}\right) \cdot (M\mathbf{i} + L\mathbf{j}) = \frac{\partial M}{\partial x} + \frac{\partial L}{\partial y}.$$

Com a definição de divergente, a fórmula (6.15) se escreve:

$$\boxed{\iint_R (\nabla \cdot \mathbf{F})dxdy = \int_{\partial R} \mathbf{F} \cdot \mathbf{n}ds,} \tag{6.16}$$

ou, ainda,

$$\iint_R \operatorname{div}\mathbf{F}\,dxdy = \iint_R (\nabla \cdot \mathbf{F})dxdy = \int_{\partial R} \mathbf{F} \cdot \mathbf{n}ds = \int_{\partial R} F_n ds,$$

onde $F_n = \mathbf{F} \cdot \mathbf{n}$ é a projeção de $\mathbf{F}$ sobre $\mathbf{n}$.

A fórmula (6.16), ou suas equivalentes, se aplica aos mesmos tipos de regiões R que a fórmula (6.12). Basta que R possa ser decomposta em regiões simples. A normal $\mathbf{n}$ é a normal externa a R, e a fronteira ∂R percorrida deixando R à esquerda do percurso (Fig. 6.25).

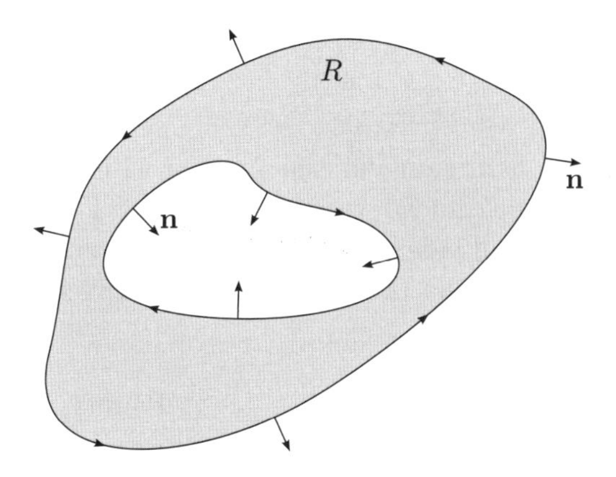

Figura 6.25

Exemplo. Vamos calcular a seguinte integral:

$$\int_C \frac{\mathbf{r}}{r^2} \cdot \mathbf{n}ds,$$

onde $\mathbf{r} = x\mathbf{i} + y\mathbf{j}$, $r^2 = x^2 + y^2$, C é um contorno fechado simples que não passa pela origem e $\mathbf{n}$ é a normal externa de C. Usaremos a fórmula (6.16), de sorte que devemos calcular o divergente de $\mathbf{F}$, onde

$$\mathbf{F} = \frac{\mathbf{r}}{\mathbf{r}^2} = \frac{x}{x^2 + y^2}\mathbf{i} + \frac{y}{x^2 + y^2}\mathbf{j}.$$

Temos

$$\frac{\partial}{\partial x}\left(\frac{x}{x^2+y^2}\right) = \frac{1}{r^2} + x\frac{\partial r^{-2}}{\partial x} = \frac{1}{r^2} - \frac{2x}{r^5}\frac{\partial r}{\partial x} = \frac{1}{r^2} - \frac{2x}{r^3} = \frac{x}{r} = \frac{1}{r^2} - \frac{2x^2}{r^4},$$

e, de maneira análoga,

$$\frac{\partial}{\partial y}\left(\frac{y}{x^2+y^2}\right) = \frac{1}{r^2} - \frac{2y^2}{r^4};$$

portanto,

$$\nabla \cdot \mathbf{F} = \frac{2}{r^2} - \frac{2(x^2+y^2)}{r^4} = 0.$$

Evidentemente, estamos sempre supondo $r \neq 0$, já que $\mathbf{F}$ não está definido para $r = 0$. Portanto, há dois casos a considerar:

1º Caso: o contorno C não contém a origem em seu interior R (Fig. 6.26). Nesse caso podemos aplicar a fórmula (6.16) à região R, onde $\nabla \cdot F = 0$, e concluímos então que

$$\int_C \frac{\mathbf{r}}{r^2} \cdot \mathbf{n} ds = \iint_R \nabla \cdot \left(\frac{\mathbf{r}}{r^2}\right) dxdy = 0.$$

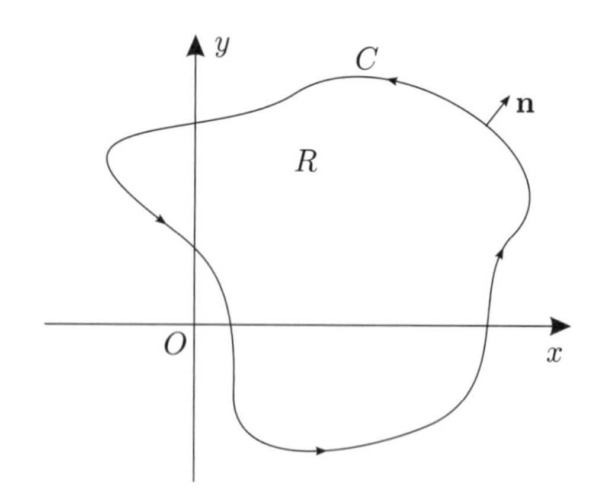

Figura 6.26

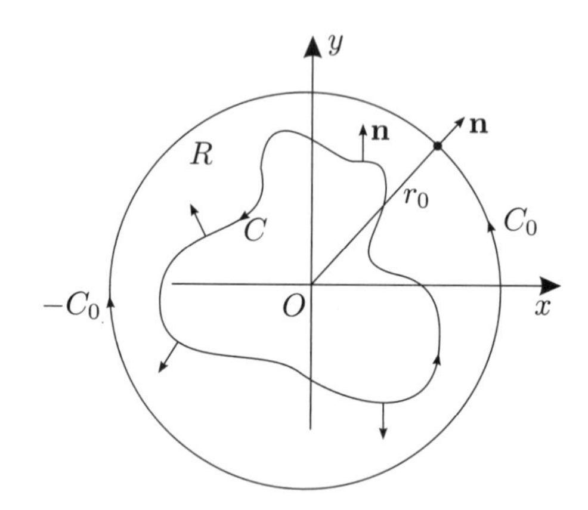

Figura 6.27

2º Caso: o contorno C contém a origem em seu interior (Fig. 6.27). Agora não podemos aplicar diretamente a fórmula (6.16), porque a função vetorial $\mathbf{F}$ não está definida na origem, que é um ponto interior a C. Para contornar essa dificuldade consideramos um círculo C_0 de centro na origem e raio r_0 suficientemente grande para que C_0 contenha C em seu interior. Aplicando então a fórmula (6.16) à região R compreendida entre C e C_0, obtemos

$$\iint_R (\nabla \cdot \mathbf{F}) dxdy = \int_{C_0 \cup (-C)} \mathbf{F} \cdot \mathbf{n} ds,$$

onde, agora, a normal $\mathbf{n}$ em C_0 está dirigida para o exterior de R, mas em C ela está dirigida para o interior. Isso porque na última integral estamos percorrendo $-C$, e não C. Notamos em seguida que $\nabla \cdot \mathbf{F} = 0$ em R e $\int_{C_0 \cup (-C)} = \int_{C_0} - \int_C$; então,

$$\int_C \mathbf{F} \cdot \mathbf{n} ds = \int_{C_0} \mathbf{F} \cdot \mathbf{n} ds.$$

Observe que, sobre C_0, $\mathbf{n} = \mathbf{r}_0/r_0$ e $\mathbf{F} = \mathbf{r}_0/r_0^2$; portanto,

$$\int_C \mathbf{F} \cdot \mathbf{n} ds = \int_{C_0} \frac{\mathbf{r}_0}{r_0^2} \cdot \frac{\mathbf{r}_0}{r_0} ds = \int_{C_0} \frac{r_0^2}{r_0^3} ds = \frac{1}{r_0} \int_{C_0} ds = \frac{1}{r_0} \cdot 2\pi r_0 = 2\pi,$$

que é o resultado procurado.

Divergente, gradiente e Laplaciano

Se $u = u(x, y)$ é uma função escalar, então

$$\nabla \cdot \operatorname{grad} u = \nabla \cdot \nabla u = \nabla \cdot \left(\frac{\partial u}{\partial x}\mathbf{i} + \frac{\partial u}{\partial y} \right) = \frac{\partial}{\partial x}\left(\frac{\partial u}{\partial x} \right) + \frac{\partial}{\partial y}\left(\frac{\partial u}{\partial y} \right) = \frac{\partial^2 u}{\partial x^2} + \frac{\partial^2 u}{\partial y^2} = \Delta u.$$

Por essa razão costuma-se também indicar o Laplaciano de u com o símbolo $\nabla^2 u$. De modo inteiramente análogo, se u e v são funções escalares, verifica-se que

$$\nabla \cdot (v \nabla u) = v \Delta u + \nabla v \cdot \nabla u.$$

Portanto, a fórmula (6.16), com $\mathbf{F} = v \nabla u$, nos dá

$$\iint_R (v \Delta u + \nabla v \cdot \nabla u) dx dy = \oint_{\partial R} v (\nabla u \cdot \mathbf{n}) ds = \oint_{\partial R} v \frac{\partial u}{\partial n} ds, \tag{6.17}$$

onde $\partial u / \partial n$ é a derivada de u na direção n. Esta fórmula (6.17) é conhecida como *primeira identidade de Green.*

Laplaciano em coordenadas polares

A identidade (6.17), com $v = 1$, nos dá

$$\iint_R \Delta u dx dy = \oint_{\partial R} \frac{\partial u}{\partial n} ds. \tag{6.18}$$

Vamos utilizar essa identidade para obter a forma do Laplaciano em coordenadas polares r e θ. Para isso tomamos a região R como sendo delimitada pelos arcos de círculo de raios r e $r + \Delta r$ e pelas retas que formam com o eixo Ox os ângulos θ e $\theta + \Delta\theta$ (Fig. 6.28). Pelo Teorema da Média (p. 134), a integral do primeiro membro em (6.18) é igual a $\Delta u(P') \cdot r' \Delta\theta \Delta r$, onde P' é um ponto conveniente em R e r' é um número conveniente no intervalo $[r, r + \Delta r]$, tal que $r' \Delta\theta \Delta r$ seja a área de R. Como $P' \to P$ com $\Delta r \to 0$ e $\Delta\theta \to 0$, podemos escrever

$$\Delta u(P) = \lim_{\substack{\Delta r \to 0 \\ \Delta\theta \to 0}} \frac{1}{r' \Delta\theta \Delta r} \int_{PQTSP} \frac{\partial u}{\partial n} ds. \tag{6.19}$$

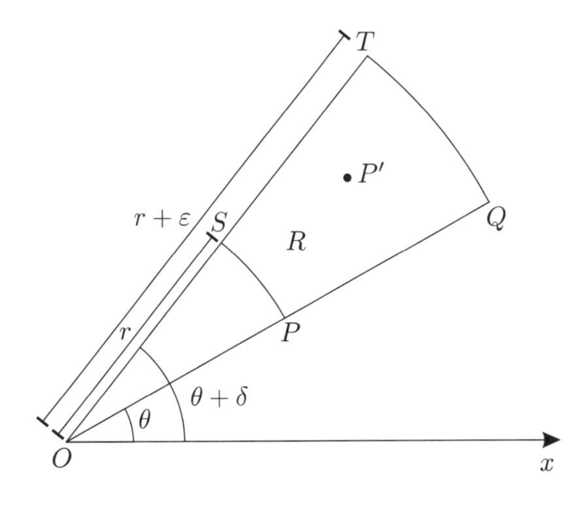

Figura 6.28

Observe que $\partial u/\partial n$ é a derivada na direção da normal a ∂R, dirigida para o exterior de R. Então, $\partial u/\partial n$ é $\partial u/\partial r$ no trecho QT e $-\partial u/\partial r$ no trecho SP. Além disso, $ds = rd\theta$ no trecho SP e $ds = (r+\Delta r)d\theta$ em QT, de sorte que

$$\int_{QT\cup SP} \frac{\partial u}{\partial n} ds = \int_{\theta}^{\theta+\Delta\theta} [(r+\Delta r)u_r(r+\Delta r,\, \theta) - ru_r(r,\, \theta)]d\theta$$

e, pelo Teorema da Média,

$$\int_{QT\cup SP} \frac{\partial u}{\partial n} ds = \Delta\theta[(r+\Delta r)u_r(r+\Delta r,\, \theta') - ru_r(r,\, \theta')],$$

onde θ' é um número conveniente entre θ e $\theta+\Delta\theta$. Portanto, notando que $r' \to r$ e $\theta' \to \theta$ com $\Delta r \to 0$ e $\Delta\theta \to 0$, obtemos

$$\lim_{\substack{\Delta r\to 0\\ \Delta\theta\to 0}} \frac{1}{r'\Delta\theta\Delta r} \int_{QT\cup SP} \frac{\partial u}{\partial n} ds = \lim_{\substack{\Delta r\to 0\\ \Delta\theta\to 0}} \left(\frac{r+\Delta r}{r'} \cdot \frac{u_r(r+\Delta r,\, \theta) - u_r(r,\, \theta)}{\Delta r} + \frac{u_r(r,\, \theta)\Delta r}{r'\Delta r} \right),$$

donde

$$\lim_{\substack{\Delta r\to 0\\ \Delta\theta\to 0}} \frac{1}{r'\Delta\theta\Delta r} \int_{QT\cup SP} \frac{\partial u}{\partial n} ds = u_{rr} + \frac{u_r}{r}. \tag{6.20}$$

Para calcular a integral em (6.19) nos trechos PQ e TS, notamos que

$$\text{em } PQ,\quad \frac{\partial}{\partial n} = -\frac{\partial}{r\partial\theta}; \quad \text{e em } TS,\quad \frac{\partial}{\partial n} = \frac{\partial}{r\partial\theta},$$

de sorte que, aplicando o Teorema da Média como antes,

$$\int_{PQ\cup TS} \frac{\partial u}{\partial n} ds = \int_{r}^{r+\Delta r} \frac{1}{r}[u_\theta(r,\, \theta+\Delta\theta) - u_\theta(r,\, \theta)]dr = \frac{\Delta r}{r''}[u_\theta(r'',\, \theta+\Delta\theta) - u_\theta(r'',\, \theta)],$$

onde r'' é um número conveniente entre r e $r+\Delta r$. Em conseqüência,

$$\lim_{\substack{\Delta r\to 0\\ \Delta\theta\to 0}} \frac{1}{r'\Delta\theta\Delta r} \int_{PQ\cup TS} \frac{\partial u}{\partial n} ds = \frac{1}{r^2} u_{\theta\theta}.$$

Substituindo essa expressão, juntamente com (6.20), em (6.19), encontramos a expressão final do Laplaciano em coordenadas polares:

$$\boxed{\Delta u = u_{rr} + \frac{1}{r}u_r + \frac{1}{r^2}u_{\theta\theta} = \frac{1}{r}(ru_r)_r + \frac{1}{r^2}u_{\theta\theta}.}$$

Exercícios

1. Mostre que $\int_C (x\mathbf{i} - y\mathbf{j}) \cdot \mathbf{n}ds = 0$, qualquer que seja o contorno fechado simples C.

2. Sejam $f(x)$ e $g(x)$ funções contínuas para $|x| \leq L$ e $\mathbf{F}(x,\, y) = f(y)\mathbf{i} + g(x)\mathbf{j}$. Mostre que $\int_C \mathbf{F}(x,\, y) \cdot \mathbf{n}ds = 0$, onde C é qualquer contorno fechado simples contido no disco $x^2 + y^2 \leq L^2$.

3. Mostre que $\nabla \cdot \dfrac{(x-3)\mathbf{i} + y\mathbf{j}}{(x-3)^2 + y^2} = 0$.

4. Mostre que $\nabla \cdot \dfrac{\mathbf{r}}{\mathbf{r}^2} = 0$, onde $\mathbf{r} = x\mathbf{i} + y\mathbf{j}$. Mostre também que o Exercício 3 é um caso particular deste.

5. Mostre que $\nabla \cdot \left(\dfrac{\mathbf{r} - \mathbf{r}_0}{|\mathbf{r} - \mathbf{r}_0|^2} + \dfrac{\mathbf{r} - \mathbf{r}_1}{|\mathbf{r} - \mathbf{r}_1|^2} \right) = 0$, onde $\mathbf{r}_0$ e $\mathbf{r}_1$ são vetores fixos.

6. Sejam C e C' dois contornos fechados simples, com C' no interior de C; e seja $\mathbf{F} = \mathbf{F}(x, y)$ uma função vetorial definida, contínua e com derivadas primeiras contínuas na região compreendida entre C e C'. Mostre que, se $\nabla \cdot \mathbf{F} = 0$, então

$$\int_C \mathbf{F} \cdot \mathbf{n} ds = \int_{C'} \mathbf{F} \cdot \mathbf{n} ds,$$

onde $\mathbf{n}$ é a normal externa em cada um dos contornos.

7. Sejam $\mathbf{r}_0$ e $\mathbf{r}_1$ vetores fixos, $\mathbf{r}_0 \neq \mathbf{r}_1$, e $\mathbf{F} = \dfrac{\mathbf{r} - \mathbf{r}_0}{|\mathbf{r} - \mathbf{r}_0|^2} + \dfrac{\mathbf{r} - \mathbf{r}_1}{|\mathbf{r} - \mathbf{r}_1|^2}$. Calcule a integral de linha $\int_C \mathbf{F} \cdot \mathbf{n} ds$, onde C é um contorno fechado simples, contendo $\mathbf{r}_0$ e $\mathbf{r}_1$ em seu interior, e $\mathbf{n}$ é a normal externa.

8. Mostre que $\int_C n_x ds = \int_C n_y ds = 0$, onde C é uma curva fechada simples.

9. Mostre que $\nabla \cdot (u\mathbf{F}) = (\nabla u) \cdot \mathbf{F} + u(\nabla \cdot \mathbf{F})$, onde u e $\mathbf{F}$ são funções escalar e vetorial, respectivamente.

10. Demonstre a assim chamada *segunda identidade de Green*:

$$\iint_R (u\Delta v - r\Delta u) dx dy = \oint_{\partial R} \left(u \frac{\partial v}{\partial n} - r \frac{\partial u}{\partial n} \right) ds.$$

11. Mostre que, se $\Delta u = 0$ em R, então $\iint_R |\nabla u|^2 dx dy = \oint_{\partial R} u \dfrac{\partial u}{\partial n} ds.$

Sugestões

7. Desdobre a integral em duas outras, sobre contornos envolvendo $\mathbf{r}_0$ e $\mathbf{r}_1$ separadamente.

8. Repare que n_x é a projeção do vetor unitário $\mathbf{i}$ sobre a normal $\mathbf{n}$; e, analogamente, para n_y.

10. Reescreva a identidade (6.16), trocando os papéis de u e v, e subtraia uma identidade da outra.

11. Use a primeira identidade de Green com $u = v$.

6.6 Integração de diferenciais exatas

Uma integral de linha, em geral, depende não apenas do integrando e dos pontos inicial e final A e B, mas também do caminho de integração, como veremos a seguir.

Consideremos a forma diferencial

$$L dx + M dy + N dz = F(\mathbf{P}) \cdot dP, \tag{6.21}$$

onde

$$\mathbf{F} = L\mathbf{i} + M\mathbf{j} + N\mathbf{k}$$

e

$$dP = dx\mathbf{i} + dy\mathbf{j} + dz\mathbf{k}.$$

Diz-se que (6.21) é uma *forma diferencial exata* se existe uma função $U = U(P)$ tal que

$$\frac{\partial U}{\partial x} = L, \quad \frac{\partial U}{\partial y} = M \quad \text{e} \quad \frac{\partial U}{\partial z} = N,$$

ou seja,

$$dU = Ldx + Mdy + Ndy.$$

Nessas condições diz-se também que (6.21) é uma *diferencial total* (da função U). É claro que isso é equivalente a $\mathbf{F} = \nabla U$.

O teorema seguinte é um resultado fundamental sobre formas diferenciais exatas.

Teorema. *Se L, M e N são funções contínuas numa região R, então as seguintes condições são equivalentes:*

1) a forma diferencial (6.21) é exata;

2) a integral da forma (6.21) ao longo de qualquer caminho C, indo de um ponto A até um ponto B, só depende dos pontos A e B e não do caminho C;

3) a integral da forma (6.21) ao longo de qualquer caminho fechado C contido em R é zero.

Satisfeita qualquer dessas condições, existe uma função U tal que

$$\int_A^B \mathbf{F}(P) \cdot dP = U(B) - U(A), \tag{6.22}$$

onde a integral é feita sobre qualquer caminho indo de A até B.

Demonstração. Provaremos primeiro a equivalência de 1) e 2).

Prova de que 1) $\Rightarrow$ 2). Por hipótese a forma é exata. Então existe uma função $U = U(P)$ tal que $\mathbf{F} = \nabla U$. Seja $P = P(t)$, $a \le t \le b$, uma parametrização do arco C, com $P(a) = A$ e $P(b) = B$. Temos:

$$\int_C \mathbf{F}(P) \cdot dP = \int_a^b \nabla U(P(t)) \cdot P'(t) dt = \int_a^b \frac{dU(P(t))}{dt} dt$$
$$= U(P(b)) - U(P(a)) = U(B) - U(A).$$

Isso prova que a integral só depende dos pontos inicial e final, e não do arco C.

Prova de que 2) $\Rightarrow$ 1). Por hipótese, a integral da forma (6.21) só depende dos pontos inicial e final, e não do caminho particular que liga esses pontos. Então, fixando o ponto A em R e tomando um ponto genérico $P = (x, y, z)$ de R, a integral de (6.21) de A até P será uma função U desse ponto P, isto é,

$$U(P) = \int_A^P Ldx + Mdy + Ndz.$$

Vamos provar que essa função é derivável e que suas derivadas em relação a x, y e z são L, M e N, respectivamente. Para isso consideremos um ponto $P' = (x + \Delta x, y, z)$, obtido de P pelo deslocamento Δx ao longo do eixo Ox (Fig. 6.29). Então,

$$U(P') = \int_A^{P'} Ldx + Mdy + Ndz,$$

onde o arco que liga A a P' é arbitrário. Em particular, podemos tomá-lo como sendo um arco que passa por P, constituído de um arco C de A até P, seguido do segmento retilíneo PP'. Em conseqüência,

$$U(P') = \left(\int_A^P + \int_P^{P'} \right) (Ldx + Mdy + Ndz),$$

de sorte que

$$\frac{U(P') - U(P)}{\Delta x} = \frac{1}{\Delta x} \int_P^{P'} Ldx + Mdy + Ndz.$$

Mas, ao longo de PP', $dy = dz = 0$; daqui e do Teorema da Média para integrais simples obtemos

$$\frac{U(P') - U(P)}{\Delta x} = \frac{1}{\Delta x} \int_x^{x+\Delta x} L(t,\, y,\, z)dt = L(\xi,\, y,\, z),$$

onde ξ é um número compreendido entre x e $x + \Delta x$. Como L é contínua, quando $\Delta x \to 0$, ξ tende a x e a equação anterior nos dá

$$\frac{\partial U(P)}{\partial x} = L(x,\, y,\, z).$$

De maneira inteiramente análoga se demonstra que $\partial U/\partial y = M$ e $\partial U/\partial z = N$. Portanto, a forma (6.21) é exata, como queríamos provar.

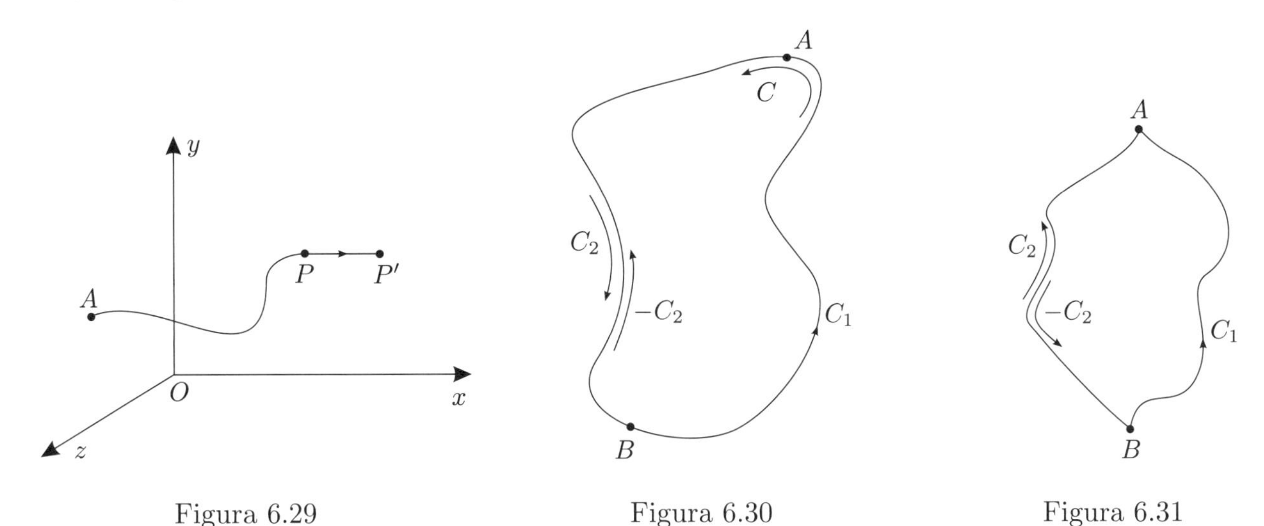

Figura 6.29 Figura 6.30 Figura 6.31

Prova de que 2) $\Rightarrow$ 3). Supondo que a integral independa do caminho, vamos provar que a integral sobre qualquer contorno fechado é zero. De fato, um contorno fechado C pode ser encarado como constituído de dois arcos C_1 e C_2, como ilustra a Fig. 6.30, de sorte que

$$\int_{C_1} \mathbf{F}(P) \cdot dP = \int_{-C_2} \mathbf{F}(P) \cdot dP;$$

portanto,

$$\int_C \mathbf{F}(P) \cdot dP = \int_{C_1} + \int_{C_2} = \int_{C_1} - \int_{-C_2} = 0,$$

e isso estabelece o resultado desejado.

Prova de que 3) $\Rightarrow$ 2). Supomos agora que a integral sobre qualquer contorno fechado é zero. Queremos provar que a integral ao longo de qualquer caminho ligando dois pontos quaisquer A e B independe do caminho. Para isso basta notar que dados dois arcos quaisquer C_1 e C_2, ligando A e B (Fig. 6.31), o arco $C_1 \cup (-C_2)$ é fechado; logo,

$$\int_{C+(-C_2)} = 0 \quad \text{ou} \quad \int_{C_1} = \int_{C_2}.$$

Isso completa a demonstração do teorema.

Campos conservativos e função potencial

Uma função vetorial $\mathbf{F} = \mathbf{F}(P)$, definida numa região R, é freqüentemente chamada de *campo vetorial*; e uma função escalar $U = U(P)$, tal que $\mathbf{F} = \nabla U$, é chamada de *função potencial* do campo $\mathbf{F}$. Nesse caso diz-se que $\mathbf{F}$ é *um campo gradiente* ou *campo conservativo*, uma terminologia que se justifica pelo teorema da conservação da energia, que será considerado logo adiante (p. 196). Dizemos também que $\mathbf{F}$ *deriva do potencial* U.

O teorema anterior nos diz que *a integral da forma* (6.21) *de um ponto* A *a um ponto* B *independe do caminho se e somente se o campo* $\mathbf{F}$ *for conservativo, ou deriva de um potencial* U*, de sorte que* $\mathbf{F} = \nabla U$*, em cujo caso vale a igualdade* (6.22).

Devemos notar que se U for função potencial de $\mathbf{F}$, o mesmo é verdade de $U+K$, onde K é uma constante arbitrária. Por outro lado, se U e V são funções potenciais do mesmo campo $\mathbf{F}$ em R, então $G = U - V$ é tal que $\nabla G = 0$ em R, isto é, $G_x = G_y = G_z = 0$. Isso permite provar que G é uma constante K; logo, $U = V + K$, o que permite enunciar o seguinte teorema:

Se um campo vetorial $\mathbf{F}$ *deriva de um potencial, esse potencial é determinado a menos de uma constante aditiva arbitrária.*

Observação. O teorema sobre formas diferenciais exatas é uma extensão da fórmula para o cálculo de integrais definidas de funções de uma variável, decorrente do Teorema Fundamental do Cálculo, segundo o qual se f e F são funções contínuas num intervalo $[a, b]$, então

$$\int_a^b f(x)dx = F(b) - F(a) \Leftrightarrow F'(x) = f(x).$$

No caso da integral curvilínea, sendo $U(P)$ e $\mathbf{F}(P)$ funções escalar e vetorial respectivamente contínuas numa região R, então

$$\int_A^B \mathbf{F}(P) \cdot dP = U(B) - U(A) \Leftrightarrow \mathbf{F}(P) = \nabla U(P),$$

onde a integral se processa sobre qualquer caminho ligando os pontos A e B de R. A diferença entre um caso e outro consiste em que, no caso de uma variável, a forma $f(x)dx$ é sempre exata: dada qualquer função contínua f, o Teorema Fundamental assegura a existência da primitiva F, de sorte que $dF(x) = f(x)dx$. Isso não ocorre em se tratando de várias variáveis: existem formas

$$\mathbf{F}(P) \cdot dP = Ldx + Mdy + Ndz$$

que não são exatas, isto é, nem sempre existe a função potencial $U(P)$ tal que $\mathbf{F} = \nabla U$ ou $dU(P) = \mathbf{F}(P) \cdot dP$.

Exemplo 1. O campo vetorial plano $\mathbf{F} = x\mathbf{i} + y\mathbf{j}$ é de fácil visualização (Fig. 6.32), pois em cada ponto $P = (x, y)$ ele é o próprio raio vetor $\overrightarrow{OP}$, onde O é a origem do sistema de coordenadas.

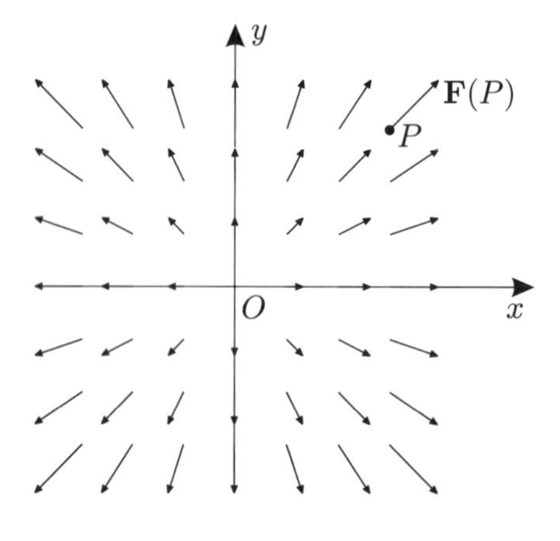

Figura 6.32

O campo é radial e de intensidade crescente à medida que P se afasta da origem. Por simples inspeção constata-se que ele deriva do potencial

$$U = \frac{1}{2}(x^2 + y^2) = \frac{r^2}{2},$$

isto é,

$$\mathbf{F} = \nabla U = \frac{\partial U}{\partial x}\mathbf{i} + \frac{\partial U}{\partial y}\mathbf{j}.$$

Exemplo 2. No espaço, o análogo do campo anterior é o campo

$$\mathbf{F} = x\mathbf{i} + y\mathbf{j} + z\mathbf{k},$$

que pode também ser visualizado como campo de vetores radiais $\mathbf{r} = \overrightarrow{OP}$, de intensidade crescente à medida que P se afasta da origem. Ele deriva do potencial

$$U = \frac{1}{2}(x^2 + y^2 + z^2) = \frac{r^2}{2}.$$

como se verifica prontamente.

Exemplo 3. Existe um tipo de escoamento de fluidos em tubos, chamado de *escoamento laminar* (de "lâmina", em oposição a "escoamento turbulento"), governado por uma lei conhecida como *lei de Hagen-Poiseuille.* Imaginemos um tubo cilíndrico de diâmetro a, cujo eixo coincide com o eixo Ox. A Fig. 6.33 representa uma seção plana do tubo, passando por seu eixo. De acordo com a lei de Hagen-Poiseuille, a velocidade $\mathbf{v}$ num ponto genérico $P = (x,\, y)$ é dada por

$$\mathbf{v} = \mathbf{v}(P) = k(a^2 - y^2)\mathbf{i},$$

onde k é uma constante.

Na Fig. 6.33 representamos as velocidades nos pontos do eixo Oy. Para obter as velocidades nos demais pontos do tubo, basta transladar ao longo do eixo Ox as velocidades já representadas.

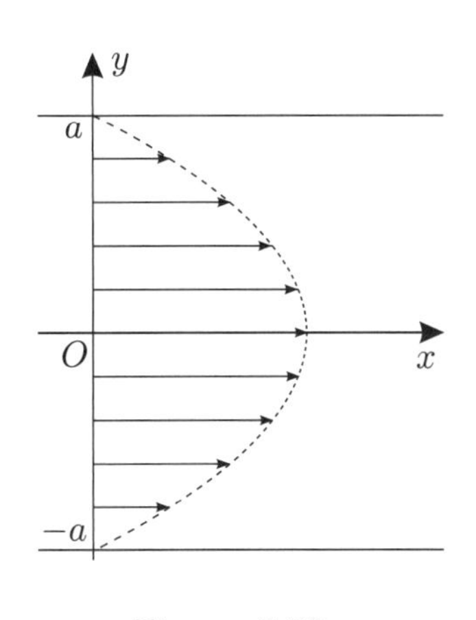

Figura 6.33

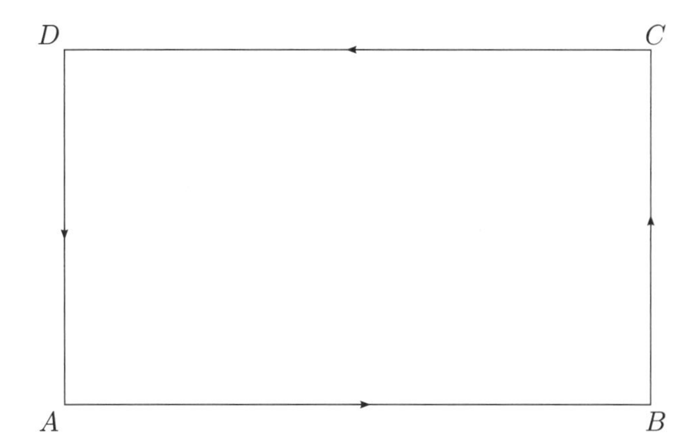

Figura 6.34

É claro que esse campo de vetores só está definido para $|y| \leq a$. E ele não deriva de potencial algum. Para verificar isso, notamos que a integral de $\mathbf{v}(P) \cdot dP$ ao longo de qualquer caminho C é dada por

$$\int_C \mathbf{v}(P) \cdot dP = k \int_C (a^2 - y^2)dx.$$

Vamos escolher como caminho C um retângulo qualquer de vértices

$$A = (p,\, q), \quad B = (r,\, q), \quad C = (r,\, s), \quad D = (p,\, s),$$

ilustrados na Fig. 6.34. É claro, então, que

$$\int_C \mathbf{v}(P)\cdot dP = k\int_p^r (a^2-q^2)dx + k\int_r^p (a^2-s^2)dx$$
$$= k(a^2-q^2)(r-p) + k(a^2-s^2)(p-r)$$
$$= k(r-p)(s^2-q^2).$$

Ora, isso em geral é diferente de zero; portanto, de acordo com o teorema da p. 192 concluímos que o campo $\mathbf{v}$ não deriva de potencial algum.

Campos conservativos e energia

Os campos vetoriais que derivam de um potencial são muito importantes nas aplicações. É este o caso das *forças conservativas* que vamos considerar agora.

Imaginemos que uma partícula de massa m se desloca de uma posição inicial $\mathbf{r}_1$ a uma posição final $\mathbf{r}_2$, sob a ação de um campo de forças $\mathbf{F}$. Pelo teorema da p. 192, sabemos que o trabalho de $\mathbf{F}$ no referido deslocamento é independente do caminho seguido pela partícula se e somente se $\mathbf{F}$ derivar de um potencial, em cujo caso o campo $\mathbf{F}$ se diz *conservativo.* O nome se justifica porque, como provaremos a seguir, vale então um teorema de conservação de energia.

Vamos supor que o campo $\mathbf{F}$ seja conservativo. Existe então uma função escalar U tal que $\mathbf{F} = \nabla U$. Por razões que veremos logo adiante, é mais conveniente trabalhar com a função $u = -U$, de sorte que $\mathbf{F} = -\nabla u$. Seja $W_{1,2}$ o trabalho da força $\mathbf{F}$ no deslocamento da partícula da posição $\mathbf{r}_1$ até a posição $\mathbf{r}_2$. Então,

$$W_{1,2} = \int_{\mathbf{r}_1}^{\mathbf{r}_2} \mathbf{F}\cdot d\mathbf{r} = -\int_{\mathbf{r}_1}^{\mathbf{r}_2} \nabla u\cdot d\mathbf{r} = u(\mathbf{r}_1) - u(r_2).$$

Mas como vimos no teorema da p. 178 (expresso também na fórmula (6.8) que o segue),

$$W_{1,2} = \frac{mv_1^2}{2} - \frac{mv_1^2}{2},$$

desde que $\mathbf{F}$ seja a resultante de todas as forças que atuam sobre a partícula. Combinando esse resultado com o anterior, obtemos

$$\boxed{u(\mathbf{r}_1) + \frac{mv_1^2}{2} = u(\mathbf{r}_2) + \frac{mv_2^2}{2}.} \tag{6.23}$$

Essa identidade é a expressão do chamado *teorema de conservação da energia*: $u(\mathbf{r})$ é a *energia potencial* da partícula, enquanto $mv^2/2$ é sua *energia cinética.* A identidade (6.23) nos diz que a energia total,

$$E = u(\vec{r}) + \frac{mv^2}{2},$$

permanece constante durante todo o movimento. Vemos ainda por que a função u é preferível à função $U = -u$: ela nos leva à energia total E como a soma (e não a diferença) das energias cinética e potencial.

Exemplo 4. Consideremos uma partícula de massa m, sob a ação da gravidade, nas proximidades da superfície terrestre. Nesse caso, a força que age sobre ela tem intensidade mg na direção da vertical. Vamos escolher os eixos de coordenadas de maneira que a origem esteja na superfície do solo e o eixo Oz na vertical, orientado de baixo para cima. Então, a força $\mathbf{F}$ que age sobre a partícula é $\mathbf{F} = -mg\mathbf{k}$, onde $\mathbf{k}$ é o vetor unitário na direção de Oz. Como é fácil ver, $\mathbf{F} = -\nabla(mgz)$; logo, podemos tomar a energia potencial u como sendo mgz, donde a expressão da conservação da energia

$$E = \frac{mv^2}{2} + mgz = \text{ const.}$$

Exemplo 5. Se uma partícula sujeita apenas à ação gravitacional da Terra não permanecer nas proximidades do solo devemos substituir a força peso mg pela atração da Terra, dada por

$$\mathbf{F} = -\frac{GMm}{r^2} \cdot \frac{\mathbf{r}}{r} = -\frac{GMm\mathbf{r}}{r^3},$$

onde G é a constante da gravitação universal, M é a massa da Terra, m é a massa da partícula e $\mathbf{r}$ é sua posição com referência ao centro da Terra. Nesse caso podemos tomar

$$u = -\frac{GMm}{r},$$

pois isso nos dá

$$\frac{\partial u}{\partial r} = \frac{GMm}{r^2};$$

e como $\partial r/\partial x = x/r$, obtemos

$$\frac{\partial u}{\partial x} = \frac{\partial u}{\partial r}\frac{\partial r}{\partial x} = \frac{GMm}{r^2}\frac{x}{r} = \frac{GMmx}{r^3}.$$

As derivadas em relação a y e a z são calculadas de maneira análoga, e o resultado é

$$\frac{\partial u}{\partial y} = \frac{GMmy}{r^3} \quad \text{e} \quad \frac{\partial u}{\partial z} = \frac{GMmz}{r^3}.$$

Obtemos, então

$$\nabla u = \frac{GMm}{r^3}(x\mathbf{i} + y\mathbf{j} + z\mathbf{k}) = \frac{GMm\mathbf{r}}{r^3},$$

donde segue-se que $\mathbf{F} = -\nabla u$. Em conseqüência, a energia total é agora dada por

$$E = \frac{mv^2}{2} - \frac{GMm}{r}.$$

Distribuição não uniforme de massas

O exemplo anterior mostra como introduzir o potencial gravitacional correspondente à força de atração devida a uma massa concentrada num ponto. Vamos imaginar em seguida que essa massa esteja distribuída por um certo volume V com densidade ρ. Então, para calcular a força que ela exerce numa massa pontual unitária num ponto P teríamos de somar as forças elementares de atração devidas aos diferentes elementos de massa ρdV, como ilustra a Fig. 6.35, isto é, teríamos de calcular uma integral de volume de uma função vetorial:

$$\mathbf{F} = -\iiint_V \frac{G(\rho dV)}{r^2} \cdot \frac{\mathbf{r}}{r}.$$

Ou ainda, podemos considerar que a cada elemento de massa ρdV corresponde um potencial elementar $\rho dV/r$ e que à massa total em V corresponde o potencial

$$u = \iiint_V \frac{G\rho dV}{r},$$

de sorte que a atração total na massa pontual em P seria dada por $\mathbf{F} = -\nabla u$. Evidentemente, se a massa em P for m, a atração que ela sofrerá será $-m\nabla u$ ou $-\nabla mu$.

Essa idéia de *potencial* de uma distribuição volumétrica de massa se estende, de maneira óbvia, aos casos em que a massa está distribuída sobre uma superfície ou sobre uma curva. Devemos observar também que a idéia de potencial se aplica em Eletrostática, no caso de distribuições de cargas sobre volumes, superfícies ou curvas, de maneira quase idêntica ao caso gravitacional, já que a lei de Coulomb que rege a interação eletrostática é quase idêntica à lei de Newton; a única diferença reside no fato de haver atrações e repulsões entre cargas elétricas, ao passo que entre massas gravitacionais só há lugar para forças de atração.

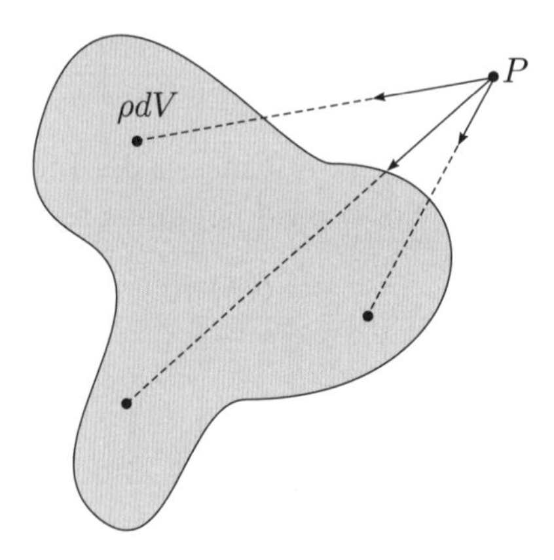

Figura 6.35

Formas exatas no plano

Vamos considerar agora um modo prático de encontrar o potencial U de um dado campo vetorial $\mathbf{F}$, quando esse campo efetivamente derivar de um potencial. Para isso necessitamos também de um critério prático para saber se o campo $\mathbf{F}$ deriva de um potencial. Em outras palavras, dada uma forma diferencial $\mathbf{F}(P) \cdot dP$, o problema em questão é o saber se a forma é exata e, em caso positivo, como encontrar a função $U = U(P)$ tal que $dU = \mathbf{F} \cdot dP$. Por enquanto estudaremos esse problema apenas no plano; no próximo capítulo, na Seção 7.3, trataremos o caso espacial.

Teorema. *Sejam $L(x, y)$ e $M(x, y)$ funções contínuas, com derivadas primeiras contínuas numa região simplesmente conexa R. Então, $Ldx + Mdy$ é uma forma diferencial exata se e somente se*

$$\frac{\partial L}{\partial y} = \frac{\partial M}{\partial x}. \tag{6.24}$$

Demonstração. Vamos supor que a forma seja exata, de modo que existe uma função $U = U(x, y)$ tal que

$$\frac{\partial U}{\partial x} = L \quad \text{e} \quad \frac{\partial U}{\partial y} = M.$$

Daqui obtemos

$$\frac{\partial L}{\partial y} = \frac{\partial}{\partial y}\left(\frac{\partial U}{\partial x}\right) = \frac{\partial}{\partial x}\left(\frac{\partial U}{\partial y}\right) = \frac{\partial M}{\partial x},$$

que estabelece o resultado desejado (6.24). (Convém notar que esta primeira parte da demonstração não utilizou a conectividade simples da região R.)

Para provar a recíproca temos de supor válida a condição (6.24) e provar que a forma $Ldx + Mdy$ é exata. Para isso, a hipótese de conectividade simples é indispensável. Começamos com a fórmula de Green,

$$\iint_D \left(\frac{\partial M}{\partial x} - \frac{\partial L}{\partial y}\right) dxdy = \int_C Ldx + Mdy,$$

que é válida para todo contorno fechado simples C em R, com interior D. Então, a integral da forma $Ldx + Mdy$ sobre qualquer contorno fechado simples C em R é zero, o que nos permite concluir, pelo teorema da p. 192, que a forma $Ldx + Mdy$ é exata. Isso conclui a demonstração do teorema.

Supondo verificada a condição (6.24), veremos agora como determinar a função $U = U(x, y)$ tal que

$$dU = Ldx + Mdy, \quad \text{ou} \quad \frac{\partial U}{\partial x} = L \quad \text{e} \quad \frac{\partial U}{\partial y} = M.$$

Procedemos da seguinte maneira: primeiro integramos L em relação a x para achar uma integral indefinida $F(x, y)$ de L, isto é, tal que $\partial F/\partial x = L$. É claro que essa função F é determinada a menos de um termo aditivo $\phi(y)$, função arbitrária de y, pois

$$\frac{\partial}{\partial x}[F(x, y) + \phi(y)] = \frac{\partial F}{\partial x} = L.$$

Tomando U como sendo $F + \phi$, isto é,

$$U(x, y) = F(x, y) + \phi(y),$$

devemos ter $\partial U/\partial y = M$, ou seja,

$$\phi' + \frac{\partial F}{\partial y} = M \quad \text{donde} \quad \phi' = M - \frac{\partial F}{\partial y}.$$

Integrando esta última equação, encontramos ϕ. Observe que $M - \partial F/\partial y$ não contém x, pois

$$\frac{\partial}{\partial x}\left(M - \frac{\partial F}{\partial y}\right) = \frac{\partial M}{\partial x} - \frac{\partial}{\partial y}\left(\frac{\partial F}{\partial x}\right) = \frac{\partial M}{\partial x} - \frac{\partial L}{\partial y} = 0.$$

É claro que podemos também começar integrando M em relação a y para obter uma função G tal que $\partial G/\partial y = M$. Então, $U = G + \psi(x)$, onde ψ satisfaz a equação $\partial G/\partial x + \psi' = L$.

Exemplo 6. A diferencial

$$(3x^2 + 2xy)dx + (x^2 + 3y^2)dy$$

é exata em todo o plano, pois

$$\frac{\partial}{\partial y}(3x^2 + 2xy) = \frac{\partial}{\partial x}(x^2 + 3y^2).$$

Integrando $L = 3x^2 + 2xy$ em relação a x, obtemos $F = x^3 + x^2 y$; portanto,

$$U = x^3 + x^2 y + \phi(y).$$

Daqui e de $\partial U/\partial y = M = x^2 + 3y^2$ segue-se que

$$x^2 + \phi' = x^2 + 3y^2, \quad \text{ou seja,} \quad \phi' = 3y^2,$$

donde

$$\phi = y^3 + C,$$

onde C é uma constante arbitrária de integração. Portanto,

$$U = x^3 + x^2 y + y^3 + C.$$

Exemplo 7. A forma diferencial

$$\frac{-ydx + xdy}{x^2 + y^2} = Ldx + Mdy$$

satisfaz a condição $\partial L/\partial y = \partial M/\partial x$. No entanto, o domínio R de definição das funções L e M, que é o plano todo, excetuada a origem, não é uma região simplesmente conexa. Em conseqüência, não podemos esperar que exista uma função U em R tal que $U_x = L$ e $U_y = M$.

Entretanto, o mesmo procedimento anterior nos dá

$$U = \int \frac{-ydx}{x^2+y^2} + \phi(y) = \operatorname{arc\,tg}\left(\frac{y}{x}\right) + \phi(y).$$

Como $U_y = M$, devemos ter

$$\phi' + \frac{x}{x^2+y^2} = \frac{x}{x^2+y^2}$$

donde segue-se que $\phi(y) = C =$ const. e

$$U = \operatorname{arc\,tg}\frac{y}{x} + C = \theta + C,$$

onde θ é o ângulo polar.

Esta última expressão mostra que não é possível encontrar uma função univalente U em toda a região R; partindo de um ponto qualquer em R, digamos, P_0, e deslocando em volta da origem no sentido anti-horário voltamos a P_0 com o valor de U aumentando em 2π. Esse exemplo mostra que a hipótese de que a região R seja simplesmente conexa é indispensável para se obter, em geral, uma função univalente U, em toda a região R, tal que $dU = Ldx + Mdy$. Naturalmente, a dificuldade desaparece se restringirmos a região R de forma a confinar nossas considerações a uma região simplesmente conexa $R' \subset R$. No exemplo anterior R' pode ser o conjunto dos pontos do plano tais que $0 < \theta < 2\pi$. Desse modo eliminamos os pontos do semi-eixo Ox, efetuando o que se costuma chamar de um *corte* no plano. É claro que qualquer outro corte, como $-\pi < \theta < \pi$ ou $\alpha < \theta < 2\pi + \alpha$, com α qualquer, teria o mesmo efeito de produzir uma região simplesmente conexa.

O leitor deve notar, entretanto, que é perfeitamente possível que uma forma diferencial seja exata numa região que não seja simplesmente conexa. Como exemplo podemos tomar a função $U = (x^2+y^2)^{-1}$, para a qual

$$dU = \frac{-2(xdx+ydy)}{(x^2+y^2)^2}$$

em todo o plano, exceto a origem. É claro, então, que

$$\int_C \frac{xdx+ydy}{(x^2+y^2)^2} = 0,$$

qualquer que seja o contorno fechado C, não passando pela origem, embora possa circundá-la.

Exercícios

1. Considere uma rotação plana centrada na origem e ocorrendo no sentido horário, com velocidade escalar $r = \omega\sqrt{x^2+y^2}$ no ponto (x, y), onde ω é a velocidade angular constante. Ache a expressão do campo de velocidades e represente-o graficamente. Verifique que esse campo não é conservativo.

2. O campo do exercício anterior pode representar a rotação rígida de um sólido, mas não a de um líquido. No caso de um líquido ideal incompressível, a velocidade escalar de uma rotação em torno da origem é γ/r, onde γ é uma constante. Ache a expressão do campo de velocidades, supondo a rotação anti-horária, e represente esse campo graficamente. Verifique que ele é conservativo em qualquer região simplesmente conexa que exclui a origem. Determine sua função potencial.

3. Dada a espiral logarítmica $R = ae^{\alpha\theta}$, onde r e θ são as coordenadas polares do ponto (x, y), determine o campo de vetores tangentes $\mathbf{v} = L\mathbf{i} + M\mathbf{j}$, onde $L = \partial x/\partial\theta$ e $M = \partial y/\partial\theta$. Mostre que $\mathbf{v}$ faz um ângulo constante ϕ com o raio vetor $\mathbf{r}$. Represente $\mathbf{v}$ graficamente e mostre que este campo não é conservativo.

4. Estude as mesmas questões do exercício anterior para a espiral de Arquimedes $r = \alpha\theta$. Mostre que agora o ângulo ϕ é variável, começando com o valor $90°$ em $\theta = 0$ e decrescendo a zero com $\theta \to \infty$. Interprete esse fenômeno graficamente.

5. Calcule o potencial eletrostático u no ponto $P = (0,\, 0,\, z)$ devido a uma distribuição uniforme de carga elétrica, com densidade σ, no disco $x^2 + y^2 \le R^2$. Calcule o campo elétrico $\mathbf{E}$ em P de duas maneiras: mediante a equação $\mathbf{E} = -\nabla u$ e diretamente, integrando os campos elementares.

6. Calcule o potencial eletrostático u num ponto $P = (0,\, 0,\, z)$ devido a uma distribuição de carga no retângulo $0 \le x \le a$, $0 \le y \le b$, com densidade $\rho = xy$. Calcule o campo elétrico em P pela equação $\mathbf{E} = -\nabla u$. Calcule a componente E_3 desse campo diretamente, integrando os campos elementares.

7. Repita o Exercício 5 com $\sigma = r = \sqrt{x^2 + y^2}$.

8. Uma partícula de massa m movimenta-se ao longo do eixo Ox sob a ação de uma força $\mathbf{F}$, sempre contrária ao deslocamento x e a ele proporcional: $\mathbf{F} = -kx\mathbf{i}$, onde k é uma constante positiva. Mostre que $\mathbf{F}$ é conservativa. Obtenha a equação de conservação da energia e use-a para mostrar que a amplitude x do movimento nunca ultrapassa um certo valor x_0, e que o valor absoluto da velocidade é máximo quando $x = 0$ e nulo quando $x = \pm x_0$.

Nos Exercícios 9 a 24, verifique se a forma diferencial dada é exata e, em caso afirmativo, encontre a função potencial U da qual ela deriva.

9. $ydx + xdy$.

10. $xdx + ydy$.

11. $xdx - ydy$.

12. $3(x^2dx - y^2)dy$.

13. $(2x - 3y)dx + (2y - 3x)dy$.

14. $(y^2 - 2xy)dx + (2xy - x^2)dy$.

15. $(y^2 - 3x)dx + (2xy + \cos y)dy$.

16. $(x^2y + 3y^2)dx - (x^3y - 3y^2)dy$.

17. $(\cos xy)(ydx + xdy)$.

18. $e^{xy}(ydx + xdy)$.

19. $e^{xy}(\operatorname{sen} y\, dx + \operatorname{sen} x\, dy)$.

20. $(4x^3 - 6xy^3)dx + (2y - 9x^2y^2)dy$.

21. $(e^x \cos y + 2y)dx - (e^x \operatorname{sen} y - 2x)dy$.

22. $(e^y \operatorname{sen} x - x)dx + (e^y \cos x + y)dy$.

23. $4(x^2 + y^2)(xdx + ydy)$.

24. $3\sqrt{x^2 + y^2}\,(xdx + ydy)$.

25. Calcule o campo gradiente do potencial $U = r^\alpha$, onde $r = \sqrt{x^2 + y^2}$. Observe que é fácil identificar U no exercício anterior usando esse cálculo.

Usando o cálculo do exercício anterior, identifique os potenciais das formas ou campos dados nos Exercícios 26 a 28.

26. $\mathbf{F} = 6(x^2 + y^2)^2(x\mathbf{i} + y\mathbf{j})$.

27. $\mathbf{F} = 5(x^2 + y^2)^{3/2}(x\mathbf{i} + y\mathbf{j})$.

28. $dU = \dfrac{3(xdx + ydy)}{2(x^2 + y^2)^{2/3}}$.

29. Sejam $f(x)$ e $g(y)$ funções com derivadas contínuas num retângulo $[a,\, b]$. Mostre que $f(x)dx + g(y)dy$ é uma diferencial exata nesse retângulo e encontre U tal que $\mathbf{F} = \nabla U$.

30. Seja $f(x)$ uma função com derivada contínua num intervalo $a \le x \le b$. Mostre que $f(xy)(ydx + xdy)$ é uma diferencial exata numa certa região R e determine essa região.

Respostas e sugestões

1. $\mathbf{v} = \omega(u\mathbf{i} - x\mathbf{j})$.

2. Reveja o Exemplo 7. $\mathbf{v} = \dfrac{\gamma(-y\mathbf{i} + x\mathbf{j})}{x^2 + y^2}$, $\quad U = \operatorname{arc\,tg} \dfrac{y}{x}$.

3. $\mathbf{v} = (\alpha x - y)\mathbf{i} + (\alpha y + x)\mathbf{j}$.

4. $\mathbf{v} = \left(\dfrac{x}{\theta} - y\right)\mathbf{i} + \left(\dfrac{y}{\theta} + x\right)\mathbf{j}$.

5. $U = 2K\pi\sigma(\sqrt{R^2 + z^2} - |z|)$, $\quad \mathbf{E} = \left(0,\, 0,\, 2K\pi\sigma\left[1 - \dfrac{|z|}{\sqrt{R^2 + z^2}}\right]\right)$.

8. $\mathbf{F} = -\nabla U$, onde $U = kx^2/2$. A equação de conservação da energia é $mv^2 + kx^2 = C$; a constante C é obtida com $v = 0$, quando x assume um valor particular $x = x_0$, tal que $C = kx_0^2$.

9. $U(x, y) = xy + C$.

11. $u(x, y) = (x^2 - y^2)/2 + C$.

13. $U(x, y) = x^2 - 3xy + y^2 + C$.

15. $xy^2 - 3x^2/2 + \operatorname{sen} y + C$.

17. $U(x, y) = \operatorname{sen}(xy) + C$.

19. Não é exata.

21. $U(x, y) = e^x \cos y + 2xy + C$.

23. $U(x, y) = (x^2 + y^2)^2$.

24. $U(x, y) = (x^2 + y^2)^{3/2}$.

25. $\mathbf{F} = \alpha r^{\alpha-2}\mathbf{r}$.

26. $U = r^6$.

27. $U = r^5$.

28. $U = 3r_2^{2/3}$.

29. $\dfrac{\partial f}{\partial y} = \dfrac{\partial g}{\partial x} = 0, \quad U = \int f(x)dx + \int g(y)dy$.

Capítulo 7

Teoremas da Divergência e de Stokes

7.1 Integrais de superfície

No presente capítulo vamos introduzir a noção de integral de uma função sobre uma superfície S, o que nos permitirá, em particular, definir área de uma superfície. Para isso vamos supor que S seja dada por uma função contínua $z = z(x, y)$, com derivadas primeiras contínuas num domínio D, cuja fronteira seja regular. Quando dizemos que $z(x, y)$ tem derivadas em todos os pontos de D, inclusive nos pontos da fronteira, já estamos supondo que essa função seja definida e derivável num conjunto aberto contendo o conjunto D. Quando o ponto $Q = (x, y)$ varia em D, o ponto $P = (x, y, z(x, y))$ varia em S; quando Q percorre a fronteira de D, o ponto P percorre o conjunto chamado *bordo* da superfície S (Fig. 7.1).

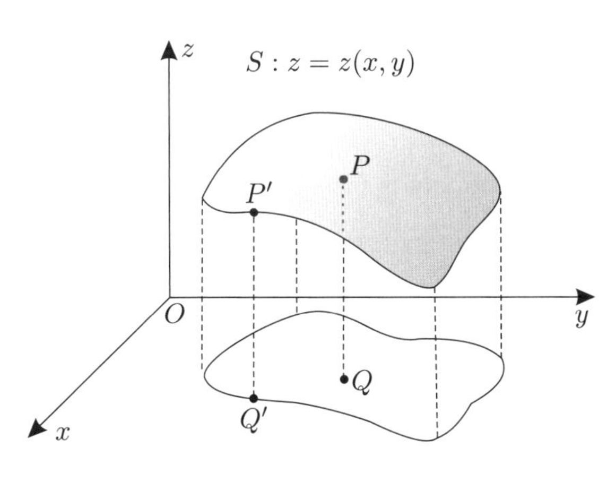

Figura 7.1

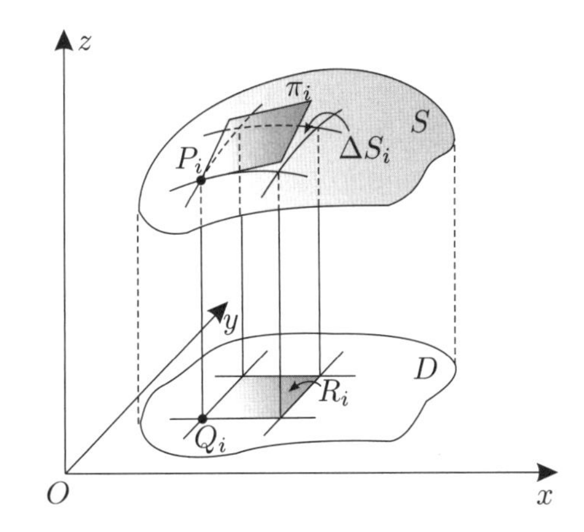

Figura 7.2

Como o domínio D é limitado, ele está todo contido num retângulo

$$R: \; a \leq x \leq b, \quad c \leq y \leq d.$$

Vamos dividir esse retângulo em sub-retângulos $R_1, R_2, \ldots, R_n$, por retas paralelas aos eixos Ox e Oy. Seja $Q_i = (x_i, y_i)$ um ponto qualquer de R_i e $P_i = (x_i, y_i, z(x_i, y_i))$ o ponto correspondente em S. (Na Fig. 7.2 Q_i é um dos vértices de R_i, mas poderia ser qualquer outro ponto de R_i.) Os planos paralelos ao eixo Oz, passando pelos lados do retângulo R_i, determinam o elemento de superfície ΔS_i na superfície S e o paralelogramo π_i no plano tangente a S pelo ponto P_i. Como a função $z = z(x, y)$ é diferenciável, o plano tangente tende a se confundir com a superfície S numa vizinhança do ponto de tangência. Então, a área $A(\pi_i)$ do paralelogramo π_i será uma aproximação do que devemos entender por área de ΔS_i, tanto melhor quanto menor for o diâmetro de π_i. A área de π_i, por sua vez, quando projetada no plano Oxy, resulta na área de R_i, isto é,

$$A(R_i) = A(\pi_i) \cos \gamma_i, \quad \text{donde} \quad A(\pi_i) = \frac{A(R_i)}{\cos \gamma_i},$$

onde γ_i é o ângulo (agudo) entre o eixo Oz e a normal à superfície no ponto P_i. Então, a área da superfície S, que é a soma das áreas dos elementos ΔS_i (Fig. 7.3), é aproximada por

$$\sum_{i=1}^{n} A(\pi_j) = \sum_{i=1}^{n} \frac{A(R_i)}{\cos \gamma_i}.$$

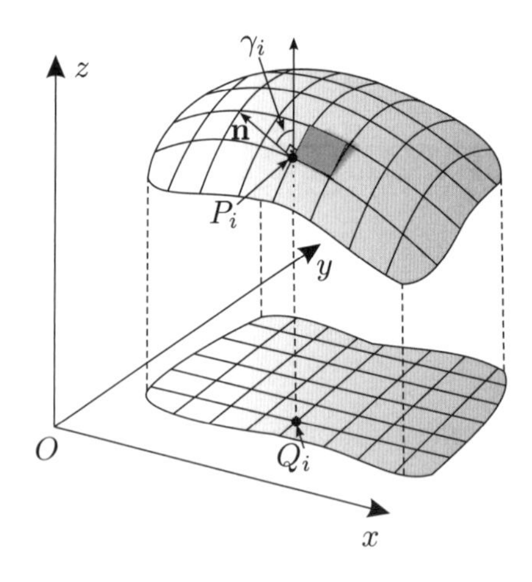

Figura 7.3

Quando passamos ao limite nessa soma, com o maior dos diâmetros de $R_1, R_2, \ldots, R_n$ tendendo a zero, obtemos uma integral que indicamos

$$\iint_S dS = \iint_D \frac{dxdy}{\cos \gamma},$$

onde, agora, γ é o ângulo (agudo) entre o eixo Oz e a normal à superfície em cada um de seus pontos.

A partir de agora abandonamos as considerações heurísticas que vimos fazendo e adotamos esta última integral como definição de *área da superfície* S.

Vamos supor que a superfície S seja dada por uma equação $F(x,\, y,\, z) = 0$, de forma que

$$\mathbf{n} = \frac{\nabla F}{|\nabla F|} = \frac{(F_x,\, F_y,\, F_z)}{\sqrt{F_x^2 + F_y^2 + F_z^2}}$$

é um dos dois vetores normais unitários. O que nos interessa é aquele que faz com o eixo Oz um ângulo agudo, isto é, o que tem terceira componente positiva. Em conseqüência,

$$\cos \gamma = \frac{|F_z|}{\sqrt{F_x^2 + F_y^2 + F_z^2}};$$

logo, a área da superfície S é dada por

$$\iint_S dS = \iint_D \frac{\sqrt{F_x^2 + F_y^2 + F_z^2}}{|F_z|} dxdy. \tag{7.1}$$

Nos casos em que é possível (e conveniente) explicitar uma das variáveis, essa fórmula sofre pequena modificação. Por exemplo, suponhamos que a superfície seja dada na forma $z = z(x,\, y)$; então, $F = z - z(x,\, y) = 0$ e $F_z = 1$. Portanto, (7.1) passa a ser

$$\iint_S dS = \iint_D \sqrt{z_x^2 + z_y^2 + 1}\, dxdy. \tag{7.2}$$

Integral de uma função sobre uma superfície

Vamos considerar uma superfície S dada na forma $z = z(x, y)$, sobre a qual esteja definida uma função $f(x, y, z)$, tal que $f(x, y, z(x, y))$ seja uma função contínua para (x, y) no domínio D de $z(x, y)$. Define-se a *integral de f sobre S* como sendo

$$\iint_S f dS = \iint_D f(x, y, z(x, y))\sqrt{z_x^2 + z_y^2 + 1}\, dxdy. \tag{7.3}$$

Se a superfície S for dada na forma $F(x, y, z) = 0$, com $F_z \neq 0$, podemos aplicar o teorema das funções implícitas para obter $z = z(x, y)$. Teremos

$$z_x = -\frac{F_x}{F_z} \quad \text{e} \quad z_y = -\frac{F_y}{F_z},$$

de forma que a integral em (7.3) assume a forma

$$\iint_S f dS = \iint_D \frac{f\sqrt{F_x^2 + F_y^2 + F_z^2}}{|F_z|}\, dxdy. \tag{7.4}$$

Observe que (7.1) é caso particular de (7.4) com $f = 1$.

É claro que a área de S e a integral de f sobre S podem se exprimir também como integrais no plano y, z ou no plano z, x, desde que S seja dada na forma $x = x(y, z)$ ou na forma $y = y(z, x)$, respectivamente. Deixamos ao leitor a tarefa de escrever essas integrais por simples analogia com as expressões de (7.1) a (7.4).

Uma situação mais geral ocorre quando a superfície S não pode ser descrita por meio de uma única função $x = x(y, z)$, $y = y(z, x)$ ou $z = z(x, y)$. Este é o caso de uma esfera, um elipsóide, um cubo ou qualquer superfície fechada. Esses casos não oferecem maior dificuldade, desde que se possa decompor S em várias partes. Então, a integral sobre cada uma das partes pode se exprimir como a integral sobre o domínio conveniente de um dos planos de coordenadas. A integral sobre S é a soma de todas essas integrais.

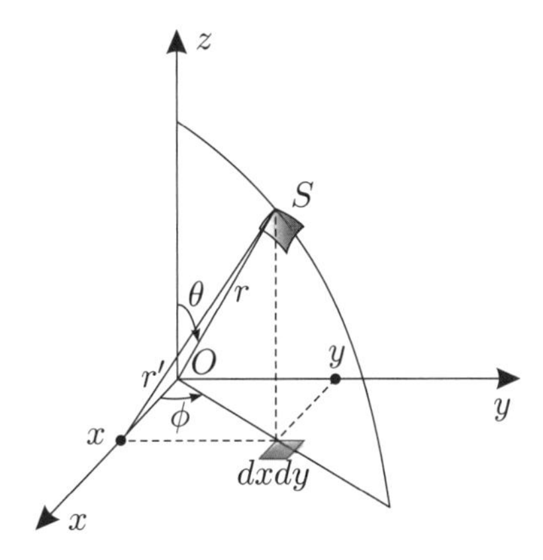

Figura 7.4

Exemplo 1. Vamos calcular o momento de inércia I de uma distribuição homogênea de massa sobre o hemisfério

$$S:\ z = \sqrt{R^2 - x^2 - y^2}$$

em relação ao eixo Ox (Fig. 7.4). Seja σ a densidade superficial de massa nesse hemisfério, e r' a distância do elemento infinitesimal de superfície dS ao eixo Ox. Então

$$I = \iint_S \sigma r'^2 dS = \iint_S \sigma(y^2 + z^2) dS.$$

Sabemos que $dS = dxdy/\cos\theta = \sqrt{1+z_x^2+z_y^2}\,dxdy$. No entanto, no presente caso basta notar que

$$\cos\theta = z/R = \sqrt{R^2-x^2-y^2}/R$$

para obtermos

$$I = \iint_{x^2+y^2\le R^2} \frac{\sigma(R^2-x^2)R}{\sqrt{R^2-x^2-y^2}}dxdy.$$

Introduzindo as coordenadas polares r e ϕ, obtemos

$$\begin{aligned} I &= \sigma R\int_0^{2\pi} d\phi\int_0^R \frac{R^2-r^2\cos^2\phi}{\sqrt{R^2-r^2}}rdr \\ &= 2\pi\sigma R^3\int_0^R \frac{rdr}{R^2-r^2} - \sigma R\int_0^{2\pi}\cos^2\phi\,d\phi\int_0^R \frac{r^3dr}{\sqrt{R^2-r^2}} \\ &= -2\pi\sigma R^3\sqrt{R^2-r^2}\Big|_0^R - \pi\sigma R\int_0^R \frac{r^3dr}{\sqrt{R^2-r^2}} = 2\pi\sigma R^4 - \pi\sigma R\int_0^R \frac{r^3dr}{\sqrt{R^2-r^2}}. \end{aligned}$$

Esta última integral pode ser calculada por partes, notando que

$$\frac{-r}{\sqrt{R^2-r^2}} = \frac{d\sqrt{R^2-r^2}}{dr}.$$

Em conseqüência,

$$I = 2\pi\sigma R^4 - \frac{2\pi\sigma R^4}{3} = \frac{4\pi\sigma R^4}{3}.$$

Como $2\pi\sigma R^2 = M$ é a massa total do hemisfério, $I = 2MR^2/3$. Isso mostra que o momento de inércia é o mesmo que obteríamos com toda a massa concentrada num ponto à distância $R\sqrt{2/3}$ do eixo Ox.

Exemplo 2. Freqüentemente o cálculo de integrais de superfície se simplifica com a utilização de coordenadas particulares, adaptadas à geometria do problema. Por exemplo, vamos usar coordenadas esféricas para calcular a integral de

$$f(x,\,y,\,z) = x^2+y^2+2z$$

sobre o hemisfério $z=\sqrt{R^2-x^2-y^2}$. Nesse caso,

$$f = R^2\operatorname{sen}^2\theta + 2R\cos\theta \quad \text{e} \quad dS = (Rd\theta)(R\operatorname{sen}\theta d\phi),$$

de sorte que

$$\begin{aligned} \iint_S f dS &= R^2\int_0^{2\pi} d\phi\int_0^{\pi/2}(R^2\operatorname{sen}^2\theta + 2R\cos\theta)\operatorname{sen}\theta d\theta \\ &= 2\pi R^3\int_0^{\pi/2}(R\cos^2\theta - R - 2\cos\theta)d(\cos\theta) = \\ &= 2\pi R^3\Big(-\frac{R}{3}+R+1\Big) = \frac{2\pi R^3(3+2R)}{3}. \end{aligned}$$

Exercícios

Nos Exercícios 1 a 8, calcule as áreas das superfícies S descritas.

1. S é a esfera de raio R.

2. S é a parte do parabolóide $z = x^2 + y^2$, interior ao cilindro $x^2 + y^2 = 1$.

3. S é a parte do parabolóide $z = R^2 - x^2 - y^2$, delimitada pelo cilindro vazado $1 \leq x^2 + y^2 \leq 9$. Observe que o resultado independe de R e explique geometricamente a razão disso. Mostre que essa independência é ainda válida para uma superfície qualquer $z = R^2 + f(x, y)$.

4. S é a parte do hemisfério $z = \sqrt{R^2 - x^2 - y^2}$, interior ao cilindro $x^2 + y^2 = r^2$, onde $r \leq R$. Repare que se trata da calota esférica cuja base tem raio r.

5. S é a parte do cilindro $x^2 + z^2 = R^2$, interna ao cilindro parabólico $y^2 = R(x + R)$.

6. S é a parte do cone $z^2 = x^2 + y^2$, interna ao cilindro $x^2 + y^2 = 2ax$.

7. S é superfície $z = \sqrt{2xy}$, $0 \leq x \leq 1$, $0 \leq y \leq 1$. (Veja a Fig. 2.16.)

8. S é a parte da superfície $z = xy$ interna ao cilindro $x^2 + y^2 = R^2$.

Calcule as integrais de superfície indicadas nos Exercícios 9 a 14.

9. $\displaystyle\iint_S z\sqrt{x^2 + y^2}\, dS$, onde S é a parte da esfera $x^2 + y^2 + z^2 = 9$ compreendida entre os planos $z = 1$ e $z = 2$. Faça o cálculo de duas maneiras: usando a fórmula (7.2) e usando coordenadas esféricas, como no Exemplo 2.

10. $\displaystyle\iint_S x dS$, onde S é a superfície cilíndrica $x^2 + y^2 = R^2$, $-1 \leq z \leq 1$.

11. $\displaystyle\iint_S (y\mathbf{j} + z\mathbf{k}) \cdot \mathbf{n}\, dS$, onde S é o hemisfério $x = \sqrt{R^2 - y^2 - z^2}$.

12. $\displaystyle\iint_S xy\, dS$, onde S é dada por $2z = x^2 + y^2$, $0 \leq x \leq 1$, $0 \leq y \leq 1$.

13. $\displaystyle\iint_S (\mathbf{F} \cdot \mathbf{n}) dS$, onde $\mathbf{F} = (\operatorname{sen} z)\mathbf{i} + (xy)\mathbf{j} - (\cos z)\mathbf{k}$ e S é o cilindro $x^2 + y^2 = R^2$, $x > 0$, $y > 0$ e $0 \leq z \leq a$.

14. $\displaystyle\iint_S (x^2 - y^2 + z^2) dS$, onde S é a esfera $x^2 + y^2 + z^2 = R^2$.

15. Determine o centróide do hemisfério $x = \sqrt{R^2 - x^2 - y^2}$.

16. Determine o momento de inércia de uma distribuição uniforme de massa sobre a superfície de uma esfera em relação a um de seus diâmetros.

17. Calcule o campo eletrostático na origem devido a uma distribuição uniforme de carga sobre o cilindro $x^2 + y^2 = R^2$, $0 \leq z \leq a$.

18. Seja S uma parte da superfície esférica $x^2 + y^2 + z^2 = R^2$, com uma distribuição uniforme de massa. Prove que o campo gravitacional na origem é $(GM/R^3)\mathbf{R}_0$, onde M é a massa total, G é a constante de gravitação e $\mathbf{R}_0$ é o vetor-posição do centro de massa.

19. Seja S a superfície de uma esfera de raio R, com uma distribuição uniforme de carga elétrica. Mostre que o campo elétrico é zero nos pontos internos a S, enquanto nos pontos externos ele é dado pela lei de Coulomb, como se toda a carga estivesse concentrada no centro da esfera.

20. Calcule o campo elétrico $\mathbf{E}$ nos pontos do eixo Oz de uma distribuição uniforme de carga sobre o hemisfério $z = \sqrt{R^2 - x^2 - y^2}$.

21. Calcule, diretamente, o potencial eletrostático u nos pontos do eixo Oz da distribuição de carga no exercício anterior. Calcule o campo elétrico nos mesmos pontos usando a relação $\mathbf{E} = \operatorname{grad} u$.

Respostas e sugestões

1. Trata-se do dobro da área do hemisfério $z = \sqrt{R^2 - x^2 - y^2}$. Aplique a fórmula (7.2) e integre utilizando coordenadas polares; ou, então, utilize (7.1) com $F = x^2 + y^2 + z^2 - R^2 = 0$. A resposta, conhecida desde o ensino médio, é $4\pi R^2$.

2. $\pi(5\sqrt{5} - 1)/6$.

3. $\pi(37\sqrt{37} - 5\sqrt{5})/6$. Independe de R porque a variação de R significa apenas uma translação do parabolóide (ou de uma superfície qualquer $z = R^2 + f(x, y)$) ao longo do eixo Oz, deixando invariante a parte de sua superfície cuja área está sendo calculada.

4. $2\pi R(R - \sqrt{R^2 - r^2})$. **5.** $8\sqrt{2}R^2$ **7.** $8/3\sqrt{2}$.

9. $2\pi(16\sqrt{2} - 5\sqrt{5})$. **11.** $4\pi R^3/3$. **13.** $-R\cos a + aR^3/3 + R$. **15.** $(0, 0, 3R/4)$.

17. $\mathbf{E} - \left(0, 0, 2k\pi\rho\left[\frac{\sqrt{R^2 + a^2} - R}{\sqrt{R^2 + a^2}}\right]\right)$. **21.** $U = \frac{2K\pi\rho R}{z}[\sqrt{R^2 + z^2} - (R - z)]$.

7.2 Teorema da Divergência

Vamos estudar agora a transformação de certas integrais de volume em integrais de superfície, que é o análogo, no espaço, do problema tratado nas Seções 6.4 e 6.5. Para isso introduzimos a noção de *região simples* no espaço, de modo semelhante ao que fizemos no plano (p. 180). Essencialmente, o que desejamos de uma região R para chamá-la *simples* é que ela tenha fronteira regular, que suas projeções nos três planos de coordenadas sejam regiões fechadas com fronteiras regulares e que qualquer reta paralela aos eixos ou interseciona a região num único segmento, num ponto, ou não a interseciona. Desse modo, se D é a projeção de R no plano Oxy, então R pode ser descrita em termos de duas funções $z_1(x, y)$ e $z_2(x, y)$, isto é (Fig. 7.5),

$$(x, y, z) \in \overline{R} \Leftrightarrow (x, y) \in \overline{D} \text{ e } z_1(x, y) \leq z \leq z_2(x, y).$$

Analogamente, R pode ser descrita em termos de funções $x_1(y, z)$ e $x_2(y, z)$ por projeção no plano Oyz e em termos de funções $y_1(z, x)$ e $y_2(z, x)$ por projeção no plano Ozx.

Repare que quando projetamos uma região simples R no plano Oxy sua fronteira S é constituída de duas partes S_1 e S_2, descritas pelas funções $z_1(x, y)$ e $z_2(x, y)$, respectivamente, e eventualmente de uma parte lateral cilíndrica S_3, como ilustra a Fig. 7.5.

Seja $N = N(x, y, z)$ uma função contínua, com derivadas primeiras contínuas em $\overline{R}$. Então,

$$\iiint_R \frac{\partial N}{\partial z} dV = \iint_D dxdy \int_{z_1(x,y)}^{z_2(x,y)} \frac{\partial N}{\partial z} dz = \iint_D N(x, y, z_2(x, y))dxdy - \iint_D N(x, y, z_1(x, y))dxdy.$$

Seja $\mathbf{n} = n_x\mathbf{i} + n_y\mathbf{j} + n_z\mathbf{k}$ o vetor unitário normal a S em cada ponto, dirigido para fora de R, e seja γ o ângulo entre $\mathbf{n}$ e $\mathbf{k}$, de sorte que $\cos\gamma = n_z$ em S_2 e $\cos\gamma = -n_z$ em S_1. Em conseqüência disso e do fato de ser $dxdy = dS\cos\gamma$, onde dS é o elemento de área sobre S, podemos escrever

$$\iint_D N(x,\, y,\, z_2(x,\, y))dxdy = \iint_{S_2} Nn_z dS \quad \text{e} \quad \iint_D N(x,\, y,\, z_1(x,\, y))dxdy = -\iint_{S_1} Nn_z dS.$$

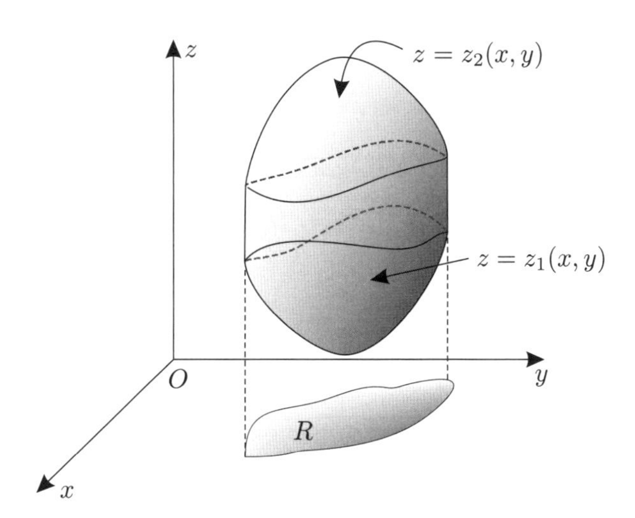

Figura 7.5

Daqui e da expressão anterior obtemos

$$\iiint_R \frac{\partial N}{\partial z} dV = \iint_{S_1 \cup S_2} Nn_z dS.$$

Finalmente, com $n_z = 0$ numa eventual parte cilíndrica S_3, podemos escrever

$$\iiint_R \frac{\partial N}{\partial z} dV = \iint_S Nn_z dS, \tag{7.5}$$

já que a integral sobre S_3 é zero.

Um raciocínio inteiramente análogo, lidando com as projeções de R sobre os planos Oyz e Ozx, leva-nos a deduzir as fórmulas

$$\iiint_R \frac{\partial L}{\partial x} dV = \iint_S Ln_x dS \quad \text{e} \quad \iiint_R \frac{\partial M}{\partial y} dV = \iint_S Mn_y dS. \tag{7.6}$$

É claro que devemos supor que L e M, como N, tenham derivadas contínuas em $\overline{R}$. Somando as identidades em (7.5) e (7.6), obtemos

$$\iiint_R \left(\frac{\partial L}{\partial x} + \frac{\partial M}{\partial y} + \frac{\partial N}{\partial z}\right) dV = \iint_S (Ln_x + Mn_y + Mn_z) dS.$$

Vamos introduzir o vetor $\mathbf{F} = L\mathbf{i} + M\mathbf{j} + N\mathbf{k}$ e definir seu *divergente* como sendo

$$\nabla \cdot \mathbf{F} = \nabla \cdot \mathbf{F} = \frac{\partial L}{\partial x} + \frac{\partial M}{\partial y} + \frac{\partial N}{\partial z}.$$

A justificativa para o símbolo $\nabla \cdot \mathbf{F}$ é análoga à do plano (p. 187): ∇ é o operador diferencial-vetorial

$$\nabla = \frac{\partial}{\partial x}\mathbf{i} + \frac{\partial}{\partial y}\mathbf{j} + \frac{\partial}{\partial z}\mathbf{k},$$

de sorte que $\nabla \cdot \mathbf{F}$ é como se fosse o produto escalar

$$\nabla \cdot \mathbf{F} = \left(\frac{\partial}{\partial x}\mathbf{i} + \frac{\partial}{\partial y}\mathbf{j} + \frac{\partial}{\partial z}\mathbf{k}\right) \cdot (L\mathbf{i} + M\mathbf{j} + N\mathbf{k}) = \frac{\partial L}{\partial x} + \frac{\partial M}{\partial y} + \frac{\partial N}{\partial z}.$$

Com a introdução do divergente, a fórmula anterior se escreve:

$$\iiint_R (\nabla \cdot \mathbf{F})dV = \iint_S (\mathbf{F} \cdot \mathbf{n})dS. \tag{7.7}$$

Embora obtidas na hipótese de R ser uma região simples, as fórmulas (7.5) a (7.7) permanecem válidas no caso de qualquer região R que possa ser decomposta em regiões simples. De fato, basta escrever a fórmula desejada para cada uma dessas regiões simples e somar os resultados. Se S' é uma superfície de separação entre duas componentes simples de R, a normal $\mathbf{n}$ referente a uma das componentes é a oposta da normal referente à outra componente na superfície de separação S' (Fig. 7.6). Em conseqüência, as integrais de superfície referentes a essa parte comum S' se anulam, e o resultado é a fórmula desejada para toda a região R e toda sua fronteira S. Concluindo, podemos enunciar o teorema dado a seguir.

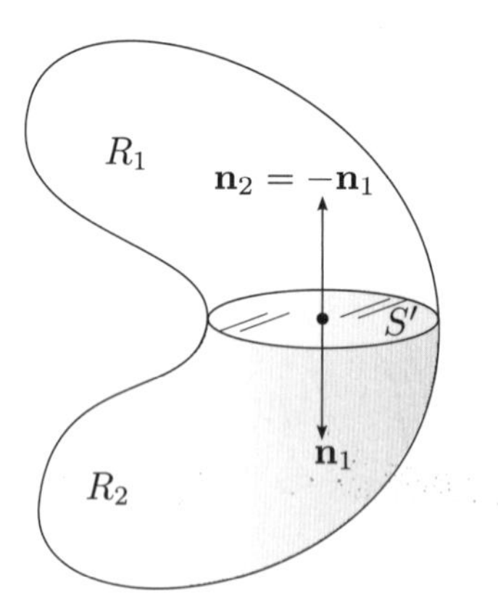

Figura 7.6

Teorema da Divergência. *Seja R uma região que possa ser dividida em um número finito de regiões simples e sejam L, M e N funções contínuas, com derivadas primeiras contínuas em R. Então, vale a fórmula (7.7), onde $\mathbf{n}$ é a normal externa a S.*

Fazendo $L = M = N = p$ nas fórmulas (7.5) e (7.6), multiplicando (7.5) por $\mathbf{k}$ e as duas de (7.6) por $\mathbf{i}$ e $\mathbf{j}$, respectivamente, e somando os resultados, obtemos a fórmula

$$\iiint_R (\nabla p)dV = \iint_S p\mathbf{n}dS. \tag{7.8}$$

No Exemplo 3, logo adiante, teremos oportunidade de utilizar essa nova versão do Teorema da Divergência.

Fluxo de um campo vetorial

A integral de superfície que aparece em (7.7) é, por definição, o *fluxo do campo vetorial* $\mathbf{F}$ *através da superfície* S *na direção* $\mathbf{n}$. Essa definição de fluxo se aplica mesmo no caso de superfícies S que não sejam fechadas. Se imaginarmos que o campo $\mathbf{F}$ representa algo que "flui", o fluxo de $\mathbf{F}$ através de uma superfície S é uma medida desse "fluir". Por exemplo, vamos tomar como $\mathbf{F}$ o vetor $\rho\mathbf{v}$ no movimento de um fluido qualquer, onde $\mathbf{v}$ é a velocidade em cada ponto e ρ é a densidade de massa. Então $\mathbf{v}\cdot\mathbf{n}dS$ representa o volume de um cilindro $ABCD$, de base infinitesimal dS e altura $\mathbf{v}\cdot\mathbf{n}$, como ilustra a Fig. 7.7. Mas $\mathbf{v}$ é o deslocamento das partículas de fluido por unidade de tempo, de sorte que $\mathbf{v}\cdot\mathbf{n}dS$ é o volume de fluido que atravessa o elemento de área dS por unidade de tempo, no sentido do vetor $\mathbf{n}$. Em conseqüência, $\rho\mathbf{v}\cdot\mathbf{n}dS$ é a massa de fluido que atravessa dS por unidade de tempo, no sentido do vetor $\mathbf{n}$. Quando integramos sobre S obtemos a massa total de fluido que atravessa a superfície S no sentido indicado por $\mathbf{n}$ por unidade de tempo.

Como se vê da própria definição, o fluxo é positivo naquela parte S_+ da superfície S onde $\mathbf{F}\cdot\mathbf{n} > 0$, isto é, onde o campo $\mathbf{F}$ aponta para o mesmo lado da superfície que o vetor $\mathbf{n}$; e negativo na parte S_-, onde $\mathbf{F}\cdot\mathbf{n} < 0$, onde $\mathbf{F}$ aponta para o outro lado de S (Fig. 7.8).

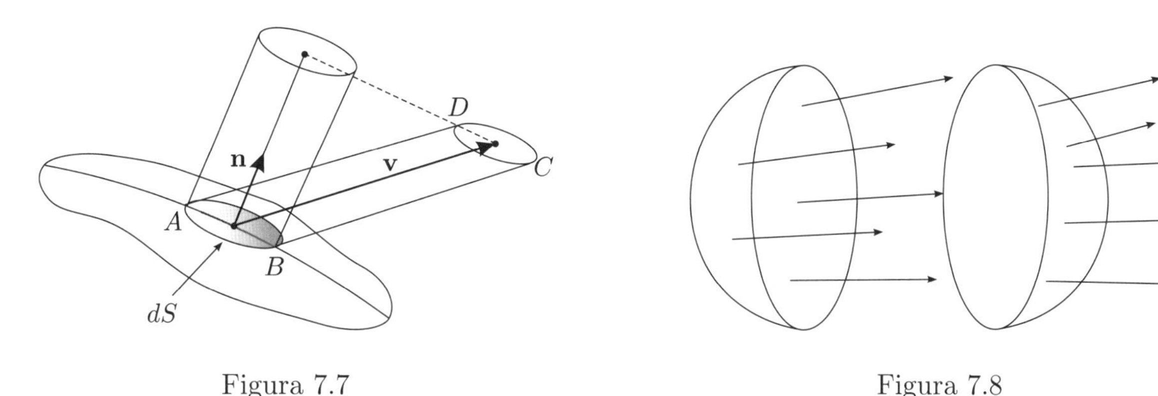

Figura 7.7 Figura 7.8

Significado físico do divergente

Para bem compreendermos o significado do divergente, devemos exprimi-lo apenas em termos do fluxo. Para isso usamos o teorema da média, que nos permite escrever

$$\iiint_R (\nabla\cdot\mathbf{F})dV = \nabla\cdot\mathbf{F}(P')V(R),$$

onde P' é um ponto conveniente de R e $V(R)$ é o volume da região R. Daqui e de (7.7) segue-se que

$$\nabla\cdot F(P') = \frac{1}{V(R)}\iint_{\partial R}(\mathbf{F}\cdot\mathbf{n})dS.$$

Agora fazemos o diâmetro d de R tender a zero, de forma que R se reduza a um ponto P. Nesse processo, P' tende a P e $\nabla\cdot F(P') \to \nabla\cdot\mathbf{F}(P)$; logo,

$$\boxed{\nabla\cdot\mathbf{F}(P) = \lim_{d\to 0}\frac{1}{V(R)}\iiint_{\partial R}(\mathbf{F}\cdot\mathbf{n})dS.} \tag{7.9}$$

Vamos imaginar que R seja uma pequena esfera, de raio ε, centrada em P. Então, de acordo com (7.9),

$$\nabla\cdot\mathbf{F}(P) \approx \frac{3}{4\pi\varepsilon^3}\iiint_{\partial R}(\mathbf{F}\cdot\mathbf{n})dS$$

a aproximação sendo tanto melhor quanto menor for ε. Vemos assim que $\nabla \cdot \mathbf{F}(P)$ é o que podemos chamar de "densidade de fluxo local" em P, ou fluxo por unidade de volume. Essa grandeza será positiva se houver mais fluxo "saindo de P" do que entrando; e negativa se o contrário ocorrer, isto é, mais fluxo "entrando em P" do que saindo. A Fig. 7.9 ilustra essas duas situações nos casos extremos em que o campo $\mathbf{F}$ efetivamente diverge a partir do ponto P ou converge para P. Por aí se vê que o nome "divergente" é tão apropriado a $\nabla \cdot \mathbf{F}$ quanto seria o nome "convergente".

Convém enfatizar que se tomamos $\nabla \cdot \mathbf{F}$ como medida de divergência essa divergência é do *fluxo*, não do campo $\mathbf{F}$. Por exemplo, o campo

$$\mathbf{F} = x\mathbf{i} + 0 \cdot \mathbf{j} + 0 \cdot \mathbf{k}$$

é sempre paralelo à mesma direção; e, no entanto, $\nabla \cdot \mathbf{F} = 1 > 0$. Isso porque a intensidade do campo vai aumentando à medida que nos afastamos do plano $x = 0$ (Fig. 7.10).

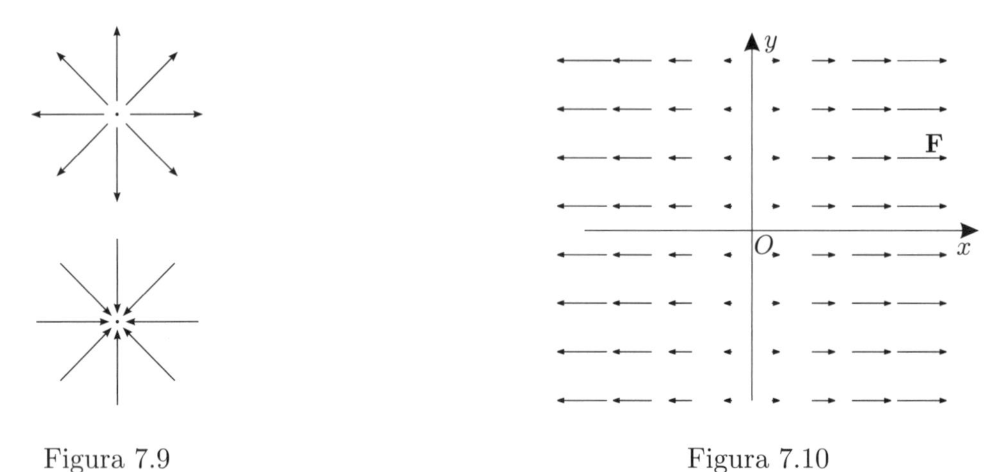

Figura 7.9 Figura 7.10

Leis de conservação

Vamos considerar agora vários exemplos de aplicações do teorema da divergência na formulação de certas equações fundamentais da Física Matemática.

Exemplo 1. Como primeiro exemplo de aplicação do teorema da divergência e do conceito de fluxo, vamos deduzir a *equação da continuidade* ou *equação de conservação da massa*, que é fundamental nos estudos de Dinâmica dos Fluidos.

Seja R uma região no seio da massa fluida, S sua fronteira e $\mathbf{n}$ o vetor unitário normal a S, dirigido para o exterior de S. Pelo teorema da divergência,

$$\iiint_R \nabla \cdot (\rho\mathbf{v})dV = \iint_S \rho\mathbf{v} \cdot \mathbf{n}dS.$$

Mas esta última integral, que é o fluxo do vetor $\rho\mathbf{v}$, representa a quantidade de fluido que sai de R por unidade de tempo. Por outro lado, a quantidade de massa presente em R num determinado instante é dada pela integral sobre R de ρdV; e o aumento de massa em R por unidade de tempo é a derivada dessa integral, de sorte que

$$-\frac{d}{dt}\iiint_R \rho dV = -\iiint_R \frac{\partial\rho}{\partial t}dV$$

representa a diminuição (por causa do sinal negativo) de massa em R por unidade de tempo. Se admitirmos que na região R não haja fontes ou sumidouros, de sorte que a massa só pode diminuir pelo seu fluxo através de S, a exigência de conservação da massa nos leva a escrever

$$-\iiint_R \frac{\partial\rho}{\partial t}dV = \iint_S \rho\mathbf{v} \cdot \mathbf{n}dS = \iiint_R \nabla \cdot (\rho v)dV.$$

Daqui segue-se que

$$\iiint\limits_R \Big(\frac{\partial \rho}{\partial t} + \nabla \cdot (\rho \mathbf{v})\Big) dV = 0.$$

Repare que essa equação foi obtida para uma região arbitrária R. No pressuposto de que o integrando que aí aparece seja uma função contínua, dividindo essa equação pelo volume de R e fazendo o diâmetro de R tender a zero obtemos (veja o Exercício 18 da p. 152)

$$\frac{\partial \rho}{\partial t} + \nabla \cdot (\rho \mathbf{v}) = 0, \tag{7.10}$$

que é o resultado desejado. Se representarmos, como de costume, a velocidade $\mathbf{v}$ na forma $\mathbf{v} = u\mathbf{i} + v\mathbf{j} + w\mathbf{k}$, podemos escrever a equação anterior na forma

$$\frac{\partial \rho}{\partial t} + \frac{\partial (\rho u)}{\partial x} + \frac{\partial (\rho v)}{\partial y} + \frac{\partial (\rho w)}{\partial z} = 0.$$

ou, ainda, na forma

$$\frac{d\rho}{dt} + \rho \nabla \cdot \mathbf{v} = 0,$$

onde

$$\frac{d}{dt} = \frac{\partial}{\partial t} + \mathbf{v} \cdot \operatorname{grad}$$

é o operador da derivação total introduzido no Exemplo 2 da p. 73.

A equação de conservação da massa, em qualquer das formas anteriores, é uma *equação diferencial parcial de primeira ordem*, já que esta é a ordem máxima das derivadas parciais que nela aparecem. Ela deve ser satisfeita pela densidade ρ e pela velocidade $\mathbf{v}$ de um fluido qualquer em que não haja fontes ou sumidouros de massa.

Exemplo 2. Raciocínio idêntico ao que empregamos no exemplo anterior pode ser usado para se obter a *equação de conservação da carga elétrica.* O produto $\mathbf{J} = \rho\mathbf{v}$, onde $\mathbf{v}$ é a velocidade das cargas, é chamado de vetor *densidade de corrente*, de sorte que com essa notação a equação da continuidade no caso de cargas elétricas em movimento assume a forma

$$\frac{\partial \rho}{\partial t} + \nabla \cdot \mathbf{J} = 0.$$

Repare que o fluxo de $\mathbf{J}$ através de uma superfície S representa a quantidade de carga que atravessa a superfície S por unidade de tempo. Esse fluxo é chamado de *intensidade de corrente elétrica*, que costuma ser denotada com a letra i.

Exemplo 3. Vamos utilizar a fórmula (7.8) para obter outra equação fundamental da Dinâmica dos Fluidos. Seja p a pressão do fluido, de sorte que $-p\mathbf{n}dS$ é a força de pressão exercida sobre o elemento de superfície dS, de fora para dentro. Então,

$$-\iint\limits_S p\mathbf{n}dS$$

é a força total de pressão sobre S exercida de fora para dentro. Na ausência de outras forças sobre o fluido em R (tais como força peso e viscosidade), a força de pressão é igual à soma dos elementos $\rho(d\mathbf{v}/dt)dV$. De fato, cada um desses elementos é o produto de massa ρdV de uma partícula pela sua aceleração $d\mathbf{v}/dt$. Portanto,

$$-\iint p\mathbf{n}dS = \iiint\limits_R \rho \frac{d\mathbf{v}}{dt} dV.$$

Daqui e de (7.8) segue-se que

$$\iiint_R \left(\rho\frac{d\mathbf{v}}{dt} + \nabla p\right)dV = 0,$$

donde concluímos, como no Exemplo 1, que

$$\rho\frac{d\mathbf{v}}{dt} + \nabla p = 0.$$

Observe, nessa equação, que d/dt é o operador de derivação total, de sorte que a equação equivale ao seguinte sistema:

$$\begin{aligned}
\rho\left(\frac{\partial u}{\partial t} + \mathbf{v}\cdot\nabla u\right) + \frac{\partial p}{\partial x} &= 0,\\
\rho\left(\frac{\partial v}{\partial t} + \mathbf{v}\cdot\nabla v\right) + \frac{\partial p}{\partial y} &= 0,\\
\rho\left(\frac{\partial w}{\partial t} + \mathbf{v}\cdot\nabla w\right) + \frac{\partial p}{\partial z} &= 0.
\end{aligned} \tag{7.11}$$

As Eqs. (7.10) e (7.11) constituem um sistema de quatro equações nas cinco grandezas ρ, p, u, v, w. Uma quinta equação é necessária para completar o sistema de equações da Dinâmica dos Fluidos. Não vamos entrar em maiores detalhes, limitando-nos a mencionar que tal equação é uma equação de estado da Termodinâmica, já que ela deve relacionar as grandezas termodinâmicas ρ e p (numa situação mais geral é necessário incluir uma terceira grandeza termodinâmica, que pode ser a temperatura ou a entropia, em cujo caso é necessário incluir mais uma equação). Para maiores esclarecimentos o leitor deve consultar livros sobre Dinâmica dos Fluidos, como A. Chorin e J. E. Mardsen, *A Mathematical Introduction to Fluid Mechanics*, publicação da editora Springer-Verlag.

Teorema de Gauss

Vamos considerar agora um dos resultados básicos da Eletrostática, chamado *Teorema de Gauss* ou *Lei de Gauss*. Sejam S uma superfície fechada e $\mathbf{n}$ sua normal externa, isto é, o vetor normal unitário apontando para o exterior de S. Vamos calcular o fluxo, através de S, do campo elétrico devido a uma carga pontual q localizada num ponto C interior a S. Seja $\mathbf{r} = \overrightarrow{CP}$ o vetor-posição de um ponto genérico P, com origem em C (Fig. 7.11). Sabemos, pela lei de Coulomb, que o campo $\mathbf{E}$ em P é dado por $\mathbf{E} = Kq\mathbf{r}/r^3$. Então, sendo α o ângulo entre $\mathbf{r}$ e $\mathbf{n}$, o fluxo de $\mathbf{E}$ através de S é dado por

$$\iint_S (\mathbf{E}\cdot\mathbf{n})dS = Kq\iint_S \frac{1}{r^2}\left(\frac{\mathbf{r}}{r}\cdot\mathbf{n}\right)dS = Kq\iint_S \frac{dS\cos\alpha}{r^2}.$$

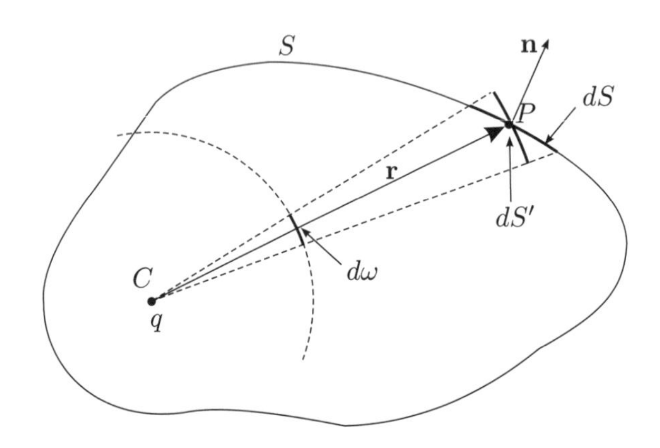

Figura 7.11

Mas $dS \cos\alpha/r^2 = dS'/r^2 = d\omega$ é o elemento de área sobre a esfera unitária centrada em C ou, o que é o mesmo, é o ângulo sólido subentendido por dS em C. Em conseqüência,

$$\iint_S (\mathbf{E} \cdot \mathbf{n}) dS = Kq \iint_S d\omega = 4\pi Kq.$$

No caso de várias cargas internas a S, o fluxo do campo total é a soma dos fluxos dos campos individuais de cada carga, isto é, $4\pi K \sum q = 4\pi KQ$, onde Q é a carga total interna a S. Esse fato é conhecido como a *lei de Gauss*.

Vamos agora imaginar uma distribuição contínua de cargas com densidade ρ. A carga total numa região R é dada por

$$\iiint_R \rho dV,$$

de sorte que se S é a fronteira de R,

$$\iint_S (\mathbf{E} \cdot \mathbf{n}) dS = 4\pi K \iiint_R \rho dV.$$

Daqui e do teorema da divergência, segue-se que

$$\iiint_R (\nabla \cdot \mathbf{E} - 4\pi K\rho) dV = 0$$

e pelo mesmo argumento do Exemplo 1, obtemos

$$\nabla \cdot \mathbf{E} = 4\pi K\rho. \tag{7.12}$$

Esta é a equação fundamental da Eletrostática, conhecida como *Lei de Gauss*. Como o campo elétrico $\mathbf{E}$ deriva de um potencial u mediante a relação $\mathbf{E} = -\operatorname{grad} u$, e como $\nabla \cdot \operatorname{grad} V = \Delta u$, a Eq. (7.13) se transforma na seguinte equação, chamada de *equação de Poisson:*

$$\Delta u = -4\pi K\rho. \tag{7.13}$$

Exercícios

Nos Exercícios 1 a 9, use o teorema da divergência para calcular o fluxo $\int_R \mathbf{F} \cdot \mathbf{n}\, dS$, onde a região R e o campo vetorial $\mathbf{F}$ são dados, e $\mathbf{n}$ é o vetor normal unitário externo a ∂R.

1. R é a esfera de centro na origem e raio unitário, e $\mathbf{F} = x\mathbf{i} + 2y\mathbf{j} + 3z\mathbf{k}$.

2. R é uma região simples e $\mathbf{F} = x^2y\mathbf{i} + xy^2\mathbf{j} - 4xyz\mathbf{k}$.

3. R é a região do primeiro octante determinada pelo plano $x + y + z = 1$ e $\mathbf{F} = x^2y\mathbf{i} - xy^2\mathbf{j} + 2xz\mathbf{k}$.

4. R é a esfera de centro na origem e raio R_0, e $\mathbf{F} = x^3\mathbf{i} + y^3\mathbf{j} + z^3\mathbf{k}$.

5. R é o cubo limitado pelos planos $x = 0,\ x = 1;\ y = 0,\ y = 1;\ z = 0,\ z = 1$; e $\mathbf{F} = x^2\mathbf{i} + y^2\mathbf{j} + z^2\mathbf{k}$.

6. R é o sólido do primeiro octante delimitado pelos planos coordenados e a esfera $x^2 + y^2 + z^2 = 1$, e $\mathbf{F} = 2xz\mathbf{i} - y^2z\mathbf{j} + yz^2\mathbf{k}$.

7. R é a esfera de centro na origem e raio R_0, e $\mathbf{F} = xy\mathbf{i} + yz\mathbf{j} + zx\mathbf{k}$. Observe que o resultado é zero, embora $\nabla \cdot \mathbf{F} \neq 0$.

8. ∂R é a superfície esférica $x^2 + y^2 + z^2 = 2R_0 x$ e $\mathbf{F} = x^2\mathbf{i} + y^2\mathbf{j} + z^2\mathbf{k}$.

9. R é o cubo de faces $x = 0$, $x = a$; $y = 0$, $y = a$; $z = 0$, $z = a$; e $\mathbf{F} = x^2y^2z^2(\mathbf{i} + \mathbf{j} + \mathbf{k})$.

10. Calcule o fluxo do campo $\mathbf{F} = y\mathbf{i} - x\mathbf{j} + x^2y^2z\mathbf{k}$ saindo do cilindro $x^2 + y^2 \leq 9, |z| \leq 1$, sem usar o teorema de divergência.

11. Mostre que o fluxo de campo $\mathbf{F} = x\mathbf{i} + y\mathbf{j} - (2z + x^2)\mathbf{k}$ através da superfície $z = 6 - 2x^2 - 3y^2$, $z \geq 0$, no sentido de $\mathbf{k}$, é igual ao fluxo do mesmo campo através da elipse $2x^2 + 3y^2 = 6$ no mesmo sentido de $\mathbf{k}$. Calcule esse fluxo.

12. Mostre que $\displaystyle\iint_{\partial R} n_x dS = \iint_{\partial R} n_y dS = \iint_{\partial R} n_z dS = 0$, onde $\mathbf{n} = n_x\mathbf{i} + n_y\mathbf{j} + n_z\mathbf{k}$ é o vetor unitário normal a ∂R.

13. Sejam R uma região no espaço, O um ponto de R, P o ponto genérico em ∂R, $\mathbf{r} = \overrightarrow{OP}$ e $\mathbf{n}$ o vetor unitário normal externo a ∂R no ponto P. Mostre que o volume de R é dado por $\displaystyle V(\mathbf{r}) = \frac{1}{3}\int_{\partial R} \mathbf{r}\cdot\mathbf{n}dS$.

14. Mostre que $\nabla\cdot(u\mathbf{F}) = (\operatorname{grad} u)\cdot\mathbf{F} + u\nabla\cdot\mathbf{F}$, onde u e $\mathbf{F}$ são funções escalar e vetorial, respectivamente.

15. Mostre que $\nabla\cdot\operatorname{grad} u = \nabla^2 u = \Delta u$, onde u é uma função escalar.

16. Estabeleça as seguintes identidades (conhecidas como primeira e segunda identidades de Green, respectivamente):

$$\iiint_R (v\Delta u + \nabla v\cdot\nabla u)dV = \iint_{\partial R} v(\nabla u\cdot\mathbf{n})dS, \quad \text{e} \quad \iiint_R (v\Delta u - u\Delta v)dV = \iint_{\partial R}\left(v\frac{\partial u}{\partial n} - u\frac{\partial v}{\partial n}\right)dS,$$

onde $\mathbf{n}$ é o vetor unitário normal externo a ∂R, e $\partial/\partial n$ é o operador de derivação na direção de $\mathbf{n}$.

17. Mostre que se $\Delta u = 0$ em R, então $\displaystyle\iint_R \frac{\partial u}{\partial n}dS = 0$.

18. Mostre que se $\Delta u = 0$ em R, então $\displaystyle\iiint_R |\nabla u|^2 dV = \iint_{\partial R} u\frac{\partial u}{\partial n}dS$.

19. Use a primeira identidade de Green para mostrar que o volume de um cone ou pirâmide é $Ah/3$, onde A é a área da base e h é a altura.

20. Com a notação usual, sendo R uma região do espaço, mostre que $\displaystyle\iint_{\partial R} r\mathbf{r}\cdot\mathbf{n}\,dS = 4\iiint_{\partial R} r dV$.

21. Calcule as duas integrais do exercício anterior, separadamente, no caso em que R é a esfera $|\mathbf{r}| = a$, e verifique que elas são, de fato, iguais.

22. Com a notação usual, mostre que $\nabla\cdot(\mathbf{r}/r^3) = 0$.

23. Sejam $\mathbf{r} = (x, y, z)$ e $\mathbf{r}_i = (x_i, y_i, z_i)n$ vetores fixos, $i = 1, \ldots, n$. Mostre que $\displaystyle\nabla\cdot\sum_{i=1}^{n}\frac{\mathbf{r} - \mathbf{r}_i}{|\mathbf{r} - \mathbf{r}_i|^3} = 0$.

24. Mostre que o fluxo do vetor $\mathbf{F} = \mathbf{r}/r^3$ através de qualquer superfície fechada que não contenha a origem é zero.

25. Com a notação usual, mostre que o fluxo do vetor $\mathbf{r}/r^3$ saindo de uma esfera de raio R é 4π; portanto, independe do raio R.

26. Mostre que o resultado do exercício anterior é verdadeiro para uma superfície fechada qualquer, não necessariamente esférica, desde que contenha a origem em seu interior.

Respostas, sugestões e soluções

1. 8π **2.** Zero **3.** $1/24$. **4.** $3R_0^5/5$ **5.** 3.

6. $\pi/8$. **8.** $8\pi R^4/3$. **9.** $a^3/8$. **10.** $3^5\pi/4$. **11.** $3\pi\sqrt{6/4}$.

12. $\iint_{\partial R} n_x dS = \iint_{\partial R} \mathbf{i}\cdot\mathbf{n}\, dS = \iint_R (\operatorname{div}\mathbf{i}) dV = 0$. O procedimento é análogo nos outros dois casos.

16. Proceda como no caso do plano (p. 189 e Exercício 10 da p. 191).

17. Utilize a primeira identidade de Green com $v = 1$.

18. Utilize a primeira identidade de Green com $u = v$.

19. Seja R o interior do cone ou pirâmide de base B e superfície lateral L. Tome o sistema $Oxyz$, de forma que O seja o vértice do cone ou pirâmide e a base seja paralela ao plano Oxy. Então, com a notação usual, fazendo $u = v = r$ e sendo α o ângulo entre $\mathbf{r}$ e a normal $\mathbf{n}$, teremos

$$V(R) = \frac{1}{3}\iint_B r\cos\alpha\, dS + \frac{1}{3}\iint_L r\cos\frac{\pi}{2}\, dS = \frac{1}{3}\iint_B r\cos\alpha\, dS = \frac{h}{3}\iint_B dS = Ah/3.$$

7.3 Teorema de Stokes

Outro teorema de importância fundamental, ao lado do Teorema da Divergência, é o Teorema de Stokes, que permite transformar certas integrais de superfície em integrais de linha sobre os bordos das superfícies. A própria fórmula de Green no plano,

$$\iint_R \left(\frac{\partial M}{\partial x} - \frac{\partial L}{\partial y}\right) dxdy = \oint_{\partial R} Ldx + Mdy,$$

convenientemente interpretada, é um caso particular da fórmula de Stokes que desejamos estabelecer. Para isso introduzimos o vetor $\mathbf{F} = L\mathbf{i} + M\mathbf{j}$ e o chamado *rotacional de* $\mathbf{F}$, que é o vetor assim definido:

$$\operatorname{rot}\mathbf{F} = \left(\frac{\partial M}{\partial x} - \frac{\partial L}{\partial y}\right)\mathbf{k}.$$

Observamos também que $Ldx + Mdy = \mathbf{F}\cdot d\mathbf{P} = \mathbf{F}\cdot\mathbf{t}ds$, onde $d\mathbf{P} = dx\mathbf{i} + dy\mathbf{j} = \mathbf{t}ds$, $\mathbf{t}$ é o vetor unitário tangente a ∂R e ds é o elemento de arco sobre ∂R. Então a fórmula de Green fica sendo

$$\iint_R (\operatorname{rot}\mathbf{F})\cdot\mathbf{k}\, dxdy = \oint_{\partial R} \mathbf{F}\cdot\mathbf{t}ds,$$

que é anunciada forma particular do teorema de Stokes.

Nosso objetivo é estender esse resultado, substituindo a região plana R por uma superfície S qualquer no espaço. A fronteira ∂R será substituída pelo bordo C de S e o vetor unitário $\mathbf{k}$ pelo vetor unitário normal $\mathbf{n}$ à superfície S. Nessa extensão, o vetor $\mathbf{F}$ será um vetor de três componentes, e o rotacional de $\mathbf{F}$ será definido logo adiante. Vamos, pois, considerar uma superfície S, dada na forma $z = z(x, y)$. Seja D sua projeção no plano Oxy, de sorte que, quando $Q = (x, y)$ percorre D, o ponto $P = (x, y, z(x, y))$ percorre S; quando Q percorre a fronteira B de D, P percorre o bordo C da superfície S (Fig. 7.12). Seja $\mathbf{t}$ o vetor unitário tangente a C, cujo sentido indica o sentido do percurso sobre C, que corresponde ao sentido positivo de percurso sobre B. Mais precisamente, quando P percorre C no sentido indicado por $\mathbf{t}$, a projeção Q de P

percorre B no sentido positivo. Seja $\mathbf{F} = L\mathbf{i} + M\mathbf{j} + N\mathbf{k}$ e ds o elemento de arco do bordo C. Consideremos a integral de linha

$$\oint_C L dx + M dy + N dz = \oint_C (\mathbf{F} \cdot \mathbf{t}) ds, \tag{7.14}$$

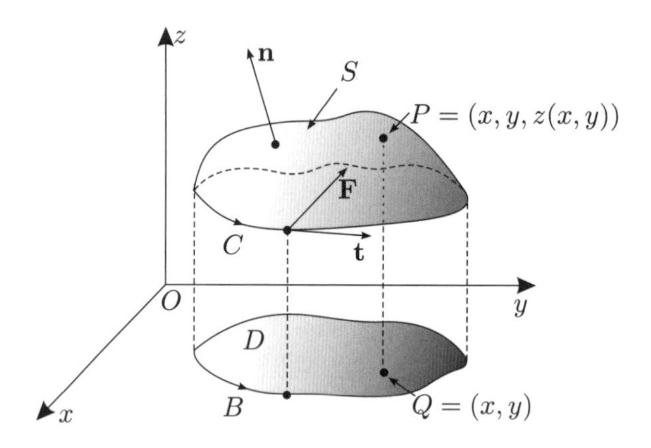

Figura 7.12

Queremos transformar essa integral numa integral sobre a superfície S. Para isso começamos observando que a integral em (7.14) pode ser interpretada como uma integral de linha sobre B. Por exemplo, no primeiro termo dessa integral, $L = L(x,\, y,\, z(x,\, y))$ e $Q(x,\, y)$ desloca-se sobre B. Então, pelo Teorema de Green, uma tal integral pode ser transformada numa integral sobre D. Com efeito, de acordo com a fórmula (6.9) (p. 181),

$$\oint_C L dx = -\iint_D \frac{\partial}{\partial y} L(x, y, z(x, y)) dx dy = -\iint_D \left(\frac{\partial L}{\partial y} + \frac{\partial L}{\partial z} z_y \right) dx dy. \tag{7.15}$$

De maneira inteiramente análoga,

$$\oint_C M dy = \iint_D \frac{\partial}{\partial x} M(x, y, z(x, y)) dx dy = \iint_D \left(\frac{\partial M}{\partial x} + \frac{\partial M}{\partial z} z_x \right) dx dy. \tag{7.16}$$

Quanto ao terceiro termo em (7.14), como $z = z(x,\, y)$,

$$dz = \frac{\partial z}{\partial x} dx + \frac{\partial z}{\partial y} dy;$$

logo, ainda pelo Teorema de Green,

$$\oint_C N dz = \iint_B N \frac{\partial z}{\partial x} + N \frac{\partial z}{\partial y} dy = \iint_D \left[\frac{\partial}{\partial x} \left(N \frac{\partial z}{\partial y} \right) - \frac{\partial}{\partial y} \left(N \frac{\partial z}{\partial x} \right) \right] dx dy.$$

Lembrando que $z_{yx} = z_{xy}$, esta última equação se escreve na forma

$$\oint_C N dz = \iint_D \left(\frac{\partial N}{\partial x} z_y - \frac{\partial N}{\partial y} z_x \right) dx dy. \tag{7.17}$$

Substituindo as Eqs. (7.15) a (7.17) em (7.14) obtemos

$$\oint_C (\mathbf{F} \cdot \mathbf{t}) ds = \iint_D \left[\left(\frac{\partial N}{\partial y} - \frac{\partial M}{\partial z} \right)(-z_x) + \left(\frac{\partial L}{\partial y} - \frac{\partial N}{\partial x} \right)(-z_y) + \left(\frac{\partial M}{\partial x} - \frac{\partial L}{\partial y} \right) \right] dx dy. \tag{7.18}$$

Observe agora que

$$dxdy = \frac{dS}{\sqrt{1 + z_x^2 + z^2 + z_y}},$$

onde dS é o elemento de área sobre S; e que

$$\mathbf{n} = \frac{-z_x\mathbf{i} - z_y\mathbf{j} + \mathbf{k}}{\sqrt{1 + z_x^2 + z_y^2}},$$

é o vetor unitário normal a S, apontando para cima. Portanto, introduzindo o vetor

$$\boxed{\operatorname{rot}\mathbf{F} = \left(\frac{\partial N}{\partial y} - \frac{\partial M}{\partial z}\right)\mathbf{i} + \left(\frac{\partial L}{\partial z} - \frac{\partial N}{\partial x}\right)\mathbf{j} + \left(\frac{\partial M}{\partial x} - \frac{\partial L}{\partial y}\right)\mathbf{k},} \tag{7.19}$$

a relação (7.18) assume a forma

$$\boxed{\oint_C \mathbf{F}\cdot d\mathbf{P} = \iint_S (\operatorname{rot}\mathbf{F}\cdot\mathbf{n})dS,} \tag{7.20}$$

onde $d\mathbf{P} = \mathbf{t}ds$.

A relação (7.20) é conhecida como *Fórmula de Stokes*, ou *Teorema de Stokes*. Observe que ela foi obtida no pressuposto de que S fosse projetável sobre o plano Oxy. Mas isso não é necessário; basta que S possa se decompor em um número finito de superfícies que se projetam num dos planos Oxy, Oyz e Ozx. É claro que a idéia da demonstração anterior se aplica em cada um desses casos. Uma vez obtida a fórmula (7.20) para cada parte de S, basta somar as fórmulas referentes a cada uma dessas partes, notando que as integrais de linha sobre trechos opostos de partes contíguas (Fig. 7.13) se cancelam mutuamente, de forma que a integral de linha resultante é a integral sobre C.

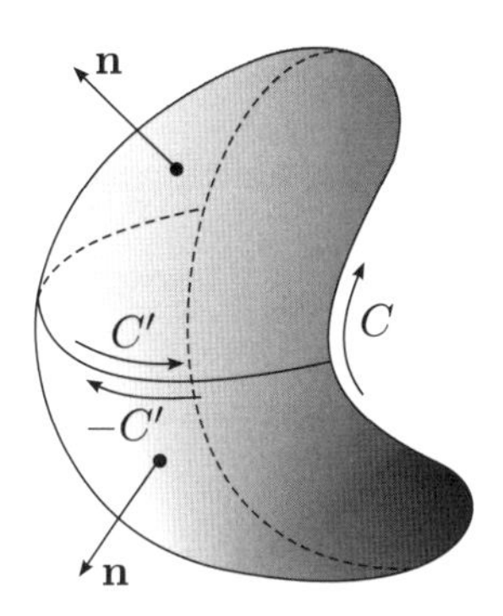

Figura 7.13

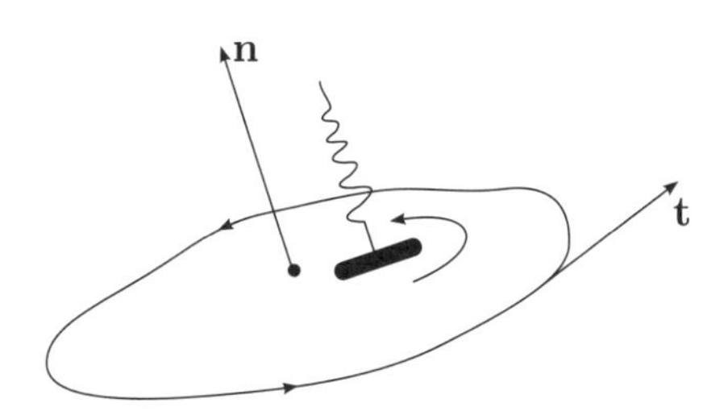

Figura 7.14

Para a dedução da fórmula de Stokes devemos supor que as funções L, M e N tenham derivadas primeiras contínuas sobre S. Outra observação importante refere-se aos sentidos dos vetores $\mathbf{n}$ e $\mathbf{t}$, os quais estão acoplados pela chamada *regra do saca-rolhas*: para que um saca-rolhas avance no sentido de $\mathbf{n}$, seu cabo deve ser girado no sentido do vetor $\mathbf{t}$ (Fig. 7.14).

O vetor definido em (7.19) é chamado de *rotacional* de $\mathbf{F} = L\mathbf{i} + M\mathbf{j} + N\mathbf{k}$. Além de ser denotado por "rot $\mathbf{F}$" (em inglês por "curl$\mathbf{F}$"), ele possui também a notação $\nabla\times\mathbf{F}$. A razão disso é que ele pode realmente ser encarado, simbolicamente, como o produto vetorial de $\frac{\partial}{\partial x}\mathbf{i} + \frac{\partial}{\partial y}\mathbf{j} + \frac{\partial}{\partial z}\mathbf{k}$ com $\mathbf{F}$:

$$\operatorname{rot}\mathbf{F} = \begin{vmatrix} \mathbf{i} & \mathbf{j} & \mathbf{k} \\ \frac{\partial}{\partial x} & \frac{\partial}{\partial y} & \frac{\partial}{\partial z} \\ L & M & N \end{vmatrix} = \left(\frac{\partial N}{\partial y} - \frac{\partial M}{\partial z}\right)\mathbf{i} + \left(\frac{\partial L}{\partial z} - \frac{\partial N}{\partial x}\right)\mathbf{j} + \left(\frac{\partial M}{\partial x} - \frac{\partial L}{\partial y}\right)\mathbf{k}.$$

Campos conservativos e funções potenciais

É fácil verificar que o rotacional do gradiente de uma função escalar $u = u(P)$ é zero:

$$\operatorname{rot}\operatorname{grad} U = \nabla \times \nabla U = 0.$$

De fato,

$$\nabla \times \nabla U = \begin{vmatrix} \mathbf{i} & \mathbf{j} & \mathbf{k} \\ \frac{\partial}{\partial x} & \frac{\partial}{\partial y} & \frac{\partial}{\partial z} \\ U_x & U_y & U_z \end{vmatrix} = (U_{zy} - U_{yz})\,\mathbf{i} + (U_{xz} - U_{zx})\,\mathbf{j} + (U_{yx} - U_{xy})\,\mathbf{k} = 0.$$

Isso significa que se um campo vetorial $\mathbf{F} = \mathbf{F}(P)$ deriva de um potencial $U = U(P)$, então seu rotacional é zero, ou seja,

$$\mathbf{F} = \Delta U \Rightarrow \nabla \times \mathbf{F} = 0.$$

A recíproca dessa proposição também é verdadeira, desde que a região R onde o campo $\mathbf{F}$ está definido seja *simplesmente conexa*. Essa noção de conectividade simples é a mesma do plano (p. 169): *diz-se que uma região R é simplesmente conexa se qualquer curva fechada simples em R pode ser deformada com continuidade até reduzir-se a um ponto, sem sair de R.* Podemos agora enunciar o seguinte

Teorema. *Seja $\mathbf{F} = \mathbf{F}(P)$ uma função (ou campo) vetorial, com derivadas primeiras contínuas numa região simplesmente conexa R. Então, $\mathbf{F}$ deriva de um potencial $U = U(P)$ em R se e somente se $\nabla \times \mathbf{F} = 0$; isto é,*

$$\boxed{\mathbf{F} = \nabla U \Leftrightarrow \nabla \times \mathbf{F} = 0.} \tag{7.21}$$

O leitor deve notar que esse teorema é o análogo, no espaço, do teorema da p. 198. Pondo

$$\mathbf{F} = L\mathbf{i} + M\mathbf{j} + N\mathbf{k},$$

a condição $\nabla \times \mathbf{F} = 0$ equivale a

$$\frac{\partial N}{\partial y} = \frac{\partial M}{\partial z}, \quad \frac{\partial L}{\partial z} = \frac{\partial N}{\partial x}, \quad \frac{\partial M}{\partial x} - \frac{\partial L}{\partial y},$$

que se reduz à condição (6.24) no caso plano (p. 198), quando L e M são funções de x e y e $N \equiv 0$.

Quanto à demonstração do teorema, notamos que a implicação $\Rightarrow$ foi provada logo atrás, no início desta subseção. É de se notar também que essa implicação é verdadeira mesmo que a região R não seja simplesmente conexa.

Já a demonstração rigorosa da implicação $\Leftarrow$ é mais trabalhosa, e não será feita aqui. Ela depende da hipótese de conectividade simples da região R. (O leitor interessado deve consultar livros especializados de Análise, como o de E. L. Lima, *Curso de Análise*, Volume 2, Projeto Euclides, IMPA.) Apenas observamos que a fórmula de Stokes é muito sugestiva e nos faz lembrar facilmente a equivalência (7.21).

Exemplo 1. Como já vimos anteriormente (Exemplo 5 da p. 197), o campo gravitacional

$$\mathbf{F} = -G\frac{Mm}{r^2} \cdot \frac{\mathbf{r}}{r} = -\frac{GMmr}{r^3}$$

é conservativo; logo, seu rotacional é zero. Para verificar isso diretamente, basta considerar o campo

$$\frac{\mathbf{r}}{r^3} = \frac{x}{r^3}\mathbf{i} + \frac{y}{r^3}\mathbf{j} + \frac{z}{r^3}\mathbf{k}$$

e mostrar que seu rotacional é zero. Temos:

$$\frac{\partial}{\partial y}\frac{z}{r^3} = \frac{-3z}{r^4}\frac{\partial r}{\partial y} = \frac{-3z}{r^4}\frac{y}{r} = \frac{-3zy}{r^5};$$

e, analogamente,

$$\frac{\partial}{\partial z}\frac{y}{r^3} = \frac{-3yz}{r^5},$$

de forma que a diferença dessas duas derivadas é zero. De modo inteiramente análogo se provam que as demais componentes do rotacional do campo $\mathbf{F}$ são nulas.

Exemplo 2. O trabalho da força

$$\mathbf{F} = x\mathbf{i} + y\mathbf{j} + z\mathbf{k}$$

ao longo de qualquer caminho fechado é zero. Para constatar esse fato, observamos que $\nabla \times \mathbf{F} = 0$, como é fácil verificar. Então, pela fórmula de Stokes, teremos também:

$$\int_C \mathbf{F}(\mathbf{P}) \cdot d\mathbf{P} = \iint_S \nabla \times \mathbf{F} \cdot \mathbf{n} dS = 0,$$

provando o resultado desejado.

Uma conseqüência interessante da fórmula de Stokes é que o fluxo do rotacional de um campo $\mathbf{F}$ através de uma superfície S permanece inalterado se deformarmos S, desde que seu bordo C permaneça o mesmo e a deformação de S e da normal $\mathbf{n}$ ocorra com continuidade. Isso segue de um simples exame da fórmula (7.20). O exemplo seguinte é uma aplicação desse fato.

Exemplo 3. Seja calcular o fluxo do rotacional do vetor $\mathbf{F} = z\mathbf{i} + x\mathbf{j} + y\mathbf{k}$ através da parte da superfície $S : z = 6 - 2x^2 - 3y^2$ que jaz no semi-espaço $z \geq 0$ (parabolóide elíptico), na direção do vetor $\mathbf{k}$.

Ora, um cálculo simples mostra que

$$\nabla \times \mathbf{F} = \mathbf{i} + \mathbf{j} + \mathbf{k}.$$

Para calcular o fluxo diretamente, teríamos de calcular a normal $\mathbf{n}$ à superfície S e efetuar a integral $\nabla \times \mathbf{F} \cdot \mathbf{n}$ sobre S. Outra maneira, usando a fórmula de Stokes (7.20), consiste em calcular a integral de linha indicada no primeiro membro dessa fórmula, onde C é a elipse $2x^2 + 3y^2 = 6$. Mas, em vista da observação que fizemos há pouco, a maneira mais fácil de calcular o referido fluxo consiste em calcular o fluxo de $\nabla \times \mathbf{F}$ através da elipse $E : 2x^2 + 3y^2 \leq 6$ no plano Oxy, na direção do vetor $\mathbf{k}$. Esse fluxo é simplesmente

$$\iint_E \nabla \times \mathbf{F} \cdot \mathbf{k} dx dy = \iint_E dx dy.$$

Ora, isso nada mais é do que a área da elipse, já calculada anteriormente no Exemplo 3 da p. 184. No presente caso, o resultado é $\pi\sqrt{6}$.

Significado físico do rotacional

A integral de linha que aparece na fórmula (7.20) do Teorema de Stokes é chamada *circulação* do vetor $\mathbf{F}$ sobre a curva fechada C. No caso em que $\mathbf{F} = \mathbf{v}$ é o vetor velocidade de um fluido em movimento, $\mathbf{v} \cdot \mathbf{t} = v_t$ é o valor escalar da componente tangencial da velocidade, e a circulação torna-se uma medida do grau do movimento de rotação existente no fluido ao longo de C. De fato, se a velocidade v_t for sempre positiva isso significará que o ângulo entre $\mathbf{v}$ e $\mathbf{t}$ será sempre agudo; a circulação será positiva e o movimento do fluido apresentará uma certa componente de movimento rotatório (Fig. 7.15).

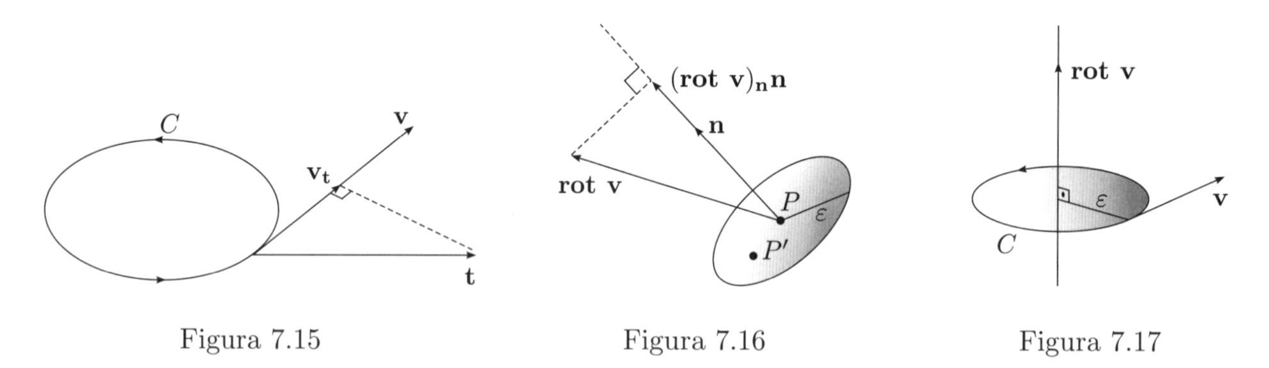

Figura 7.15 Figura 7.16 Figura 7.17

Vamos aplicar a fórmula (7.20) no caso em que S é um disco de raio ε, centrado num ponto P (Fig. 7.16). Então, pelo Teorema da Média,

$$\iint_S (\operatorname{rot} \mathbf{v} \cdot \mathbf{n}) dS = \pi\varepsilon^2 [\operatorname{rot} \mathbf{v}(P')]_n,$$

onde P' é um ponto do disco S e $[\operatorname{rot} \mathbf{v}(P')]_n$ é a projeção de $\operatorname{rot} \mathbf{v}$ sobre $\mathbf{n}$. Como $P' \to P$ com $\varepsilon \to 0$, substituindo esta última expressão em (7.20), dividindo o resultado por $\pi\varepsilon^2$ e fazendo $\varepsilon \to 0$, obtemos

$$[\operatorname{rot} \mathbf{v}(P)]_n = \lim_{\varepsilon \to 0} \frac{1}{\pi\varepsilon^2} \oint_C (\mathbf{v} \cdot \mathbf{t}) ds. \tag{7.22}$$

Esta fórmula é uma expressão do rotacional em termos da circulação. Mais precisamente, ela exprime a componente do rotacional, normal ao disco S, em termos da circulação sobre C. Mudando a direção $\mathbf{n}$ podemos obter a componente do $\operatorname{rot} \mathbf{v}$ em qualquer direção $\mathbf{n}$. Em particular, essa componente terá valor máximo quando os vetores $\mathbf{n}$ e $\operatorname{rot} \mathbf{v}$ tiverem mesma direção e sentido.

Vamos imaginar que nas proximidades do ponto P o movimento do fluido seja uma rotação pura em torno de um eixo L, com velocidade angular ω. Evidentemente, nesse caso a circulação sobre o bordo C terá valor máximo quando S for perpendicular a L e o sentido do percurso sobre C coincidir com o sentido do movimento (Fig. 7.17). Isso significa que $\operatorname{rot} \mathbf{v}(P)$ é um vetor na direção de L, cujo sentido é dado pela regra do saca-rolhas: este avança no sentido de $\operatorname{rot} \mathbf{v}$ quando seu cabo é girado no sentido de $\mathbf{v}$. Repare que $\mathbf{v} \cdot \mathbf{t} = v_t = \varepsilon\omega$, onde ω é a velocidade angular, de sorte que a Eq. (7.22) nos dá

$$|\operatorname{rot} \mathbf{v}(P)| = \lim_{\varepsilon \to 0} \frac{1}{\pi\varepsilon^2} (\varepsilon\omega)(2\pi\varepsilon) = 2\omega.$$

Em resumo, *numa rotação pura o vetor* $\operatorname{rot} \mathbf{v}$ *tem direção coincidente com o eixo de rotação e módulo igual a* 2ω.

Exercícios

Nos Exercícios 1 a 8 calcule $\nabla \times \mathbf{F}$ em cada caso.

1. $\mathbf{F} = x\mathbf{i} + y\mathbf{j}$.

2. $\mathbf{F} = y\mathbf{i} - x\mathbf{j} + xy\mathbf{k}$.

3. $\mathbf{F} = \dfrac{x\mathbf{i} - y\mathbf{j}}{x^2 + y^2}$.

4. $\mathbf{F} = yz\mathbf{i} + xz\mathbf{j} + xy\mathbf{k}$.

5. $\mathbf{F} = \dfrac{x\mathbf{i} + y\mathbf{j} + z\mathbf{k}}{x^2 + y^2 + z^2}$.

6. $\mathbf{F} = xyz(\mathbf{i} + \mathbf{j} + \mathbf{k})$.

7. $\mathbf{F} = x^2y\mathbf{i} + y^2z\mathbf{j} + z^2x\mathbf{k}$.

8. $\mathbf{F} = (z^2 - y^2)\mathbf{i} + (x^2 - z^2)\mathbf{j} + (y^2 - x^2)\mathbf{k}$.

9. Dado o campo vetorial $\mathbf{F} = z\mathbf{i} + x\mathbf{j} + y\mathbf{k}$, calcule a integral de linha indicada no primeiro membro de (7.20) ao longo da elipse $2x^2 + 3y^2 + 6 = 0$.

10. Dado o campo vetorial $\mathbf{F} = z\mathbf{i}+x\mathbf{j}+y\mathbf{k}$, calcule o fluxo de $\nabla\times\mathbf{F}$ através do parabolóide elíptico $z = 6-2x^2-3y^2 \geq 0$ no sentido do eixo Oz.

11. Obtenha o teorema de Green no plano (fórmula (6.11)) como caso particular do teorema de Stokes (fórmula (7.21)).

12. Dado o campo $\mathbf{F} = (y^2 + z^2)\mathbf{i} + (z^2 - x^3)\mathbf{j} + (x^2 + y^2)\mathbf{k}$, calcule o fluxo de $\nabla \times \mathbf{F}$ através do parabolóide de revolução $z = 3x^2 + 4y^2 - 12, z \leq 0$, na direção do vetor $-\mathbf{k}$.

Estabeleça as fórmulas dadas nos Exercícios 13 a 17.

13. $\nabla \times (\mathbf{F} + \mathbf{G}) = \nabla \times \mathbf{F} + \nabla \times \mathbf{G}$.

14. $\nabla \cdot \nabla \times \mathbf{F} = 0$.

15. $\nabla \times \nabla \times \mathbf{F} = \nabla\nabla \cdot \mathbf{F} - \Delta\mathbf{F}$. Aqui, sendo $\mathbf{F} = F_1\mathbf{i} + F_2\mathbf{j} + F_3\mathbf{k}$, $\Delta\mathbf{F}$ significa $(\Delta F_1)\mathbf{i} + (\Delta F_2)\mathbf{j} + (\Delta F_3)\mathbf{k}$.

16. $\nabla \times (u\mathbf{F}) = u(\nabla \times \mathbf{F}) + (\nabla u) \times \mathbf{F}$.

17. $\nabla \cdot (\mathbf{F} \times \mathbf{G}) = \mathbf{G} \cdot \nabla \times \mathbf{F} - \mathbf{F} \cdot \nabla \times \mathbf{G}$.

Respostas

1. Zero. **2.** $x\mathbf{i} - y\mathbf{j} - 2\mathbf{k}$. **3.** $\dfrac{4xy}{(x^2 + y^2)^2}\mathbf{k}$. **4.** Zero. **5.** Zero.

6. $(xz - xy)\mathbf{i} + (xy - yz)\mathbf{j} + (yz - xz)\mathbf{k}$. **7.** $-y^2\mathbf{i} - z^2\mathbf{j} - x^2\mathbf{k}$. **8.** $2[(y + z)\mathbf{i} + (z + x)\mathbf{j} + (x + y)\mathbf{k}]$.

9. $\pi\sqrt{6}$. **10.** $\pi\sqrt{6}$. **12.** $6\pi\sqrt{3}$.

7.4 Coordenadas curvilíneas ortogonais

Vamos considerar agora uma importante aplicação dos teoremas de Gauss e de Stokes na obtenção de expressões dos operadores divergente, gradiente, Laplaciano e rotacional em coordenadas ortogonais quaisquer.

Divergente em coordenadas ortogonais

Trataremos primeiro do divergente. Sejam v_1, v_2, v_3 as coordenadas de um ponto genérico P. Quando variamos v_1, mantendo v_2 e v_3 fixos, o ponto $P = (v_1, v_2, v_3)$ se desloca ao longo de uma curva. Seja ds_1 o elemento de arco dessa curva, correspondendo ao deslocamento de $P = (v_1, v_2, v_3)$ a $P_1 = (v_1 + dv_1, v_2, v_3)$, conforme ilustra a Fig. 7.18. Do mesmo modo, sejam ds_2 e ds_3 os elementos de arco correspondentes aos deslocamentos de P a $P_2 = (v_1, v_2+dv_2, v_3)$ de de P a $P_3 = (v_2, v_2, v_3+dv_3)$, respectivamente. Por exemplo, se estivéssemos lidando com coordenadas esféricas $v_1 = r$, $v_2 = \theta$, $v_3 = \phi$, teríamos (veja a Fig. 5.31 da p. 155)

$$ds_1 = dr, \quad ds_2 = rd\theta \quad \text{e} \quad ds_3 = r \operatorname{sen}\theta \, d\phi.$$

No caso geral,

$$ds_1 = h_1dv_1, \quad ds_2 = h_2dv_2 \quad \text{e} \quad ds_3 = h_3dv_3,$$

onde h_1, h_2 e h_3, funções de v_1, v_2 e v_3, são os chamados de *coeficientes métricos* das coordenadas curvilíneas v_1, v_2, v_3, respectivamente.

Feitas essas considerações preliminares, vamos aplicar a fórmula (7.9) da p. 211 à região R, ilustrada na Fig. 7.18. Isso nos dá

$$\nabla \cdot \mathbf{F}(P) = \lim \frac{1}{ds_1 ds_2 ds_3} \iint_{\partial R} \mathbf{F} \cdot \mathbf{n} dS \tag{7.23}$$

Para efetuar a integral de superfície que aí aparece consideramos as faces de R distribuídas em três pares de faces opostas. Primeiro as faces PP_2VP_3 e P_1UQT. Repare que a normal externa de uma dessas faces é oposta à normal externa da outra. Seja F_1 a componente do vetor $\mathbf{F}$ na direção v_1, no ponto P, e F_1' a mesma componente no ponto P_1. Então a integral de $\mathbf{F} \cdot \mathbf{n}$ nas faces mencionadas é, aproximadamente,

$$F_1' ds_2' ds_3' - F_1 ds_2 ds_3 = (F_1' h_2' h_3' - F_1 h_2 h_3) dv_2 dv_3,$$

onde o apóstrofo está sendo usado com o mesmo significado que em F_1'. Dividindo essa expressão por $ds_1 ds_2 ds_3$ e fazendo $dv_i \to 0$, $i = 1, 2, 3$, obtemos a seguinte contribuição ao segundo membro de (7.23):

$$\frac{1}{h_1 h_2 h_3} \cdot \frac{\partial}{\partial v_1}(h_2 h_3 F_1).$$

De modo inteiramente análogo, os outros dois pares de faces da superfície S contribuem para o segundo membro de (7.23) com os termos

$$\frac{1}{h_1 h_2 h_3} \cdot \frac{\partial}{\partial v_2}(h_3 h_1 F_2) \quad \text{e} \quad \frac{1}{h_1 h_2 h_3} \cdot \frac{\partial}{\partial v_3}(h_1 h_2 F_3).$$

Em conseqüência,

$$\nabla \cdot \mathbf{F} = \frac{1}{h_1 h_2 h_3} \left[\frac{\partial (h_2 h_3 F_1)}{\partial v_1} + \frac{\partial (h_3 h_1 F_2)}{\partial v_2} + \frac{\partial (h_1 h_2 F_3)}{\partial v_3} \right], \tag{7.24}$$

que é a expressão do divergente em coordenadas curvilíneas ortogonais.

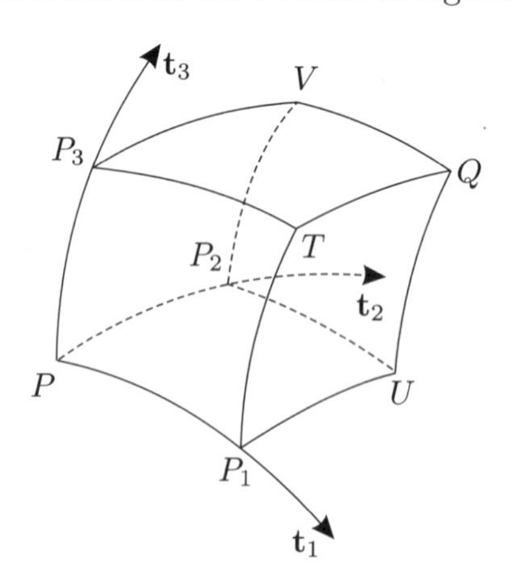

Figura 7.18

Gradiente em coordenadas ortogonais

Para tratar do gradiente, começamos observando que sua expressão é invariante com as coordenadas utilizadas, desde que se trate de coordenadas ortogonais, ao longo das quais se use a mesma métrica. Assim, sendo $\mathbf{e}_1$, $\mathbf{e}_2$, $\mathbf{e}_3$ os vetores unitários em três direções mutuamente ortogonais, teremos

$$\nabla u = \frac{\partial u}{\partial s_1}\mathbf{e}_1 + \frac{\partial u}{\partial s_2}\mathbf{e}_2 + \frac{\partial u}{\partial s_3}\mathbf{e}_3.$$

Mas $\partial s_i = h_i \partial v_i$, $i = 1, 2, 3$; portanto,

$$\nabla u = \frac{\mathbf{e}_1}{h_1} \cdot \frac{\partial u}{\partial v_1} + \frac{\mathbf{e}_2}{h_2} \cdot \frac{\partial u}{\partial v_2} + \frac{\mathbf{e}_3}{h_3} \cdot \frac{\partial u}{\partial v_3}, \tag{7.25}$$

que é o gradiente em coordenadas curvilíneas ortogonais.

Laplaciano em coordenadas ortogonais quaisquer e em coordenadas esféricas

O Laplaciano em coordenadas curvilíneas ortogonais segue de (7.24) e (7.25), com $\mathbf{F} = \nabla u$:

$$\Delta u = \nabla \cdot \nabla u = \frac{1}{h_1 h_2 h_3}\left[\frac{\partial}{\partial v_2}\left(\frac{h_2 h_3}{h_1}\frac{\partial u}{\partial v_1}\right) + \frac{\partial}{\partial v_2}\left(\frac{h_1 h_3}{h_2}\right) + \frac{\partial}{\partial v_3}\left(\frac{h_1 h_2}{h_3}\right) + \frac{\partial u}{\partial v_3}\right].$$

No caso das coordenadas esféricas $v_1 = r_2$, $v_2 = \theta$ e $v_3 = \phi$, temos que $h_1 = 1$, $h_2 = r$ e $h_3 = r \operatorname{sen}\theta$, de sorte que a expressão anterior assume a forma

$$\Delta u = \frac{1}{r^2 \operatorname{sen}\theta}\left[\frac{\partial}{\partial r}\left(r^2 \operatorname{sen}\theta \frac{\partial u}{\partial r}\right) + \frac{\partial}{\partial \theta}\left(\operatorname{sen}\theta \frac{\partial u}{\partial \theta}\right) + \frac{\partial}{\partial \phi}\left(\frac{1}{\operatorname{sen}\theta}\frac{\partial u}{\partial \phi}\right)\right],$$

a qual pode ainda ser escrita das duas outras maneiras seguintes:

$$\Delta u = \frac{1}{r^2}\left(r^2 \frac{\partial u}{\partial r}\right) + \frac{1}{r^2 \operatorname{sen}\theta}\frac{\partial}{\partial \theta}\left(\operatorname{sen}\theta \frac{\partial u}{\partial \theta}\right) + \frac{1}{r^2 \operatorname{sen}^2\theta}\frac{\partial^2 u}{\partial \phi^2}$$

e

$$\Delta u = \frac{\partial^2 u}{\partial r^2} + \frac{2}{r}\frac{\partial u}{\partial r} + \frac{1}{r^2}\frac{\partial^2 u}{\partial \theta^2} + \frac{\cos\theta}{r^2 \operatorname{sen}\theta}\frac{\partial u}{\partial \theta} + \frac{1}{r^2 \operatorname{sen}^2\theta}\frac{\partial^2 u}{\partial \phi^2}.$$

Rotacional em coordenadas curvilíneas ortogonais

Finalmente, para obtermos o rotacional em coordenadas curvilíneas necessitamos de uma expressão análoga à fórmula (7.7) da p. 210. Nessa substituição, $\mathbf{e}$ é um vetor constante arbitrário, de sorte que (veja o Exercício 18 da seção anterior)

$$\nabla \cdot (\mathbf{F} \times \mathbf{e}) = \mathbf{e} \cdot \nabla \times \mathbf{F} - \mathbf{F} \cdot \nabla \times \mathbf{e} = \mathbf{e} \cdot \nabla \times \mathbf{F}.$$

Portanto, com a referida substituição a fórmula (7.7) se reduz a

$$\mathbf{e} \cdot \iiint_R (\nabla \times \mathbf{F}) dV = \iint_{\partial R} (\mathbf{F} \times \mathbf{e} \cdot \mathbf{n}) dS = \iint_{\partial R} \mathbf{e} \cdot (\mathbf{n} \times \mathbf{F}) dS.$$

Como $\mathbf{e}$ é arbitrário, concluímos que

$$\iiint_R (\nabla \times \mathbf{F}) dV = \iint_{\partial R} (\mathbf{n} \times \mathbf{F}) dS.$$

Agora utilizamos o Teorema da Média e seguimos o mesmo raciocínio que nos levou à fórmula (7.9) da p. 211. O resultado é a seguinte expressão do rotacional:

$$\nabla \times \mathbf{F}(P) = \lim_{d \to 0} \frac{1}{V(R)} \iint_{\partial R} (\mathbf{n} \times \mathbf{F}) dS.$$

Com essa fórmula e com um raciocínio inteiramente análogo ao que usamos há pouco para obter a expressão (7.24) do divergente deduzimos a seguinte expressão do rotacional em coordenadas curvilíneas ortogonais:

$$\nabla \times \mathbf{F} = \frac{\mathbf{e}_1}{h_2 h_3}\left(\frac{\partial(h_3 F_3)}{\partial v_2} - \frac{\partial(h_2 F_2)}{\partial v_3}\right) + \frac{\mathbf{e}_2}{h_1 h_3}\left(\frac{\partial(h_1 F_1)}{\partial v_3} - \frac{\partial(h_3 F_3)}{\partial v_1}\right) + \frac{\mathbf{e}_3}{h_1 h_2}\left(\frac{\partial(h_2 F_2)}{\partial v_1} - \frac{\partial(h_1 F_1)}{\partial v_2}\right),$$

onde $\mathbf{F} = F_1\mathbf{e}_1 + F_2\mathbf{e}_2 + F_3\mathbf{e}_3$. Essa fórmula pode ainda ser escrita em forma simbólica:

$$\nabla \times \mathbf{F} = \frac{1}{h_1 h_2 h_3}\begin{vmatrix} h_1\mathbf{e}_1 & h_2\mathbf{e}_2 & h_3\mathbf{e}_3 \\ \dfrac{\partial}{\partial v_1} & \dfrac{\partial}{\partial v_2} & \dfrac{\partial}{\partial v_3} \\ h_1 F_1 & h_2 F_2 & h_3 F_3 \end{vmatrix}.$$

Índice Remissivo

Pré-impressão, impressão e acabamento

grafica@editorasantuario.com.br
www.editorasantuario.com.br
Aparecida-SP

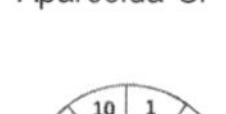